新工科数理基础课程教学改革教材

Python 数学实验

主　编　李汉龙　隋　英　韩　婷

副主编　刘　丹　李　鹏

参　编　孙丽华　闫红梅　邓媛媛
　　　　孙艳玲　韩　颖　杨　丽

U0190790

机械工业出版社

本书是编者结合多年的数学实验课程教学实践编写的. 本书共 11 章, 内容包括: Python 概述, Python 编程入门, Python 数据绘图与分形图, Python 在高等数学中的应用, Python 在线性代数中的应用, Python 在概率统计中的应用, NumPy 库与 Pandas 库的用法, Python 网络爬虫, Python 在插值与拟合中的应用, Python 环境监测项目, Python 环境质量控制项目及应用. 书中配置了较多的实例, 这些实例是学习 Python 与数学实验必须掌握的基本技能.

本书内容由浅入深, 由易到难, 可作为在职教师学习 Python 的自学用书, 也可作为数学实验培训班学生的培训教材.

图书在版编目（CIP）数据

Python 数学实验/李汉龙, 隋英, 韩婷主编. —北京: 机械工业出版社, 2022. 9（2023. 12 重印）

新工科数理基础课程教学改革教材

ISBN 978-7-111-71341-8

Ⅰ.①P… Ⅱ.①李… ②隋… ③韩… Ⅲ.①软件工具-程序设计-应用-高等数学-实验-高等学校-教材 Ⅳ.①O13-33

中国版本图书馆 CIP 数据核字（2022）第 138814 号

机械工业出版社（北京市百万庄大街 22 号 邮政编码 100037）
策划编辑: 韩效杰 责任编辑: 韩效杰 张翠翠
责任校对: 潘 蕊 王 延 封面设计: 王 旭
责任印制: 常天培
北京机工印刷厂有限公司印刷
2023 年 12 月第 1 版第 3 次印刷
184mm×260mm · 23 印张 · 569 千字
标准书号: ISBN 978-7-111-71341-8
定价: 69. 80 元

电话服务 网络服务
客服电话: 010-88361066 机 工 官 网: www.cmpbook.com
010-88379833 机 工 官 博: weibo. com/cmp1952
010-68326294 金 书 网: www. golden-book. com
封底无防伪标均为盗版 机工教育服务网: www.cmpedu.com

前 言

    Python 是一种跨平台的计算机程序设计语言. Python 的创始人为荷兰人吉多·范罗苏姆（Guido van Rossum）. 1989 年圣诞节期间，在阿姆斯特丹，Guido 为了打发圣诞节的无趣，决心开发一个新的脚本解释程序，作为 ABC 语言的一种继承。Python（大蟒蛇的意思）这个名字取自英国 20 世纪 70 年代首播的电视喜剧《蒙提·派森的飞行马戏团》（*Monty Python's Flying Circus*）. ABC 是由 Guido 参加并设计的一种教学语言. 就 Guido 本人看来，ABC 这种语言非常优美和强大，是专门为非专业程序员设计的. 但是 ABC 语言并没有成功，究其原因，Guido 认为是其非开放性造成的。Guido 决心在 Python 中避免这一问题，同时，他还想在 ABC 中实现闪现过但未曾实现的东西. 就这样，Python 在 Guido 手中诞生了. 可以说，Python 是从 ABC 发展起来的，主要受到了 Modula-3（另一种相当优美且强大的语言，为小型团体所设计的）的影响，并且结合了 UNIX shell 和 C 的习惯. Python 已经成为最受欢迎的程序设计语言之一.

    本书程序代码主要是在 Anaconda 3.8 中的集成环境 Spyder 下编写而成的. 本书从介绍 Python 编程入门开始，重点介绍了 Python 数据绘图与分形图、Python 在高等数学中的应用、Python 网络爬虫等内容. 通过具体的实例，读者可一步一步地随着编者的思路来完成课程的学习. 每章后面都有"本章小结"，并给出一定的习题. 书中所给实例具有技巧性，并且道理显然，可使读者思路畅达，能使所学知识融会贯通、灵活运用，达到事半功倍的效果. 本书将会成为读者学习 Python 和数学实验的良师益友. 本书所使用的素材包含文字、图形、图像、代码等，使用这些素材的目的是为读者提供更完善的学习资料.

    本书第 1、2 章由李鹏编写；第 3 章由李汉龙编写；第 4 章由隋英编写；第 5 章由孙丽华编写；第 6 章由闫红梅编写；第 7 章由刘丹编写；第 8 章由韩婷编写；第 9 章由孙艳玲编写；第 10 章由韩颖编写；第 11 章由杨丽编写；参考文献及前言由邓媛媛编写. 全书由李汉龙、韩婷统稿，李汉龙、隋英、韩婷审稿.

    另外，马龙博士和软件工程专业硕士研究生操峻岩对本书的编写提供了很大的帮助，在此表示衷心的感谢.

    由于编者水平所限，书中不足之处在所难免，恳请读者、同行和专家批评指正.

编 者

目 录 Contents

第1章

Python 概述

本章概要

- Python 介绍
- PyCharm 介绍
- Spyder 介绍

1.1 Python 介绍

1.1.1 Python 简介

Python 的创始人为 Guido van Rossum. 1989 年圣诞节期间，在阿姆斯特丹，Guido 为了打发圣诞节的无趣，决心开发一个新的脚本解释程序，作为 ABC 语言的一种继承. Python（大蟒蛇的意思）作为该编程语言的名字，取自英国 20 世纪 70 年代首播的电视喜剧《蒙提·派森的飞行马戏团》（*Monty Python's Flying Circus*）.

Python 是一个高层次的结合了解释性、编译性、互动性的面向对象的脚本语言.

Python 的设计具有很强的可读性. 相比其他语言，它具有更有特色的语法结构.

Python 是一种解释型语言：这意味着开发过程中没有了编译这个环节，类似于 PHP 和 Perl 语言.

Python 是交互式语言：这意味着读者可以在一个 Python 提示符 ">>>" 后直接执行代码.

Python 是面向对象语言：这意味着 Python 支持面向对象的风格或代码封装在对象的编程技术.

Python 是初学者的语言：Python 对初级程序员而言是一种功能强大的语言，它支持广泛的应用程序开发，从简单的文字处理到 WWW 浏览器再到游戏.

Python 是一种计算机程序设计语言，第 1 版发布于 1991 年，可以视为一种改良的 LISP. Python 的设计哲学强调代码的可读性和简洁的语法. 相比于 C++或 Java，Python 让开发者能够用更少的代码表达想法.

Python 的设计目标之一是让代码具备高度的可阅读性. 它设计时尽量使用其他语言经常使用的标点符号和英文单词，让代码看起来整洁美观. 它不像其他的静态语言（如 C、Pascal）那样需要重复书写声明语句，也不像它们的语法那样经常有特殊情况和意外.

1. 语法

Python 开发者有意让违反了缩进规则的程序不能通过编译，以此来强制程序员养成良好的编程习惯. 并且 Python 语言利用缩进表示语句块的开始和退出（Off-side 规则），而非使用花括号或者某种关键字. 增加缩进表示语句块的开始，而减少缩进则表示语句块的退出. 缩进成为了语法的一部分.

根据 PEP 的规定，必须使用 4 个空格来表示每级缩进（在实际编写中可以自定义空格数，但是要满足每级缩进间的空格数相等）. 使用 Tab 字符和其他数目的空格虽然都可以编译通过，但不符合编码规范. 支持 Tab 字符和其他数目的空格仅仅是为了兼容很老的 Python 程序和某些有问题的程序. 所有 Python 的第一行一定要顶到行头，同一级别的新的行都要顶到行头.

2. 变量

标识符的第一个字符必须是字母表中的字母（大写或小写）或者一个下画线（_）.

标识符名称的其他部分可以由字母（大写或小写）、下画线（_）或数字（0~9）组成.

标识符名称是对大小写敏感的. 例如，myname 和 myName 不是同一个标识符，注意前者中的小写 n 和后者中的大写 N. 常量：数值不变的量；变量：数值会变动的量.

虽然在 Python 中没有常量，所有的数值都可以改变，但是依然有常量的概念，只是是人为定义的. 定义一个常量应该用大写的形式. 例如，AGE = 10 就是常量，它是大写的，是约定俗成的. name ='Tim Luo'是变量.

设置变量时不能设置 Python 自带的内置方法，比如 type. 以下关键字不能声明为变量名：and、as、assert、break、class、continue、def、del、elif、else、except、exec、finally、for、from、global、if、import、in、is、lambda、not、or、pass、print、raise、return、try、while、with、yield.

可以通过标识符去调用内存中的数据.

1.1.2　Python 标准库

Python 拥有一个强大的标准库. Python 语言的核心只包含数字、字符串、列表、字典、文件等常见类型和函数，而 Python 标准库却提供了系统管理、网络通信、文本处理、数据库接口、图形系统、XML 处理等额外的功能. Python 标准库命名接口清晰，很容易学习和使用.

Python 社区提供了大量的第三方模块，使用方式与标准库类似. 它们的功能很强大，覆盖科学计算、Web 开发、数据库接口、图形系统多个领域，并且大多成熟而稳定. 第三方模块可以使用 Python 或者 C 语言编写. SWIG、SIP 常用于将 C 语言编写的程序库转换为 Python 模块. Boost C++ Libraries 包含了一组库——Boost.Python，使得以 Python 或 C++编写的程序能互相调用. 由于拥有基于标准库的大量工具、能够使用低级语言（如 C）和可以作为其他库接口的 C++，Python 已成为一种强大的应用于其他语言与工具之间的胶水语言.

Python 标准库的主要功能有：

1）文本处理，包含文本格式化、正则表达式匹配、文本差异计算与合并、Unicode 支持、二进制数据处理等功能.

2）文件处理，包含文件操作、创建临时文件、文件压缩与归档、操作配置文件等功能.

3）操作系统功能，包含线程与进程支持、I/O 复用、日期与时间处理、调用系统函数、写日记（Logging）等功能.

4）网络通信，包含网络套接字、SSL 加密通信、异步网络通信等功能.

5）网络协议，支持 HTTP、FTP、SMTP、POP、IMAP、NNTP、XMLRPC 等多种网络协议，并提供了编写网络服务器的框架.

6）W3C 格式支持，包含 HTML、SGML、XML 处理.

7）其他功能，包括国际化支持、数学运算、HASH、Tkinter 等.

1.1.3 Python 特点

1. 优点

简单：Python 是一种代表简单主义思想的语言. 阅读一个良好的 Python 程序感觉像是在读英语一样. 它使读者能够专注于解决问题，而不是去弄明白语言本身.

易学：Python 极其容易上手，因为 Python 有极其简单的说明文档.

速度快：Python 的底层是用 C 语言写的，很多标准库和第三方库也都是用 C 语言写的，运行速度非常快.

免费、开源：Python 是 FLOSS（自由/开放源码软件）之一. 使用者可以自由地发布这个软件的副本、阅读它的源代码、对它做改动、把它的一部分用于新的自由软件中. FLOSS 是基于一个团体分享知识的概念.

高层语言：用 Python 语言编写程序时无须考虑诸如如何管理程序使用的内存一类的底层细节.

可移植性：由于它的开源本质，Python 已经被移植在许多平台上（经过改动使它能够工作在不同平台上）. 这些平台包括 Linux、Windows、FreeBSD、Macintosh、Solaris、OS/2、Amiga、AROS、AS/400、BeOS、OS/390、z/OS、Palm OS、QNX、VMS、Psion、Acom RISC OS、VxWorks、PlayStation、Sharp Zaurus、Windows CE、PocketPC、Symbian，以及 Google 基于 Linux 开发的 Android 平台.

解释性：一个用编译性语言（比如 C 或 C++）写的程序可以从源文件转换到自己所用的计算机使用的语言（二进制代码，即 0 和 1）. 这个过程通过编译器和不同的标记、选项完成.

运行程序时，连接/转载器软件把用户的程序从硬盘复制到内存中并且运行. 而使用 Python 语言写的程序不需要编译成二进制代码，用户可以直接从源代码运行程序.

在计算机内部，Python 解释器把源代码转换成称为字节码的中间形式，然后把它翻译成计算机使用的机器语言并运行. 这使得使用 Python 更加简单，也使得 Python 程序更加易于移植.

面向对象：Python 既支持面向过程的编程，也支持面向对象的编程. 在"面向过程"的语言中，程序是由过程或仅仅是可重用代码的函数构建起来的. 在"面向对象"的语言中，程序是由数据和功能组合而成的对象构建起来的.

可扩展性：如果希望一段关键代码运行得更快或者希望某些算法不公开，那么可以部分程序用 C 或 C++编写，然后在 Python 程序中使用它们.

可嵌入性：可以把 Python 嵌入 C/C++程序，从而向程序用户提供脚本功能.

丰富的库：Python 标准库确实很庞大. 它可以帮助处理很多内容，包括正则表达式、文档生成、单元测试、线程、数据库、网页浏览器、CGI、FTP、电子邮件、XML、XML-RPC、HTML、WAV 文件、密码系统、GUI（图形用户界面）、Tk 和其他与系统有关的操作. 这被称作 Python 的"功能齐全"理念. 除了标准库以外，还有许多其他高质量的库，如 wxPython、Twisted 和 Python 图像库等.

规范的代码：Python 采用强制缩进的方式使得代码具有较好的可读性. 而 Python 语言写的程序不需要编译成二进制代码.

2. 缺点

单行语句和命令行输出问题：很多时候不能将程序连写成一行，如 import sys；for i in sys. path：print i. 而 Perl 和 awk 就无此限制，可以较为方便地在 shell 下完成简单程序，不需要如 Python 一样，必须将程序写入一个 .py 文件.

独特的语法：这也许不应该被称为局限，但是它用缩进来区分语句关系的方式还是给很多初学者带来了困惑. 即便是很有经验的 Python 程序员，也可能陷入该"陷阱"当中.

运行速度慢：这里是指与 C 和 C++相比.

1.1.4　Python 应用

系统编程：提供应用程序编程接口（Application Programming Interface，API），能方便地进行系统维护和管理. Python 是 Linux 下的标志性语言之一，是很多系统管理员理想的编程工具.

图形处理：有 PIL、Tkinter 等图形库支持，能方便地进行图形处理.

数学处理：NumPy 扩展提供了大量与标准数学库的接口.

文本处理：Python 提供的 re 模块能支持正则表达式，还提供 SGML、XML 分析模块. 许多程序员利用 Python 进行 XML 程序的开发.

数据库编程：程序员可通过遵循 Python DB-API（数据库应用程序编程接口）规范的模块与 Microsoft SQL Server、Oracle、Sybase、DB2、MySQL、SQLite 等数据库通信. Python 自带一个 Gadfly 模块，提供了一个完整的 SQL 环境.

网络编程：提供丰富的模块，支持 sockets 编程，能方便、快速地开发分布式应用程序. Google 都在广泛地使用它.

Web 编程：应用的开发语言，支持最新的 XML 技术.

多媒体应用：Python 的 PyOpenGL 模块封装了"OpenGL 应用程序编程接口"，能进行二维和三维图像处理. PyGame 模块可用于编写游戏软件.

Pymo 引擎：Pymo 全称为 Python memories off，是一款运行于 Symbian S60V3、Symbian S60V5、Symbian3、Android 系统上的 AVG 游戏引擎. 因其基于 Python 2.0 平台开发，并且适用于创建秋之回忆（memories off）风格的 AVG 游戏，故命名为 Pymo.

习题 1-1

1. 试叙述 Python 中的标识符.
2. 简述 Python 中单引号、双引号和三引号的区别.
3. Python 中的异常和错误有什么区别？

1.2　PyCharm 介绍

1.2.1　PyCharm 简介

PyCharm 是一种 Python IDE，由著名的 JetBrains 公司开发，其带有一整套可以帮助用户在使用 Python 语言开发时提高其效率的工具，如调试、语法高亮、Project 管理、代码跳转、智能提示、自动完成、单元测试、版本控制等. 此外，该 IDE 提供了一些高级功能，以用于支持 Django 框架下的专业 Web 开发. 同时支持 Google APP Engine. 更酷的是，PyCharm支持 IronPython. 这些功能在先进代码分析程序的支持下，使 PyCharm 成为 Python 专业开发人员和刚起步人员使用的有力工具.

（1）编码协助

PyCharm 提供了一个带编码补全、代码片段、支持代码折叠和分割窗口的智能、可配置的编辑器，可帮助用户更快、更轻松地完成编码工作.

（2）项目代码导航

该 IDE 可帮助用户即时从一个文件导航至另一个文件. 若用户学会使用其提供的快捷键，则导航速度会更快.

（3）代码分析

用户可使用其编码语法、错误高亮、智能检测以及一键式代码快速补全建议，使得编码更优化.

（4）Python 重构

有了 Python 重构功能，用户便能在项目范围内轻松进行重命名，提取方法/超类，导入域/变量/常量，移动和前推/后退重构.

（5）支持 Django

有了自带的 HTML、CSS 和 JavaScript 编辑器，用户可以更快速地通过 Django 框架进行Web 开发. 此外，其还能支持 CoffeeScript、Mako 和 Jinja2.

（6）支持 Google APP 引擎

用户可使用 Python 2.5 或者 Python 2.7 运行环境为 Google APP 引擎进行应用程序的开发，并执行例行程序部署工作.

（7）集成版本控制

登入、视图拆分与合并等，所有这些功能都能在其统一的 VCS 用户界面（可用于 Mercurial、Subversion、Git、Perforce 和其他的 SCM）中得到.

（8）图形页面调试器

用户可以用其自带的功能全面的调试器对 Python、Django 应用程序以及测试单元进行调整. 图形页面调试器提供断点、步进、多画面视图、窗口以及评估表达式.

（9）集成的单元测试

用户可以在一个文件夹中运行一个测试文件、单个测试类、一个方法或者所有测试项目.

1.2.2 PyCharm 使用

安装后，打开 Pycharm，创建一个新项目，如图 1.1 所示.

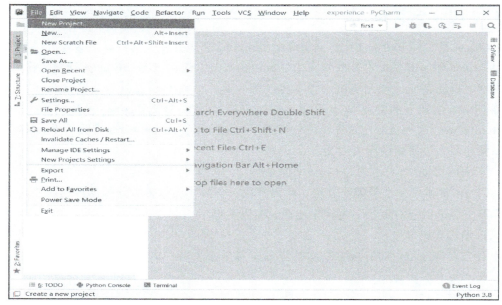

图 1.1 步骤 1

输入项目所在的地址，如图 1.2 所示.

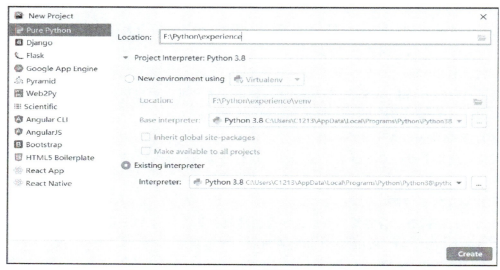

图 1.2 步骤 2

创建项目后，右击项目名，在弹出的快捷菜单中选择命令，新建一个 Python File，如图 1.3 和图 1.4 所示.

在弹出的界面中编写完代码后，右击代码页，单击 Run 'first'（绿三角），之后会出现运行结果，如图 1.5 和图 1.6 所示.

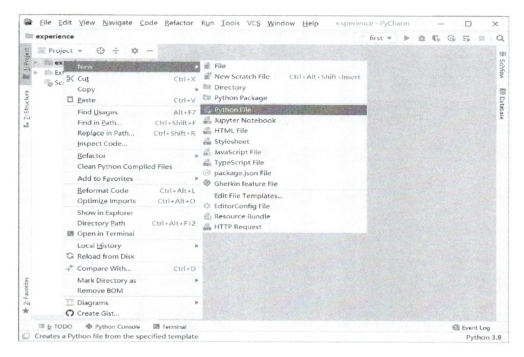

图 1.3　步骤 3

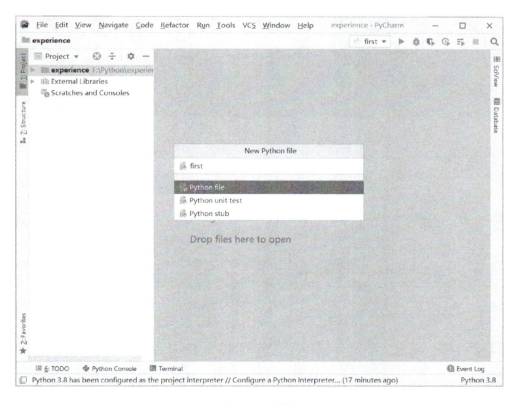

图 1.4　步骤 4

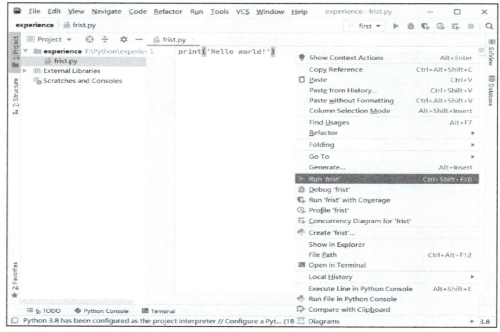

图 1.5　步骤 5

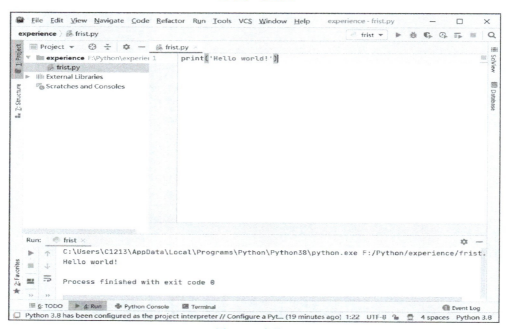

图 1.6　步骤 6

习题 1-2

1. 填空题

（1）Python 使用符号_____标示注释；以_____划分语句块.

（2）Python 序列类型包括_____、_____、_____ 3 种；_____是 Python 中唯一的映射类型.

（3）Python 中的可变数据类型有_____，不可变数据类型有_____.

2. 创建一个新的项目 project，在 project 项目中创建一个 Python 文件 first. 自己编写代码并实现，熟悉 PyCharm 中的基础功能.

1.3 Spyder 介绍

1.3.1 Spyder 简介

Spyder 是 Python 的一个简单的集成开发环境. 它和其他的 Python 开发环境相比最大的优点就是模仿 MATLAB 的"工作空间"功能，可以很方便地观察和修改数组的值.

Spyder 的界面由许多窗格构成，用户可以根据自己的喜好调整它们的位置和大小. 当多个窗格出现在一个区域时，将使用标签页的形式显示. Spyder 界面如图 1.7 所示.

图 1.7 Spyder 界面

菜单栏：放置所有菜单项；工具栏：放置快捷按钮，可以通过菜单栏中的"View"→"Toolbars"下的复选框来选择；工作区：写代码的地方；属性页的标题栏：可以显示当前代码的名字和位置；查看栏：查看文件、调试时的对象及变量；输出栏：查看程序的输出信息，也可以作为 shell 终端来输入 Python 语句；状态栏：用来显示当前文件权限、编码、光标指向位置和系统内存. Spyder 内置了 IPython，像 MATLAB 一样有变量窗口，可以看变量的值，对于调试来说很方便.

代码编辑窗口"Editor"主要用于编写脚本代码；交互式 shell 窗口"IPython console"

主要用于显示脚本运行结果，其最重要的功能是与用户进行交互，用户可以快速验证代码运行结果是否符合预期；在"变量""帮助""绘图"（"Variable""Help""Plots"）窗口中，用户可以查看变量的详细信息（数值、类型、结构等），查看函数的 Help 说明，查看绘图结果等.

1.3.2　Spyder 功能

1. 注释及缩进功能

选择"View"→"Toolbars"→"Edit toolbar"命令，工具栏中会多出 3 个按钮，如图 1.8 所示.

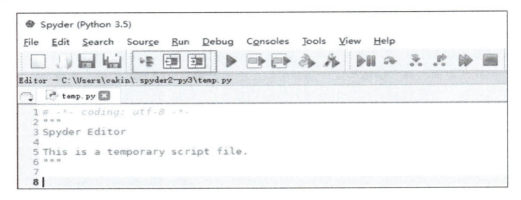

图 1.8　添加注释及缩进按钮

第 1 个按钮实现注释功能，第 2 和 3 个按钮实现代码缩进和不缩进功能.

2. 运行程序功能

运行程序功能界面如图 1.9 所示.

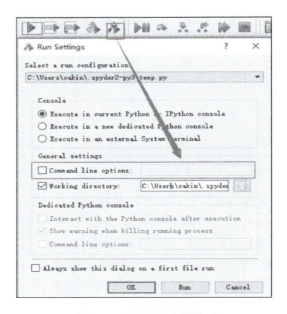

图 1.9　运行程序功能界面

单击 ▶ 按钮运行当前工作区内的 Python 代码；单击 按钮会弹出一个 Run settings 对话框，可以输入启动程序的参数.

3. 调试功能

调试功能界面如图 1.10 所示.

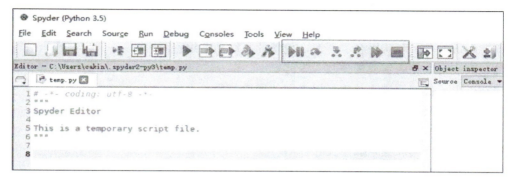

图 1.10　调试功能界面

在运行中可以通过设置断点来进行调试.

4. Source 操作功能

选择"View"→"Toolbars"→"Source toolbar"命令，工具栏多了一些具有 Source 操作功能的按钮，如图 1.11 所示.

图 1.11　添加具有 Source 操作功能的按钮

这些按钮可以实现建立书签、回退到上次代码位置、前进到下次代码位置等功能.

习题 1-3

1. 试简述 Spyder 界面中工作区、输出栏和查看栏的功能.
2. Spyder 有哪些主要功能？

1.4　本章小结

本章分为 3 节. 1.1 节介绍了 Python，具体包含 Python 简介、Python 标准库、Python 特

点、Python 应用. 1.2 节介绍了 PyCharm，具体包含 PyCharm 简介、PyCharm 使用. 1.3 节介绍了 Spyder，具体包含 Spyder 简介、Spyder 功能.

总习题 1

1. 判断对错.

（1）Python 是一种跨平台、开源、免费的高级动态编程语言.

（2）列表可以作为字典的"键".

（3）Python 使用缩进来体现代码之间的逻辑关系.

（4）Python 支持使用字典的"键"作为下标来访问字典中的值.

（5）Python 中的一切内容都可以称为对象.

（6）Python 字典和集合属于无序序列.

2. 为什么尽量从列表的尾部进行元素的增加与删除操作？

3. 解释 Python 脚本程序的"name"变量及其作用.

第 2 章

Python 编程入门

本章概要

- 建立 Python 开发环境
- Python 基本结构
- Python 数据存储
- 文件操作和异常处理
- Python 界面设计

2.1　建立 Python 开发环境

　　Windows 系统并非都默认安装了 Python，因此用户可能需要下载并安装它，然后下载并安装一个文本编辑器.

　　首先，检查系统是否安装了 Python. 为此，在"开始"菜单中输入"command"并按 <Enter>键以打开一个命令窗口. 用户也可按住<Shift>键并右击桌面，再选择"在此处打开命令窗口"命令. 在终端窗口中输入"python"并按<Enter>键，如果出现了 Python 提示符（>>>），就说明系统安装了 Python. 然而，也可能会看到一条错误消息，指出 Python 是无法识别的命令. 如果是这样，就需要下载 Windows Python 安装程序. 此时可访问 https：// www. python. org/downloads/windows/. 用户将会看到两个按钮，分别用于下载 Python 3 和 Python 2，单击用于下载 Python 3 的按钮.

　　根据用户的系统下载正确的安装程序（如 Windows x86-64 executable installer）. 下载安装程序后，打开 Python 安装包.

　　1）勾选下方的"Add Python 3. 8 to PATH"复选框，并选择"Customize installation"选项，如图 2. 1 所示.

　　2）在弹出的 Optional Features 界面中选择全部复选框，单击"Next"按钮，如图 2. 2 所示.

　　3）在 Advanced Options 界面中选择 2~4 项复选框，然后选择安装路径，单击"Install"按钮，如图 2. 3 所示，之后等待安装完成.

　　4）若页面出现 Successful 字样，则说明安装成功. 按<Win+R>组合键，输入"cmd"，按<Enter>键，在弹出的窗口中输入"python"，如果能按图 2. 4 所示的内容正常回显，则表示安装成功.

图 2.1　步骤 1

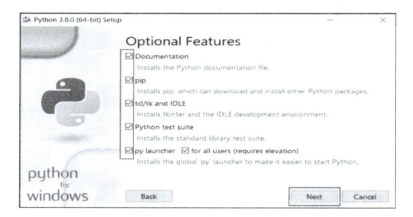

图 2.2　步骤 2

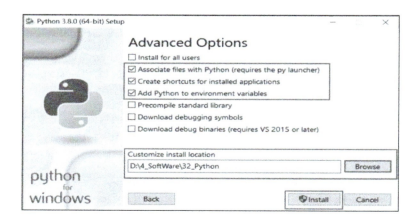

图 2.3　步骤 3

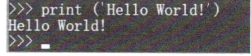

图 2.4　步骤 4

5）在光标处输入"print（'Hello World！'）"，按<Enter>键，此时就成功输出第一个 Python 程序了，如图 2.5 所示.

6）如果在图 2.1 中未选择下面的"Add Python 3.8 to PATH"复选框，安装成功后还需要配置环境变量. 此时可通过"计算机"→"系统属性"→"高级"→"环境变量"中编辑 Path，可以新建（Win10）或直接添加路径，路径以分号隔开（Windows 7），如图 2.6 所示.

图 2.5　步骤 5

图 2.6　步骤 6

2.2　Python 基本结构

2.2.1　基本运算

Python 中有 6 种运算符：算术运算符、比较运算符、逻辑运算符、位运算符、赋值运算符和成员运算符. 下面对其中的 5 种进行说明.

算术运算符主要有加（+）、减（-）、乘（*）、除（/）、取余（%）、取绝对值（abs（x））、转为整数（int（x））、转为浮点数（float（x））.

比较运算符主要有小于（<）、小于等于（<=）、等于（==）、大于（>）、大于等于

（>=）、不等于（！=）、is（判断两个标识符引用一个对象）、is not（判断两个标识符引用的不是同一个对象）. 这 8 个比较运算符的优先级相同，并且 Python 允许链式比较，如 x<y<z，它相当于 x<y and y<z.

逻辑运算符中，x or y 短路运算符：（只有第一个运算数为 False 时才计算第二个运算数的值）；x and y 短路运算符：（只有第一个运算数为 True 时才计算第二个运算数的值）；not x：not 的优先级低（not a==b 相当于 not（a==b）），a = not b 是错误的.

赋值运算符主要有简单的赋值运算（=）、加法赋值运算（+=）、减法赋值运算（-=）、乘法赋值运算（*=）、除法赋值运算（/=）.

成员运算符中，对于 in 运算符，如果指定元素在序列中，则返回 True，否则返回 False；对于 not in 运算符，如果指定元素不在序列中，则返回 True，否则返回 False.

【例 2.1】　Python 中的基本运算实例.

代码 2.1　基本运算

```
1  1+2                        # 加法
2  3-5                        # 减法
3  3*2                        # 乘法
4  3**2                       # 指数
5  2**4                       # 指数
6  8/4                        # 除法
7  5/3                        # 除法
8  9%3                        # 取余
9  7%3                        # 取余
10 9//3                       # 求商
11 8//3                       # 求商
12 7//3                       # 求商
```

代码 2.1 的运行结果如图 2.7 所示.

```
>>>
>>> 1+2
3
>>> 3-5
-2
>>> 3*2
6
>>> 3**2
9
>>> 2**4
16
>>> 8/4
2.0
>>> 5/3
1.6666666666666667
>>> 9%3
0
>>> 7%3
1
>>> 9//3
3
>>> 8//3
2
>>> 7//3
2
>>>
```

图 2.7　代码 2.1 的运行结果

【例 2.2】　Python 中的基本运算实例.

代码 2.2　基本运算

```
1 a = 38
2 print(a)
3 b = 10 + 20
4 print(b)
5 c = a + b
6 print(c)
7 a=1
8 b=2
9 c=3
10 print(a,b,c)
11 a=1
12 b=2
13 c=3
14 print(a)
15 print(b)
16 print(c)
17 f1 = 1.2
18 f2 = 32.456
19 print(f1,f2)
20 string1 = "hello"
21 string2 = "world"
22 print(string1,string2)
23 string3 = string1 + string2
24 print(string3)
25 a = 1
26 b = 2
27 c = a + b
28 print("a+b=",c)
29 a = 1
30 b = 2
31 c = a + b
32 print("a+b=" + str(c))
```

代码 2.2 的运行结果如图 2.8 所示.

2.2.2　顺序结构

　　Python 不用大括号区分代码组，大括号更多地用来分隔数据. Python 程序中的代码组很容易发现，因为它们总是缩进的. 另一个线索是冒号（:），这个字符用来引入一个必须向右缩进的新的代码组.

　　【例 2.3】　Python 顺序结构的代码会从头到尾执行，Python 代码按照编写的顺序自上而

```
>>>
=================== RESTART: F:\Python\附录\tksample.py ===================
==
38
30
68
1 2 3
1
2
3
1.2 32.456
hello world
helloworld
a+b= 3
a+b=3
>>>
```

图 2.8　代码 2.2 的运行结果

下逐行运行. Python 中一行结束就标志着一条语句结束.

代码 2.3　顺序结构

```
1 a=80                          # 赋整数值
2 b=90
3 c=100
4 b=a
5 c=b
6 print(a,b,c)                  # 输出 a、b、c 的值
7 b=a+10
8 c=b+10
9 print(a,b,c)
```

代码 2.3 的运行结果如图 2.9 所示.

```
>>>
=================== RESTART: F:\Python\xiangmu\list.py ===================
80 80 80
80 90 100
>>>
```

图 2.9　代码 2.3 的运行结果

2.2.3　选择结构

Python 代码运行到选择结构时, 会判断条件的 True 和 False, 根据条件判断的结果, 选择对应的分支继续执行.

【例 2.4】　当满足一种条件时执行一个操作, 在没有通过该条件时执行另一个操作. 在这种情况下, 可以使用 if-else 语句, 即一个 if 语句跟随一个可选的 else 语句, 当 if 语句的布尔表达式为 False 时, 则 else 语句块将被执行.

代码 2.4　if-else 选择结构

```
1 money=float(input('The number of gold coins you have:'))  # 输入浮点数值
2 price=180
```

```
3 if money>=price:                    #if-else 选择结构
4    print('You can buy it.')
5 else:
6    print('Your gold coins are insufficient.')
```

代码 2.4 的运行结果如图 2.10 所示.

```
>>>
================== RESTART: F:\Python\xiangmu\list.py ==================
The number of gold coins you have:180
You can buy it.
>>>
================== RESTART: F:\Python\xiangmu\list.py ==================
The number of gold coins you have:90
Your gold coins are insufficient.
>>> |
```

图 2.10　代码 2.4 的运行结果

【例 2.5】　当需要检查超过两个情形时，Python 提供了 if-elif-else 结构. 关键字"elif"是"else if"的缩写，这样可以避免过深地缩进. Python 只执行 if-elif-else 结构中的一个代码块. Python 会依次检查每个条件测试，当遇到了满足的条件测试后，Python 将执行该条件情况下的代码块，并跳过剩余的条件测试.

代码 2.5　if-elif-else 选择结构

```
1 grade=float(input('Please enter your grades:'))    # 输入浮点数值
2 if grade>=90:                                       # if-elif-else 选择结构
3    print('Your grade is A.')
4 elif grade>=80:
5    print('Your grade is B.')
6 elif grade>=70:
7    print('Your grade is C.')
8 elif grade>=60:
9    print('Your grade is D.')
10 else:
11    print('Your grade failed.')
```

代码 2.5 的运行结果如图 2.11 所示.

```
>>>
================== RESTART: F:\Python\xiangmu\list.py ==================
Please enter your grades:95
Your grade is A.
>>>
================== RESTART: F:\Python\xiangmu\list.py ==================
Please enter your grades:80
Your grade is B.
>>>
================== RESTART: F:\Python\xiangmu\list.py ==================
Please enter your grades:59
Your grade  failed.
>>> |
```

图 2.11　代码 2.5 的运行结果

2.2.4　循环结构

循环结构和选择结构有些类似，不同点在于循环结构的条件判断和循环体之间形成了一条回路，当进入循环体的条件成立时，程序会一直在这个回路中循环，直到进入循环体的条件不成立为止.

Python 主要有 for 循环和 while 循环两种形式的循环结构，多个循环可以嵌套使用，并且还经常和选择结构嵌套使用. for 循环一般用于循环次数可以提前确定的情况，尤其适用于枚举、遍历序列或迭代对象中元素的场合；while 循环一般用于循环次数难以提前确定的情况，当然也可以用于循环次数确定的情况. 对于带有 else 子句的循环结构，如果循环因为条件表达式不成立或序列遍历结束而自然结束，则执行 else 结构中的语句，如果循环是因为执行了 break 语句而导致循环提前结束，则不会执行 else 中的语句.

【例 2.6】　Python 列表的循环遍历.

代码 2.6　Python 列表的循环遍历

```
1 vowels = set('aeiou')
2 word = input('Provide a word to search for vowels:')   # 输入字符串
3 found = vowels.intersection(set(word))
4 for vowel in found:                                      # 循环 found 集合
5     print(vowel)
```

代码 2.6 的运行结果如图 2.12 所示.

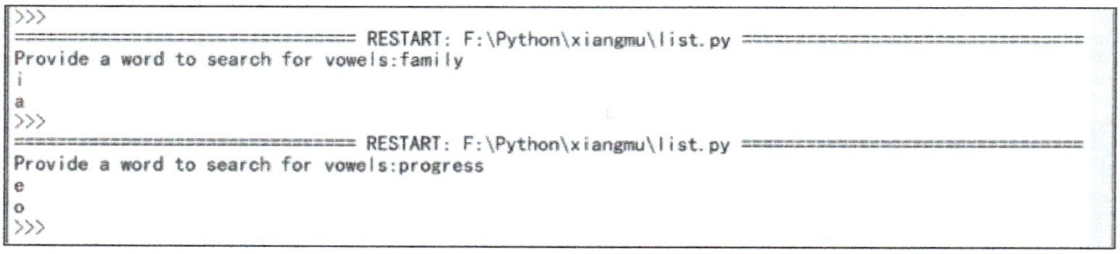

```
>>>
=========================== RESTART: F:\Python\xiangmu\list.py ===========================
Provide a word to search for vowels:family
i
a
>>>
=========================== RESTART: F:\Python\xiangmu\list.py ===========================
Provide a word to search for vowels:progress
e
o
>>>
```

图 2.12　代码 2.6 的运行结果

【例 2.7】　Python 字典的循环遍历.

代码 2.7　Python 字典的循环遍历

```
1 person = { 'name':'Cao',
2           'age':22,
3           'math':95,
4           'Chinese':90,
5           'English':88 }          # 定义 person 字典
6 for k,v in person.items():        # 字典 person 循环
7     print(k,':',v)
```

代码 2.7 的运行结果如图 2.13 所示.

```
>>>
================ RESTART: F:\Python\xiangmu\list.py ================
name : Cao
age : 22
math : 95
Chinese : 90
English : 88
>>>
```

图 2.13　代码 2.7 的运行结果

【例 2.8】　for 循环和 while 循环.

代码 2.8　for 循环和 while 循环

```
1 s=0
2 for i in range(1,101):            # for 循环
3     s+=i
4 else:
5     print(s)
6 print()
7 s=i=0
8 while i<=100:                     # while 循环
9     s+=i
10     i+=1
11 else:
12     print(s)
```

代码 2.8 的运行结果如图 2.14 所示.

```
>>>
================ RESTART: F:\Python\xiangmu\list.py ================
5050

5050
>>>
```

图 2.14　代码 2.8 的运行结果

习题 2-2

1. 一个整数，它加上 100 后是一个完全平方数，再加上 168 又是一个完全平方数，请问该数是多少？

2. 利用条件运算符的嵌套来完成此题：学习成绩 ≥90 分的同学用 A 表示，60~89 分之间的用 B 表示，60 分以下的用 C 表示.

3. 输入一行字符，分别统计出其中的英文字母、空格、数字和其他字符的个数.

2.3　Python 数据存储

2.3.1　字符串与正则表达式

字符串就是一系列字符. 在 Python 中，用引号括起的都是字符串，其中的引号可以是单引号，也可以是双引号. 如果为变量赋一个字符串值，不需要提前声明，Python 能为变量动态赋值.

【例 2.9】　使用反斜杠（\）对引号进行转义. 在大多数情况下，可通过使用长字符串和原始字符串（可结合使用这两种字符串）来避免使用反斜杠.

代码 2.9　单引号字符串以及对引号转义

```
1 "Let's go"
2 'Let's go'                              # 有错误
3 'Let\'s go'                             # 转义字符 \
```

代码 2.9 的运行结果如图 2.15 所示.

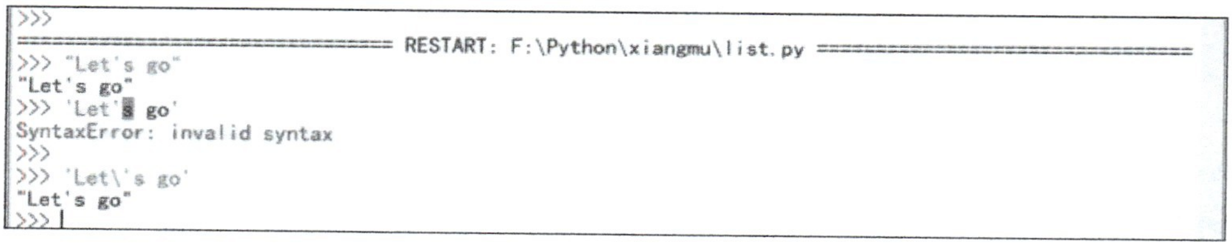

```
>>>
================================ RESTART: F:\Python\xiangmu\list.py ================================
>>> "Let's go"
"Let's go"
>>> 'Let's go'
SyntaxError: invalid syntax
>>>
>>> 'Let\'s go'
"Let's go"
>>>
```

图 2.15　代码 2.9 的运行结果

【例 2.10】　依次输入两个字符串，Python 自动将它们连接起来了（合并为一个字符串）. 这种机制用得不多，但有时候很有用. 然而，仅当用户依次输入两个字符串时，这种机制才管用.

代码 2.10　连接字符串

```
1 "We are"'family'
2 "Hello "+"world!"          # 字符串的连接
3 a='Hello'
4 b='world! '
5 a+b                         # 字符串的连接
```

代码 2.10 的运行结果如图 2.16 所示.

【例 2.11】　Python 打印所有的字符串时，都用引号将其括起. Python 打印值时，保留其在代码中的样子，而不是希望用户看到的样子. 但如果使用 print 打印，结果将不同.

```
>>>
>>> "We are" ' family'
'We are family'
>>>
```

```
>>>
>>> "Hello "+"world!"
'Hello world!'
>>> a='Hello '
>>> b='world!'
>>> a+b
'Hello world!'
>>> |
```

图 2.16　代码 2.10 的运行结果

代码 2.11　字符串打印和 print 打印

```
"Hello world!"
print("Hello,world!")
"Hello,\nworld!"                          #字符串打印
print("Hello,\nworld!")                   #print 打印
```

代码 2.11 的运行结果如图 2.17 所示.

```
>>>
>>> "Hello world!"
'Hello world!'
>>> print("Hello, world!")
Hello, world!
>>> "Hello,\nworld!"
'Hello,\nworld!'
>>> print("Hello,\nworld!")
Hello,
world!
>>> |
```

图 2.17　代码 2.11 的运行结果

【例 2.12】　通过两种不同的机制可将值转换为字符串. 用户可通过使用函数 repr ( ) 和 str ( ) 直接使用这两种机制. 使用 repr ( ) 时, 通常会获得值的合法 Python 表达式表示. 使用 str ( ) 能以合理的方式将值转换为用户能够看懂的字符串.

代码 2.12　字符串表示 repr ( ) 和 str ( )

```
print(repr("Hello,\nworld!"))             #repr()函数
print(str("Hello,\nworld!"))              #str()函数
```

代码 2.12 的运行结果如图 2.18 所示.

```
>>>
>>> print(repr("Hello,\nworld!"))
'Hello,\nworld!'
>>> print(str("Hello,\nworld!"))
Hello,
world!
>>>
```

图 2.18　代码 2.12 的运行结果

字符串方法

1) center( ): 方法 center( ) 通过在两边添加填充字符 (默认为空格) 让字符串居中.

2) find( ): 方法 find( ) 在字符串中查找子串. 如果找到, 就返回子串的第一个字符的

索引，否则返回-1.

3）join（）：join（）是一个非常重要的字符串方法，其作用与 split（）相反，用于合并序列的元素.

4）lower（）：方法 lower（）用于返回字符串的小写版本.

5）replace（）：方法 replace（）将指定子串替换为另一个字符串，并返回替换后的结果.

6）split（）：split（）是一个非常重要的字符串方法，其作用与 join（）相反，用于将字符串拆分为序列. 注意，如果没有指定分隔符，那么将默认在单个或多个连续的空白字符（空格、制表符、换行符等）处进行拆分.

7）strip（）：方法 strip（）将字符串开头和末尾的空白（但不包括中间的空白）删除，并返回删除后的结果.

【例 2.13】 字符串的 center（）方法和 find（）方法.

代码 2.13　center（）方法和 find（）方法

```
1 'I like Python'.center(20)                    # center()方法
2 'I like Python'.center(20,'* ')
3 'I like Python'.find('like')                   # find()方法
4 'I like Python'.find('ab')
```

代码 2.13 的运行结果如图 2.19 所示.

```
>>>
>>> 'I like Python'.center(20)
'   I like Python    '
>>> 'I like Python'.center(20, '*')
'***I like Python****'
>>>

>>>
>>> 'I like Python'.find('like')
2
>>> 'I like Python'.find('ab')
-1
>>>
```

图 2.19　代码 2.13 的运行结果

【例 2.14】 列表的 join（）方法.

代码 2.14　join（）方法

```
1 seq=[1,2,3,4,5]
2 sep = '+'
3 sep.join(seq)                    # 数字列表不能用 join()
4 seq=['1','2','3','4','5']
5 sep.join(seq)
```

代码 2.14 的运行结果如图 2.20 所示.

```
>>>
>>> seq=[1, 2, 3, 4, 5]
>>> sep = '+'
>>> sep. join(seq)
Traceback (most recent call last):
  File "<pyshell#14>", line 1, in <module>
    sep. join(seq)
TypeError: sequence item 0: expected str instance, int found
>>> seq = ['1', '2', '3', '4', '5']
>>> sep. join(seq)
'1+2+3+4+5'
```

图 2.20 代码 2.14 的运行结果

【例 2.15】 字符串的 lower( )、title( )、replace( )、split( )和 strip( )方法.

代码 2.15 lower( )、title( )、replace( )、split( )和 strip( )方法

```
1 'Trondheim Hammer Dance'.lower()        # lower()方法

2 "that's all folks".title()             # title()方法

3 'This is a test'.replace('is','seem')  # replace()方法

4 '1+2+3+4+5'.split('+')                 # split()方法

5 'Using the default'.split()

6 'internal whitespace is kept '.strip() # strip()方法
```

代码 2.15 的运行结果如图 2.21 所示.

```
>>> 'Trondheim Hammer Dance'.lower()
'trondheim hammer dance'
>>> "that's all folks".title()
"That'S All Folks"
>>> 'This is a test'.replace('is', 'seem')
'Thseem seem a test'
>>> '1+2+3+4+5'.split('+')
['1', '2', '3', '4', '5']
>>> 'Using the default'.split()
['Using', 'the', 'default']
>>> ' internal whitespace is kept '.strip()
'internal whitespace is kept'
>>> |
```

图 2.21 代码 2.15 的运行结果

2.3.2 列表与元组

1. 列表

列表是指有序的可变对象集合.

Python 中的列表类似于其他编程语言中数组的概念,可以把列表想象成一个相关对象的索引集合,列表中的每个槽(元素)从 0 开始编号.

不过,Python 中的列表是动态的,可以根据需要扩展(和收缩),并且在使用任何对象之前不需要预声明列表的大小.

同时,列表是异构的,不需要预声明所要存储的对象类型,可以在一个列表中混合不同类型的对象.

列表是可变的,可以在任何时间通过增加、删除或修改对象来修改列表.

列表总是用中括号包围,而且列表中包含的对象之间总是用逗号分隔.

【例 2.16】 各种对象的列表.

代码 2.16   各种列表

```
1 empty=[]                                              # 空列表
2 float=[32.0,100.6,54.8,64.9]                          # 浮点数列表
3 words=['hello','world']                               # 单词列表
4 mix=['x','y',100,34.5]                                # 混合型列表
5 everything=[empty,float,words,mix]                    # 包含列表的列表
6 ends=[[1,2,3],['a','b','c'],['one','two','three']]    # 包含列表的列表
```

代码 2.16 的运行结果如图 2.22 所示.

```
>>> empty
[]
>>> float
[32.0, 100.6, 54.8, 64.9]
>>> words
['hello', 'world']
>>> mix
['x', 'y', 100, 34.5]
>>> everything
[[], [32.0, 100.6, 54.8, 64.9], ['hello', 'world'], ['x', 'y', 100, 34.5]]
>>> ends
[[1, 2, 3], ['a', 'b', 'c'], ['one', 'two', 'three']]
>>> |
```

图 2.22   代码 2.16 的运行结果

【例 2.17】   Python 中的索引位置编号是从 0 开始的, 可以用中括号记法来访问列表中的对象. Python 允许相对于列表两端来访问列表: 正索引值从左向右数, 负索引值从右向左数.

代码 2.17   列表的索引

```
1 speak='I like the world!'
2 letters=list(speak)                 #将 speak 列表化
3 letters
4 letters[0]
5 letters[5]
6 letters[-1]
7 letters[-5]
```

代码 2.17 的运行结果如图 2.23 所示.

```
>>> speak='I like the world!'
>>> letters=list(speak)
>>> letters
['I', ' ', 'l', 'i', 'k', 'e', ' ', 't', 'h', 'e', ' ', 'w', 'o', 'r', 'l', 'd', '!']
>>> letters[0]
'I'
>>> letters[5]
'e'
>>> letters[-1]
'!'
>>> letters[-5]
'o'
>>> |
```

图 2.23   代码 2.17 的运行结果

【例 2.18】 Python 列表可以把开始、结束和步长值放到中括号里，相互之间用冒号（：）分隔，即 List［start：stop：step］. 开始值默认为 0，结束值默认为列表允许的最大值，步长值默认为 1.

代码 2.18 列表的切片

```
1 speak = 'I like the world!'
2 letters = list(speak)
3 letters
4 letters[3:10:2]
5 letters[::3]
6 letters[10:5:-1]
7 letters[5:]
8 letters[:9]
```

代码 2.18 的运行结果如图 2.24 所示.

```
>>>
>>> letters
['I', ' ', 'l', 'i', 'k', 'e', ' ', 't', 'h', 'e', ' ', 'w', 'o', 'r', 'l', 'd', '!']
>>> letters[3:10:2]
['i', 'e', 't', 'e']
>>> letters[::3]
['I', 'i', ' ', 'e', 'o', 'd']
>>> letters[10:5:-1]
[' ', 'e', 'h', 't', ' ']
>>> letters[5:]
['e', ' ', 't', 'h', 'e', ' ', 'w', 'o', 'r', 'l', 'd', '!']
>>> letters[:9]
['I', ' ', 'l', 'i', 'k', 'e', ' ', 't', 'h']
>>>
```

图 2.24 代码 2.18 的运行结果

列表方法有以下几种：

1）append（）：方法 append（）用于将一个对象附加到列表末尾.

2）remove（）：方法 remove（）用于删除第一个为指定值的元素.

3）pop（）：方法 pop（）从列表中删除一个元素（末尾为最后一个元素），并返回这一元素.

4）extend（）：方法 extend（）能够同时将多个值附加到列表末尾，为此可将这些值组成的序列作为参数提供给方法 extend（）. 换言之，可使用一个列表来扩展另一个列表.

5）insert（）：方法 insert（）用于将一个对象插入列表.

6）clear（）：方法 clear（）可就地清空列表的内容.

7）copy（）：方法 copy（）用于复制列表. 常规复制只是将另一个名称关联到列表.

【例 2.19】 列表的各个方法.

代码 2.19 列表方法

```
1 nums = [1,2,3]
2 nums.append(4)              # append()方法
3 nums
4 nums.remove(3)             # remove()方法
```

```
nums
nums.pop()                                  # pop()方法
nums
nums.pop(0)
nums
nums.extend([3,4])                          # extend()方法
nums
nums.insert(0,1)                            # insert()方法
nums
nums.clear()                                # clear()方法
nums
```

代码 2.19 的运行结果如图 2.25 所示.

```
>>> nums=[1,2,3]
>>> nums.append(4)
>>> nums
[1, 2, 3, 4]
>>> nums.remove(3)
>>> nums
[1, 2, 4]
>>> nums.pop()
4
>>> nums
[1, 2]
>>> nums.pop(0)
1
>>> nums
[2]
>>> nums.extend([3,4])
>>> nums
[2, 3, 4]
>>> nums.insert(0,1)
>>> nums
[1, 2, 3, 4]
>>> nums.clear()
>>> nums
[]
>>>
```

图 2.25 代码 2.19 的运行结果

【例 2.20】 列表的复制.

代码 2.20 列表的复制

```
a=[1,2,3]
b=a
b[2]=5
a
a=[1,2,3]
b=a.copy()                                  #列表的复制
b[2]=5
a
```

代码 2.20 的运行结果如图 2.26 所示.

2. 元组

元组是指有序的不可变对象的集合.

元组是一个不可变的列表. 一旦向一个元组赋对象，那么在任何情况下，这个元组都不

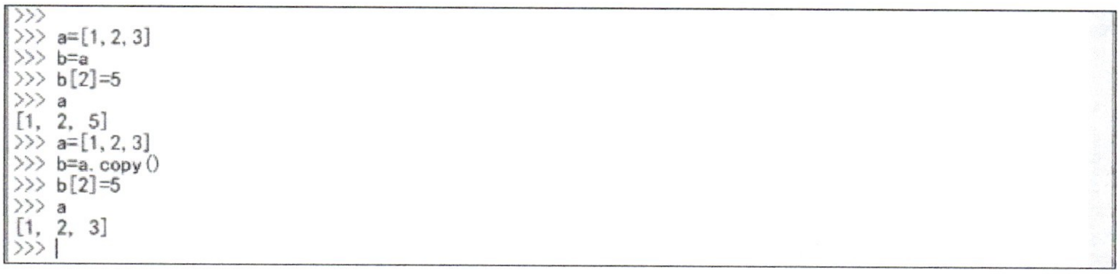

```
>>>
>>> a=[1,2,3]
>>> b=a
>>> b[2]=5
>>>
[1, 2, 5]
>>> a=[1,2,3]
>>> b=a.copy()
>>> b[2]=5
>>> a
[1, 2, 3]
>>> |
```

图 2.26　代码 2.20 的运行结果

能再改变. 通常可以把元组看成一个常量列表. 列表用中括号包围，而元组使用小括号.

【例 2.21】　定义元组.

代码 2.21　元组

```
1 num = ()                          # 空元组
2 num
3 nums = (1,2,3,4)                  # 定义元组
4 nums
5 nums[1] = 5                       # 元组不能改变
6 nums
```

代码 2.21 的运行结果如图 2.27 所示.

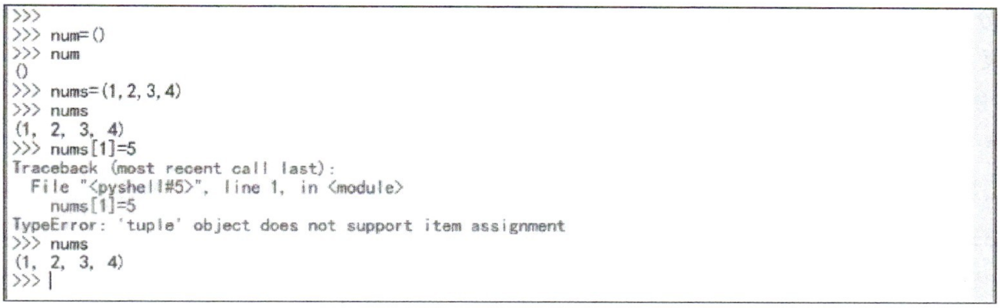

```
>>>
>>> num=()
>>> num
()
>>> nums=(1,2,3,4)
>>> nums
(1, 2, 3, 4)
>>> nums[1]=5
Traceback (most recent call last):
  File "<pyshell#5>", line 1, in <module>
    nums[1]=5
TypeError: 'tuple' object does not support item assignment
>>> nums
(1, 2, 3, 4)
>>> |
```

图 2.27　代码 2.21 的运行结果

【例 2.22】　Python 语言的规则指出：元组在一对小括号中至少要包含一个逗号，即使这个元组中只包含一个对象也不例外.

代码 2.22　一个对象的元组

```
1 t = ('Python')                    # 这不是元组
2 type(t)
3 t
4 tuple = ('Python',)               # 一个对象的元组
5 type(tuple)
6 tuple
```

代码 2.22 的运行结果如图 2.28 所示.

```
>>>
>>> t=('Python')
>>> type(t)
<class 'str'>
>>> t
'Python'
>>> tuple=('Python',)
>>> type(tuple)
<class 'tuple'>
>>> tuple
('Python',)
>>>
```

图 2.28　代码 2.22 的运行结果

2.3.3　字典与集合

1. 字典

字典是指无序的键/值对集合.

Python 字典可以存储一个键/值对集合. 在字典中，每个唯一键都有一个与之关联的值. 字典可以包含多个键/值对. 与键关联的值可以是任意对象.

字典是无序的，并且是可变的. 可以把 Python 的字典看成一个两列多行的数据结构. 字典可以根据需要扩展（收缩）.

在字典中增加键/值对时可能有一个顺序，但字典不会保持这个顺序. 当然，如果需要，可以用某个特定的顺序显示字典数据.

字典由键及其相应的值组成，这种键/值对称为项（Item）. 每个键与其值之间都用冒号（:）分隔，项之间用逗号分隔. 整个字典放在花括号内. 空字典（没有任何项）用两个花括号表示.

【例 2.23】　创建字典.

代码 2.23　字典

```
1 dictionary={}                          #空字典
2 dictionary
3 results={ 'name':'cao',
4          'Chinese':95,
5          'Math':93,
6          'English':90 }                #定义 results 字典
7 results
```

代码 2.23 的运行结果如图 2.29 所示.

```
>>>
>>> dictionary={}
>>> dictionary
{}
>>> results={ 'name':'cao',
              'Chinese':95,
              'Math':93,
              'English':90}
>>> results
{'name': 'cao', 'Chinese': 95, 'Math': 93, 'English': 90}
>>>
```

图 2.29　代码 2.23 的运行结果

【例 2.24】 Python 中要使用键来访问字典中的数据，也可以通过为一个新键（放在中括号里）赋一个对象来为字典增加新的键/值对.

代码 2.24　字典的键/值对

```
1 results
2 results['name']                              # 字典查询
3 results['Chinese']
4 results['age']=22                            # 字典添加
5 results
```

代码 2.24 的运行结果如图 2.30 所示.

```
>>> results
{'name': 'cao', 'Chinese': 95, 'Math': 93, 'English': 90}
>>>
>>> results['name']
'cao'
>>> results['Chinese']
95
>>>
>>> results['age']=22
>>> results
{'name': 'cao', 'Chinese': 95, 'Math': 93, 'English': 90, 'age': 22}
>>>
```

图 2.30　代码 2.24 的运行结果

2. 集合

集合是指无序的唯一对象容器.

集合可以用来保存相关的对象，同时确定其中的任何对象不会重复，即集合不允许有重复的对象. 集合运行可完成并集、交集和差集操作. 集合可以根据需要扩展（收缩）. 集合是无序的，所以不能对集合中对象的顺序做任何假设.

集合中的对象相互之间用逗号分隔，包围在大括号里.

【例 2.25】 空集合和空字典建立的区别.

代码 2.25　集合

```
1 empty1 = set()                               # 空集合
2 type(empty1)                                 # 检测 empty1 的类型
3 empty2 = {}                                  # 空字典
4 type(empty2)                                 # 检测 empty2 的类型
```

代码 2.25 的运行结果如图 2.31 所示.

```
>>>
>>> empty1=set()
>>> type(empty1)
<class 'set'>
>>> empty2={}
>>> type(empty2)
<class 'dict'>
>>>
```

图 2.31　代码 2.25 的运行结果

【例 2.26】 集合的初始化.

代码 2.26 集合的初始化

```
1 vowels={'a','e','e','i','o','u','u'}
2 vowels
3 vowels2=set('aeeiouu')                    #集合 set
4 vowels2
```

代码 2.26 的运行结果如图 2.32 所示.

```
>>>
>>> vowels={'a','e','e','i','o','u','u'}
>>> vowels
{'e', 'a', 'o', 'u', 'i'}
>>> vowels2=set('aeeiouu')
>>> vowels2
{'e', 'a', 'o', 'u', 'i'}
>>>
```

图 2.32 代码 2.26 的运行结果

集合操作

【例 2.27】 并集. Python 中提供 union( )方法, 可将一个集合与另一个集合合并.

代码 2.27 集合的并集

```
1 vowels=set('aeiou')
2 word='hello'
3 u=vowels.union(set(word))                 #union()方法
4 u
5 vowels
```

代码 2.27 的运行结果如图 2.33 所示.

```
>>>
>>> vowels=set('aeiou')
>>> word='hello'
>>> u=vowels.union(set(word))
>>> u
{'i', 'a', 'o', 'e', 'l', 'h', 'u'}
>>> vowels
{'i', 'o', 'a', 'e', 'u'}
>>> |
```

图 2.33 代码 2.27 的运行结果

【例 2.28】 差集. Python 中提供 difference( )方法, 会告诉用户哪些元素在一个集合中, 而不在另一个集合中.

代码 2.28 集合的差集

```
1 vowels=set('aeiou')
2 word='hello'
```

```
3 d1=vowels.difference(set(word))          #difference()方法
4 d1
5 d2=set(word).difference(vowels)
6 d2
```

代码 2.28 的运行结果如图 2.34 所示.

```
>>>
>>> vowels=set('aeiou')
>>> word='hello'
>>> d1=vowels.difference(set(word))
>>> d1
{'i', 'a', 'u'}
>>> d2=set(word).difference(vowels)
>>> d2
{'l', 'h'}
>>> |
```

图 2.34 代码 2.28 的运行结果

【例 2.29】 交集.Python 中提供 intersection()方法,它取一个集合中的对象,与另一个集合中的对象进行比较,然后报告找到的共同对象.

代码 2.29 集合的交集

```
1 vowels=set('aeiou')                      # vowels 集合
2 word='hello'
3 i=vowels.intersection(set(word))         # vowels 集合和 word 的集合的公共元素
4 i
```

代码 2.29 的运行结果如图 2.35 所示.

```
>>>
>>> vowels=set('aeiou')
>>> word='hello'
>>> i=vowels.intersection(set(word))
>>> i
{'e', 'o'}
>>>
```

图 2.35 代码 2.29 的运行结果

2.3.4 函数与模块

1. 函数

函数是一段可重用的有名称的代码.通过输入参数值,返回需要的结果,并可存储在文件中供以后使用.几乎任何 Python 代码都可放在函数中.Python 为函数提供了强大的支持.

函数引用了两个关键字:def 和 return.def 关键字指定函数名,并详细列出函数可能有的参数. return 关键字是可选的,可以用来向调用这个函数的代码传回一个值.

函数可以接收参数数据,可以在 def 行的函数名后面指定一个参数列表,放在小括号之间.

函数包含代码、文档,代码在 def 行下缩进一层,会包括适当的注释.可以使用一个三重引号字符串，也可以使用一个单行注释，这种注释会有#符号前缀.

代码2.30 函数定义

```
1 def a_descriptive_name(optional_arguments):
2     """A documentation string."""
3     # Your function's code goer here.
4     # Your function's code goer here.
5     # Your function's code goer here.
6     return optional_value
```

【例2.30】 函数注释是可选的，可以提供信息. 本例中，第一个函数注释指示这个函数希望word参数的类型是一个字符串（：str），第二个函数注释指出这个函数会向其调用者返回一个集合（->set）.

代码2.31 函数注释

```
1 def search_vowels(word:str)->set:          # 构建 search_vowels()函数
2     """Return any vowels found in a supplied word."""
3     vowels=set('aeiou')
4 return vowels.intersection(set(word))
5 search_vowels('animals')                   # 调用 search_vowels()函数
6 search_vowels('family')                    # 调用 search_vowels()函数
```

代码2.31的运行结果如图2.36所示.

```
>>>
=================== RESTART: F:\Python\xiangmu\list.py ===================
>>> search_vowels('animals')
{'a', 'i'}
>>> search_vowels('family')
{'a', 'i'}
>>>
```

图2.36 代码2.31的运行结果

2. 模块

模块是处理某一类问题的集合，模块由函数和类组成. 模块和常规 Python 程序之间的唯一区别是用途不同，模块用于编写其他程序.

模块可将一个或多个函数保存在文件中. 应确保模块总在解释器的当前工作目录中或者在解释器的 site-packages 位置上.

使用"setuptools"可将模块安装到 site-packages. 首先要创建一个发布描述，这会明确用户希望 setuptools 安装的模块；其次生成一个发布文件，通过在命令行上使用 Python 创建一个可共享的发布文件，其中包含模块的代码；最后安装发布文件，在命令行上使用 Python，将发布文件（其中包含用户的模块）安装到 site-packages 中.

习题 2-3

1. 输入 3 个整数 x、y、z，请把这 3 个数由小到大输出.
2. 将一个列表的数据复制到另一个列表中.
3. 暂停 1s 输出.

2.4 文件操作和异常处理

2.4.1 面向对象程序设计

Python 使用 class 关键字定义一个类，类名首字符一般要大写. 当需要创建的类型不能用简单类型来表示时，则需要定义类，然后利用定义的类创建对象.

代码 2.32 类的定义

```
1 class Person(object):
2   """Class to represent a person"""
3   def _init_(self):                    # 类的构造函数,用来初始化对象
4       self.name='Cao'
5       self.age=22
6   def display(self):                   # 类中定义的函数也称为方法
7       print("Person(% s,% d)"% (self.name,self.age))
```

创建对象的过程称为实例化. 当一个对象被创建之后，包含 3 方面的特性：对象的标识、属性和方法. 对象的标识用于区分不同的对象，当对象被创建之后，该对象会获取一块存储空间，存储空间的地址即为对象的标识. 对象的属性和方法与类的成员变量和成员函数相对应.

【例 2.31】 Python 自动给每个对象添加特殊变量 self，该变量指向对象本身，让类中的函数能够明确地引用对象的数据和函数.

代码 2.33 创建对象

```
1 class Person(object):
2   """Class to represent a person"""
3   def _init_(self):                    # 类的构造函数,用来初始化对象
4       self.name='Cao'
5       self.age=22
6   def display(self):                   # 类中定义的函数也称为方法
7       print("Person(% s,% d)"% (self.name,self.age))
8 if _name_=='_main_':
9   p=Person()                           # 创建对象
```

```
10    print(p)
11    print(p.age)                      # 对象调用类属性
12    print(p.name)
13    p.age=25
14    p.name='Jack'
15    p.display()                       # 对象调用类方法
```

代码 2.33 的运行结果如图 2.37 所示.

```
>>>
==================== RESTART: F:\Python\xiangmu\list.py ====================
<__main__.Person object at 0x000001DEB6E763A0>
22
Cao
Person(Jack, 25)
>>>
```

图 2.37   代码 2.33 的运行结果

类是由属性和方法组成的. 类的属性表示对数据的封装, 而类的方法则表示对象具有的行为.

类通常由函数 (实例方法) 和变量 (类变量) 组成. Python 的构造函数、析构函数、私有属性或方法都是通过名称约定区分的.

Python 的类属性一般分为私有属性和公有属性. C++有定义属性的关键字 (public、private、protect), 而 Python 没有这类关键字, 在默认情况下, 所有的属性都是 "公有的", 对公有属性的访问没有任何限制, 并且都会被子类继承, 也能从子类中进行访问.

若不希望类中的属性在类外被直接访问, 就要定义为私有属性. Python 使用约定属性名称来划分属性类型. 若属性的名字以两个下画线开始, 表示私有属性; 反之, 没有使用双下画线开始的表示公有属性. 类的方法也同样使用这样的约定.

另外, Python 没有保护类型的修饰符.

【例 2.32】   Python 的实例属性和静态变量. 实例属性是以 self 为前缀的属性, 没有该前缀的属性是普通的局部变量. C++中有一类特殊的属性, 称为静态变量. 静态变量可以被类直接调用, 而不能被实例化对象调用. 当创建新的实例化对象后, 静态变量并不会获取新的内存空间, 而是使用类创建的内存空间. 因此, 静态变量能够被多个实例化对象共享. 在 Python 中, 静态变量称为类变量, 类变量可以在该类的所有实例中被共享.

代码 2.34   类的属性

```
1 class Fruit(object):
2    price=0                           # 类属性
3    def _init_(self):
4        self.color='red'              # 实例属性
5        zone='China'                  # 局部变量
6 if _name_=='_main_':
7    print(Fruit.price)                # 使用类名调用类变量
```

```
8    apple=Fruit()                              # 实例化 apple
9    print(apple.color)                         # 打印 apple 实例的颜色
10   Fruit.price=Fruit.price+10
11   print("apple's price:"+str(apple.price))   # 打印 apple 实例的 price
12   banana=Fruit()
13   banana.color='yellow'
14   print(banana.color)                        # 打印 banana 实例的颜色
15   print("banana's price:"+str(banana.price)) # 打印 banana 的 price
```

代码 2.34 的运行结果如图 2.38 所示.

```
>>>
================================ RESTART: F:\Python\xiangmu\list.py ================================
0
red
apple's price:10
yellow
banana's price:10
>>>
```

图 2.38　代码 2.34 的运行结果

Python 对类的属性和方法的定义次序并没有要求. 合理的方式是将类属性定义在类中最前面, 然后定义私有方法, 最后定义公有方法.

Python 的类还提供了一些内置属性, 用于管理类的内部关系如 _dict_、_bases_、_doc_等.

【例 2.33】 类的内置属性.

代码 2.35　类的内置属性

```
1 class Fruit(object):
2    def _init_(self):
3        self.color='red'
4 class Apple(Fruit):
5    """This is doc"""
6    pass
7 if _name_=='_main_':
8    fruit=Fruit()
9    apple=Apple()
10   print(Apple._bases_)      # 输出基类组成的元组
11   print(apple._dict_)       # 输出属性组成的字典
12   print(apple._module_)     # 输出类所在的模块名
13   print(apple._doc_)        # 输出 doc 文档
```

代码 2.35 的运行结果如图 2.39 所示.

类的方法分为私有方法和公有方法. 私有方法既不能被模块外的类或方法调用, 也不能

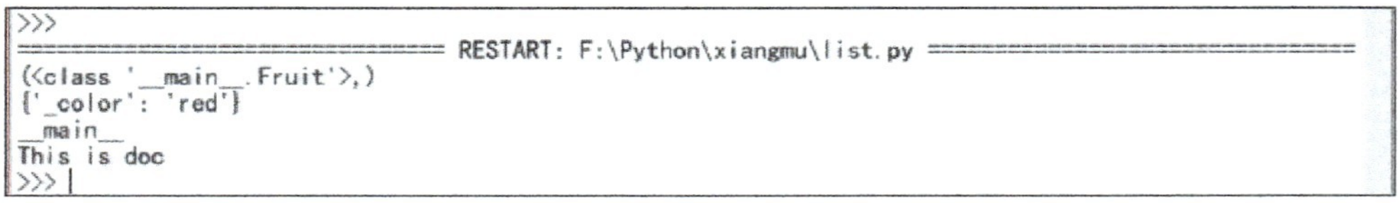

```
>>>
========================= RESTART: F:\Python\xiangmu\list.py =========================
(<class '__main__.Fruit'>,)
{'_color': 'red'}
__main__
This is doc
>>>
```

图 2.39　代码 2.35 的运行结果

被外部的类或函数调用. 公有方法可以公开被调用, 通过函数名直接调用即可.

C++中的静态方法使用关键字 static 声明, 而 Python 使用 staticmethod( ) 函数或@ static-method 修饰器将普通的函数转换为静态方法. Python 的静态方法并没有和类的实例进行名称绑定, 如果要调用, 除了使用通常的方法外, 使用类名作为其前缀亦可.

【例 2.34】　继承是面向对象的重要特性之一, 可实现代码的重用. 通过继承可以创建新类, 给既有类的副本添加变量和方法. 原始的类称为父类或超类, 新类称为子类或派生类. 继承可以重用已经存在的数据和行为, 减少代码的重复编写. Python 在类名后使用一对括号表示继承关系, 括号中即为父类.

代码 2.36　类的继承

```
1 class Fruit(object):                                    # 父类
2    def _init_(self,color):
3        self.color=color
4        print("fruit's color:% s"% self.color)
5    def grow(self):
6        print("grow...")
7 class Apple(Fruit):                                      # 继承 Fruit 类
8    def _init_(self,color):                              # 子类的构造函数
9        Fruit._init_(self,color)                         # 显示地调用父类的构造函数
10       print("apple's color:% s"% self.color)
11 class Banana(Fruit):                                    # 继承 Fruit 类
12    def _init_(self,color):                             # 子类的构造函数
13        Fruit._init_(self,color)                        # 显示地调用父类的构造函数
14        print("banana's color:% s"% self.color)
15    def grow(self):
16        print("banana grow...")
17 if _name_ == '_main_':
18    apple=Apple("red")
19    apple.grow()
20    banana=Banana("yellow")
21    banana.grow()
```

代码 2.36 的运行结果如图 2.40 所示.

多态性

继承机制说明子类具有父类的公有属性和方法, 而且子类可以扩展自身的功能, 添加新

```
>>>
========================== RESTART: F:\Python\xiangmu\list.py ==========================
fruit's color:red
apple's color:red
grow...
fruit's color:yellow
banana's color:yellow
banana grow...
>>>
```

图 2.40　代码 2.36 的运行结果

的属性和方法. 因此, 子类可以替代父类对象, 这种特性称为多态性. 此外, 从根本上说, 所谓多态性, 是指当不同的对象收到相同的消息时产生不同的动作.

【例 2.35】

代码 2.37　类的多态

```
1 class Fruit(object):
2    def _init_(self,color=None):
3        self.color=color
4 class Apple(Fruit):                          # 继承 Fruit 类
5    def _init_(self,color="red"):
6        Fruit._init_(self,color)
7 class Banana(Fruit):                         # 继承 Fruit 类
8    def _init_(self,color="yellow"):
9        Fruit._init_(self,color)
10 class FruitShop(object):
11    def sellFruit(self,fruit):
12        if isinstance(fruit,Apple):
13            print("sell apple")
14        if isinstance(fruit,Banana):
15            print("sell banana")
16        if isinstance(fruit,Fruit):
17            print("sell fruit")
18 if _name_=='_main_':
19    shop=FruitShop()                         # 创建 FruitShop 对象
20    apple=Apple()
21    banana=Banana()
22    shop.sellFruit(apple)
23    shop.sellFruit(banana)
```

代码 2.37 的运行结果如图 2.41 所示.

```
>>>
========================== RESTART: F:\Python\xiangmu\list.py ==========================
sell apple
sell fruit
sell banana
sell fruit
>>>
```

图 2.41　代码 2.37 的运行结果

2.4.2 文件操作

1. open()函数

先用 Python 内置的 open() 函数打开一个文件,创建一个 file 对象,使用相关的方法才可以调用它进行读写. 语法:

$$file\ object = open(file\_name\ [\ ,access\_mode\ ]\ [\ ,buffering\ ])$$

file_name:是一个包含了用户要访问的文件名的字符串值.

access_mode:决定了打开文件的模式,即只读、写入、追加等. 这个参数是非强制的,默认文件访问模式为只读(r).

buffering:如果 buffering 的值被设置为 0,就不会有寄存;如果 buffering 的值取 1,那么访问文件时会寄存行;如果将 buffering 的值设置为大于 1 的整数,那么就表明了这是寄存区的缓冲大小;如果取负值,寄存区的缓冲大小则为系统默认.

下面介绍打开文件的不同模式:

r:以只读方式打开文件. 文件的指针将会放在文件的开头. 这是默认模式.

w:打开一个文件只用于写入. 如果该文件已存在,则将其覆盖;如果该文件不存在,创建新文件.

a:打开一个文件用于追加. 如果该文件已存在,那么文件指针将会放在文件的结尾. 也就是说,新的内容将会被写入已有内容之后. 如果该文件不存在,那么创建新文件进行写入.

x:打开一个新文件来写数据. 如果文件已经存在,则失败.

默认情况下,文件以文本模式打开,可以为模式增加"b"来指定二进制模式(如"wb"表示"写二进制数据"). 若包含"+",则会打开文件来完成读写(如"x+b"表示"读写一个新的二进制文件")

2. file 对象的属性

一个文件被打开后,会得到一个 file 对象,用户可以得到有关该文件的各种信息. 以下是和 file 对象相关的所有属性:

file. closed:如果文件已被关闭,返回 True,否则返回 False.

file. mode:返回被打开文件的访问模式.

file. name:返回文件的名称.

3. close()函数

file 对象的 close() 方法刷新缓冲区里任何还没写入的信息,并关闭该文件,之后便不能再进行写入. 当一个文件对象的引用被重新指定给另一个文件时,Python 会关闭之前的文件. 用 close() 方法关闭文件是一个很好的习惯.

【例 2.36】 访问 file 对象的属性.

代码 2.38 打开和关闭文件

```
1 fo=open('foo.txt','wb')          #打开文件流
2 print('文件名:',fo.name)
3 print('是否已关闭:',fo.closed)
4 print('访问模式:',fo.mode)
```

```
5 fo.close()                              #关闭文件流
```

代码 2.38 的运行结果如图 2.42 所示.

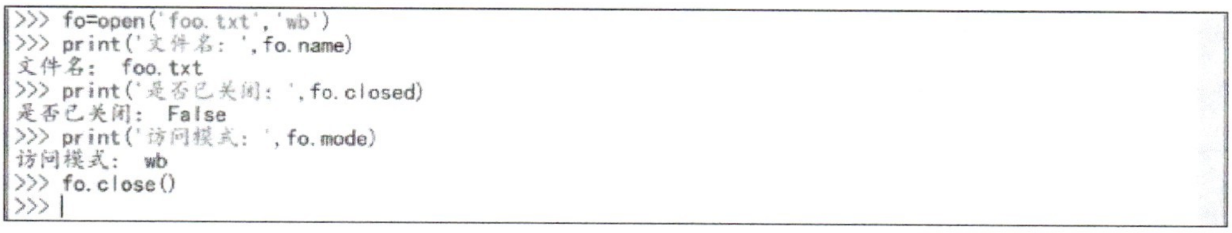

```
>>> fo=open('foo.txt','wb')
>>> print('文件名: ',fo.name)
文件名: foo.txt
>>> print('是否已关闭: ',fo.closed)
是否已关闭: False
>>> print('访问模式: ',fo.mode)
访问模式: wb
>>> fo.close()
>>>
```

图 2.42　代码 2.38 的运行结果

【例 2.37】　write( )方法可将任何字符串写入一个打开的文件. 需要重点注意的是, Python 字符串可以是二进制数据, 而不仅仅是文字. write( )方法不会在字符串的结尾添加换行符 (＼n). 例如:

$$fileObject. write(string)$$

在这里, 被传递的参数是要写入已打开文件的内容.

代码 2.39　文件的 write( )方法

```
1 f=open('somefile.txt','w')
2 f.write('Hello,')                      #文件的 write( )方法
3 f.write('World! ')
4 f.close()
```

代码 2.39 的运行结果如图 2.43 所示.

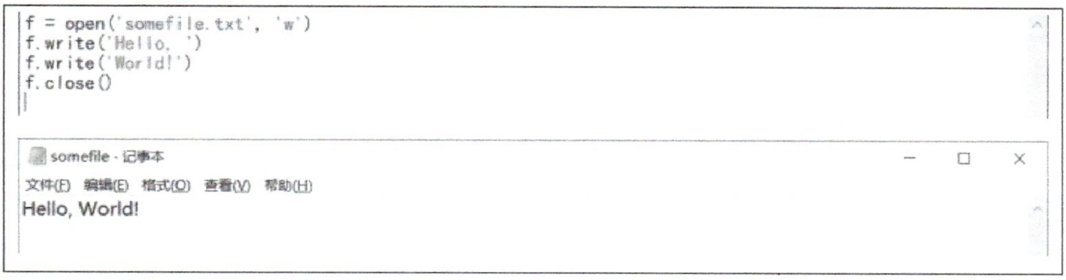

```
f = open('somefile.txt', 'w')
f.write('Hello, ')
f.write('World!')
f.close()
```

somefile - 记事本

文件(F)　编辑(E)　格式(O)　查看(V)　帮助(H)

Hello, World!

图 2.43　代码 2.39 的运行结果

【例 2.38】　read( )方法从一个打开的文件中读取一个字符串. 需要重点注意的是, Python 字符串可以是二进制数据, 而不仅仅是文字. 例如:

$$fileObject. read([count])$$

在这里, 被传递的参数是要从已打开文件中读取的字节计数. 该方法从文件的开头开始读入, 如果没有传入 count, 那么会尝试尽可能多地读取更多的内容, 很可能是到文件的末尾.

代码 2.40　文件的 read( )方法

```
1 f=open('somefile.txt','r')
2 f.read(4)                                    #文件的 read()方法
3 f.read()
```

代码 2.40 的运行结果如图 2.44 所示.

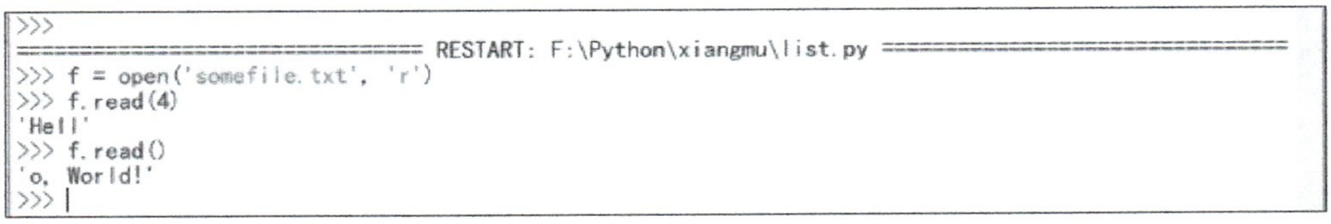

图 2.44　代码 2.40 的运行结果

下面介绍 file 对象常用的函数：

1）file. close()：关闭文件. 关闭后，文件不能再进行读写操作.

2）file. flush()：刷新文件内部缓冲区，直接把内部缓冲区的数据写入文件，而不是被动地等待输出缓冲区写入.

3）file. fileno()：返回一个整型文件描述符（File Descriptor，FD），可以用在如 os 模块的 read() 方法等一些底层操作上.

4）file. isatty()：如果文件连接到一个终端设备，那么返回 True，否则返回 False.

5）file. next()：返回文件下一行.

6）file. read（[size]）：从文件读取指定的字节数、如果未给定或为负，则读取所有.

7）file. readline（[size]）：读取整行，包括"\n"字符.

8）file. readlines（[sizeint]）：读取所有行并返回列表. 若给定 sizeint>0，则返回总和大约为 sizeint 字节的行，实际读取值可能比 sizeint 大，因为需要填充缓冲区.

9）file. seek（offset[，whence]）：设置文件当前位置.

10）file. tell()：返回文件当前位置.

11）file. truncate（[size]）：截取文件，截取的字节通过 size 指定，默认为当前文件位置.

12）file. write（str）：将字符串写入文件，没有返回值.

13）file. writelines（sequence）：向文件写入一个序列字符串列表，如果需要换行，则要自己加入每行的换行符.

【例 2.39】　对文本文档 somefile 进行一系列的函数操作.

文本文档 somefile 如图 2.45 所示.

图 2.45　文本文档 somefile

代码 2.41　文件的 read( )函数

```
1 f=open('somefile.txt')
2 print(f.read())                    #文件的 read 方法
3 f.close()
```

代码 2.41 的运行结果如图 2.46 所示.

```
>>>
>>> f = open('somefile.txt')
>>> print(f.read())
Welcome to this file
There is nothing here except
we are family
>>> f.close()
>>>
```

图 2.46　代码 2.41 的运行结果

代码 2.42　文件的 readline( )函数

```
1 f=open('somefile.txt')
2 for i in range(3):
3     print(str(i)+':'+f.readline(),end='')      #文件的 readline()函数
4 f.close()
```

代码 2.42 的运行结果如图 2.47 所示.

```
>>> f = open('somefile.txt')
>>> for i in range(3):
        print(str(i) + ': ' + f.readline(), end='')

0: Welcome to this file
1: There is nothing here except
2: we are family
>>> f.close()
>>>
```

图 2.47　代码 2.42 的运行结果

代码 2.43　文件的 pprint( )函数

```
1 import pprint                                    # 调用 pprint 包
2 pprint.pprint(open('somefile.txt').readlines())  # 调用 pprint()函数
```

代码 2.43 的运行结果如图 2.48 所示.

```
>>>
>>> import pprint
>>> pprint.pprint(open('somefile.txt').readlines())
['Welcome to this file\n', 'There is nothing here except\n', 'we are family']
>>>
```

图 2.48　代码 2.43 的运行结果

代码 2.44　文件的 write( )函数

```
1 f=open('somefile.txt','w')
2 f.write('You\nare very\nbeautiful')          #调用文件的 write()函数
3 f.close()
```

代码 2.44 的运行结果如图 2.49 所示.

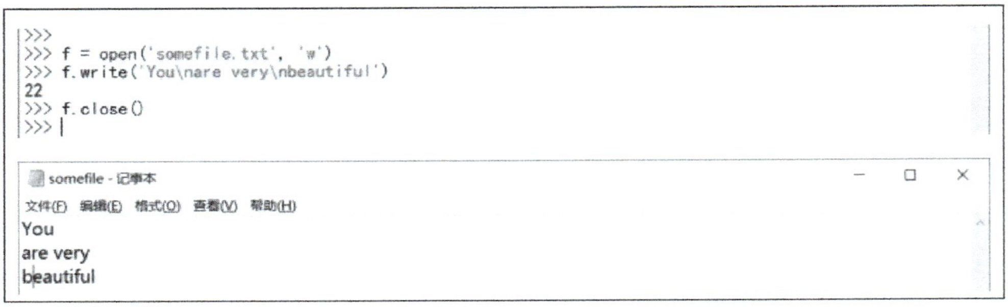

图 2.49　代码 2.44 的运行结果

代码 2.45　文件的 writelines( )函数

```
1 f=open('somefile.txt')
2 lines=f.readlines()
3 f.close()
4 lines[2]='smart\n'
5 f=open('somefile.txt','w')
6 f.writelines(lines)          #调用文件的 writelines()函数
7 f.close()
```

代码 2.45 的运行结果如图 2.50 所示.

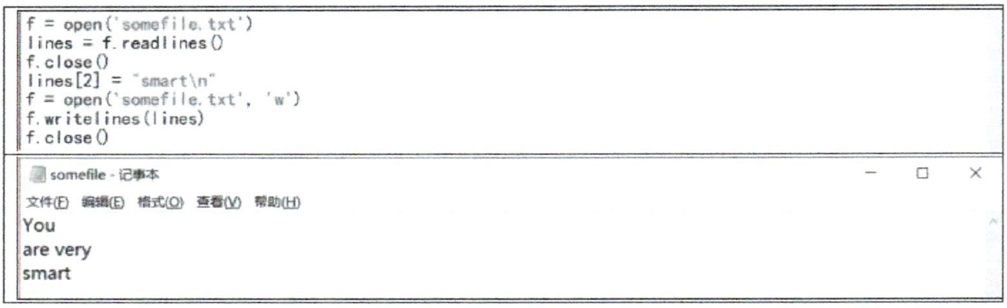

图 2.50　代码 2.45 的运行结果

2.4.3　异常处理

Python 使用被称为异常的特殊对象来管理程序执行期间发生的错误. 每当发生让 Python

不知所措的错误时，它都会创建一个异常对象．如果用户编写了处理该异常的代码，那么程序将继续运行；如果用户未对异常进行处理，那么程序将停止，并显示一个 traceback，其中包含有关异常的报告．

异常是使用 try-except 代码块处理的．try-except 代码块可使 Python 执行指定的操作，同时告诉 Python 发生异常时如何处理．使用 try-except 代码块时，即便出现异常，程序也将继续运行，即显示用户编写的错误消息，而不是令用户迷惑的 traceback．例如，ZeroDivisionError 异常如图 2.51 所示．

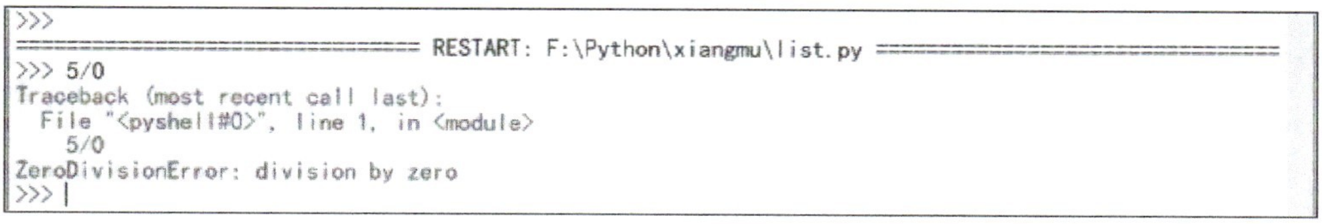

```
>>>
============================= RESTART: F:\Python\xiangmu\list.py =============================
>>> 5/0
Traceback (most recent call last):
  File "<pyshell#0>", line 1, in <module>
    5/0
ZeroDivisionError: division by zero
>>> |
```

图 2.51 ZeroDivisionError 异常

当用户认为可能发生了错误时，可编写一个 try-except 代码块来处理可能引发的异常．用户可让 Python 尝试运行一些代码，并告诉它如果这些代码引发了指定的异常该如何处理．

下面是处理 ZeroDivisionError 异常的 try-except 代码块．

代码 2.46　try-except 代码块

```
1 try:
2    5/0
3 except ZeroDivisionError:
4    print("You can't divide by zero!")
```

这里将导致错误的代码行 5/0 放到一个 try 代码块中．如果 try 代码块中的代码运行起来没有问题，那么 Python 将跳过 except 代码块；如果 try 代码块中的代码导致了错误，那么 Python 将查找这样的 except 代码块，并运行其中的代码，即其中指定的错误与引发的错误相同．

【例 2.40】　发生错误时，如果程序还有工作没有完成，那么妥善地处理错误就尤其重要，这种情况经常会出现在要求用户提供输入的程序中；如果程序能够妥善地处理无效输入，那么再提示用户提供有效输入，而不至于崩溃．

代码 2.47　发生错误，程序崩溃

```
1 print("Give me two numbers,and I'll divide them.")
2 print("Enter 'q'to quit.")
3 while True:
4    first_number=input("\nFirst number:")
5    if first_number=='q':
6       break
7    second_number==input("Second number:")
```

```
8    if second_number=='q':
9        break
10   answer=int(first_number)/int(second_number)
11   print(answer)
```

代码 2.47 的运行结果如图 2.52 所示.

```
>>>
================ RESTART: F:\Python\xiangmu\list.py ================
Give me two numbers, and I'll divide them.
Enter 'q' to quit.

First number: 9
Second number: 0
Traceback (most recent call last):
  File "F:\Python\xiangmu\list.py", line 11, in <module>
    answer = int(first_number) / int(second_number)
ZeroDivisionError: division by zero
>>>
```

图 2.52　代码 2.47 的运行结果

无论是程序崩溃, 还是程序异常, 这两种情况用户都不希望发生. 缺乏背景知识的用户会束手无策, 另外, 如果某人怀有恶意, 那么可能会通过 traceback 获悉你不希望他知道的信息.

【例 2.41】　将可能引发错误的代码放在 try-except 代码块中, 可提高这个程序抵御错误的能力. 本例中, 错误是执行除法运算的代码行导致的, 因此需要将它放到 try-except 代码块中. 这个示例还包含一个 else 代码块, 依赖于 try 代码块成功执行的代码都应放到 else 代码块中.

代码 2.48　避免程序崩溃

```
1 print("Give me two numbers,and I'll divide them.")
2 print("Enter 'q'to quit.")
3 while True:
4    first_number=input("\nFirst number:")
5    if first_number=='q':
6        break
7    second_number==input("Second number:")
8    try:                                         #try-except 代码块
9        answer=int(first_number)/int(second_number)
10   except ZeroDivisionError:
11       print("You can't divide by 0!")
12   else:
13       print(answer)
```

代码 2.48 的运行结果如图 2.53 所示.

try-except-else 代码块的工作原理大致如下: Python 尝试执行 try 代码块中的代码, 只有可能引发异常的代码才需要放在 try 语句中; 有时候, 一些仅在 try 代码块成功执行时才需要运行的代码应放在 else 代码块中; except 代码块告诉 Python, 如果它尝试运行 try 代码块

```
>>>
========================= RESTART: F:\Python\xiangmu\list.py =========================
Give me two numbers, and I'll divide them.
Enter 'q' to quit.

First number: 6
Second number: 0
You can't divide by 0!

First number: 5
Second number: 2
2.5

First number: q
>>> |
```

图 2.53　代码 2.48 的运行结果

中的代码时引发了指定的异常该如何处理.

通过预测可能发生错误的代码, 可编写健壮的程序, 它们即便面临无效数据或缺少资源, 也能继续运行, 从而能够抵御无意的用户错误和恶意的攻击.

【例 2.42】　要在 except 子句中访问异常对象本身, 可使用两个参数, 而不是一个参数 (请注意, 即便捕获多个异常时, 也只向 except 提供了一个元组). 需要让程序继续运行并记录错误时 (可能只是向用户显示), 这很有用.

代码 2.49　捕获异常对象

```
1 try:
2     x=int(input('Enter the first number:'))
3     y=int(input('Enter the second number:'))
4     print(x/y)
5 except (ZeroDivisionError,ValueError) as e:     #捕获 ZeroDivisionError 和 Val-
6                                                  ueError 异常
7     print(e)
```

代码 2.49 的运行结果如图 2.54 所示.

```
>>>
========================= RESTART: F:\Python\xiangmu\list.py =========================
Enter the first number:10
Enter the second number:0
division by zero
>>>
========================= RESTART: F:\Python\xiangmu\list.py =========================
Enter the first number:6
Enter the second number:3.2
invalid literal for int() with base 10: '3.2'
>>>
```

图 2.54　代码 2.49 的运行结果

即使程序处理了好几种异常, 还可能有一些 "漏网之鱼". 在这些情况下, 与其使用并非要捕获这些异常的 try-except 语句将它们隐藏起来, 还不如让程序马上崩溃, 因为这样用户就知道何处出了问题.

【例 2.43】　如果要使用一段代码捕获所有的异常, 那么只需在 except 语句中不指定任何异常类即可.

代码 2.50　捕获所有异常

```
1 try:
2     x=int(input('Enter the first number:'))
3     y=int(input('Enter the second number:'))
4     print(x/y)
5 except:                                          #捕获所有异常
6     print("Something wrong happened...")
```

代码 2.50 的运行结果如图 2.55 所示.

```
>>>
=========================== RESTART: F:\Python\xiangmu\list.py ===========================
Enter the first number: 5
Enter the second number: 0
Something wrong happened ...
>>>
```

图 2.55　代码 2.50 的运行结果

【例 2.44】　在大多数情况下，更好的选择是使用 except Exception as e 并对异常对象进行检查. 这样做不让从 Exception 派生而来的异常成为漏网之鱼. 如果使用 except Exception as e，就可在这个程序中打印更有用的错误消息.

代码 2.51　打印错误消息

```
1 while True:
2     try:
3         x=int(input('Enter the first number:'))
4         y=int(input('Enter the second number:'))
5         value=x/y
6         print('x/y is',value)
7     except Exception as e:                        #检测异常
8         print("Invalid input:",e)
9         print("Please try again")
10    else:
11        break
```

代码 2.51 的运行结果如图 2.56 所示.

```
>>>
=========================== RESTART: F:\Python\xiangmu\list.py ===========================
Enter the first number: 1
Enter the second number: 0
Invalid input: division by zero
Please try again
Enter the first number: 'x'
Invalid input: invalid literal for int() with base 10: "'x'"
Please try again
Enter the first number: qu
Invalid input: invalid literal for int() with base 10: 'qu'
Please try again
Enter the first number: 10
Enter the second number: 5
x / y is 2.0
>>>
```

图 2.56　代码 2.51 的运行结果

习题 2-4

1. 从键盘输入一些字符，逐个把它们写到磁盘文件上，直到输入一个 # 为止.

2. 从键盘输入一个字符串，将小写字母全部转换成大写字母，然后输出到一个磁盘文件 "test" 中保存.

3. 有两个磁盘文件 A 和 B，各存放一行字母，要求把这两个文件中的信息合并（按字母顺序排列），输出到文件 C 中.

2.5　Python 界面设计

2.5.1　Tkinter 图形绘制

Tkinter 是 Python 标准 GUI 工具包，包含在 Python 标准安装中. Tkinter 简单且自带库，不需下载、安装，随时使用，跨平台兼容性非常好.

要制作界面，首先需要创建一个窗口，设置标题、窗口大小、窗口是否可变等，涉及属性有 title（设置窗口标题）、geometry（设置窗口大小）、resizable（设置窗口是否可以变化长宽）. 更进一步，将窗口放置于屏幕中央.

1. 常用控件

Tkinter 提供了各种控件（也称为部件），如按钮、标签和文本框，在 GUI 应用程序中使用，目前有 19 种 Tkinter 控件，如表 2.1 所示.

表 2.1　常用控件

控件	描述
Button	按钮控件,在程序中显示按钮
Canvas	画布控件,用于显示图形元素,如线条或文本
Checkbutton	复选框,用于在程序中提供多项选择框
Entry	输入控件,用于显示简单的文本内容
Frame	框架控件,在屏幕上显示一个矩形区域,多用来作为容器
Label	标签控件,可以显示文本和位图
Listbox	列表框控件
Menubutton	菜单按钮控件,用于显示菜单项
Menu	菜单控件,用于显示菜单栏、下拉菜单和弹出菜单
Message	消息控件,用来显示多行文本,与 Label 比较类似
Radiobutton	单选按钮控件,用于显示一个单选的按钮状态
Scale	范围控件,用于显示一个数值刻度,为输出限定范围的数字区间
Scrollbar	滚动条控件,当内容超过可视化区域时使用,如列表框
Text	文本控件,用于显示多行文本
Toplevel	容器控件,用来提供一个单独的对话框,和 Frame 比较类似

（续）

控件	描　述
Spinbox	输入控件，与 Entry 类似，但是可以指定输入范围值
PanedWindow	窗口布局管理的控件，可以包含一个或者多个子控件
LabelFrame	简单的容器控件，常用于复杂的窗口布局
tkMessageBox	用于显示应用程序的消息框

【例 2.45】　创建一个窗口.
代码 2.52　创建窗口

```
1 from tkinter import Tk
2 myWindow = Tk()                              #初始化 Tk()
3 myWindow.title('Python GUI Learning')        #设置标题
4 width = 380                                   #设置窗口宽度
5 height = 300                                  #设置窗口高度
6 screenwidth = myWindow.winfo_screenwidth()
7 screenheight = myWindow.winfo_screenheight()
8 alignstr = '% dx% d+% d+% d'% (width, height, (screenwidth-width)/2, (screen-
height-height)/2)
9 myWindow.geometry(alignstr)
10 myWindow.resizable(width=False, height=True)    #设置窗口是否可变长、宽
11 myWindow.mainloop()
```

代码 2.52 的运行结果如图 2.57 所示.

图 2.57　代码 2.52 的运行结果

2. 几何管理

Tkinter 控件有特定的几何状态管理方法，管理整个控件区域组织、表 2.2 所示是 Tkinter 公开的几何方法.

表 2.2　Tkinter 公开的几何方法

几何方法	描述	属性说明
pack( )	包	after:将组件置于其他组件之后 before:将组件置于其他组件之前 anchor:组件的对齐方式 side:组件在主窗口的位置 fill:填充方式(X,水平;Y,垂直) expand:1 为可扩展,0 为不可扩展
grid( )	网格	column:组件所在的列起始位置 columnspam:组件的列宽 row:组件所在的行起始位置 rowspam:组件的行宽
place( )	位置	anchor:组件对齐方式 x:组件左上角的 x 坐标 y:组件右上角的 y 坐标 relx:组件相对于窗口的 x 坐标,应为 0~1 之间的小数 rely:组件相对于窗口的 y 坐标,应为 0~1 之间的小数 width:组件的宽度 height:组件的高度 welwidth:组件相对于窗口的宽度 relheight:组件相对于窗口的高度

3. Lable 控件

Lable 控件为标签控件,即 Label（根对象,［属性列表］）,Label 控件属性如表 2.3 所示.

表 2.3　Lable 控件属性

可选属性	描述
text	文本内容
bg	背景色,如 bg="red",bg="#FF56EF"
fg	前景色,如 fg="red",bg="#FF56EF"
font	字体及大小
width	标签宽度
height	标签高度
padx	标签水平方向的边距,默认为 1 像素
pady	标签竖直方向的边距,默认为 1 像素
justify	标签文字的对齐方向,可选值为 Right、Center、Left,默认为 Center
image	可以显示文字或图片
compound	同一个标签既显示文本又显示图片,可用此参数将其混叠起来

【例 2.46】　在窗体中创建 Lable 控件.
代码 2.53　创建 Lable 控件

```
1 from tkinter import*
2 myWindow = Tk()                              # 初始化 Tk()
3 myWindow.title('Python GUI Learning')        # 设置标题
4 Label(myWindow, text="user-name",bg='red',font=('Arial 12 bold'),width=20,
5 height=5).pack()
6 Label(myWindow, text="password",bg='green',width=20,height=5).pack()
7                                              # 创建一个标签
8 myWindow.mainloop()                          # 进入消息循环
```

代码 2.53 的运行结果如图 2.58 所示.

图 2.58　代码 2.53 的运行结果

4. Button 控件

Button 控件是一个标准的 Tkinter 控件,用于实现各种按钮. 按钮可以包含文本或图像,还可以关联 Python 函数. Tkinter 的按钮被按下时,会自动调用该函数. 按钮文本可跨越一个以上的行. 此外,文本字符可以有下画线,如标记的键盘快捷键. 默认情况下,使用〈Tab〉键可以移动到一个按钮部件。Button 控件属性如表 2.4 所示.

表 2.4　Button 控件属性

可选属性	描　述
text	显示文本内容
command	指定 Checkbutton 的事件处理函数
compound	同一个 Button 既显示文本又显示图片,可用此参数将其混叠起来
image	Button 可以显示文字或图片,目前支持 GIF、PGM、PPM 格式的图片
bitmap	指定位图
focus_set	设置当前组件得到的焦点
master	代表父窗口
bg	背景色,如 bg="red",bg="#FF56EF"
fg	前景色,如 fg="red",bg="#FF56EF"

（续）

可选属性	描 述
font	字体及大小
height	设置显示高度，如果未设置此项，其大小可适应内容标签
relief	指定外观装饰边界附近的标签，默认是平的
width	设置显示宽度，如果未设置此项，其大小可适应内容标签
wraplength	将此选项设置为所需的数量以限制每行的字符数，默认为 0
state	设置组件状态：正常（normal）、激活（active）、禁用（disabled）
anchor	设置 Button 文本在控件上的显示位置
textvariable	设置 Button 与 textvariable 属性
bd	设置 Button 的边框大小

【例 2.47】 在窗体中创建 Button 控件.

代码 2.54 创建 Button 控件

```
1 from tkinter import*
2 def printInfo():
3    entry2.delete(0, END)                        # 清空 entry2
4    R=int(entry1.get())
5    S= 3.1415926* R* R                           # 根据输入半径计算面积
6    entry2.insert(10, S)
7    entry1.delete(0, END)                        # 清空 entry1
8 myWindow = Tk()                                 # 初始化 Tk()
9 myWindow.title('Python GUI Learning')          # 设置标题
10 Label(myWindow, text="input").grid(row=0)
11 Label(myWindow, text="output").grid(row=1)     # 标签控件布局
12 entry1=Entry(myWindow)
13 entry2=Entry(myWindow)
14 entry1.grid(row=0, column=1)
15 entry2.grid(row=1, column=1)                   # Entry 控件布局
16 Button(myWindow, text='Quit', command=myWindow.quit).grid(row=2, column=0,
17 sticky=W, 17 padx=5, pady=5)
18 Button(myWindow, text='Run', command=printInfo).grid(row=2, column=1, stick
19 y=W, padx=5, pady=5)                           # Quit 按钮用于退出；Run 按钮用于打印
20                                                  计算结果
21 myWindow.mainloop()                            # 进入消息循环
```

代码 2.54 的运行结果如图 2.59 所示.

5. Checkbutton 控件

Checkbutton 是复选框，又称为多选按钮，可以表示两种状态. 其用法为 Checkbutton（root，option，...），其中可选属性 option 有很多. Checkbutton 控件属性如表 2.5 所示。

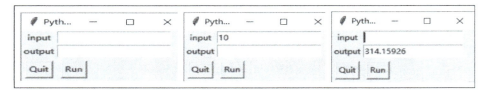

图 2.59　代码 2.54 的运行结果

表 2.5　Checkbutton 控件属性

可选属性	描　　述
text	显示文本内容
command	指定 Checkbutton 的事件处理函数
onvalue	指定 Checkbutton 处于 on 状态时的值
offvalue	指定 Checkbutton 处于 off 状态时的值
image	可以使用 GIF 图像
bitmap	指定位图
variable	控制变量,跟踪 Checkbutton 的状态
master	代表父窗口
bg	背景色,如 bg="red",bg="#FF56EF"
fg	前景色,如 fg="red",bg="#FF56EF"
font	字体及大小
height	设置显示高度,如果未设置此项,其大小可适应内容标签
relief	指定外观装饰边界附近的标签,默认是平的
width	设置显示宽度,如果未设置此项,其大小可适应内容标签
wraplength	将此选项设置为所需的数量以限制每行的字符数,默认为 0
state	设置组件状态:正常(normal)、激活(active)、禁用(disabled)
selectcolor	设置选中区的颜色
selectimage	设置选中区的图像,选中时会出现
bd	设置 Checkbutton 的边框大小
textvariable	设置 Checkbutton 的 textvariable 属性,文本内容变量
padx	标签水平方向的边距,默认为 1 像素
pady	标签竖直方向的边距,默认为 1 像素
justify	标签文字的对齐方向,可选值为 Right,Center,Left,默认为 Center

【例 2.48】　在窗体中创建 Checkbutton 控件.

代码 2.55　创建 Checkbutton 控件

```
1 from tkinter import*
2 myWindow = Tk()                            # 初始化 Tk()
3 myWindow.title('Python GUI Learning')      # 设置标题
```

```
 4 chVarDis = IntVar()                #用来获取复选框是否被勾选,通过chVarDis来获取其状态
 5 check1 = Checkbutton(myWindow, text="Disabled", variable=chVarDis, state=
 6 'disabled')                        # text 为该复选框后面显示的名称,variable 将该复选框的
 7                                      状态赋值给一个变量
 8 check1.select()                    #该复选框是否勾选,select 为勾选,deselect 为不勾选
 9 check1.grid(column=0, row=0, sticky=W)
10                                      # sticky=tk.W 表示当该列中的其他行或该行中的其他列的
11                                      某一个功能使该列的宽度或高度增加时,
12                                      #设定该值可以保证本行保持左对齐.N:北/上对齐;S:南/下对
13                                      齐;W:西/左对齐;E:东/右对齐
14 chvarUn = IntVar()
15 check2 = Checkbutton(myWindow, text="UnChecked", variable=chvarUn)
16 check2.deselect()
17 check2.grid(column=1, row=0, sticky=W)
18 chvarEn = IntVar()
19 check3 = Checkbutton(myWindow, text="Enabled", variable=chvarEn)
20 check3.select()
21 check3.grid(column=2, row=0, sticky=W)
22 myWindow.mainloop()               #进入消息循环
```

代码 2.55 的运行结果如图 2.60 所示.

图 2.60　代码 2.55 的运行结果

6. Radiobutton 控件

Radiobutton 是单选按钮控件,是一种可在多个预先定义的选项中选择出一项的 Tkinter 控件. 单选按钮可显示文字或图片,显示文字时只能使用预设字体. 该控件可以绑定一个 Python 函数或方法,当单选按钮被选择时,该函数或方法将被调用. 一组单选按钮控件和同一个变量关联. 选择其中一个单选按钮将把这个变量设置为某个预定义的值. 一般用法为 Radiobutton(myWindow, option),其中 option 与 Checkbutton、Button 中的 option 大多重合,用法一致。Radiobutton 控件属性如表 2.6 所示.

表 2.6　Radiobutton 控件属性

可选属性	描　　述
text	显示文本内容
command	指定 Radiobutton 的事件处理函数
image	可以使用 GIF 图像
bitmap	指定位图

（续）

可选属性	描　　述
variable	控制变量，跟踪 Radiobutton 的状态
master	代表父窗口
bg	背景色，如 bg="red"，bg="#FF56EF"
fg	前景色，如 fg="red"，bg="#FF56EF"
font	字体及大小
height	设置显示高度，如果未设置此项，其大小可适应内容标签
relief	指定外观装饰边界附近的标签，默认是平的
width	设置显示宽度，如果未设置此项，其大小可适应内容标签
wraplength	将此选项设置为所需的数量以限制每行的字符数，默认为 0
state	设置组件状态：正常（normal）、激活（active）、禁用（disabled）
selectcolor	设置选中区的颜色
selectimage	设置选中区的图像，选中时会出现
bd	设置 Radiobutton 的边框大小
textvariable	设置 Radiobutton 的 textvariable 属性，文本内容变量
padx	标签水平方向的边距，默认为 1 像素
pady	标签竖直方向的边距，默认为 1 像素
justify	标签文字的对齐方向，可选值为 Right，Center，Left，默认为 Center

7. Menu 控件

Menu 控件被用来创建一个菜单. 用户可先创建 Menu 类的实例，然后使用 add( )方法添加命令或者其他菜单内容. 使用方法为 Menu(root，option，...). Menu 控件属性如表 2.7 所示.

表 2.7　Menu 控件属性

可选属性	描　　述
bg	背景色，如 bg="red"，bg="#FF56EF"
fg	前景色，如 fg="red"，bg="#FF56EF"
font	字体及大小
relief	指定外观装饰边界附近的标签，默认是平的
selectcolor	设置选中区的颜色
bd	设置 Menu 的边框大小

Menu 控件函数如表 2.8 所示.

表 2.8　Menu 控件函数

函数名称	说　　明
menu. add_cascade( )	添加子选项
menu. add_command( )	添加命令（label 参数为显示内容）
menu. add_separator( )	添加分隔线
menu. add_checkbutton( )	添加确认按钮
delete( )	删除

8. Message 控件

Message 控件用来展示一些文字短消息. Message 控件和 Label 控件有些类似, 但在展示文字方面比 Label 控件要灵活, 比如 Message 控件可以改变字体, 而 Label 控件只能使用一种字体.

Message 控件提供了一个换行对象, 以使文字可以断为多行. 另外, 它可以支持文字的自动换行及对齐. 这里要澄清一下前面提到的 Message 控件可以改变字体的说法: 即人们可以为单个控件设置任意字体, 控件内的文字都将显示为该字体, 但人们不能给单个控件内的文字设置多种字体, 如果需要这么做, 则可以考虑使用 Text 控件. 创建一个 Message 控件的语法为 Message(root, option, ...). Message 控件属性如表 2.9 所示.

表 2.9 Message 控件属性

可选属性	描　　述
text	显示文本内容
master	代表父窗口
bg	背景色, 如 bg = "red", bg = "#FF56EF"
fg	前景色, 如 fg = "red", bg = "#FF56EF"
font	字体及大小
relief	指定外观装饰边界附近的标签, 默认是平的
anchor	设置 Message 文本在控件上的显示位置
textvariable	设置 Message 的 textvariable 属性
bd	设置 Message 的边框大小
aspect	控件的宽高比, 即 width/height, 以百分比形式表示, 默认为 150. 注意, 如果显式地指定了控件宽度, 则该属性将被忽略
cursor	定义鼠标指针移动到 Message 上时的样式, 默认为系统标准样式
takefocus	如果设置为 True, 那么控件将可以获取焦点, 默认为 False

【例 2.49】 编写代码, 创建窗体, 展示文字短消息: Only those who have the patience to do simple things per.

代码 2.56 创建 Message

```
1 from tkinter import *
2 myWindow=Tk()                          # 初始化 Tk()
3 whatever_you_do = "Only those who have the patience to do simple things per"
4 msg = Message(myWindow, text = whatever_you_do)
5 msg.config(bg='lightgreen', font=('times', 20, 'italic'))
6 msg.pack()                             # 创建一个 Message
7 myWindow.mainloop()                    # 进入消息循环
```

代码 2.56 的运行结果如图 2.61 所示.

2.5.2　图形用户界面设计

Python 程序可创建图形用户界面（GUI）, 常用的 GUI 工具有 Tkinter、wxPython、Jy-

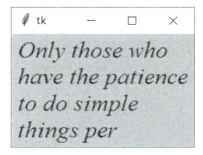

图 2.61　代码 2.56 的运行结果

thon、IronPython 几种.

　　GUI 程序的基础是其根窗体（Root Window），GUI 元素被称为控件. 部分 GUI 元素如表 2.10 所示.

表 2.10　部分 GUI 元素

GUI 元素	说　　明
Frame	承载其他 GUI 元素
Label	显示不可编辑的文本或图标
Button	用户激活按钮时执行一个动作
Entry	接收并显示一行文本
Text	接收并显示多行文本
Checkbutton	允许用户选择或反选一个选项
Radiobutton	允许用户从多个选项中选取一个
Menu	与顶层窗口相关的选项
Scrollbar	滚动其他控件的滚动条
Canvas	图形绘图区：直线、圆、文字等
Dialog	通用对话框的标记

【例 2.50】　编写代码，运行后生成窗体，并且显示静态文本"you are beautiful".

代码 2.57　根窗体

```
1 #coding=GBK
2 from tkinter import *
3 root=Tk()
4 Label(root,text='you are beautiful.').pack()
5 root.mainloop()
```

　　代码 2.57 的运行结果如图 2.62 所示.

1. 常用控件

（1）按钮

通过实例化 Button 类的一个对象，创建出一个 Button 控件．例如：

bt1 = Button(app, text = " yes！")

bt1. grid( )

（2）文本控件

图 2.62　代码 2.57 的运行结果

1）静态文本控件．用户不能更改显示的文本称为静态文本．一般使用静态文本框显示提示性信息．wxPython 中用 wx. StaticText 类实现静态文本．wx. StaticText 默认从 wx. Window 父类继承方法．

2）文本框．文本框用来接收用户的输入和显示计算结果．wx. TextCtrl 类用于 wxPython 文本域窗体控件．文本框分为单行文本框和多行文本框，常用于输出信息，也能作为密码输入控件．

（3）菜单栏、工具栏、状态栏

一般通过使用菜单栏和工具栏实现复杂的程序，通过状态栏显示系统的一些提示信息．

（4）对话框

wxPython 支持消息对话框、文本输入对话框、单选对话框、文件选择器、进度对话框、打印设置和字体选择器等多种预定义对话框．

Tkinter 在 tkinter. messagebox 中有全套的对话框，通过 tkinter. messagebox 里面的 showinfo( )、showwarning( )、showwerror( )函数来弹出一个警告．

对话框按模态分为以下 4 种：

1）全局模态对话框：它会阻塞整个操作系统的用户界面，使用户只能与本窗口交互，而不能操作其他应用程序．

2）应用程序级模态对话框：它会阻止用户操作程序里的其他窗口，但用户依然可以切换至系统里的其他应用程序．

3）窗口级模态对话框：只能阻止用户操作位于同一窗口体系里的其他对话框．

4）非模态/无模态对话框：既不会阻塞本应用程序中的对话框，也不会阻塞其他应用程序中的对话框．

（5）复选框

复选框是带有文本标签的开关按钮，它允许用户从一组选项中选取任意数量的选项．存在多个复选框时，各复选框的开关状态独立．

（6）单选框

类似于复选框，单选框向用户提供两种或两种以上的选项，但只允许用户在一组选项中最多选择一个选项．

（7）列表框

列表框使列表中的一个或者多个选项可以被选中，它向用户提供多个元素（均为字符串），便于用户选择．列表框样式如表 2.11 所示．

表2.11　列表框样式

样式	说　　明
wx. LB_EXTENDED	用户通过<Shift>键和鼠标选择连续元素
wx. LB_MULTIPLE	支持多选且选项可以不连续
wx. LB_SINGLE	仅支持单选,最多选择一个元素
wx. LB_ALWAYS_SB	列表框始终显示一个垂直滚动条
wx. LB_HSCROLL	列表只在需要时显示一个垂直滚动条,默认样式
wx. LB_SORT	使列表框中的元素按字母顺序排列

（8）组合框

组合框继承文本框和列表框的特点与方法，由文本框和列表框组成，适用于单选框的方法几乎均适用于组合框.

代码2.58　各控件的构造函数

```
wx. StaticText(parent,id,label,pos,size,style,name)      # 静态文本控件构造函数格式
wx. TextCtrl(parent,id,value,pos,size,style,validator,name)
                                                          # 文本框构造函数格式
wx. CheckButton (parent, id = - 1, label = wx. EmptyString, pos = wx. DefaultPosition,
size =wx. DefaultSize,style=0,name="checkButton")         # 复选框构造函数格式
wx. RadioButton (parent, id = - 1, label = wx. EmptyString, pos = wx. DefaultPosition,
size =wx. DefaultSize, style = 0, validator = wx. DefaultValidator, name = " radioBut-
ton")                                                     # 单选框构造函数格式
wx. ListBox (parent, id, pos = wx. DefaultPosition, size = wx. DefaultSize, choices =
None,style=0,validator=wx. DefaultValidator,name="ListBox")
                                                          # 列表框构造函数格式
wx. ComboBox(parent,id=-1,value="",pos=wx. DefaultPosition,size=wx. DefaultSize,
choices=[],style=0,validator=wx. DefaultValidator,name="ComboBox")
                                                          # 组合框构造函数格式
```

2. 对象的布局

（1）grid 布局管理器

网格控件对象 grid( )方法布局通用格式为：

WidgetObject. grid(option = value,…)

grid( )方法常用函数如表2.12所示.

（2）pack 布局管理器

pack 布局管理器根据某个假想的中心点来排布控件. 对于比较简单的对话框来说，采用 pack 式布局比较合适. pack( )方法布局的通用格式为：

WidgetObject. pack(option = value,…)

表 2.12 grid( )方法常用函数

函数名	说　　明
slaves( )	以列表方式返回该控件的所有子控件对象
propagate(boolean)	设置为 True 指父控件的几何大小由子控件决定(默认值),反之则无关
info( )	返回 pack 提供的选项的对应值
forget( )	unpack 控件,将控件隐藏并忽略原有设置时,对象依旧存在,使用 pack(option = value,…)能将其显示
grid_remove( )	无

pack( )方法采用块方式组织控件,将所有控件组织为一行或一列,用户能使用参数控制控件样式.

3. 事件处理

(1) 事件处理程序

事件处理程序是当事件发生时需要执行的代码,是相应事件发生时调用的过程,大多数程序由事件驱动. 用于处理单击按钮时所发生的事件的 update_count( )方法为:

代码 2.59　update_count( )方法

```
1 def update_count(self):
2     "Increase click count and display new total."
3     self.bttn_clicks+=1
4     self.bttn["text"]="Total Clicks:"+str(self.bttn_clicks)
```

(2) 事件绑定

设置控件的 command 选项就能将控件的动作与一个事件处理器绑定起来,因此通常需要定义绑定事件处理器,如在 create_widget( )方法中创建一个按钮.

代码 2.60　create_widget( )方法

```
1 def create_widget(self):
2     "Create button which displays number of clicks."
3     self.bttn=Button(self)
4     self.bttn["text"]="Total Clicks:0"
5     self.bttn["command"]=self.update_count
6     self.bttn.grid()
```

习题 2-5

1. 设计一个猜数字的游戏界面.
2. 实现一个用于登记用户账号信息的界面.

2.6　本章小结

本章分 5 节介绍了 Python 的基本应用. 2.1 节介绍了 Python 开发环境的建立 . 2.2 节介绍了 Python 基本结构，具体包括基本运算、顺序结构、选择结构、循环结构. 2.3 节介绍了 Python 数据存储，具体包括字符串与正则表达式、列表与元组、字典与集合、函数与模块. 2.4 节介绍了文件操作和异常处理，具体包括面向对象程序设计、文件操作、异常处理. 2.5 节介绍了 Python 界面设计，具体包括 Tkinter 图形绘制、图形用户界面设计.

总习题 2

1. 求 1+2!+3!+…+20! 的和.

2. 判断一个 5 位数是否是回文数 . 即 12321 是回文数，个位与万位相同，十位与千位相同.

3. 对输入的 10 个数进行排序.

4. 有一个已经排好序的数组 l = [0，10，20，30，40，50]，现输入一个数，要求按原来的规律将它插入数组中.

5. 有数字 1、2、3、4，能组成多少个互不相同且无重复数字的 3 位数？都是多少？

6. 编写一个简单的程序，让用户能够编辑文本文件. 本题并非要开发功能齐备的文本编辑器，只提供基本的功能即可，因本题目标是演示基本的 Python GUI 编程机制. 该微型文本编辑器的需求如下：

❑ 能够打开指定的文本文件.
❑ 能够编辑文本文件.
❑ 能够保存文本文件.
❑ 能够退出.

第 3 章

Python 数据绘图与分形图

本章概要

- Python 数据绘图
- Python 绘制分形图

3.1 Python 数据绘图

数据绘图作为数据分析的一个重要组成部分，在数据分析中扮演着重要的角色. 通过数据绘图，往往能够清晰地展示出数据所蕴含的规律和性质，给数据分析提供直观的理论依据.

3.1.1 Python 二维数据绘图

1. Matplotlib 数据绘图

二维数据绘图常用的绘图函数主要来自于 Matplotlib，Matplotlib 是 Python 的基本绘图包. 在进行二维数据绘图之前，必须要做一些基本设置，如下述代码所示.

```
1 import matplotlib.pyplot as plt          # 导入 matplotlib.pyplot,记作 plt
2 plt.rcParams['font.sans-serif'] = ['SimHei']
3                                           # 指定默认字体为黑体
4 plt.rcParams['axes.unicode_minus'] = False
5                                           # 解决显示负号"-"的问题
6 plt.figure(figsize=(5,4))                 # 设置图形的大小
7 plt.bar()                                 # 绘制条形图
8 plt.pie()                                 # 绘制饼形图
9 plt.plot()                                # 绘制折线图
10 plt.hist()                               # 绘制直方图
11 plt.scatter()                            # 绘制散点图
12 plt.xlim()                               # 设置横坐标轴范围
13 plt.ylim()                               # 设置纵坐标轴范围
14 plt.xlabel()                             # 设置横坐标轴名称
15 plt.ylabel()                             # 设置纵坐标轴名称
16 plt.xticks()                             # 设置横坐标轴刻度
17 plt.yticks()                             # 设置纵坐标轴刻度
18 plt.axvline(x=a)                         # 设置 x=a 处画垂直直线
```

```
19 plt.axhline( y=b)                       # 设置 y=b 处画水平直线
20 plt.text( x,y, 'labels')                # 设置在点(x,y)处添加文本 labels
21 plt.legend()                            # 设置给图形加图例
22 plt.subplot(numRows,numCols,plotNum )   # 设置绘制多个子图
```

【例 3.1】 绘制统计数据条形图.

在 Anaconda 内建的 Spyder 集成开发环境中输入代码 3.1.

代码 3.1 绘制统计数据条形图的程序

```
1 import matplotlib.pyplot as plt          # 导入 matplotlib.pyplot,记作 plt
2 x=['A','B','C','D','E','F','G','H']      # 输入 x 轴信息
3 y=[1,4,8,3,7,2,5,3]                      # 输入 y 轴数据
4 plt.bar(x,y)                             # 绘制统计数据条形图
```

代码 3.1 所生成的图像如图 3.1 所示.

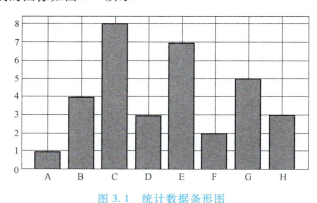

图 3.1   统计数据条形图

【例 3.2】 绘制统计数据饼形图.

在 Anaconda 内建的 Spyder 集成开发环境中输入代码 3.2.

代码 3.2 绘制统计数据饼形图的程序

```
1 import matplotlib.pyplot as plt          # 导入 matplotlib.pyplot,记作 plt
2 x=['A','B','C','D','E','F','G','H']      # 输入 x 轴信息
3 y=[1,4,8,3,7,2,5,3]                      # 输入 y 轴数据
4 plt.pie(y,labels=x)                      # 绘制统计数据饼形图,x 作为标签
```

代码 3.2 所生成的图像如图 3.2 所示.

【例 3.3】 绘制统计数据折线图.

在 Anaconda 内建的 Spyder 集成开发环境中输入代码 3.3.

代码 3.3 绘制统计数据折线图的程序

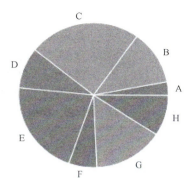

图 3.2　统计数据饼形图

```
1 import matplotlib.pyplot as plt          # 导入 matplotlib.pyplot,记作 plt
2 x=['A','B','C','D','E','F','G','H']      # 输入 x 轴信息
3 y=[1,4,8,3,7,2,5,3]                      # 输入 y 轴数据
4 plt.plot(x,y)                            # 绘制统计数据折线图
```

代码 3.3 所生成的图像如图 3.3 所示.

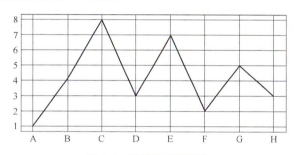

图 3.3　统计数据折线图

【例 3.4】　绘制统计数据实线形图,并进行图形优化.

在 Anaconda 内建的 Spyder 集成开发环境中输入代码 3.4.

代码 3.4　绘制统计数据实线形图并进行图形优化的程序

```
1 import matplotlib.pyplot as plt                         # 导入 matplotlib.pyplot,记
2                                                            作 plt
3 plt.rcParams['font.sans-serif']=['SimHei']             # 设置中文显示
4 plt.rcParams['axes.unicode_minus'] = False             # 解决显示负号"-"的问题
5 x=['A','B','C','D','E','F','G','H']                     # 输入 x 轴信息
6 y=[1,4,8,3,7,2,5,3]                                     # 输入 y 轴数据
7 plt.plot(x,y,c='red',linestyle='-',marker='o')         # 绘制统计数据折线图,实线型,
8                                                            o 表示实心圆点
9 plt.ylim(0,9)                                           # 设置纵坐标轴范围
```

```
10 plt.xlabel('names')                    # 设置横坐标轴名称
11 plt.ylabel('values')                   # 设置纵坐标轴名称
12 plt.axvline(x=1)                        # 设置在 x=1 处画垂直直线
13 plt.axhline(y=4)                        # 设置在 y=4 处画水平直线
14 plt.text(2,8,'最高点')                   # 设置在点(2,8)处绘制文本"最高点"
15 plt.xticks(range(len(x)),x)            # 设置 x 轴刻度
16 plt.plot(x,y,c='red',label=r'折线')     # 绘制红色折线,标签为实线"折线"
17                                         # 与上一句命令一起绘制图例
18 plt.legend()
```

代码 3.4 所生成的图像如图 3.4 所示.

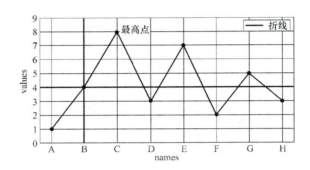

图 3.4 优化的统计数据实线形图

【例 3.5】 绘制统计数据虚线形图,并进行图形优化.

在 Anaconda 内建的 Spyder 集成开发环境中输入代码 3.5.

代码 3.5 绘制统计数据虚线形图并进行图形优化的程序

```
1 import matplotlib.pyplot as plt                # 导入 matplotlib.pyplot,记作 plt
2 plt.rcParams['font.sans-serif']=['SimHei']     # 设置中文显示
3 plt.rcParams['axes.unicode_minus'] = False     # 解决显示负号"–"的问题
4 x=['A','B','C','D','E','F','G','H']            # 输入 x 轴信息
5 y=[1,4,8,3,7,2,5,3]                            # 输入 y 轴数据
6 plt.plot(x,y,linestyle='--',marker='o')        # 绘制统计数据虚线形图,虚线型,o 表
7                                                #   示实心圆点
8 plt.ylim(0,9)                                  # 设置纵坐标轴范围
9 plt.xlabel('names')                            # 设置横坐标轴名称
10 plt.ylabel('values')                          # 设置纵坐标轴名称
11 plt.axvline(x=1)                              # 设置在 x=1 处画垂直直线
12 plt.axhline(y=4)                              # 设置在 y=4 处画水平直线
13 plt.text(2,8,'最高点')                         # 设置在点(2,8)处绘制文本"最高点"
14 plt.xticks(range(len(x)))                     # 设置 x 轴刻度
```

代码 3.5 所生成的图像如图 3.5 所示.

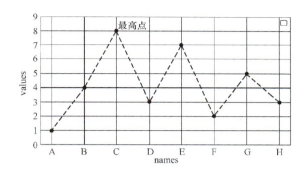

图 3.5　优化的统计数据虚线形图

【例 3.6】　绘制统计数据散点图.

在 Anaconda 内建的 Spyder 集成开发环境中输入代码 3.6.

代码 3.6　绘制统计数据散点图的程序

```
1  import matplotlib.pyplot as plt          # 导入 matplotlib.pyplot,
2                                              记作 plt
3  plt.rcParams['font.sans-serif']=['SimHei']  # 设置中文显示
4  plt.rcParams['axes.unicode_minus'] = False  # 解决显示负号 "-" 的问题
5  x=[1,2,3,4,5,6,7,8]                        # 设置 x 数据
6  y=[1,4,8,3,7,2,5,3]                        # 设置 y 数据
7  plt.scatter(x,y)                          # 在点 (x,y) 处绘制散点图
8  plt.ylim(0,9)                             # 设置纵坐标轴范围
9  plt.xlabel('names')                       # 设置横坐标轴名称
10 plt.ylabel('values')                      # 设置纵坐标轴名称
11 plt.xticks(range(len(x)),x)               # 设置 x 轴刻度
```

代码 3.6 所生成的图像如图 3.6 所示.

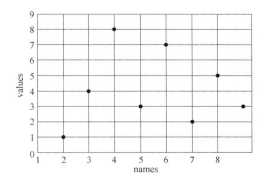

图 3.6　绘制统计数据散点图

【例 3.7】 绘制统计数据误差条形图.

在 Anaconda 内建的 Spyder 集成开发环境中输入代码 3.7.

代码 3.7 绘制统计数据误差条形图的程序

```
1 import matplotlib.pyplot as plt            # 导入 matplotlib.pyplot,记作 plt
2 x=['A','B','C','D','E','F','G','H']         # 设置 x 数据
3 y=[1,4,8,3,7,2,5,3]                         # 设置 y 数据
4 s=[0.1,0.4,0.7,0.3,0.2,0.5,0.6,0.2]         # 设置误差数据
5 plt.bar(x,y,color='red',yerr=s,error_kw={'capsize':5})
6                                             # 绘制统计数据误差条形图
```

代码 3.7 所生成的图像如图 3.7 所示.

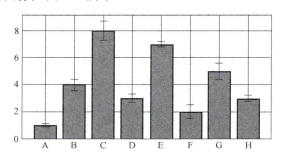

图 3.7 统计数据误差条形图

【例 3.8】 利用 plt. subplot( )绘制子图,一行绘制两个图形.

在 Anaconda 内建的 Spyder 集成开发环境中输入代码 3.8.

代码 3.8 利用 plt. subplot( )在一行绘制两个图形的程序

```
1 import matplotlib.pyplot as plt            # 导入 matplotlib.pyplot,记作 plt
2 x=['A','B','C','D','E','F','G','H']         # 设置 x 数据
3 y=[1,4,8,3,7,2,5,3]                         # 设置 y 数据
4 plt.subplot(121)                           # 设置绘制子图,在第 1 行、第 2 列绘制第 1 个图
5 plt.bar(x,y)                               # 绘制条形图
6 plt.subplot(122)                           # 设置绘制子图,在第 1 行、第 2 列绘制第 2 个图
7 s=[0.1,0.4,0.7,0.3,0.2,0.5,0.6,0.2]         # 设置误差数据
8 plt.bar(x,y,color='red',yerr=s,error_kw={'capsize':5})
9                                             # 绘制统计数据误差条形图
```

代码 3.8 所生成的图像如图 3.8 所示.

【例 3.9】 利用 plt. subplot( )绘制子图,一列绘制两个图形.

在 Anaconda 内建的 Spyder 集成开发环境中输入代码 3.9.

代码 3.9 利用 plt. subplot( )在一列绘制两个图形的程序

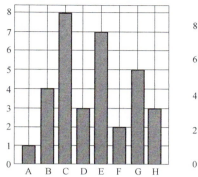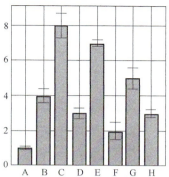

图 3.8　利用 plt. subplot( ) 在一行绘制两个图形

```
1 import matplotlib.pyplot as plt          # 导入 matplotlib.pyplot,记作 plt
2 x=['A','B','C','D','E','F','G','H']      # 设置 x 数据
3 y=[1,4,8,3,7,2,5,3]                      # 设置 y 数据
4 plt. subplot(211)                        # 设置绘制子图,在第 2 行、第 1 列绘制第 1 个图
5 plt. bar(x,y)                            # 绘制条形图
6 plt. subplot(212)                        # 设置绘制子图,在第 2 行、第 1 列绘制第 2 个图
7 plt. plot(y)                             # 绘制统计数据折线图
```

代码 3.9 所生成的图像如图 3.9 所示.

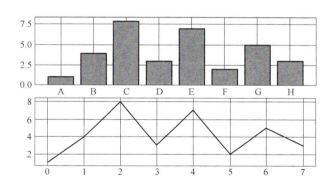

图 3.9　利用 plt. subplot( ) 在一列绘制两个图形

【例 3.10】　利用 plt. subplots( )绘制子图，一页绘制两个图形.

在 Anaconda 内建的 Spyder 集成开发环境中输入代码 3.10.

代码 3.10　利用 plt. subplots( )在一页绘制两个图形的程序

```
1 import matplotlib.pyplot as plt          # 导入 matplotlib.pyplot,记作 plt
2 x=['A','B','C','D','E','F','G','H']      # 设置 x 数据
```

```
3 y=[1,4,8,3,7,2,5,3]                          # 设置 y 数据
4 fig,ax=plt.subplots(1,2,figsize=(15,6))      # 一页绘制两个图形
5 ax[0].bar(x,y)                               # 绘制条形图
6 ax[1].plot(x,y)                              # 绘制折线图
```

代码 3.10 所生成的图像如图 3.10 所示.

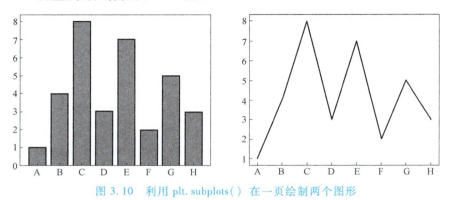

图 3.10　利用 plt.subplots( ) 在一页绘制两个图形

【例 3.11】　利用 plt.subplots( )绘制子图，一页绘制四个图形.

在 Anaconda 内建的 Spyder 集成开发环境中输入代码 3.11.

代码 3.11　利用 plt.subplots( )在一页绘制四个图形的程序

```
1 import matplotlib.pyplot as plt             # 导入 matplotlib.pyplot,记作 plt
2 x=['A','B','C','D','E','F','G','H']         # 设置 x 数据
3 y=[1,4,8,3,7,2,5,3]                         # 设置 y 数据
4 fig,ax=plt.subplots(2,2,figsize=(16,14))    # 一页绘制四个图形
5 ax[0,0].bar(x,y)                            # 绘制条形图
6 ax[0,1].plot(x,y,marker='o')                # 绘制折线图
7 ax[1,0].pie(y,labels=x)                     # 绘制饼形图
8 ax[1,1].plot(y,'--',linewidth=5)            # 绘制虚线折线图
```

代码 3.11 所生成的图像如图 3.11 所示.

2. 利用 Pandas 绘图

Matplotlib 虽然功能强大，但是相对而言较为底层，画图时的编程步骤较为烦琐，因为要画一张完整的图表，需要实现很多的基本组件，比如图像类型、刻度、标题、图例、注解等. 有很多开源框架所实现的绘图功能都基于 Matplotlib，Pandas 便是其中之一. 对于 Pandas 数据，直接使用 Pandas 本身实现的绘图方法比 Matplotlib 更加方便、简单. 同时，熟练使用 Pandas 绘图在使用 Pandas 进行数据分析时非常方便. Pandas 中，Series 和 DataFrame 的 plot( )方法来自 Matplotlib 的 plot( )方法. Pandas 有许多能够利用 DataFrame 数据组织特点来创建标准图形的高级绘图方法. 对于 DataFrame 数据框绘图，其基本格式如下：

$$DataFrame.plot(kind='line')$$

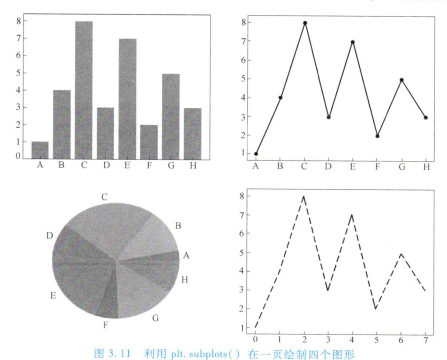

图 3.11   利用 plt. subplots( ) 在一页绘制四个图形

其中，kind 表示图的类型，通常有以下几个选项：

kind = 'line'为默认选项，表示折线图.

kind = 'bar'，表示垂直条形图.

kind = 'barh'，表示水平条形图.

kind = 'hist'，表示直方图.

kind = 'box'，表示箱线图.

kind = 'kde'，表示核密度估计图，对柱状图添加概率密度线，与"density"作用相同.

kind = 'area'，表示面积图.

kind = 'pie'，表示饼形图.

kind = 'scatter'，表示散点图.

【例 3.12】   利用 Series 绘图.

在 Anaconda 内建的 Spyder 集成开发环境中输入代码 3.12.

代码 3.12   利用 Series 绘图的程序

```
1 import pandas as pd              # 导入 pandas,记作 pd
2 import numpy as np               # 导入 numpy,记作 np
3 data = pd.Series(np.random.randn(365), index=pd.date_range('1/1/2021',
4 periods=365))                    # 产生数据
5 print(data)                      # 打印数据列表
6 data = data.cumsum(axis=0)       # cumsum()用于累加求和,并保留累加的中间结果
7 data.plot()                      # 数据绘图
```

代码 3.12 所生成的图像如图 3.12 所示.

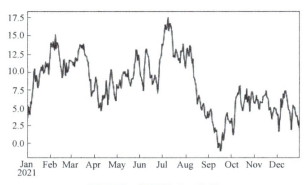

图 3.12　利用 Series 绘图

Pandas 模块的数据结构主要有 Series 和 DataFrame 两个. Series 是一个一维数组，是基于 NumPy 的 ndarray 结构. Pandas 会默认用 $0 \sim n-1$ 来作为 Series 的 index，但也可以自己指定 index（可以把 index 理解为 dict 里面的 key）.

Series 的创建格式为：

$$pd.\ Series([\,list\,]\,,index=[\,list\,])$$

参数为 list. index 为可选参数，若不填写，则默认 index 从 0 开始；若填写，则 index 的长度应该与 value 长度相等. 如：

```
import pandas as pd
s = pd. Series([1,2,3,4,5,6],index = ['a','b','c','d','e','f'])
print(s)
```

np. random. random() 可生成一个 $0 \sim 1$ 之间的随机浮点数, np. random. random((100，50)) 可生成 100 行 50 列的 $0 \sim 1$ 之间的随机浮点数. 注意, np. random. random([100，50]) 与 np. random. random((100，50))的效果一样. 对于 np. random. rand(d0, d1, …, dn), rand() 函数根据给定维度生成 [0，1) 之间的数据, dn 表示每个维度，返回值为指定维度的 array. 对于 np. random. randn (d0, d1, …, dn), randn() 函数返回一个或一组样本，具有标准正态分布, dn 表示每个维度，返回值为指定维度的 array, 如 print(np. random. randn(2,4)).

DataFrame. plot() 函数格式为：

$$DataFrame.\ plot(x=None,y=None,kind='line',ax=None,subplots=False,$$
$$sharex=None,sharey=False,layout=None,figsize=None,$$
$$use\_index=True,title=None,grid=None,legend=True,$$
$$style=None,logx=False,logy=False,loglog=False,$$
$$xticks=None,yticks=None,xlim=None,ylim=None,rot=None,$$
$$xerr=None,secondary\_y=False,sort\_columns=False, **kwds)$$

部分参数介绍如下：

- x：可选项包含 label、position、None，默认为 None.
- y：可选项包含 label、position、None，默认为 None.
- kind：表示字符串类型. 字符串类型如下：

line：线图（默认值）.

bar：垂直条形图.

barh：水平条形图.

hist：直方图.

box：箱线图.

kde：Kernel 的密度估计图，主要对柱状图添加 Kernel 概率密度线.

density：类似于"kde"参数.

area：面积图.

pie：饼图.

scatter：散点图.

hexbin：蜂巢图.

- ax：子图，要在其上进行绘制的对象，默认为 None.
- subplots：布尔类型，默认为 False，用于判断图片中是否有子图.
- sharex：共享 x 轴，并将一些 x 轴标签设置为不可见.
- sharey：如果有子图，则子图共享 y 轴刻度、标签.
- layout：子图的行列布局.
- figsize：表示图片尺寸大小，是以英寸为单位的元组（宽度，高度）.
- use_index：默认用索引作为 x 轴.
- title：图片的标题，为字符串类型.
- grid：图片是否有网格，布尔值，默认为 None.
- legend：子图的图例.
- style：对每列折线图设置线的类型.
- logx：设置 x 轴刻度是否取对数，默认为 False.
- logy：设置 y 轴刻度是否取对数，默认为 False.
- loglog：同时设置 x、y 轴刻度是否取对数.
- xticks：设置 x 轴刻度.
- yticks：设置 y 轴刻度.
- xlim：设置 x 坐标轴的范围，以列表或元组的形式设置.
- ylim：设置 y 坐标轴的范围，以列表或元组的形式设置.
- rot：设置轴标签（轴刻度）的显示旋转度数.

fontsize：设置轴刻度的字体字号，整型，默认为 None.

colormap：设置图的区域颜色，默认为 None.

colorbar：颜色条，布尔值，可选.

- yerr：类型可为数据框、序列、字典和字符串.
- xerr：类型与 yerr 一样.
- secondary_y：设置第二个 y 轴（右 y 轴）.

【例 3.13】　利用 DataFrame 调用 plot()函数绘图.

在 Anaconda 内建的 Spyder 集成开发环境中输入代码 3.13.

代码 3.13　利用 DataFrame 调用 plot()函数绘图的程序

```
1 import pandas as pd                                    # 导入 pandas,记作 pd
2 import numpy as np                                     # 导入 numpy,记作 np
3 data = pd.DataFrame(np.random.randn(4,5),index = list('ABCD'),columns=list
4 ('EFGHI'))                                             #产生数据
5 print(data)                                            # 打印数据
6 data.plot()                                            # 数据绘图
7 data.plot(x=0,y='G',kind='line')                       # 传入 x、y 参数
```

代码 3.13 所生成的图像如图 3.13 所示.

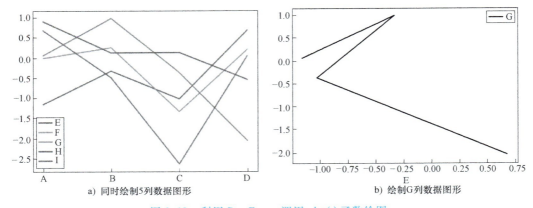

a) 同时绘制5列数据图形　　　　　　　　　b) 绘制G列数据图形

图 3.13　利用 DataFrame 调用 plot( )函数绘图

注意：在画子图时，首先定义画布 fig = plt.figure( )，然后使用 ax = fig.add_subplot（行，列，位置标）定义子图 ax，当上述步骤完成后，可以用 ax.plot( )函数绘制子图，结尾时注意加上 plt.show( ).

3. 利用 Seaborn 绘图

Seaborn 是基于 Matplotlib 的图形可视化 Python 包．它在 Matplotlib 的基础上进行了更高级的 API 封装，从而使得绘图更加容易，大多数情况下使用 Seaborn 能绘出更具吸引力的图，它是 Matplotlib 的补充，同时能高度兼容 NumPy 与 Pandas 数据结构以及 SciPy 与 Statsmodels 等统计模式．Seaborn 共提供 5 种绘图风格，分别为 darkgrid、whitegrid、dark、white 以及 ticks．利用 set( )和 set_style( )两个函数可对整体风格进行控制．

【例 3.14】　利用 Seaborn 设置绘图风格.

在 Anaconda 内建的 Spyder 集成开发环境中输入代码 3.14.

代码 3.14　利用 Seaborn 设置绘图风格的程序

```
1 import matplotlib.pyplot as plt                        # 导入 matplotlib.pyplot,记作 plt
2 import numpy as np                                     # 导入 numpy,记作 np
3 import seaborn as sns                                  # 导入 seaborn,记作 sns
4 sns.set(style="whitegrid")                             # 设置 seaborn 风格为 whitegrid,默认风
                                                           格是 darkgrid
```

```
5 def fun(j=2):          # 定义函数 fun(),同时传入一个参数 j=2
6     x = np.linspace(0,14,100)    # 从 0~14 产生 100 个等差数列的数列表
7     for i in range(1,10):       # for 循环,i 的取值为整数,在 1~9 之间遍历
8         y=(np.sin(x+i) + i)+(10+i)* j   # 输入函数 y=sin(x+i)+i+(10+i)* j
9         plt.plot(x,y)           # 在点(x,y)处绘制函数图形
10 fun()                  # 执行函数 fun()命令
11 plt.show()             # 显示绘制的图形
```

代码 3.14 所生成的图像如图 3.14 所示.

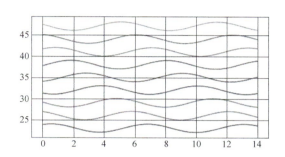

图 3.14   利用 Seaborn 设置风格后的图像

【例 3.15】   利用 sns.despine()去掉绘图边框.

在 Anaconda 内建的 Spyder 集成开发环境中输入代码 3.15.

代码 3.15   利用 sns.despine()去掉绘图边框的程序

```
1 import matplotlib.pyplot as plt    # 导入 matplotlib.pyplot,记作 plt
2 import numpy as np                 # 导入 numpy,记作 np
3 import seaborn as sns              # 导入 seaborn,记作 sns
4 sns.set(style=" whitegrid ")       # 设置 seaborn 风格为 whitegrid,默认风格
5                                    #   是 darkgrid
6 def fun(j=2):                      # 定义函数 fun(),同时传入一个参数 j=2
7     x = np.linspace(-7,7,100)      # 从 -7~7 产生 100 个等差数列的数列表
8     for i in range(1,7):           # for 循环,i 的取值为整数,在 1~6 之间遍历
9         y =np.sin(x* * 2+i) * j    # 输入函数 y=sin(x* * 2+i)* j
10         plt.plot(x,y)             # 在点(x,y)处绘制函数图形
11 fun()                             # 执行函数 fun()命令
12 sns.despine()                     # 去掉边框,默认去掉上边框和右边框
13 sns.despine(bottom=True,left =True)  # True 代表不显示,即去掉底边框和左边框
14 plt.show()                        # 显示绘制的图形
```

代码 3.15 所生成的图像如图 3.15 所示.

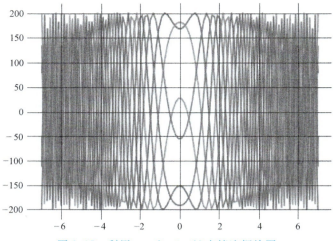

图 3.15　利用 sns. despine( )去掉边框绘图

3.1.2　Python 三维数据绘图

用 Matplotlib 画三维图时，最基本的三维图是由 (x,y,z) 三维坐标点构成的线图与散点图，可以用 ax. plot3D 和 ax. scatter3D 函数来创建. 默认情况下，散点会自动改变透明度，在平面上呈现出立体感.

【例 3.16】　绘制只有一种点的散点图.

在 Anaconda 内建的 Spyder 集成开发环境中输入代码 3.16.

代码 3.16　绘制只有一种点的散点图的程序

```
1 import matplotlib.pyplot as plt          # 导入 matplotlib.pyplot,记作 plt
2 import numpy as np                        # 导入 numpy,记作 np
3 from mpl_toolkits.mplot3d import Axes3D    # 从 mpl_toolkits.mplot3d 导入 Axes3D
4 data = np.arange(48).reshape((16,3))       # 产生 0~47 一共 48 个数字,排成 16 行 3 列
5                                                 的矩阵列表
6 print(data)                               # 打印数据
7 x = data[:,0]           # 第 1 列数据[0 3 6 9 12 15 18 21 24 28 30 33 36 39 42 45]
8 y = data[:,1]           # 第 2 列数据[1 4 7 10 13 16 19 22 25 28 31 34 37 40 43 46]
9 z = data[:,2]           # 第 3 列数据[2 5 8 11 14 17 20 23 26 29 32 35 38 41 44 47]
10 fig = plt.figure()     # 设置画布
11 ax = Axes3D(fig)       # 设置 3D 绘图环境
12 ax.scatter(x,y,z)      # 在 3D 绘图环境 ax 下的点(x,y,z)处绘制散点图
13 ax.set_zlabel('Z',fontdict={'size':24,'color':'red'})
14                                         # 添加坐标轴 Z 标记(顺序是 Z、Y、X)
15 ax.set_ylabel('Y',fontdict={'size':24,'color':'green'})
16                                         # 添加坐标轴 Y 标记(顺序是 Z、Y、X)
17 ax.set_xlabel('X',fontdict={'size':24,'color':'blue'})
18                                         # 添加坐标轴 X 标记(顺序是 Z、Y、X)
19 plt.show()
```

代码 3.16 所生成的图像如图 3.16 所示.

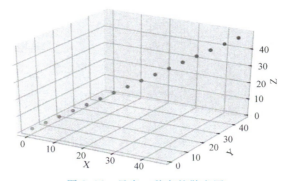

图 3.16   只有一种点的散点图

【例 3.17】   绘制有多种点及图例的散点图.

在 Anaconda 内建的 Spyder 集成开发环境中输入代码 3.17.

代码 3.17   绘制有多种点及图例散点图的程序

```
1 import matplotlib.pyplot as plt          # 导入 matplotlib.pyplot,记作 plt
2 import numpy as np                        # 导入 numpy,记作 np
3 from mpl_toolkits.mplot3d import Axes3D    # 从 mpl_toolkits.mplot3d 导入 Axes3D
4 data1 = np.arange(48).reshape((16,3))      # 产生 0~47 一共 48 个数字,排成 16 行 3 列
5                                              的矩阵列表
6 print(data1)               # 打印数据
7 x1 = data1[:,0]            # 第 1 列数据[0 3 6 9 12 15 18 21 24 27 30 33 36 39 42 45]
8 y1 = data1[:,1]            # 第 2 列数据[1 4 7 10 13 16 19 22 25 28 31 34 37 40 43 46]
9 z1 = data1[:,2]            # 第 3 列数据[2 5 8 11 14 17 20 23 26 29 32 35 38 41 44 47]
10 data2 = np.random.randint(0,47,(16,3))    # 产生 0~47 之间的随机整数,排成 16 行 3 列
11                                              的数据列表
12 x2 = data2[:,0]           # 第 1 列随机数据
13 y2 = data2[:,1]           # 第 2 列随机数据
14 z2 = data2[:,2]           # 第 3 列随机数据
15 fig = plt.figure()        # 设置画布
16 ax = Axes3D(fig)          # 设置 3D 绘图环境
17 ax.scatter(x1,y1,z1,c='b',label='顺序点')   # 在 3D 绘图环境 ax 下的点(x1,y1,z1)
18                                              处绘制散点图
19 ax.scatter(x2,y2,z2,c='r',label='随机点')   # 在 3D 绘图环境 ax 下的点(x2,y2,z2)
20                                              处绘制散点图
21 ax.legend(loc='best')                      # 在 3D 绘图环境 ax 下绘制图例
22 ax.set_zlabel('Z',fontdict={'size':15,'color':'red'})
23                                             # 添加坐标轴 Z 标记(顺序是 Z、Y、X)
24 ax.set_ylabel('Y',fontdict={'size':15,'color':'red'})
25                                             # 添加坐标轴 Y 标记(顺序是 Z、Y、X)
26 ax.set_xlabel('X',fontdict={'size':15,'color':'red'})
27                                             # 添加坐标轴 X 标记(顺序是 Z、Y、X)
28 plt.show()
```

代码 3.17 所生成的图像如图 3.17 所示.

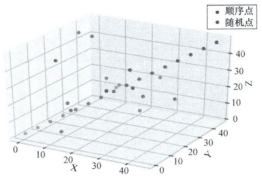

图 3.17　有多种点及图例的散点图

3.1.3　Python 数据绘图步骤

Python 数据绘图通常分为以下主要步骤：①导入将会用到的第三方库；②建立绘图环境；③引入数据；④利用相关的函数命令绘制数据图.

【例 3.18】　利用 plt.figure( ) 与 plt.subplot( ) 建立绘图环境.

在 Anaconda 内建的 Spyder 集成开发环境中输入代码 3.18.

代码 3.18　利用 plt.figure( ) 与 plt.subplot( ) 建立绘图环境的程序

```
1 import matplotlib.pyplot as plt        # 导入 matplotlib.pyplot,记作 plt
2 import numpy as np                      # 导入 numpy,记作 np
3 from mpl_toolkits.mplot3d import Axes3D # 从 mpl_toolkits.mplot3d 导入 Axes3D
4 fig = plt.figure()                      # 建立绘图环境,即建立画布
5 fig = plt.figure(figsize=(4,2))         # 建立画布时也可以指定所建立画布的大小
6 plt.figure(figsize=(6,4))               # 也可以建立一个包含多个子图的画布
7 ax1=plt.subplot(231)                    # 在第 2 行第 3 列的第 1 个位置画图,与 plt.subplot
8                                         （2,3,1）同义
9 ax2=plt.subplot(232)                    # 在第 2 行第 3 列的第 2 个位置画图
10 ax3=plt.subplot(233)                   # 在第 2 行第 3 列的第 3 个位置画图
11 ax4=plt.subplot(234)                   # 在第 2 行第 3 列的第 4 个位置画图
12 ax5=plt.subplot(235)                   # 在第 2 行第 3 列的第 5 个位置画图
13 ax6=plt.subplot(236)                   # 在第 2 行第 3 列的第 6 个位置画图
14 plt.show()                             # 显示绘制的图形
```

代码 3.18 所生成的图像如图 3.18 所示.

程序中的 7~12 行语句也可以用如下方法编写：ax1 = fig.add_subplot(231)，ax2 = fig.add_subplot(232)，ax3 = fig.add_subplot(233)，ax4 = fig.add_subplot(234)，ax5 = fig.add_subplot(235)，ax6 = fig.add_subplot(236).

【例 3.19】　利用 plt.scatter(x,y,color='r',marker='+') 绘图.

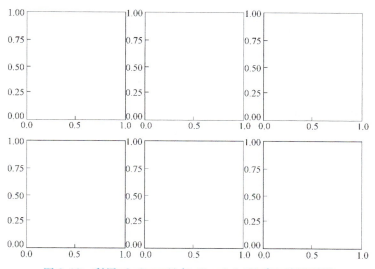

图 3.18　利用 plt.figure( ) 与 plt.subplot( ) 建立绘图环境

在 Anaconda 内建的 Spyder 集成开发环境中输入代码 3.19.

代码 3.19　利用 plt.scatter(x,y,color='r',marker='+') 绘图的程序

```
1 import matplotlib.pyplot as plt        # 导入 matplotlib.pyplot,记作 plt
2 fig = plt.figure()                     # 建立绘图环境,即建立画布
3 fig = plt.figure(figsize=(4,2))        # 建立画布时也可以指定所建立画布的
4                                            大小
5 plt.axis([0,6,0,9])                    # 修改坐标轴取值范围,也可以用 ax1.axis
6                                          ([-1,1,-1,1])
7 x = range(1,6)                         # 即 x=[1,2,3,4,5]
8 y = [3.1,4.5,5.2,7.1,8.3]             # 给出 y 的数据,x 与 y 的数据个数必须
9                                            一样多
10 plt.scatter(x,y,color='r',marker='+') # 在点(x,y)处绘制散点图
11 plt.show()                            # 显示绘制的图形
```

代码 3.19 所生成的图像如图 3.19 所示.

代码 3.19 中第 7 行中的参数意义:

x 为横坐标向量,y 为纵坐标向量,x,y 的长度必须一致.color 为控制颜色,其中,b 表示 blue,c 表示 cyan,g 表示 green,k 表示 black,m 表示 magenta,r 表示 red,w 表示 white,y 表示 yellow.marker 为控制标记风格.散点的标记风格有多种:'.'表示 Point marker,','表示 Pixel marker,'o'表示 Circle marker,'v'表示 Triangle down marker,'^'表示 Triangle up marker,'<'表示 Triangle left marker,'>'表示 Triangle right marker,

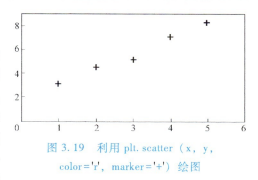

图 3.19　利用 plt.scatter (x, y, color='r', marker='+') 绘图

'1'表示 Tripod down marker，'2'表示 Tripod up marker，'3'表示 Tripod left marker，'4'表示 Tripod right marker，'s'表示 Square marker，'p'表示 Pentagon marker，'＊'表示 Star marker，'h'表示 Hexagon marker，'H'表示 Rotated hexagon，'D'表示 Diamond marker，'d'表示 Thin diamond marker，'│'表示 Vertical line（vlinesymbol）marker，'_'表示 Horizontal line（hline symbol）marker，'+'表示 Plus marker，'x'表示 Cross（x）marker.

【例 3.20】 利用 plt. plot（x，y，color='g'，linestyle='--'）绘图.

在 Anaconda 内建的 Spyder 集成开发环境中输入代码 3.20.

代码 3.20 利用 plt. plot（x，y，color='g'，linestyle='--'）绘图的程序

```
1 import matplotlib.pyplot as plt    # 导入 matplotlib.pyplot,记作 plt
2 fig = plt.figure(figsize=(12,6))   # 建立绘图环境,即建立画布
3 x = range(1,6)                      # 即 x=[1,2,3,4,5]
4 y = [3.1,8.5,5.2,7.1,8.3]          # 给定 y 的取值
5 plt.subplot(221)                    # 在第 2 行第 2 列的第 1 个位置绘制子图
6 plt.plot(x,y,color='r',linestyle='-')   # 在点(x,y)处绘制折线,linestyle=
7                                           '-'表示实线
8 plt.subplot(222)                    # 在第 2 行第 2 列的第 2 个位置绘制子图
9 plt.plot(x,y,color='g',linestyle='--')  # 在点(x,y)处绘制折线,linestyle=
10                                          '--'表示短线
11 plt.subplot(223)                   # 在第 2 行第 2 列的第 3 个位置绘制子图
12 plt.plot(x,y,color='b',linestyle='-.')  # 在点(x,y)处绘制折线,linestyle=
13                                          '-.'表示短点相间线
14 plt.subplot(224)                   # 在第 2 行第 2 列的第 4 个位置绘制子图
15 plt.plot(x,y,color='b',linestyle=':')   # 在点(x,y)处绘制折线,linestyle=
16                                          ':'表示虚点线
17 plt.show()                         # 显示图形
```

代码 3.20 所生成的图像如图 3.20 所示.

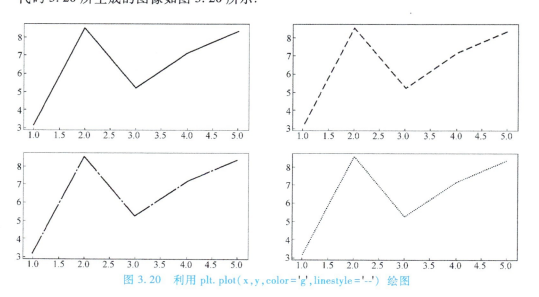

图 3.20 利用 plt. plot（x，y，color='g'，linestyle='--'）绘图

【例 3.21】 利用 plt. pie( )绘制饼形图.

在 Anaconda 内建的 Spyder 集成开发环境中输入代码 3.21.

代码 3.21 利用 plt. pie( )绘制饼形图的程序

```
1 import matplotlib.pyplot as plt          # 导入 matplotlib.pyplot,记作 plt
2 plt.figure()                             # 建立绘图环境,即建立画布
3 y = [2.1,3.2,1.9,6.3,7.8]                # 给定 y 的取值
4 plt.pie(y)                               # 绘制数据 y 的饼形图
5 plt.title('饼形图')                       # 给图形加标题
6 plt.show()                               # 显示绘制的图形
```

代码 3.21 所生成的图像如图 3.21 所示.

饼形图

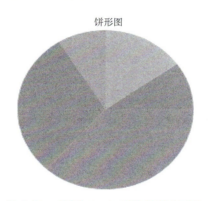

图 3.21　利用 plt. pie( )绘制的饼形图

【例 3.22】 利用 plt. bar( )绘制柱形图.

在 Anaconda 内建的 Spyder 集成开发环境中输入代码 3.22.

代码 3.22 利用 plt. bar( )绘制柱形图的程序

```
1 import matplotlib.pyplot as plt          # 导入 matplotlib.pyplot,记作 plt
2 plt.figure()                             # 建立绘图环境,即建立画布
3 x = range(1,6)                           # 即 x=[1,2,3,4,5]
4 y = [3.1,4.5,5.2,7.1,8.3]                # 给定 y 的取值
5 plt.bar(x,y)                             # 在 x 处绘制 y 柱形图
6 plt.title("柱形图")                       # 添加标题"柱形图"
7 plt.show()                               # 显示绘制的图形
```

代码 3.22 所生成的图像如图 3.22 所示.

3.1.4　Python 数据绘图实例

进行数据绘图,首先要导入相应的第三方绘图库,然后在建立绘图环境的同时引入数

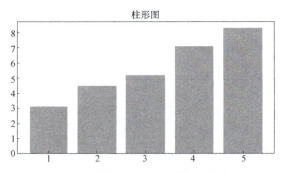

图 3.22　利用 plt. bar( )绘制的柱形图

据，最后利用相关的函数命令绘制数据图. 下面列举部分绘图实例.

【例 3.23】　绘制余弦函数图.

在 Anaconda 内建的 Spyder 集成开发环境中输入代码 3.23.

代码 3.23　绘制余弦函数图的程序

```
1 import math                                    # 导入 math
2 import numpy as np                             # 导入 numpy,记作 np
3 import matplotlib.pyplot as plt                # 导入 matplotlib.pyplot,记作 plt
4 x = np.arange(-math.pi,math.pi,0.01)           # 产生从-π~π 的步长为 0.01 的数据列表
5 y = [np.cos(t) for t in x]                     # 当 t 在 x 中取值时,计算出 cos(t) 函数值
6                                                  列表
7 plt.figure()                                   # 创建画布
8 plt.plot(x,y,color='r',linestyle='-.')         # 在点(x,y)处绘制短点相间线
9 plt.show()                                     # 显示绘制的图形
```

代码 3.23 所生成的图像如图 3.23 所示.

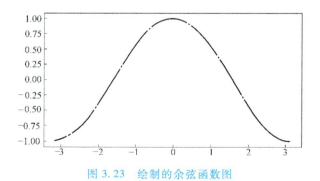

图 3.23　绘制的余弦函数图

【例 3.24】　利用 np. random. normal( )绘制正态分布图.

在 Anaconda 内建的 Spyder 集成开发环境中输入代码 3.24.

代码 3.24　利用 np. random. normal( )绘制正态分布图的程序

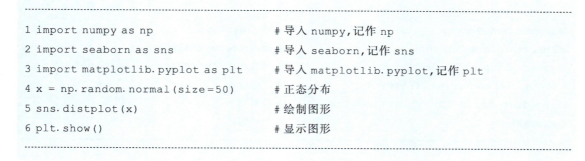

```
1 import numpy as np              # 导入 numpy,记作 np
2 import seaborn as sns           # 导入 seaborn,记作 sns
3 import matplotlib.pyplot as plt # 导入 matplotlib.pyplot,记作 plt
4 x = np.random.normal(size=50)   # 正态分布
5 sns.distplot(x)                 # 绘制图形
6 plt.show()                      # 显示图形
```

代码 3.24 所生成的图像如图 3.24 所示.

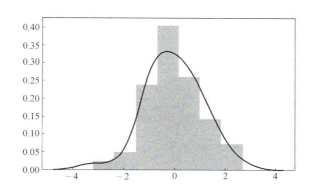

图 3.24   利用 np.random.normal( )绘制的正态分布图

1）np.random.normal( )函数：这里的 np 是 numpy 包的缩写，normal 是正态的意思. 比如 numpy.random.normal(loc=0,scale=1e-2,size=shape)，意义如下：

参数 loc(float)：正态分布的均值，对应着这个分布的中心. loc=0 说明这是一个以 y 轴为对称轴的正态分布.

参数 scale(float)：正态分布的标准差，对应分布的宽度. scale 越大，正态分布的曲线越"矮胖"；scale 越小，正态分布的曲线越"高瘦".

参数 size（int 或者整数元组）：输出的值赋在 shape 里，默认为 None.

2）sns.distplot( )函数：sns.distplot( )集合了 Matplotlib 的 hist( )和 sns.kdeplot( )的功能，增加了 rugplot 分布观测显示与 SciPy 库 fit 拟合参数分布的新用途，格式如下：

sns.distplot(a,bins=None,hist=True,kde=True,rug=False,fit=None,hist_kws=None,kde_kws=None,rug_kws=None,fit_kws=None,color=None,vertical=False,norm_hist=False,axlabel=None,label=None,ax=None)

直方图是先分箱，然后计算每个分箱频数的数据分布. 直方图和柱形图的区别是：柱形图（又称为条形图）有空隙，直方图没有；柱形图一般用于类别特征，直方图一般用于数字特征（连续型），多用于 y 值和数字（连续型）特征的分布画图.

【例 3.25】   利用 sns.distplot(x,kde=False,rug=True) 绘制直方图.

在 Anaconda 内建的 Spyder 集成开发环境中输入代码 3.25.

代码 3.25   利用 sns.distplot(x,kde=False,rug=True) 绘制直方图的程序

```
1 import numpy as np                          # 导入 numpy,记作 np
2 import seaborn as sns                        # 导入 seaborn,记作 sns
3 import matplotlib.pyplot as plt              # 导入 matplotlib.pyplot,记作 plt
4 x = np.random.normal(size=50)               # 正态分布
5 sns.distplot(x,kde=False,rug=True)          # 绘制图形
6 plt.show()                                   # 显示图形
```

代码 3.25 所生成的图像如图 3.25 所示.

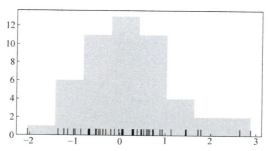

图 3.25　利用 sns.distplot(x,kde=False,rug=True) 绘制的直方图

直方图是显而易懂的. 在 Seaborn 中, 直方图会根据 x 轴的数据范围生成各个数据段 (Bins), 在每个数据段中会放入相应的数据, 而直方图的高度就是落入该数据段的数据的多少. 为了说明, 这里把密度曲线去掉, 相应地在图中加上表达数据量多少的小刻度. 密度曲线的有无通过参数 kde 来控制, 数据量刻度的有无使用参数 rug 控制.

【例 3.26】　利用参数 bins 绘制直方图.

在 Anaconda 内建的 Spyder 集成开发环境中输入代码 3.26.

代码 3.26　利用参数 bins 绘制直方图的程序

```
1 import numpy as np                           # 导入 numpy,记作 np
2 import seaborn as sns                         # 导入 seaborn,记作 sns
3 import matplotlib.pyplot as plt               # 导入 matplotlib.pyplot,记作 plt
4 x = np.random.normal(size=100)               # 正态分布
5 sns.distplot(x,bins=15,kde=False,rug=True)   # 绘制 15 个条形的直方图
6 plt.show()                                    # 显示图形
```

代码 3.26 所生成的图像如图 3.26 所示.

在绘制直方图时, 如果想要指定数据段的多少, 则可以通过参数 bins 来控制. 如果要绘制核密度函数估计图, 那么只需把直方图抹掉即可, 可以通过参数 hist 来控制.

【例 3.27】　利用参数 hist 来控制, 绘制核密度函数估计图.

在 Anaconda 内建的 Spyder 集成开发环境中输入代码 3.27.

代码 3.27　利用参数 hist 来控制, 绘制核密度函数估计图的程序

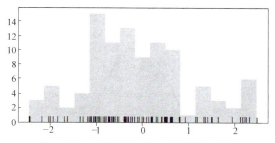

图 3.26　利用参数 bins 绘制的直方图

```
1 import numpy as np            # 导入 numpy,记作 np
2 import seaborn as sns         # 导入 seaborn,记作 sns
3 import matplotlib.pyplot as plt  # 导入 matplotlib.pyplot,记作 plt
4 x = np.random.normal(size=100)   # 正态分布
5 sns.distplot(x,hist=False,rug=True)  # 绘制核密度函数估计图
6 plt.show()                    # 显示图形
```

代码 3.27 所生成的图像如图 3.27 所示.

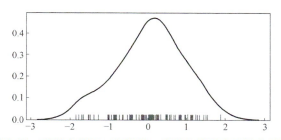

图 3.27　利用参数 hist 来控制,绘制的核密度函数估计图

如果在 Seaborn 中使用 kdeplot( ) 函数,那么可以得到相同的曲线. 此函数内部调用了 distplot( ),但它提供了一个更直接的界面,当只需要核密度函数估计时,更容易访问其他选项,比如将区域阴影化.

【例 3.28】　利用 sns.kdeplot(x,shade = True) 绘制区域阴影.

在 Anaconda 内建的 Spyder 集成开发环境中输入代码 3.28.

代码 3.28　利用 sns.kdeplot(x,shade = True) 绘制区域阴影的程序

```
1 import numpy as np            # 导入 numpy,记作 np
2 import seaborn as sns         # 导入 seaborn,记作 sns
3 import matplotlib.pyplot as plt  # 导入 matplotlib.pyplot,记作 plt
4 x = np.random.normal(size=100)   # 正态分布
5 sns.kdeplot(x,shade=True)     # 绘制核密度函数估计图区域阴影
6 plt.show()                    # 显示图形
```

代码 3.28 所生成的图像如图 3.28 所示.

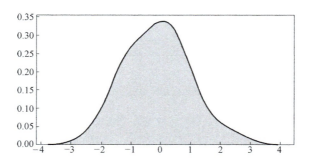

图 3.28　利用 sns.kdeplot(x,shade=True) 绘制的区域阴影

【例 3.29】　利用 sns.kdeplot(x,bw=.2,label='bw:0.2') 绘制核密度函数估计图.

在 Anaconda 内建的 Spyder 集成开发环境中输入代码 3.29.

代码 3.29　利用 sns.kdeplot(x,bw=.2,label='bw:0.2') 绘制核密度函数估计图的程序

```
1 import numpy as np                              # 导入 numpy,记作 np
2 import seaborn as sns                           # 导入 seaborn,记作 sns
3 import matplotlib.pyplot as plt                 # 导入 matplotlib.pyplot,记作 plt
4 x = np.random.normal(0,1,size=30)              # 正态分布
5 sns.kdeplot(x)                                  # 绘制核密度函数估计图
6 sns.kdeplot(x,bw=.2,label='bw:0.2')            # 设置宽度、标签,绘制核密度函数估计图
7 sns.kdeplot(x,bw=5,label='bw:5')               # 设置宽度、标签,绘制核密度函数估计图
8 plt.show()                                      # 显示图形
```

代码 3.29 所生成的图像如图 3.29 所示.

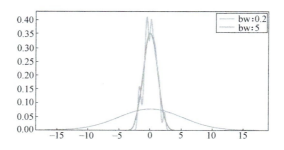

图 3.29　利用 sns.kdeplot(x,bw=.2,label='bw:
0.2') 绘制的核密度函数估计图

【例 3.30】　使用 distplot() 的 fit 参数拟合绘制图形.

在 Anaconda 内建的 Spyder 集成开发环境中输入代码 3.30.

代码 3.30　使用 distplot() 的 fit 参数拟合绘制图形的程序

```
1 import numpy as np                              # 导入 numpy,记作 np
2 import seaborn as sns                           # 导入 seaborn,记作 sns
3 import matplotlib.pyplot as plt                 # 导入 matplotlib.pyplot,记作 plt
4 from scipy import stats                         # 从 scipy 中导入 stats
5 sns.set(color_codes=True)                       # 设置颜色
6 x = np.random.gamma(6,size=200)                 # 伽马分布的概率密度
7 sns.distplot(x,kde=False,fit=stats.gamma)       # 使用伽马分布拟合
8 plt.show()                                      # 显示绘制的图形
```

代码 3.30 所生成的图像如图 3.30 所示.

【例 3.31】 使用 sns.violinplot( ) 绘制小提琴图.

在 Anaconda 内建的 Spyder 集成开发环境中输入代码 3.31.

代码 3.31 使用 sns.violinplot( ) 绘制小提琴图的程序

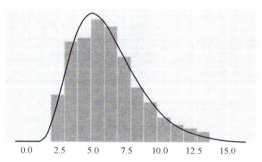

图 3.30 使用 distplot( ) 的 fit 参数拟合绘制图形

```
1 import pandas as pd                             # 导入 pandas,记作 pd
2 import seaborn as sns                           # 导入 seaborn,记作 sns
3 bsdata=pd.read_csv('iris.csv')                  # 读入数据'iris.csv'
4 bsdata1=bsdata[0:16]                            # 取 bsdata 的前面 16 行数据
5 print(bsdata1)                                  # 打印 bsdata1 数据
6 sns.violinplot(x="sepal_length",y="sepal_width",hue="species",data=bsdata1)
7                                                 # 绘制小提琴图
8 plt.show()                                      # 显示绘制的图形
```

代码 3.31 所生成的图像如图 3.31 所示.

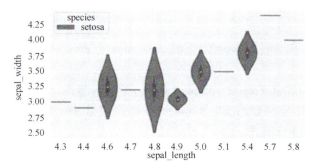

图 3.31 使用 sns.violinplot( ) 绘制的小提琴图

习题 3-1

1. 已知某周消费数据如表 3.1 所示.

表 3.1　某周消费数据

	周一	周二	周三	周四	周五	周六	周日
消费/元	10	40	60	80	50	40	10

绘制某周消费数据柱形图.

2. 已知某周发货数据如表 3.2 所示.

表 3.2　某周发货数据

城市	北京	天津	上海	广州	沈阳	成都
发货量/件	10	40	80	30	70	20

绘制某周发货数据饼形图.

3. 已知数据如表 3.3 所示.

表 3.3　绘制折线图的数据

编号	A	B	C	D	E	F	G	H
数据	1	4	5	7	8	5	4	1

绘制数据折线图.

4. 通过 NumPy 生成 100 个随机数, 然后进行求和, 最后将 100 个数绘制成折线形图像.

5. 图表的基本元素包含图名、x 轴标签、y 轴标签、图例、x 轴边界、y 轴边界、x 刻度、y 刻度、x 刻度标签、y 刻度标签等, 请举例通过 DataFrame( ) 绘制数据图并加以说明.

6. 请举例利用 pd. Series( ) 与 pd. DataFrame( ) 调用 plot( ) 绘图, 并进行风格样式的设置, 包含透明度与颜色.

7. 请举例利用 pd. DataFrame( ) 调用 plot( ) 绘图, 并进行风格样式的设置, 同时设置文本以进行图表注解.

8. 请举例利用 plt. figure(num = 1, figsize = (8, 6)) 与 plt. figure(num = 2, figsize = (8, 6)) 绘制子图, 不同框.

9. 请举例利用 plt. figure(figsize = (10, 6), facecolor = 'gray') 与 fig. add_subplot(2, 2, 1) 绘制子图, 在同一页.

10. 请举例利用 pd. DataFrame( ) 及 plot. area( ) 绘制区域图.

11. 请举例利用 fill( ) 函数与 fill_between( ) 函数或者 plt. fill(x, y1, 'r', x, y2, 'g', alpha = 0. 5) 对所绘制的图形进行填充.

12. 给出数据列表 data = [[1, 2, 3], [4, 5, 6], [7, 8, 9]], 利用 Seaborn 及 sns. violinplot (data = data) 绘制数据小提琴图.

3.2 Python 绘制分形图

所谓分形，简单地说就是组成部分以某种方式与整体部分相似的形体．分形作为一种数学工具，现已应用于各个领域，如应用于计算机辅助使用的各种分析软件中．分形理论是当今世界十分风靡和活跃的新理论、新学科．本节将介绍使用 turtle 绘制一些常见的分形.

3.2.1 利用 turtle 绘制科赫雪花

科赫曲线是一种外形像雪花的几何曲线，所以又称为雪花曲线，它是分形曲线中的一种，具体画法如下：

1）任意画一个正三角形，并把每一边三等分.
2）取三等分后一边的"中间一段"为边向外绘制正三角形，并把这"中间一段"擦掉.
3）重复上述两步，绘制出更小的三角形.
4）一直重复，直到无穷，所绘制出的曲线称为科赫曲线.

下面一步一步地通过编程实现.

【例 3.32】 使用 turtle 绘制一条线段.

在 Anaconda 内建的 Spyder 集成开发环境中输入代码 3.32.

代码 3.32 使用 turtle 绘制一条线段的程序

```
1 import turtle                                      # 导入 turtle
2 turtle.screensize(canvwidth=800,canvheight=400,bg=None)
3                                                    # 设置画布大小为 800×400 像素
4 turtle.pensize(4)                                  # 设置画笔尺寸为 4
5 turtle.pencolor('red')                             # 设置画笔颜色为红色
6 turtle.penup()                                     # 默认在点(0,0)处抬起画笔,但不画线
7 turtle.goto(-300,0)                                # 移动画笔到点(-300,0)处,等待下一步
                                                       指令
8
9 turtle.pendown()                                   # 画笔在点(-300,0)处压下,准备画线
10 turtle.forward(600)                               # 画笔从点(-300,0)处开始画 600 像素
                                                       长的线
11
12 turtle.hideturtle()                               # 画笔在点(300,0)处隐藏画笔
13 turtle.done()                                     # 结束画线
```

代码 3.32 所生成的图像如图 3.32 所示.

图 3.32 利用 turtle 绘制的直线

【例 3.33】 使用 turtle 绘制折线段.

在 Anaconda 内建的 Spyder 集成开发环境中输入代码 3.33.

代码 3.33 使用 turtle 绘制折线段的程序

```
1 import turtle                                    # 导入 turtle
2 turtle.screensize(canvwidth=800,canvheight=400,bg=None)
3                                                   # 设置画布大小为 800×400 像素
4 turtle.pensize(4)                                # 设置画笔尺寸为 4
5 turtle.pencolor('red')                           # 设置画笔颜色为红色
6 turtle.penup()                                   # 默认在点(0,0)处抬起画笔,但不画线
7 turtle.goto(-300,0)                              # 移动画笔到点(-300,0)处,等待下一步指令
8 turtle.pendown()                                 # 画笔在点(-300,0)处压下,准备画线
9 for angle in [0,60,-120,60]:                     # for 循环让 angle 遍历取值[0,60,-120,60]
10     turtle.left(angle)                          # 画笔旋转角度,逆时针为正,顺时针为负
11     turtle.forward(200)                         # 画笔在当前方向前进 200 像素
12 turtle.hideturtle()                             # 画笔在点 (300, 0) 处隐藏画笔
13 turtle.done()                                   # 结束画线
```

代码 3.33 所生成的图像如图 3.33 所示.

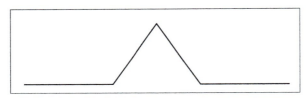

图 3.33 使用 turtle 绘制的折线段

【例 3.34】 使用 turtle 连续绘制不同角度的折线段.

在 Anaconda 内建的 Spyder 集成开发环境中输入代码 3.34.

代码 3.34 使用 turtle 连续绘制不同角度折线段的程序

```
1 import turtle                                    # 导入 turtle
2 turtle.screensize(canvwidth=800,canvheight=400,bg=None)
3                                                   # 设置画布大小为 800×400 像素
4 turtle.pensize(2)                                # 设置画笔尺寸为 2
5 turtle.pencolor('red')                           # 设置画笔颜色为红色
6 turtle.penup()                                   # 默认在点(0,0)处抬起画笔,但不画线
7 turtle.goto(-300,0)                              # 移动画笔到点(-300,0)处,等待下一步指令
8 turtle.pendown()                                 # 画笔在点(-300,0)处压下,准备画线
9 for angle in [0,60,-120,60]:                     # for 循环让 angle 遍历取值[0,60,-120,60]
10     turtle.left(angle)                          # 画笔旋转角度,逆时针为正,顺时针为负
11     turtle.forward(50)                          # 画笔在当前方向前进 50 像素
```

```
12 turtle.left(60)                        # 画笔在点 (-150,0)处画笔左转 60°
13 for angle in [0,60,-120,60]:           # for 循环让 angle 遍历取值[0,60,-120,60]
14     turtle.left(angle)                 # 画笔旋转角度,逆时针为正,顺时针为负
15     turtle.forward(50)                 # 画笔在当前方向前进 50 像素
16 turtle.left(-120)                      # 画笔在当前位置左转-120°,相当于右转 120°
17 for angle in [0,60,-120,60]:           # for 循环让 angle 遍历取值[0,60,-120,60]
18     turtle.left(angle)                 # 画笔旋转角度,逆时针为正,顺时针为负
19     turtle.forward(50)                 # 画笔在当前方向前进 50 像素
20 turtle.left(60)                        # 画笔在点 (0,0)处左转 60°
21 for angle in [0,60,-120,60]:           # for 循环让 angle 遍历取值[0,60,-120,60]
22     turtle.left(angle)                 # 画笔旋转角度,逆时针为正,顺时针为负
23     turtle.forward(50)                 # 画笔在当前方向前进 50 像素
24 turtle.hideturtle()                    # 画笔在点 (300,0) 处隐藏画笔
25 turtle.done()                          # 结束画线
```

代码 3.34 所生成的图像如图 3.34 所示.

图 3.34　使用 turtle 连续绘制的不同角度的折线段

【例 3.35】　使用 turtle 继续连续绘制不同角度的折线段.

在 Anaconda 内建的 Spyder 集成开发环境中输入代码 3.35.

代码 3.35　使用 turtle 继续连续绘制不同角度折线段的程序

```
1 import turtle                           # 导入 turtle
2 turtle.screensize(canvwidth=800,canvheight=400,bg=None)
3                                         # 设置画布大小为 800×400 像素
4 turtle.pensize(2)                       # 设置画笔尺寸为 2
5 turtle.pencolor('red')                  # 设置画笔颜色为红色
6 turtle.penup()                          # 默认在点 (0,0)处抬起画笔,但不画线
7 turtle.goto(-300,0)                     # 移动画笔到点 (-300,0)处,等待下一步指令
8 turtle.pendown()                        # 画笔在点 (-300,0)处压下,准备画线
9 for angle in [0,60,-120,60]:            # for 循环让 angle 遍历取值[0,60,-120,60]
10     turtle.left(angle)                 # 画笔旋转角度,逆时针为正,顺时针为负
11     turtle.forward(20)                 # 画笔在当前方向前进 20 像素
12 turtle.left(60)                        # 画笔左转 60°
13 for angle in [0,60,-120,60]:           # for 循环让 angle 遍历取值[0,60,-120,60]
```

```
14     turtle.left(angle)                          # 画笔旋转角度,逆时针为正,顺时针为负
15     turtle.forward(20)                          # 画笔在当前方向前进 20 像素
16 turtle.left(-120)                               # 画笔在当前位置左转-120°,相当于右转 120°
17 for angle in [0,60,-120,60]:                    # for 循环让 angle 遍历取值[0,60,-120,60]
18     turtle.left(angle)                          # 画笔旋转角度,逆时针为正,顺时针为负
19     turtle.forward(20)                          # 画笔在当前方向前进 20 像素
20 turtle.left(60)                                 # 画笔左转 60°
21 for angle in [0,60,-120,60]:                    # for 循环让 angle 遍历取值[0,60,-120,60]
22     turtle.left(angle)                          # 画笔旋转角度,逆时针为正,顺时针为负
23     turtle.forward(20)                          # 画笔在当前方向前进 20 像素
24 turtle.left(60)                                 # 画笔左转 60°
25 for angle in [0,60,-120,60]:                    # for 循环让 angle 遍历取值[0,60,-120,60]
26     turtle.left(angle)                          # 画笔旋转角度,逆时针为正,顺时针为负
27     turtle.forward(20)                          # 画笔在当前方向前进 20 像素
28 turtle.left(60)                                 # 画笔左转 60°
29 for angle in [0,60,-120,60]:                    # for 循环让 angle 遍历取值[0,60,-120,60]
30     turtle.left(angle)                          # 画笔旋转角度,逆时针为正,顺时针为负
31     turtle.forward(20)                          # 画笔在当前方向前进 20 像素
32 turtle.left(-120)                               # 画笔左转-120°
33 for angle in [0,60,-120,60]:                    # for 循环让 angle 遍历取值[0,60,-120,60]
34     turtle.left(angle)                          # 画笔旋转角度,逆时针为正,顺时针为负
35     turtle.forward(20)                          # 画笔在当前方向前进 20 像素
36 turtle.left(60)                                 # 画笔左转 60°
37 for angle in [0,60,-120,60]:                    # for 循环让 angle 遍历取值[0,60,-120,60]
38     turtle.left(angle)                          # 画笔旋转角度,逆时针为正,顺时针为负
39     turtle.forward(20)                          # 画笔在当前方向前进 20 像素
40 turtle.left(-120)                               # 画笔左转-120°
41 for angle in [0,60,-120,60]:                    # for 循环让 angle 遍历取值[0,60,-120,60]
42     turtle.left(angle)                          # 画笔旋转角度,逆时针为正,顺时针为负
43     turtle.forward(20)                          # 画笔在当前方向前进 20 像素
44 turtle.left(60)                                 # 画笔左转 60°
45 for angle in [0,60,-120,60]:                    # for 循环让 angle 遍历取值[0,60,-120,60]
46     turtle.left(angle)                          # 画笔旋转角度,逆时针为正,顺时针为负
47     turtle.forward(20)                          # 画笔在当前方向前进 20 像素
48 turtle.left(-120)                               # 画笔左转-120°
49 for angle in [0,60,-120,60]:                    # for 循环让 angle 遍历取值[0,60,-120,60]
50     turtle.left(angle)                          # 画笔旋转角度,逆时针为正,顺时针为负
51     turtle.forward(20)                          # 画笔在当前方向前进 20 像素
52 turtle.left(60)                                 # 画笔左转 60°
53 for angle in [0,60,-120,60]:                    # for 循环让 angle 遍历取值[0,60,-120,60]
54     turtle.left(angle)                          # 画笔旋转角度,逆时针为正,顺时针为负
55     turtle.forward(20)                          # 画笔在当前方向前进 20 像素
```

```
56 turtle.left(60)                    # 画笔左转 60°
57 for angle in [0,60,-120,60]:       # for 循环让 angle 遍历取值[0,60,-120,60]
58    turtle.left(angle)              # 画笔旋转角度,逆时针为正,顺时针为负
59    turtle.forward(20)              # 画笔在当前方向前进 20 像素
60 turtle.left(60)                    # 画笔左转 60°
61 for angle in [0,60,-120,60]:       # for 循环让 angle 遍历取值[0,60,-120,60]
62    turtle.left(angle)              # 画笔旋转角度,逆时针为正,顺时针为负
63    turtle.forward(20)              # 画笔在当前方向前进 20 像素
64 turtle.left(-120)                  # 画笔左转 -120°
65 for angle in [0,60,-120,60]:       # for 循环让 angle 遍历取值[0,60,-120,60]
66    turtle.left(angle)              # 画笔旋转角度,逆时针为正,顺时针为负
67    turtle.forward(20)              # 画笔在当前方向前进 20 像素
68 turtle.left(60)                    # 画笔左转 60°
69 for angle in [0,60,-120,60]:       # for 循环让 angle 遍历取值[0,60,-120,60]
70    turtle.left(angle)              # 画笔旋转角度,逆时针为正,顺时针为负
71    turtle.forward(20)              # 画笔在当前方向前进 20 像素
72 turtle.hideturtle()                # 隐藏画笔
73 turtle.done()                      # 结束绘图
```

代码 3.35 所生成的图像如图 3.35 所示.

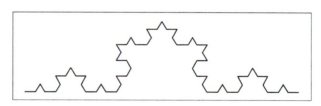

图 3.35 使用 turtle 继续连续绘制的不同角度的折线段

在上面绘制分形的程序中, 有许多命令都是重复出现的, 因此程序显得比较烦琐. 为了克服这种现象, 可以引入递归函数算法.

所谓递归函数, 是指一个函数在内部调用自己本身. 例如, 计算阶乘 $n! = 1 * 2 * 3 * \cdots * n$, 用函数 $f(n)$ 表示, 可以看出:

$$f(n) = n! = 1 * 2 * 3 * \cdots * (n-1) * n = (n-1)! * n = f(n-1) * n$$

所以, $f(n)$ 可以表示为 $n * f(n-1)$, 只有 $n = 1$ 时需要特殊处理. $f(n)$ 就是一个递归函数, 于是 $f(n)$ 用递归的方式编程, 代码如下:

```
1 def fun(n):                        # 定义函数 fun(n),n 为传入参数
2    if n == 1:                      # 如果 n=1
3       return 1                     # 回到 1
4    else:                           # 否则
5       result = n * fun(n-1)        # 调用 fun(n),执行 n * fun(n-
                                     #   1),赋值给 result
```

```
6       print("迭代结果",n," * fact(",n-1,"): ",result)    # 打印
7       return result                                       # 回到 result
8 print(fun(5))                                             # 打印 fun(5)
```

代码所生成的结果如下：

迭代结果 2 ＊fact(1)： 2

迭代结果 3 ＊fact(2)： 6

迭代结果 4 ＊fact(3)： 24

迭代结果 5 ＊fact(4)： 120

120

下面用递归的方法编程绘制科赫曲线.

【例 3.36】 使用 turtle 并结合递归函数编程来实现科赫曲线的绘制.

在 Anaconda 内建的 Spyder 集成开发环境中输入代码 3.36.

代码 3.36 使用 turtle 并结合递归函数编程来实现科赫曲线绘制的程序

```
1 import turtle                  # 导入 turtle
2 def  koch(size,n):             # 定义函数 koch(size,n),长度 size 和阶数 n 为
3                                   传入参数
4   if  n==0:                    # 条件语句,如果 n 的值为 0,则执行下一句命令
5       turtle.forward(size)     # 画笔前进 size 传入的值
6   else:                        # 否则,执行下一句命令
7       for angle in [0,60,-120,60]:  # 让 angle 遍历 0、60、-120、60 这 4 个角度值
8           turtle.left(angle)   # 画笔在当前方向左转 angle 传入的值
9           koch(size/3,n-1)     # 调用函数 koch(size,n)进行递归运算 koch
10                                  (size/3,n-1)
11 def main():                   # 定义主函数
12   turtle.setup(800,400)       # 设置画布大小为 800×400 像素
13   turtle.penup()              # 画笔抬起来,不绘画
14   turtle.goto(-300,-50)       # 移动画笔到点(-300,-50)处,画笔默认位于原点
15                                  (0,0)处
16   turtle.pendown()            # 在点(-300,-50)处按下画笔,准备绘画
17   turtle.pensize(2)           # 设置笔画尺寸为 2 像素,这会影响线条的粗细
18   koch(600,3)                 # 调用函数 koch(size,n),传入 size=600,n=3
19   turtle.hideturtle()         # 绘制完毕,隐藏画笔
20 main()                        # 运行主函数
21 turtle.done()                 # 结束绘制,如果没有这句命令,那么程序将一直运行
```

代码 3.36 所生成的图像如图 3.36 所示.

【例 3.37】 使用 turtle 结合递归函数编程实现科赫雪花曲线的绘制，并填充颜色.

在 Anaconda 内建的 Spyder 集成开发环境中输入代码 3.37.

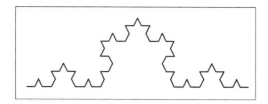

图 3.36　使用 turtle 并结合递归函数编程来实现的科赫曲线绘制

代码 3.37　使用 turtle 结合递归函数编程实现科赫雪花曲线绘制的程序

```
1 import turtle                          # 导入 turtle
2 turtle.color(0,1,0)                    # 设置填充颜色,也可以用 turtle.color("green")
3 turtle.begin_fill()                    # 开始填充颜色
4 def koch(size,n):                      # 定义函数 koch(size,n),长度 size 和阶数 n 为传入参数
5   if n==0:                             # 条件语句,如果 n 的值为 0,则执行下一句命令
6       turtle.forward(size)             # 画笔前进 size 传入的值
7   else:                                # 否则,执行下一句命令
8       for angle in [0,60,-120,60]:     # 让 angle 遍历 0、60、-120、60 这 4 个角度值
9           turtle.left(angle)           # 画笔在当前方向左转 angle 传入的值
10          koch(size/3,n-1)             # 调用函数 koch(size,n)进行递归运算 koch(size/3,n-1)
11 def main():                           # 定义主函数
12   turtle.setup(600,600)               # 设置画布大小为 600×600 像素
13   turtle.penup()                      # 画笔抬起来,不绘画
14   turtle.goto(-200,100)               # 移动画笔到点(-200,100)处,画笔默认位于原点(0,0)处
15   turtle.pendown()                    # 在点(-200,100)处按下画笔,准备绘画
16   turtle.pensize(2)                   # 设置笔画尺寸为 2 像素,这会影响线条的粗细
17   level = 3                           # 设置阶数 level = 3
18   koch(400,level)                     # 调用函数 koch(size,n)运算 koch(400,3)
19   turtle.right(120)                   # 画笔右转 120°
20   koch(400,level)                     # 调用函数 koch(size,n)运算 koch(400,3)
21   turtle.right(120)                   # 画笔右转 120°
22   koch(400,level)                     # 调用函数 koch(size,n)运算 koch(400,3)
23   turtle.hideturtle()                 # 绘制完毕,隐藏画笔
24 main()                                # 运行主函数
25 turtle.end_fill()                     # 颜色填充完毕,与第 3 句 turtle.begin_fill()相呼应
26 turtle.done()                         # 结束绘制,如果没有这句命令,那么程序将一直运行
```

代码 3.37 所生成的图像如图 3.37 所示.

3.2.2　利用 turtle 绘制分形树

分形树具有对称性、自相似性,可以用递归来完成绘制.只要确定开始树枝长度、每层树枝的减短长度和树枝分叉的角度,就可以把分形树画出来.

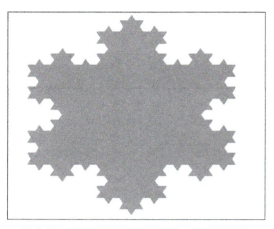

图 3.37　科赫雪花曲线的绘制，并填充颜色

【例 3.38】　使用 turtle 结合递归函数编程绘制二叉树.

在 Anaconda 内建的 Spyder 集成开发环境中输入代码 3.38.

代码 3.38　使用 turtle 结合递归函数编程绘制二叉树的程序

```
1 import turtle                        # 导入 turtle
2 turtle.speed(1)                      # 设置画笔速度
3 turtle.pensize(4)                    # 设置画笔粗细
4 size0 = 10                           # 设定尺寸初值
5 turtle.left(90)                      # 左转 90°，垂直方向
6 def draw_tree(size):                 # 定义绘制函数 draw_tree(size)，size 为传入参数
7     if size > size0:                 # 如果传入参数 size 值大于初值 size0，那么可以画树
8         turtle.forward(size)         # 先向前移动 size 距离
9         turtle.right(20)             # 右转 20°
10        draw_tree(size / 2)          # 用函数 draw_tree()递归，继续右转 20°，长度减半，条
11                                     #   件不满足时执行下一句
12        turtle.left(40)              # 左转 40°
13        draw_tree(size / 2)          # 画左边的树，长度减半，条件不满足时，执行下一句，即右
14                                     #   转 20°，回到原来的角度
15        turtle.right(20)             # 回到之前的树枝
16        if size / 2 <= size0:        # 给最后的树枝画红色
17            turtle.color('red')      # 设置画笔为红色
18        else:                        # 如果条件不满足，那么给树干画绿色
19            turtle.color('green')    # 设置画笔为绿色
20        turtle.backward(size)        # 退回去画的是原来的长度
21 draw_tree(120)                      # 调用函数 draw_tree()，传入参数 size=120
22 turtle.hideturtle()                 # 隐藏画笔
23 turtle.done()                       # 结束绘制
```

代码 3.38 所生成的图像如图 3.38 所示.

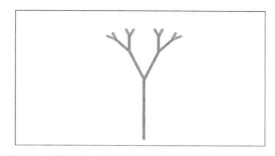

图 3.38 使用 turtle 结合递归函数编程绘制的二叉树

【例 3.39】 使用 turtle 结合递归函数编程绘制分形树.

在 Anaconda 内建的 Spyder 集成开发环境中输入代码 3.39.

代码 3.39 使用 turtle 结合递归函数编程绘制分形树的程序

```
1 import turtle as tl          # 导入 turtle,记作 tl
2 tl.speed(10)                 # 设置绘制速度为 10,表示最快,这里的参数值范围为 0~10
3 tl.pensize(4)                # 设置画笔粗细为 4 像素
4 tl.penup()                   # 画笔抬起来,不绘制
5 tl.left(90)                  # 因为树是向上的,所以先把方向左转 90°
6 tree_length = 100            # 这里设置的最长树干为 100
7 tree_angle = 20              # 树枝分叉角度,这里设置为 20
8 tl.backward(250)             # 把起点放到底部 t,因为画布默认为 400×300 像素,树高为 100 像素
9 tl.pendown()                 # 按下画笔,准备绘制
10 def draw_tree(tree_length,tree_angle):     # 定义绘制函数 draw_tree(),有两个传
11                                              入参数 tree_length、tree_angle
12    if tree_length >= 3:                    # 条件语句,满足条件就执行下一句
13        tl.forward(tree_length)             # 画笔向前绘制 100 的长度
14        tl.right(tree_angle)                # 向右转 20°
15        draw_tree(tree_length -10,tree_angle)  # 调用 draw_tree()绘制下一枝,直到绘
16                                                 制到树枝长小于 3
17        tl.left(2 * tree_angle)             # 转向左面绘制,左转角度为 2* tree_an-
18                                              gle
19        draw_tree(tree_length -10,tree_angle)  # 用 draw_tree()绘制下一枝,直到绘制
20                                                 到树枝长小于 3
21        tl.right(tree_angle)                # 转到正向的方向,然后回溯到上一层
22        if tree_length <= 30:               # 树枝长小于等于 30,可以当作树叶
23            tl.pencolor('red')              # 树叶部分为红色
24        if tree_length > 30:                # 树枝长大于 30,可以当作树干
25            tl.pencolor('green')            # 树干部分为绿色
26        tl.backward(tree_length)            # 往回绘制,回溯到上一层
27 draw_tree(tree_length,tree_angle)          # 执行函数 draw_tree()
```

```
28 tl.hideturtle()                      # 隐藏画笔
29 tl.exitonclick()                     # 关闭画画窗口
30 tl.done()                            # 绘制结束
```

代码 3.39 所生成的图像如图 3.39 所示.

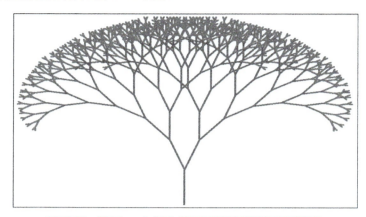

图 3.39　使用 turtle 结合递归函数编程绘制的分形树

3.2.3　利用 turtle 绘制小花

灵活使用 turtle 可以绘制一些特殊的图形. 下面通过定义函数和使用递归的方法, 编程实现 3 朵小花的绘制. 大家可以通过模仿绘制其他图形.

【例 3.40】　使用 turtle 结合递归方法编程绘制 3 朵小花.

在 Anaconda 内建的 Spyder 集成开发环境中输入代码 3.40.

代码 3.40　使用 turtle 结合递归方法绘制 3 朵小花的程序

```
1 import turtle as tl          # 导入 turtle,记作 tl
2 x=0                          # 定义 x 初始值
3 y=0                          # 定义 y 初始值
4 def draw_flower(x,y):        # 定义函数 draw_flower(x,y),x、y 为位置传入参数
5   tl.penup()                 # 画笔抬起来
6   tl.goto(x,y)               # 移动画笔到点(x,y)处
7   tl.pendown()               # 画笔按下,准备绘制
8   tl.pensize(5)              # 设置画笔尺寸为 5 像素,会影响线条的粗细
9   tl.begin_fill()            # 开始填充
10   tl.color("yellow")        # 填充颜色为黄色
11   tl.dot(100)               # 花中间的圆圈填充为黄色
12   tl.right(90)              # 画笔右转 90°
13   tl.forward(50)            # 画笔初始位置在点(0,0)处,方向向东,画笔前进 50 像素,刚
14                                好到圆周上,即花瓣起点
15   tl.color("red")           # 设置画笔为红色
```

```
16   tl.circle(25,231)                    # 绘制半径为 25 像素、圆心角为 231°的圆弧,圆心角度数可以
17                                            进行微调
18   for i in range(6):                    # 使用 for 循环让 i 遍历取值 0~5,一共绘制 6 个圆弧
19       tl.right(180)                     # 画笔右转 180°
20       tl.circle(25,231)                 # 绘制半径为 25 像素、圆心角为 231°的圆弧,圆心角度数可以
21                                            进行微调
22       tl.end_fill()                     # 花瓣绘制完成,颜色填充完毕
23       tl.color("black")                 # 设置画笔颜色为黑色
24       tl.right(180)                     # 画笔右转 180°,准备画花茎
25       tl.circle(500,10)                 # 第一截茎是半径为 500 像素、圆心角为 10°的圆弧
26       tl.begin_fill()                   # 开始填充颜色
27       tl.color("green")                 # 设置填充颜色为绿色
28       tl.right(180)                     # 画笔右转 180°,准备绘制叶子
29       tl.circle(50,90)                  # 绘制半径为 50 像素、圆心角为 90°的圆弧,即叶子的一半
30       tl.left(90)                       # 画笔左转 90°
31       tl.circle(50,90)                  # 绘制半径为 50 像素、圆心角为 90°的圆弧,即叶子的另一半
32       tl.end_fill()                     # 第一片叶子绘制完成,颜色填充完毕
33       tl.right(90)                      # 画笔右转 90°
34       tl.color("black")                 # 设置画笔颜色为黑色,准备画花茎
35       tl.circle(500,10)                 # 第二截茎是半径为 500 像素、圆心角为 10°的圆弧
36       tl.begin_fill()                   # 开始填充颜色
37       tl.color("green")                 # 填充颜色为绿色
38       tl.left(90)                       # 画笔左转 90°
39       tl.circle(50,90)                  # 绘制半径为 50 像素、圆心角为 90°的圆弧,即叶子的一半
40       tl.left(90)                       # 画笔左转 90°
41       tl.circle(50,90)                  # 绘制半径为 50 像素、圆心角为 90°的圆弧,即叶子的另一半
42       tl.end_fill()                     # 第二片叶子绘制完成,颜色填充完毕
43       tl.color("black")                 # 设置画笔颜色为黑色,准备画花茎
44       tl.circle(500,10)                 # 第三截茎是半径为 500 像素、圆心角为 10°的圆弧
45 tl.penup()                             # 画笔抬起来
46 tl.goto(0,0)                           # 移动画笔到点(0,0)处
47 tl.pendown()                           # 画笔在点(0,0)处按下,准备画图
48 draw_flower(x,y)                       # 调用函数 draw_flower()绘制第一朵小花
49 tl.left(60)                            # 画笔左转 60°
50 draw_flower(-170,y)                    # 调用函数 draw_flower()绘制第二朵小花
51 tl.left(65)                            # 画笔左转 65°
52 draw_flower(170,y)                     # 调用函数 draw_flower()绘制第三朵小花
53 tl.hideturtle()                        # 绘制完毕,隐藏画笔
54 tl.done()                              # 结束绘制
```

代码 3.40 所生成的图像如图 3.40 所示.

图 3.40 使用 turtle 结合递归方法编程绘制的 3 朵小花

3.2.4 利用 turtle 绘制竹叶

turtle 简单易学, 功能强大. 下面通过定义函数和使用递归的方法, 编程实现竹叶的绘制. 大家可以通过模仿学习绘制其他图形.

【例 3.41】 使用 turtle 绘制竹叶.

在 Anaconda 内建的 Spyder 集成开发环境中输入代码 3.41.

代码 3.41 使用 turtle 绘制竹叶的程序

```
1 import turtle as tl                  # 导入 turtle,记作 tl
2 tl.setup(800,600)                    # 设置画布大小为 800×600 像素
3 tl.bgcolor("silver")                 # 设置背景颜色为银色
4 def bamboo(size,angle):              # 定义竹子函数 bamboo(size,angle)
5     tl.speed(1)                      # 设置绘制速度为 1,慢慢绘制
6     tl.forward(size)                 # 画笔向前移动 size 传入的参数值
7     tl.left(angle)                   # 当前方向左转 angle 传入的参数值
8     tl.color("black")                # 设置画笔颜色为黑色
9     tl.begin_fill()                  # 开始填充颜色
10    for leaf_angle in [-120,160,140,160,-280,160]:
11                                     # for 循环,leaf_angle 遍历取值,绘制 3 片竹叶
12        tl.color("black")            # 填充黑色
13        tl.left(leaf_angle)          # 左转 leaf_angle 传入的角度
14        tl.circle(400,20)            # 绘制半径为 400 像素、圆心角为 20° 的圆弧
15    tl.end_fill()                    # 与上面第 9 句对应,结束填充颜色
16    tl.hideturtle()                  # 隐藏画笔
17 tl.speed(1)                         # 重新设置画笔速度为 1,取值为 0~10
18 tl.left(90)                         # 画笔左转 90°
19 i=20                                # 设置初值 i=20
20 for bamboo_high in range(-250,250,60) # for 循环,bamboo_high 遍历取值,绘制竹竿
21    i=i-2                            # 设置 i 的取值递减 2
22    tl.penup()                       # 抬起画笔
23    tl.goto(0,bamboo_high)           # 移动画笔到点(0,bamboo_high)处
```

```
24      tl.pendown()                    # 画笔在点(0,bamboo_high)处按下,准备绘制
25      tl.pensize(i)                   # 传入 i 的值,调整画笔的粗细
26      tl.forward(40)                  # 画笔前进 40 像素
27 tl.penup()                          # 画笔抬起
28 tl.left(-90)                        # 画笔右转 90°
29 tl.goto(0,0)                        # 画笔回到原点,默认方向为东
30 tl.penup()                          # 抬起画笔
31 tl.goto(-200,-150)                  # 移动画笔到点(-200,-150)处
32 tl.pendown()                        # 按下画笔,准备绘制
33 tl.pensize(3)                       # 调整画笔尺寸为 3 像素
34 for size in [0,50,100,150,200]:     # for 循环,size 遍历取值
35      tl.forward(size)               # 画笔前进传入的 size 尺寸值
36      bamboo(1,35)                    # 调用函数 bamboo(size,angle)绘制竹叶
37 tl.penup()                          # 绘制结束,画笔抬起
38 tl.goto(0,0)                        # 移动画笔到原点(0,0),默认方向为东
39 tl.pendown()                        # 按下画笔
40 tl.penup()                          # 画笔抬起
41 tl.goto(150,-200)                   # 移动画笔到点(150,-200)处
42 tl.pendown()                        # 按下画笔
43 tl.write("李汉龙",move=true,font=('华文行楷',30),align='left')
44                                      # 在点(150,-200)处写入文本"李汉龙"
45 tl.hideturtle()                     # 隐藏画笔
46 tl.done()                           # 结束绘制
```

代码 3.41 所生成的图像如图 3.41 所示.

注意 tl. write ( ) 的用法, 格式为 write (arg, move = false, align = 'left', font = ('arial', 8, 'normal')), 用于在当前位置写入文本. 其中, arg 信息将写入 turtle 绘画屏幕. move (可选) 表示真/假. align (可选) 包括 "左 (left)" "中 (center)" 或 "右 (right)" 选项. font (可选) 包含 3 种字体 (fontname、fontsize、fonttype). 如果 move 为 true, 则画笔将移动到右下角. 在默认情况下, move 为 false.

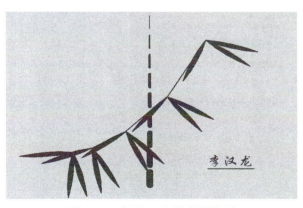

图 3.41　使用 turtle 绘制的竹叶

习题 3-2

1. 使用 turtle 绘制一个等边三角形, 并填充绿色.

2. 使用 turtle 绘制一个等边长方形，并填充蓝色.

3. 使用 turtle 绘制一个等边正五边形，并填充红色.

4. 使用 turtle 绘制一个半径为 200 像素的圆，并填充绿色.

5. 使用 turtle 绘制两片绿色的树叶.

6. 使用 turtle 绘制一箭穿心图形.

7. 阅读下列程序，并指出该程序绘制的是什么图形.

```
import turtle as t
for i in range(4):
    t.forward(80)
    t.left(90)
t.done()
```

8. 阅读下列程序，并指出该程序绘制的是什么图形.

```
import turtle as t
def pic_fun(size,angle):
    t.pensize(5)
    t.pencolor('red')
    t.speed(1)
    for size in range(10,100,10):
        t.circle(size)
        for angle in range(15,360,15):
            t.circle(angle)
pic_fun(10,15)
t.done()
```

9. 阅读下列程序，并指出该程序绘制的是什么图形.

```
import numpy as np
import pylab as pl
import time
from matplotlib import cm
def iter_point(c):
    z=c
    for i in range(1,100):
        if abs(z)>3: break
        z=z*z+c
    return i
def draw_mandelbrot(cx,cy,d):
    x0,x1,y0,y1=cx-d,cx+d,cy-d,cy+d
    y,x=np.ogrid[y0:y1:200j,x0:x1:200j]
    c=x+y*1j
    start=time.time()
    mandelbrot=np.frompyfunc(iter_point,1,1)(c).astype(np.float)
```

```
print("time=",time.time()-start)
    pl.imshow(mandelbrot,cmap=cm.Blues_r,extent=[x0,x1,y0,y1])
    pl.gca().set_axis_off()
x,y=0.27322626,0.595153338
pl.subplot(231)
draw_mandelbrot(-0.6,0,1.5)
for i in range(2,7):
    pl.subplot(230+i)
    draw_mandelbrot(x,y,0.2**(i-1))
pl.subplots_adjust(0.02,0,0.88,1,0.01,0)
pl.show()
```

10. 阅读下列程序，并指出该程序绘制的是什么图形．

```
import turtle as t
import numpy as np
t.pensize(5)
t.speed(1)
for i in np.arange(10,300,20):
    t.penup()
    t.goto(-200,-100+i)
    t.pendown()
    t.forward(300)
    i=i+1
t.left(-270)
for j in np.arange(10,300,20):
    t.penup()
    t.goto(-200+j,-100)
    t.pendown()
    t.forward(300)
    j=j+1
t.done()
```

11. 阅读下列程序，并指出该程序绘制的是什么图形．

```
import turtle as t
t.penup()
t.goto(0,210)
t.pendown()
t.fillcolor("red")
t.begin_fill()
t.circle(10,180)
t.circle(25,110)
t.left(50)
t.circle(60,45)
```

```
t.circle(20,170)
t.right(24)
t.fd(30)
t.left(10)
t.circle(30,110)
t.fd(20)
t.left(40)
t.circle(90,70)
t.circle(30,150)
t.right(30)
t.fd(15)
t.circle(80,90)
t.left(15)
t.fd(45)
t.right(165)
t.fd(20)
t.left(155)
t.circle(150,80)
t.left(50)
t.circle(150,90)
t.end_fill()
t.left(150)
t.circle(-90,70)
t.left(20)
t.circle(75,105)
t.setheading(60)
t.circle(80,98)
t.circle(-90,40)
t.left(180)
t.circle(90,40)
t.circle(-80,98)
t.setheading(-83)
t.penup()
t.goto(0,0)
t.pendown()
t.left(90)
t.speed(1)
t.begin_fill()
t.color("green")
t.pencolor("brown")
t.pensize(2)
t.circle(200,90)
```

```
t.left(90)
t.circle(200,90)
t.left(135)
t.forward(280)
t.back(180)
t.left(30)
t.forward(70)
t.back(70)
t.right(30)
t.forward(90)
t.right(30)
t.forward(50)
t.back(50)
t.end_fill()
t.penup()
t.goto(0,0)
t.pendown()
t.left(110)
t.begin_fill()
t.color("green")
t.pencolor("brown")
t.pensize(2)
t.circle(200,90)
t.left(90)
t.circle(200,90)
t.left(135)
t.forward(280)
t.back(180)
t.left(30)
t.forward(70)
t.back(70)
t.right(30)
t.forward(90)
t.right(30)
t.forward(50)
t.back(50)
t.end_fill()
t.penup()
t.goto(0,0)
t.pendown()
t.left(135)
t.pensize(5)
```

```
    t.forward(60)
    t.hideturtle()
    t.done()
```

12. 阅读下列程序，并指出该程序绘制的是什么图形.

```
import turtle as t
t.penup()
t.goto(100,-100)
t.pendown()
t.dot(100,"yellow")
t.penup()
t.goto(155,-150)
t.pendown()
for i in range(50):
    t.left(100)
    t.forward(60)
    t.left(10)
    t.forward(60)
t.hideturtle()
t.done()
```

3.3 本章小结

本章分两节介绍了 Anaconda3.8（Python3.8）数据绘图与分形图. 3.1 节介绍了 Python 数据绘图，具体包含 Python 二维数据绘图、Python 三维数据绘图、Python 数据绘图步骤和 Python 数据绘图实例. 3.2 节介绍了 Python 绘制分形图，具体包含利用 turtle 绘制科赫雪花、利用 turtle 绘制分形树、利用 turtle 绘制小花和利用 turtle 绘制竹叶.

总习题 3

1. 某公司的月度销售额（单位：千元）为一月（13.2）、二月（15.7）、三月（17.4）、四月（12.6）、五月（19.7）、六月（22.6）、七月（20.2）、八月（18.3）、九月（16.2）、十月（15.0）、十一月（12.1）、十二月（8.6）. 请构造一个条形图演示这组数据.

2. 某销售单位的月度销售额（单位：千元）为一月（13.2）、二月（15.7）、三月（17.4）、四月（12.6）、五月（19.7）、六月（22.6）、七月（20.2）、八月（18.3）、九月（16.2）、十月（15.0）、十一月（12.1）、十二月（8.6）. 请构造一个饼图演示这组数据.

3. 利用 turtle 绘制图形. 阅读下列程序，说明程序绘制的图形.

```
import turtle as t
t.bgcolor("white")
myname = t.textinput("输入你的姓名","你的名字?")
colors = ["red","yellow","purple","blue","green","pink"]
```

```
for x in range(100):
    t.pencolor(colors[x%6])
    t.penup()
    t.forward(x*6)
    t.pendown()
    t.write(myname,font=("华文行楷",int((x+6)/6),"bold"))
    t.left(92)
t.done()
```

4. 总结利用 turtle 绘图的一般方法，并编程绘制一个你想象中的图形.

第 4 章

Python 在高等数学中的应用

本章概要

- 数列与函数的极限
- 导数与微分
- 积分
- 常微分方程
- 级数

4.1 数列与函数的极限

4.1.1 数列的极限

【例 4.1】 求数列极限 $\lim\limits_{n\to\infty}\left(1+\dfrac{1}{n}\right)^n$.

在 Anaconda 内建的 Spyder 集成开发环境中输入代码 4.1.

代码 4.1 求数列极限 $\lim\limits_{n\to\infty}\left(1+\dfrac{1}{n}\right)^n$ 的程序

```
1 import numpy as np                              #导入 numpy,记作 np
2 import matplotlib.pyplot as plt                 # 导入 matplotlib.pyplot,记作 plt
3 import sympy as sp                              # 导入 sympy,记作 sp
4 n = sp.Symbol('n')                             #定义符号 n
5 xn = (1 + 1 /n) ** n                           # 输入数列
6 l = sp.limit(xn,n,'oo')                        #用 l 表示极限,输入:数列、变量、变化趋势
7 print('%s 极限的值:%s'%(str(xn),str(l)))        # 打印
8 n = np.arange(1,100,1)                         # 设置 n 取样点,1≤n<100,间距为 1
9 xn =(1 + 1 /n)* * n                            # 输入数列
10 plt.figure(figsize=(12,5))                     # 设置绘图环境
11 plt.title('xn = (1 + 1 /n) * * n')            # 显示标题文本
12 plt.scatter(n,xn)                              # 绘制数列的散点图
13 plt.axis('on')                                 # 显示坐标轴
14 plt.show()                                     # 显示出所绘制的图像
```

代码 4.1 所生成的结果如下：

(1 + 1/n) * * n 极限的值：E

所生成的图形如图 4.1 所示.

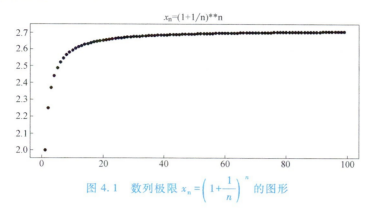

图 4.1　数列极限 $x_{\mathrm{n}} = \left(1 + \dfrac{1}{n}\right)^{n}$ 的图形

4.1.2　函数的极限

【例 4.2】　求极限 $\lim\limits_{x \to 1} \sin\left(\dfrac{1-x^2}{1-x}\right)$.

在 Anaconda 内建的 Spyder 集成开发环境中输入代码 4.2.

代码 4.2　求极限 $\lim\limits_{x \to 1} \sin\left(\dfrac{1-x^2}{1-x}\right)$ 的程序

```
1 import matplotlib.pyplot as plt          # 导入 matplotlib.pyplot,记作 plt
2 import numpy as np                         # 导入 numpy,记作 np
3 import sympy as sp                         # 导入 sympy,记作 sp
4 x = sp.Symbol('x')                         # 定义变量 x
5 y = sp.sin((1 -x* * 2)/ (1-x))            # 输入函数
6 lz = sp.limit(y,x,1,dir='-')              # 用 lz 表示左极限,输入:函数、自变量、
7                                               自变量取值,从负方向逼近
8 ly = sp.limit(y,x,1,dir='+')              # 用 ly 表示右极限,输入:函数、自变量、
9                                               自变量取值,从正方向逼近
10 print('%s 左极限是:%s'%(str(y),str(lz)))   # 打印
11 print('%s 右极限是:%s'%(str(y),str(ly)))   # 打印
12 ax = plt.gca()                            # 获得当前的 Axes 对象 ax
13 ax.spines['right'].set_color('none')      # 去掉右边框
14 ax.spines['top'].set_color('none')        # 去掉上边框
15 ax.spines['bottom'].set_position(('data',0)) # 将坐标置于坐标 0 处
16 ax.spines['left'].set_position(('data',0))   # 将坐标置于坐标 0 处
17 x = np.arange(-6,6,0.01)                   # 设置 x 取样点
18 y = np.sin((1-x* * 2) / (1-x))            # 输入函数
19 plt.title('y=sin((1-x* * 2)/(1-x))')      # 给图形添加标题
```

```
20 plt.plot([0,1],[np.sin(2),np.sin(2)],linestyle='--',color='b')    # 绘制过[0,sin(2)]和[1,sin(2)]
21                                                                       两点的蓝色虚线
22
23 plt.plot([1,1],[0,np.sin(2)],linestyle='--',color='b')            # 绘制过[1,0]和[1,sin(2)]两点的
24                                                                       蓝色虚线
25
26 plt.text(1,np.sin(2),'(1,sin(2))')                                # 绘制点的坐标
27 plt.scatter(1,np.sin(2),s=120,color='g',alpha=0.4)                # 在点(1,sin(2))处绘制大小为120
28                                                                       像素、透明度为0.4的绿色点
29
30 plt.plot(x,y)                                                     # 绘制函数图像
31 plt.show()                                                        # 显示出所绘制的图像
```

代码 4.2 所生成的结果如下：

$\sin((-x**2+1)/(-x+1))$ 左极限是：$\sin(2)$

$\sin((-x**2+1)/(-x+1))$ 右极限是：$\sin(2)$

所生成的图形如图 4.2 所示.

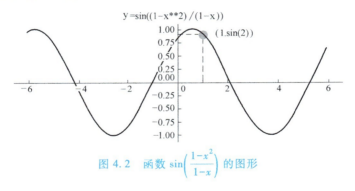

图 4.2 函数 $\sin\left(\dfrac{1-x^2}{1-x}\right)$ 的图形

【例 4.3】 求极限 $\lim\limits_{x \to 0} \dfrac{|x|}{x}$.

在 Anaconda 内建的 Spyder 集成开发环境中输入代码 4.3.

代码 4.3 求极限 $\lim\limits_{x \to 0} \dfrac{|x|}{x}$ 的程序

```
1 import matplotlib.pyplot as plt              # 导入 matplotlib.pyplot,记作 plt
2 import numpy as np                           # 导入 numpy,记作 np
3 import sympy as sp                           # 导入 sympy,记作 sp
4 x = sp.Symbol('x')                           # 定义变量 x
5 y = (np.abs(x)) / x                          # 输入函数
6 lz = sp.limit(y,x,0,dir='-')                 # 用 lz 表示左极限
7 ly = sp.limit(y,x,0,dir='+')                 # 用 ly 表示右极限
8 print('%s 左极限是:%s'%(str(y),str(lz)))       # 打印
9 print('%s 右极限是:%s'%(str(y),str(ly)))       # 打印
10 x = np.arange(-6,6,0.01)                     # 设置 x 取样点
11 y = (np.abs(x)) / x                          # 输入函数
```

```
12 plt.title('y=(abs(x))/x')          # 给图形添加标题
13 ax = plt.gca()                      # 获得当前的 Axes 对象 ax
14 ax.spines['right'].set_color('none')   # 去掉右边框
15 ax.spines['top'].set_color('none')     # 去掉上边框
16 ax.spines['bottom'].set_position(('data',0))  # 将坐标置于坐标 0 处
17 ax.spines['left'].set_position(('data',0))    # 将坐标置于坐标 0 处
18 plt.plot(x,y)                       # 绘制函数图像
19 plt.show()                          # 显示出所绘制的图像
```

代码 4.3 所生成的结果如下：

abs(x)/x 左极限是：-1

abs(x)/x 右极限是：1

所生成的图形如图 4.3 所示.

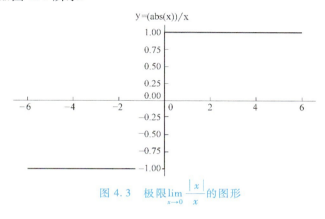

图 4.3　极限 $\lim\limits_{x \to 0} \dfrac{|x|}{x}$ 的图形

【例 4.4】　求极限 $\lim\limits_{x \to \infty} \dfrac{3x^2+4x+2}{x^2+5x+1}$.

在 Anaconda 内建的 Spyder 集成开发环境中输入代码 4.4.

代码 4.4　求极限 $\lim\limits_{x \to \infty} \dfrac{3x^2+4x+2}{x^2+5x+1}$ 的程序

```
1 import matplotlib.pyplot as plt      # 导入 matplotlib.pyplot,记
                                          作 plt
2 import numpy as np                   # 导入 numpy,记作 np
3 import sympy as sp                   # 导入 sympy,记作 sp
4 x = sp.Symbol('x')                   # 定义变量 x
5 y = (3*x**2+4*x+2)/(x**2+5*x+1)      # 输入函数
6 l = sp.limit(y,x,'oo')              # 用 l 表示极限
7 print('%s 极限的值:%s'%(str(y),str(l)))  # 打印
8 plt.subplot(121)                    # 绘制子图,1 代表行,2 代表列,
                                          所以一共有 2 个图,后面的 1 代
                                          表此时绘制第一个子图
9
10
11 x = np.arange(0,10,0.01)            # 设置 x 取样点
12 y = (3*x**2+4*x+2)/(x**2+5*x+1)     # 输入函数
```

```
13 plt.title('y=(3x**2+4*x+2) / (x**2+5*x+1)')      # 给图形添加标题
14 plt.plot(x,y,'r')                                 # 绘制函数图像
15 plt.subplot(122)                                  # 绘制第二个子图
16 x = np.arange(0,400,0.01)                         # 设置 x 取样点
17 y = (3*x**2+4*x+2) / (x**2+5*x+1)                 # 输入函数
18 plt.plot(x,y,'r')                                 # 绘制函数图像
19 plt.show()                                        # 显示出所绘制的图像
```

代码 4.4 所生成的结果如下：

$(3 * x * * 2 + 4 * x + 2)/(x * * 2 + 5 * x + 1)$ 极限的值：3

所生成的图形如图 4.4 所示.

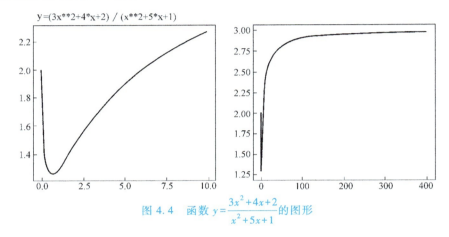

图 4.4 函数 $y = \dfrac{3x^2 + 4x + 2}{x^2 + 5x + 1}$ 的图形

习题 4-1

1. 求极限 $\lim\limits_{n \to \infty} 2 + \dfrac{1}{n^2}$.

2. 求极限 $\lim\limits_{x \to +\infty} x(\sqrt{x^2 + 1} - x)$.

3. 求极限 $\lim\limits_{x \to 0} \dfrac{\sin x}{x}$.

4.2 导数与微分

4.2.1 一元函数的导数与微分

【例 4.5】 设 $f(x) = 3x^5 + 2x^4 + x^3 + x^2 + x + 1$，求 $f(x)$ 的微分及 $f^{(4)}(1)$.

在 Anaconda 内建的 Spyder 集成开发环境中输入代码 4.5.

代码 4.5 求 $f(x) = 3x^5 + 2x^4 + x^3 + x^2 + x + 1$ 的微分及 $f^{(4)}(1)$ 的程序

```
1 import sympy as sp                                    # 导入 sympy,记作 sp
2 import numpy as np                                     # 导入 numpy,记作 np
3 import matplotlib.pyplot as plt                        # 导入 matplotlib.pyplot,记作 plt
4 x = sp.Symbol('x')                                     # 定义变量 x
5 dx = sp.Symbol('dx')                                   # 定义符号 dx
6 y = 3 * x * * 5 + 2 * x * * 4 + x * * 3 + x * * 2 + x + 1   # 输入函数
7 w = sp.diff(y,x,1)                                     # 用 w 表示一阶导数
8 wf = w * dx                                            # 用 wf 表示微分
9 print('函数的微分为:%s'%wf)                              # 打印
10 for n in range(1,5):                                  # 在 for 循环中从 1~4 给 n 赋值
11     y = d = sp.diff(y)                                # 用 d 表示对 y 求导
12     print('第%2d 阶导数为:%s'%(n,d))                     # 打印
13 ysjd = d.evalf(subs={x:1})                            # 用 ysjd 表示在表达式 d 中赋值 x=1
14 print('当 x=1 时,四阶导数的值为:%d'%(ysjd))              # 打印
15 x = np.arange(-10,10,0.05)                            # 设置 x 取样点
16 y = 3 * x * * 5 + 2 * x * * 4 + x * * 3 + x * * 2 + x + 1   # 输入函数
17 plt.plot(x,y)                                         # 绘制函数图像
18 plt.title('y = 3 * x * * 5 + 2 * x * * 4 + x * * 3 + x * * 2 + x + 1')
19                                                       # 给图形添加标题
20 ax = plt.gca()                                        # 获得当前的 Axes 对象 ax
21 ax.spines['right'].set_color('none')                  # 去掉右边框
22 ax.spines['top'].set_color('none')                    # 去掉上边框
23 ax.spines['bottom'].set_position(('data',0))          # 将坐标置于坐标 0 处
24 ax.spines['left'].set_position(('data',0))            # 将坐标置于坐标 0 处
25 plt.show()                                            # 显示出所绘制的图像
```

代码 4.5 所生成的结果如下:

函数的微分为: $dx*(15*x**4+8*x**3+3*x**2+2*x+1)$

第 1 阶导数为: $15*x**4+8*x**3+3*x**2+2*x+1$

第 2 阶导数为: $60*x**3+24*x**2+6*x+2$

第 3 阶导数为: $180*x**2+48*x+6$

第 4 阶导数为: $360*x+48$

当 x=1 时,四阶导数的值为: 408

所生成的图形如图 4.5 所示.

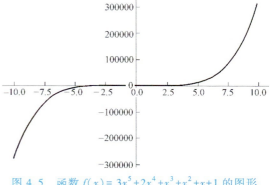

图 4.5　函数 $f(x)=3x^5+2x^4+x^3+x^2+x+1$ 的图形

【例 4.6】　求参数方程 $\begin{cases} x=a(t-\sin t) \\ y=a(1-\cos t) \end{cases}$ 所确定的函数 $y=y(x)$ 的一阶导数和二阶导数.

在 Anaconda 内建的 Spyder 集成开发环境中输入代码 4.6.

代码4.6　求 $\begin{cases} x=a(t-\sin t) \\ y=a(1-\cos t) \end{cases}$ 所确定的函数的一阶导数和二阶导数的程序

```
1 import matplotlib.pyplot as plt          # 导入 matplotlib.pyplot,记作 plt
2 import numpy as np                        # 导入 numpy,记作 np
3 import sympy as sp                        # 导入 sympy,记作 sp
4 a = sp.Symbol('a')                        # 定义变量 a
5 t = sp.Symbol('t')                        # 定义变量 t
6 x = a * (t- sp.sin(t))                    # 输入 x 的参数方程
7 y = a * (1- sp.cos(t))                    # 输入 y 的参数方程
8 d1 = sp.diff(y,t) /sp.diff(x,t)           # 用 d1 表示参数方程的一阶导数
9 print('原参数方程的一阶导数结果为:%s'%d1)    # 打印
10 d2 = sp.diff(d1,t) /sp.diff(x,t)          # 用 d2 表示参数方程的二阶导数
11 print('原参数方程的二阶导数结果为:%s'%d2)    # 打印
12 d2 = sp.simplify(d2)                      # 将 d2 化简
13 print('原参数方程的二阶导数化简为:%s'%d2)     # 打印
14 a = 1                                     # 给 a 赋值1
15 t = np.arange(0,2* np.pi,0.01)            # 设置 t 取样点
16 x = a * (t- np.sin(t))                    # 输入 x 的参数方程
17 y = a * (1- np.cos(t))                    # 输入 y 的参数方程
18 plt.plot(x,y)                             # 绘制函数图像
19 plt.title('x=a (t-sin(t)),y=a(1-cos(t))')# 给图形添加标题
20 plt.xticks([2* sp.pi],[ r"$ 2\pi $"])     # 绘制 x 轴上的点 2* sp.pi
21 plt.axis('equal')                         # x、y 轴刻度等长
22 ax = plt.gca()                            # 获得当前的 Axes 对象 ax
23 ax.spines['right'].set_color('none')      # 去掉右边框
24 ax.spines['top'].set_color('none')        # 去掉上边框
25 ax.spines['bottom'].set_position(('data',0)) # 将坐标置于坐标0处
26 ax.spines['left'].set_position(('data',0))   # 将坐标置于坐标0处
27 plt.show()                                # 显示出所绘制的图像
```

代码4.6所生成的结果如下:

原参数方程的一阶导数结果为: $\sin(t)/(-\cos(t)+1)$

原参数方程的二阶导数结果为: $(\cos(t)/(-\cos(t)+1)-\sin(t)**2/(-\cos(t)+1)**2)/(a*(-\cos(t)+1))$

原参数方程的二阶导数化简为: $-1/(a*(\cos(t)-1)**2)$

函数图形如图4.6所示.

【例4.7】　求双曲线 $y=\dfrac{1}{x}$ 在 $\left(\dfrac{1}{2},\ 2\right)$ 处的切线和法线方程.

在 Anaconda 内建的 Spyder 集成开发环境中输入代码4.7.

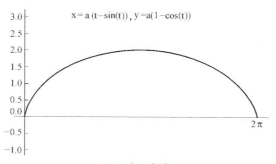

图 4.6　参数方程 $\begin{cases} x = a\ (t - \sin t) \\ y = a\ (1 - \cos t) \end{cases}$ 所确定的函数图形

代码 4.7　求双曲线 $y = \dfrac{1}{x}$ 在 $\left(\dfrac{1}{2},\ 2\right)$ 处的切线和法线方程的程序

```
1 import matplotlib.pyplot as plt              # 导入 matplotlib.pyplot,记作 plt
2 import numpy as np                           # 导入 numpy,记作 np
3 import sympy as sp                           # 导入 sympy,记作 sp
4 x = sp.Symbol('x')                           # 定义变量 x
5 f = 1/x                                      # 输入函数
6 d = sp.diff(f,x)                             # 用 d 表示一阶导数
7 print('导数结果为:%s'%d)                       # 打印
8 yd = d.evalf(subs={x:1/2})                   # 用 yd 表示 x=1/2 时的一阶导数
9 print('切点处切线的斜率:%s'%yd)                 # 打印
10 x = sp.Symbol('x')                          # 定义变量 x
11 qx = yd*(x-0.5)+2                           # 输入切线方程
12 print('切线方程为:%s'%qx)                     # 打印
13 fx = (-1/yd)*(x-0.5)+2                      # 输入法线方程
14 print('法线方程为:%s'%fx)                     # 打印
15 x = np.arange(0,4,0.01)                     # 设置 x 取样点
16 y = 1/x                                     # 输入函数
17 plt.axis([0,4,0,4])                         # 建立绘图区域
18 plt.plot(x,y)                               # 绘制函数图像
19 plt.title('y=1/x')                          # 给图形添加标题
20 ax = plt.gca()                              # 获得当前的 Axes 对象 ax
21 ax.spines['right'].set_color('none')        # 去掉右边框
22 ax.spines['top'].set_color('none')          # 去掉上边框
23 ax.spines['bottom'].set_position(('data',0))
24                                             # 将坐标置于坐标 0 处
25 ax.spines['left'].set_position(('data',0))
26                                             # 将坐标置于坐标 0 处
27 qx =-4.0*x+4.0                              # 输入切线方程
28 fx =0.25*x+1.875                           # 输入法线方程
29 plt.text(0.5,2,'(0.5,2)')                   # 绘制点(1,sin(2))的坐标
30 plt.scatter(0.5,2,s=120,color='g',alpha=0.4) # 绘制点(1,sin(2))
31                                             # 绘制点(1,sin(2))
```

```
32 plt.plot(x,qx,color="blue",linestyle="-",label=r'切线')          # 绘制切线
33 plt.plot(x,fx,color="red",linestyle="--",label=r'法线')          # 绘制法线
34 plt.legend()                                                     # 给图加上图例
35 plt.show()                                                       # 显示出所绘制
36                                                                       的图像
```

代码 4.7 所生成的结果如下：

导数结果为：$-1/x**2$

切点处切线的斜率：-4.00000000000000

切线方程为：$-4.0*x+4.0$

法线方程为：$0.25*x+1.875$

曲线及其切线和法线图形如图 4.7 所示.

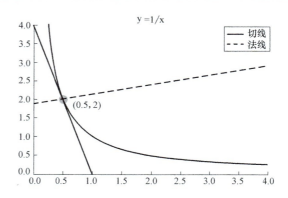

图 4.7 $y = \dfrac{1}{x}$ 及其在 $\left(\dfrac{1}{2}, 2\right)$ 处的切线和法线图形

4.2.2 多元函数的导数与全微分

【例 4.8】 求 $z = e^{xy}$ 的一阶偏导和二阶偏导及在（2，1）处的全微分.

在 Anaconda 内建的 Spyder 集成开发环境中输入代码 4.8.

代码 4.8 求 $z = e^{xy}$ 的一阶偏导和二阶偏导及在（2，1）处的全微分的程序

```
1  import numpy as np                              # 导入 numpy,记作 np
2  from mpl_toolkits.mplot3d import Axes3D         # 从 mpl_toolkits.mplot3d 导入 Axes3D
3  import sympy as sp                              # 导入 sympy,记作 sp
4  import matplotlib.pyplot as plt                 # 导入 matplotlib.pyplot,记作 plt
5  x,y = sp.symbols('x y')                         # 定义变量 x、y
6  x,dy = sp.symbols('dx dy')                      # 定义变量 dx、dy
7  z = sp.exp(x * y)                               # 输入函数
8  d1 = sp.diff(z,x)                               # 用 d1 表示 z 对 x 的一阶偏导数
9  d2 = sp.diff(z,y)                               # 用 d2 表示 z 对 y 的一阶偏导数
10 result1 = d1.subs({x:2,y:1})                    # 用 result1 表示 d1 在 x=2,y=1 时的值
11 result2 = d2.subs({x:2,y:1})                    # 用 result2 表示 d2 在 x=2,y=1 时的值
12 qwf=dx* result1+dy* result2                     # 用 qwf 表示全微分
13 print('函数的全微分为:%s'%qwf)                    # 打印
14 d3 = sp.diff(z,x,2)                             # 用 d3 表示 z 对 x 的二阶纯偏导数
15 d4 = sp.diff(z,y,2)                             # 用 d4 表示 z 对 y 的二阶纯偏导数
16 d5 = sp.diff(d1,y)                              # 用 d5 表示 z 对 x,y 的二阶混合偏导数
17 d6 = sp.diff(d2,x)                              # 用 d6 表示 z 对 y,x 的二阶混合偏导数
18 print('对 x 的一阶偏导数为:%s'%d1)                 # 打印
19 print('对 y 的一阶偏导数为:%s'%d2)                 # 打印
20 print('对 x 的二阶纯偏导数为:%s'%d3)               # 打印
```

```
21 print('对 y 的二阶纯偏导数为:%s'%d4)              # 打印
22 print('对 xy 的二阶混合偏导数为:%s'%d5)           # 打印
23 print('对 yx 的二阶混合偏导数为:%s'%d6)           # 打印
24 x = np.arange(-1,1,0.05)                        # 产生从 -1~1,步长为 0.05 的数据列表
25 y = np.arange(-1,1,0.05)                        # 产生从 -1~1,步长为 0.05 的数据列表
26 x,y = np.meshgrid(x,y)                          # 生成网格点坐标矩阵
27 z = np.exp(x * y)                               # 输入函数
28 ax = Axes3D(plt.figure())                       # 设置三维绘图环境 ax
29 ax.set_title('z=exp(xy)')                       # 给图形添加标题
30 ax.plot_surface(x,y,z)                          # 在三维绘图环境 ax 中的点 (x,y,z) 处
31                                                     作图
32.plt.show()                                      # 显示所绘制的图形
```

代码 4.8 所生成的结果如下:

函数的全微分为: dx * exp(2) + 2 * dy * exp(2)

对 x 的一阶偏导数为: y * exp(x * y)

对 y 的一阶偏导数为: x * exp(x * y)

对 x 的二阶纯偏导数为: y * * 2 * exp(x * y)

对 y 的二阶纯偏导数为: x * * 2 * exp(x * y)

对 xy 的二阶混合偏导数为: x * y *
exp(x * y) + exp(x * y)

对 yx 的二阶混合偏导数为: x * y *
exp(x * y) + exp(x * y)

函数图形如图 4.8 所示.

【例 4.9】 设 $w = f(x+y+z, xyz)$, 具有二阶连续偏导数, 求 $\dfrac{\partial w}{\partial x}$ 、 $\dfrac{\partial^2 w}{\partial x \partial z}$.

在 Anaconda 内建的 Spyder 集成开发环境中输入代码 4.9.

代码 4.9 求 $w = f(x+y+z, xyz)$ 的一阶偏导数和二阶偏导数的程序

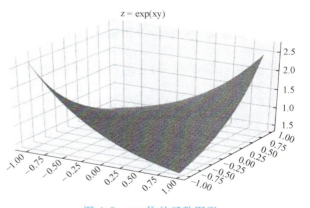

图 4.8 $z = e^{xy}$ 的函数图形

```
1 import sympy as sp                     # 导入 sympy,记作 sp
2 x = sp.Symbol('x')                     # 定义变量 x
3 y = sp.Symbol('y')                     # 定义变量 y
4 z = sp.Symbol('z')                     # 定义变量 z
5 f = sp.Function('f')                   # 定义函数 f
6 w = f(x+y+z, x* y* z)                  # 输入函数
7 wx = sp.diff(w,x)                      # 用 wx 表示 w 对 x 的一阶偏导数
8  print('对 x 的一阶偏导数结果为:%s'%wx)   # 打印
```

```
9  wxz = sp.diff(wx,z)                      # 用 wxz 表示 w 对 x,z 的二阶混合偏
10                                             导数
11 print('对 xz 的二阶混合偏导数结果为:%s'%wxz)  # 打印
```

代码 4.9 所生成的结果如下:

对 x 的一阶偏导数结果为: $y*z*Subs(Derivative(f(x+y+z,\_xi\_2),\_xi\_2),(\_xi\_2,),(x*y*z,))+Subs(Derivative(f(\_xi\_1,x*y*z),\_xi\_1),(\_xi\_1,),(x+y+z,))$

对 xz 的二阶混合偏导数结果为: $x*y*Subs(Subs(Derivative(f(\_xi\_1,\_xi\_2),\_xi\_1,\_xi\_2),(\_xi\_1,),(x+y+z,)),(\_xi\_2,),(x*y*z,))+y*z*(x*y*Subs(Derivative(f(x+y+z,\_xi\_2),\_xi\_2,\_xi\_2),(\_xi\_2,),(x*y*z,))+Subs(Subs(Derivative(f(\_xi\_1,\_xi\_2),\_xi\_1,\_xi\_2),(\_xi\_2,),(x*y*z,)),(\_xi\_1,),(x+y+z,)))+y*Subs(Derivative(f(x+y+z,\_xi\_2),\_xi\_2),(\_xi\_2,),(x*y*z,))+Subs(Derivative(f(\_xi\_1,x*y*z),\_xi\_1,\_xi\_1),(\_xi\_1,),(x+y+z,))$

习题 4-2

1. 求抽象函数 $y=f(x^2+x)$ 的导数.

2. 求参数方程 $\begin{cases} x=a\cos^3 t \\ y=a\sin^3 t \end{cases}$ 所确定的函数 $y=y(x)$ 的导数.

3. 求由方程 $e^y+xy-e=0$ 所确定的隐函数的导数 $\dfrac{dy}{dx}$.

4. 求圆 $x=\cos t$, $y=\sin t$ 在 $t=\dfrac{\pi}{4}$ 处的切线和法线方程.

4.3 积分

4.3.1 一元函数的积分

【例 4.10】 计算不定积分 $\int x\sin x dx$.

在 Anaconda 内建的 Spyder 集成开发环境中输入代码 4.10.

代码 4.10 计算不定积分 $\int x\sin x dx$ 的程序

```
1 import sympy as sp                    # 导入 sympy,记作 sp
2 import numpy as np                    # 导入 numpy,记作 np
3 import matplotlib.pyplot as plt       # 导入 matplotlib.pyplot,记作 plt
4 x = sp.Symbol('x')                    # 定义变量 x
5 y = x* sp.sin(x)                      # 输入函数
6 bdjf = sp.integrate(y,x)             # 用 bdjf 表示不定积分,输入:函数,自变量
```

```
7 print('不定积分的结果为:%s'%bdjf)          # 打印
8 x = np.arange(-20,20,0.01)              # 设置 x 范围,-20≤x<20,间距为 0.01
9 y =x* np.sin(x)                         # 输入函数
10 plt.plot(x,y)                          # 绘制函数图像
11 plt.title('y =xsinx ')                 # 显示标题文本"y =xsinx"
12 ax = plt.gca()                         # 获得当前的 Axes 对象 ax
13 ax.spines['right'].set_color('none')   # 去掉右边框
14 ax.spines['top'].set_color('none')     # 去掉上边框
15 ax.spines['bottom'].set_position(('data',0)) # 将坐标置于坐标 0 处
16 ax.spines['left'].set_position(('data',0))   # 将坐标置于坐标 0 处
17 plt.axis('equal')                      # x、y 轴刻度等长
18 plt.show()                             # 显示出所绘制的图像
```

代码 4.10 所生成的结果如下:

不定积分的结果为: $-x * \cos(x) + \sin(x)$

被积函数图形如图 4.9 所示.

【例 4.11】 计算定积分 $\int_{-1}^{\sqrt{3}} \dfrac{1}{1+x^2} \mathrm{d}x$.

在 Anaconda 内建的 Spyder 集成开发环境中输入代码 4.11.

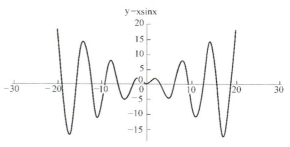

图 4.9 $y=x\sin x$ 的函数图形

代码 4.11 计算定积分 $\int_{-1}^{\sqrt{3}} \dfrac{1}{1+x^2}\mathrm{d}x$ 的程序

```
1 import sympy as sp                      # 导入 sympy,记作 sp
2 import numpy as np                      # 导入 numpy,记作 np
3 import matplotlib.pyplot as plt         # 导入 matplotlib.pyplot,记作 plt
4 x = sp.Symbol('x')                      # 定义变量 x
5 y = 1/(1+ x ** 2)                       # 输入函数
6 bdjf = sp.integrate(y,x)                # 用 bdjf 表示不定积分,输入:函数,自变量
7 djf = sp.integrate(y,(x,-1,sp.sqrt(3))) # 用 djf 表示定积分,输入:函数,(自变量,
8                                            下限,上限)
9 print('不定积分的结果为:%s'%bdjf)          # 打印
10 print('定积分的结果为:%s'%djf)            # 打印
11 x = np.arange(-3,3,0.01)               # 设置 x 范围
12 y =1/(1+ x ** 2)                       # 输入函数
13 plt.plot(x,y)                          # 绘制函数图像
14 plt.title('y =1/(1+ x ** 2) ')         # 显示标题文本
```

```
15 plt.plot([-1,-1],[0,0.5],linestyle='--',color='b')
16                                                    # 绘制过两点的虚线
17 plt.plot([np.sqrt(3),np.sqrt(3)],[0,0.25],linestyle='--',color='b')
18                                                    # 绘制过两点的虚线
19 plt.xticks([-1,0,np.sqrt(3)],["-1","0",r"sqrt(3)"])  # 绘制 x 轴上的点的坐标
20 ax = plt.gca()                                     # 获得当前的 Axes 对象 ax
21 ax.spines['right'].set_color('none')               # 去掉右边框
22 ax.spines['top'].set_color('none')                 # 去掉上边框
23 ax.spines['bottom'].set_position(('data',0))       # 将坐标置于坐标 0 处
24 ax.spines['left'].set_position(('data',0))         # 将坐标置于坐标 0 处
25 plt.show()                                         # 显示出所绘制的图像
```

代码 4.11 所生成的结果如下：

不定积分的结果为：atan(x)

定积分的结果为：7*pi/12

被积函数图形如图 4.10 所示.

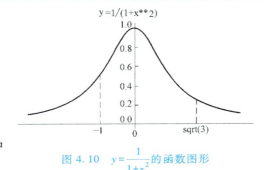

图 4.10　$y=\dfrac{1}{1+x^2}$ 的函数图形

4.3.2　多元函数的积分

【例 4.12】　计算二重积分 $I = \iint\limits_{D} xy\mathrm{d}\sigma$ ，其中

D 是由直线 $y=1$、$x=2$ 及 $y=x$ 所围成的闭区域.

在 Anaconda 内建的 Spyder 集成开发环境中输入代码 4.12.

代码 4.12　计算二重积分 $\iint\limits_{D} xy\mathrm{d}\sigma$ 的程序

```
1 import sympy as sp                              #导入 sympy,记作 sp
2 import matplotlib.pyplot as plt                 # 导入 matplotlib.pyplot,记作 plt
3 import numpy as np                              # 导入 numpy,记作 np
4 from mpl_toolkits.mplot3d import Axes3D         # 从 mpl_toolkits.mplot3d 导入 Axes3D
5 x,y = sp.symbols('x y')                         #定义变量
6 f = x*y                                         # 输入函数
7 I=sp.integrate(f,(y,1,x),(x,1,2))               #用 I 表示二重积分,输入:函数,(变量,下限,
8                                                     上限),(变量,下限,上限)
9 print('二重积分计算结果为:%s'%I)                  # 打印
10 x = np.arange(1,2,0.01)                        # 设置 x 范围
11 y=x                                            # 输入函数
12 plt.plot(x,y)                                  # 绘制函数图像
13 plt.plot([2,2],[1,2])                          # 绘制过两点的直线
14.plt plot([1,2],[1,1])                          # 绘制过两点的直线
15 plt.title('积分区域')                           # 显示标题文本
```

```
16 x = np.arange(1,2,0.05)            # 产生从 1~2 的步长为 0.05 的数据列表
17 y = np.arange(1,2,0.05)            # 产生从 1~2 的步长为 0.05 的数据列表
18 x,y = np.meshgrid(x,y)             # 生成网格点坐标矩阵
19 z =x* y                            # 输入函数
20 ax = Axes3D(plt.figure())          # 设置三维绘图环境
21 ax.set_title('被积函数图形')        # 显示标题文本
22 ax.plot_surface(x,y,z)             # 绘制三维图像
23 plt.show()                         # 显示出所绘制的图像
```

代码 4.12 所生成的结果如下：

二重积分计算结果为：9/8

积分区域和被积函数的图形如图 4.11、图 4.12 所示.

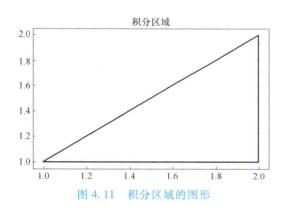

图 4.11　积分区域的图形　　　　　　　　图 4.12　被积函数的图形

【例 4.13】　利用三重积分求半径为 R 的球的体积.

利用球坐标求体积 $V = \iiint\limits_{\Omega} 1 \cdot dv = \int_0^{2\pi} d\theta \int_0^{\pi} d\varphi \int_0^1 R^3 \sin\varphi r^2 dr$.

在 Anaconda 内建的 Spyder 集成开发环境中输入代码 4.13.

代码 4.13　计算三重积分求半径为 R 的球体积的程序

```
1 import sympy as sp                                # 导入 sympy,记作 sp
2 import matplotlib.pyplot as plt                   # 导入 matplotlib.pyplot,记作 plt
3 import numpy as np                                # 导入 numpy,记作 np
4 from mpl_toolkits.mplot3d import Axes3D           # 从 mpl_toolkits.mplot3d 导入 Axes3D
5 R,thet,fai,r = sp.symbols('R thet fai r')        # 定义变量
6 f =R* * 3* r* * 2* sp.sin(fai)                    # 输入函数
7 I=sp.integrate(f,(r,0,1),(fai,0,sp.pi) ,(thet,0,2* sp.pi))
8                                                   # 用 I 表示三重积分,输入:函数,(变量,下
9                                                   # 限,上限),(变量,下限,上限),(变量,下
10                                                  # 限,上限)
11 print('三重积分计算结果为:%s'%I)                  # 打印
```

```
12 t = np.arange(0,2* np.pi,0.01)                    # 设置 t 范围
13 x = np.cos(t)                                     # 输入 x 的参数方程
14 y = np.sin(t)                                     # 输入 y 的参数方程
15 ax = plt.gca()                                    # 获得当前的 Axes 对象 ax
16 ax.spines['right'].set_color('none')              # 去掉右边框
17 ax.spines['top'].set_color('none')                # 去掉上边框
18 ax.spines['bottom'].set_position(('data',0))      # 将坐标置于坐标 0 处
19 ax.spines['left'].set_position(('data',0))        # 将坐标置于坐标 0 处
20 plt.title('在 xoy 面上的投影区域的图形')              # 显示标题文本
21 plt.plot(x,y)                                     # 绘制函数图像
22 plt.axis('equal')                                 # x、y 轴刻度等长
23 u = np.linspace(0,2 * np.pi,100)                  # 产生从 0~2π 之间的 100
24                                                   #   个等差数据
25 v = np.linspace(0,np.pi,100)                      # 产生从 0~π 之间的 100 个
26                                                   #   等差数据
27 x = np.outer(np.cos(u),np.sin(v))                 # 输入 x=10* cosu* sinv
28 y = np.outer(np.sin(u),np.sin(v))                 # 输入 y=10* sinu* sinv
29 z = np.outer(np.ones(np.size(u)),np.cos(v))       # 输入 z=10* cosv
30 ax = Axes3D(plt.figure())                         # 设置三维绘图环境
31 ax.set_title('积分区域'的图形)                      # 显示标题文本
32 cset = ax.contourf(x,y,z,zdir='z',offset=-1)      # 等高线投射到 z=-1 的平
33                                                   #   面上
34 ax.plot_surface(x,y,z,color='b',cmap='rainbow')
35                                                   # 绘制三维图像
36 plt.show()                                        # 显示出所绘制的图像
```

代码 4.13 所生成的结果如下：

三重积分计算结果为：4 * pi * R * * 3/3

当半径为 1 时，在 *xoy* 面上的投影区域和积分区域的图形如图 4.13、图 4.14 所示.

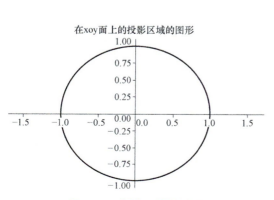

图 4.13　投影区域的图形

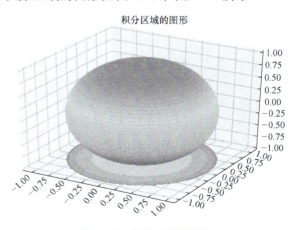

图 4.14　积分区域的图形

4.3.3　曲线积分

【例 4.14】　计算第一类曲线积分 $\int_{\Gamma} (x^2 + y^2 + z^2)\,\mathrm{d}s$ ，其中 Γ 为螺旋线 $x = a\cos t$ ，$y = a\sin t$ ，$z = kt$ 上相应于 t 从 $0 \sim 4\pi$ 之间的一段弧.

在 Anaconda 内建的 Spyder 集成开发环境中输入代码 4.14.

代码 4.14　计算第一类曲线积分 $\int_{\Gamma} (x^2 + y^2 + z^2)\,\mathrm{d}s$ 的程序

```
1  import sympy as sp                                   # 导入 sympy,记作 sp
2  import numpy as np                                   # 导入 numpy,记作 np
3  import matplotlib.pyplot as plt                      # 导入 matplotlib.pyplot,记作 plt
4  from mpl_toolkits.mplot3d import Axes3D              # 从 mpl_toolkits.mplot3d 导入 Axes3D
5  t = sp.Symbol('t')                                   # 定义变量
6  x = sp.cos(t)                                        # 输入 x 的参数方程
7  y = sp.sin(t)                                        # 输入 y 的参数方程
8  z = t                                                # 输入 z 的参数方程
9  xt = sp.diff(x,t)                                    # 用 xt 表示 x 对 t 的一阶偏导数
10 yt = sp.diff(y,t)                                    # 用 yt 表示 y 对 t 的一阶偏导数
11 zt = sp.diff(z,t)                                    # 用 zt 表示 z 对 t 的一阶偏导数
12 f = (x**2+y**2+z**2)*sp.sqrt(xt**2+yt**2+zt**2)
13                                                      # 输入函数
14 qxjf = sp.integrate(f,(t,0,4*sp.pi))                # 用 qxjf 表示曲线积分
15 print('曲线积分的结果为:%s'%qxjf)                     # 打印
16 fig = plt.figure()                                   # 设置绘图环境
17 ax = Axes3D(fig)                                     # 设置三维绘图环境
18 t = np.linspace(0,4*np.pi,100)                      # 产生从 0~4π 之间的 100 个等差数据
19 x = np.cos(t)                                        # 输入 x 的参数方程
20 y = np.sin(t)                                        # 输入 y 的参数方程
21 z = t                                                # 输入 z 的参数方程
22 ax.set_title('积分曲线图形')                          # 显示标题文本
23 ax.plot(x,y,z)                                       # 绘制三维图像
24 plt.show()                                           # 显示出所绘制的图像
```

代码 4.14 所生成的结果如下：

曲线积分的结果为：$4 * \mathrm{sqrt}(2) * \mathrm{pi} + 64 * \mathrm{sqrt}(2) * \mathrm{pi} ** 3/3$

曲线积分的图形如图 4.15 所示.

【例 4.15】　计算第二类曲线积分 $\int_{L} 2xy\,\mathrm{d}x + x^2\,\mathrm{d}y$ ，其中 L 为有向直线 AB：从 $A(1, 0)$ 到点 $B(1, 1)$.

在 Anaconda 内建的 Spyder 集成开发环境中输入代码 4.15.

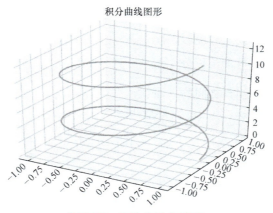

图 4.15　积分曲线的图形

代码 4.15　计算第二类曲线积分 $\int_L 2xy\mathrm{d}x + x^2\mathrm{d}y$ 的程序

```
1 import sympy as sp                        # 导入 sympy,记作 sp
2 import numpy as np                        # 导入 numpy,记作 np
3 import matplotlib.pyplot as plt           # 导入 matplotlib.pyplot,记作 plt
4 y = sp.Symbol('y')                        # 定义变量
5 x =y* 0+1                                  # 输入 x 的参数方程
6 y = y                                      # 输入 y 的参数方程
7 xy = sp.diff(x,y)                          # 用 xy 表示 x 对 y 的一阶偏导数
8 yy = sp.diff(y,y)                          # 用 yy 表示 y 对 y 的一阶偏导数
9 f =2* x* y* xy+(x* * 2)* yy               # 输入函数
10 qxjf = sp.integrate(f,(y,0,1))           # 用 qxjf 表示曲线积分
11 print('积分曲线的结果为:%s'%qxjf)         # 打印
12 y= np.linspace(0,1,100)                   # 产生从 0~1 之间的 100 个等差数据
13 x =y* 0+1                                  # 输入函数
14 plt.text(1,0,'A(1,0)')                    # 绘制 A 点的坐标
15 plt.text(1,1,'B(1,1)')                    # 绘制 B 点的坐标
16 plt.plot(x,y)                             # 绘制函数图像
17 plt.show()                                # 显示出所绘制的图像
```

代码 4.15 所生成的结果如下:

积分曲线的结果为：1

积分曲线的图形如图 4.16 所示.

4.3.4　曲面积分

【例 4.16】　计算第一类曲面积分 $\displaystyle\iint\limits_{\Sigma}(x^2+y^2)\mathrm{d}S$,

其中, Σ 是锥面 $z=\sqrt{x^2+y^2}$ 被平面 $z=1$ 所截取下方的
曲面.

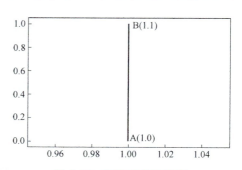

图 4.16　积分曲线的图形

在 Anaconda 内建的 Spyder 集成开发环境中输入代码 4.16.

代码 4.16　计算第一类曲面积分 $\iint\limits_{\Sigma}(x^2+y^2)\,\mathrm{d}S$ 的程序

```
1 import sympy as sp                              # 导入 sympy,记作 sp
2 import matplotlib.pyplot as plt                 # 导入 matplotlib.pyplot,记作 plt
3 import numpy as np                              # 导入 numpy,记作 np
4 from mpl_toolkits.mplot3d import Axes3D         # 从 mpl_toolkits.mplot3d 导入 Axes3D
5 x,y,r,t = sp.symbols('x y r t')                 # 定义变量
6 z = sp.sqrt(x**2+y**2)                          # 输入函数
7 zx=sp.diff(z,x)                                 # 用 zx 表示 z 对 x 的一阶偏导数
8 zy= sp.diff(z,y)                                # 用 zy 表示 z 对 y 的一阶偏导数
9 x=r* sp.cos(t)                                  # 输入 x 的方程
10 y=r* sp.sin(t)                                 # 输入 y 的方程
11 f=(x**2+y**2)* sp.sqrt(zx**2+zy**2+1)* r
12                                                # 输入函数
13 f = sp.simplify(f)                             # 化简函数
14 qmjf=sp.integrate(f,(r,0,1),(t,0,2* sp.pi))    # 用 qmjf 表示曲面积分
15 print('曲面积分计算结果为:%s'%qmjf)             # 打印
16 t = np.arange(0,2* np.pi,0.01)                 # 产生从 0~2π 步长为 0.01 的数据列表
17 r=1                                            # 给 r 赋值 1
18 x=r* np.cos(t)                                 # 输入 x 的方程
19 y=r* np.sin(t)                                 # 输入 y 的方程
20 ax = plt.gca()                                 # 获得当前的 Axes 对象 ax
21 ax.spines['right'].set_color('none')           # 去掉右边框
22 ax.spines['top'].set_color('none')             # 去掉上边框
23 ax.spines['bottom'].set_position(('data',0))
24                                                # 将坐标置于坐标 0 处
25 ax.spines['left'].set_position(('data',0))
26                                                # 将坐标置于坐标 0 处
27 plt.title('在 xoy 面上的投影区域')             # 显示标题文本
28 plt.plot(x,y)                                  # 绘制函数图像
29 plt.axis('equal')                              # x、y 轴刻度等长
30 x = np.arange(-1,1,0.05)                       # 产生从 -1~1 步长为 0.05 的 x 的数据列表
31 y = np.arange(-1,1,0.05)                       # 产生从 -1~1 步长为 0.05 的 y 的数据列表
32 x,y = np.meshgrid(x,y)                         # 生成网格点坐标矩阵
33 z1= np.sqrt(x**2+y**2)                         # 输入函数 z1
34 z2=x* 0+1                                      # 输入函数 z2
35 ax = Axes3D(plt.figure())                      # 设置三维绘图环境
36 ax.set_title('积分曲面图形')                   # 显示标题文本
37 ax.plot_surface(x,y,z1,color='b',alpha=0.2)
38                                                # 绘制 z1 三维图像
```

```
39 ax.plot_surface(x,y,z2,color='r',alpha=0.6)        # 绘制 z2 三维图像
40 cset = ax.contourf(x,y,z1,zdir='z',offset=0,cmap='rainbow')
41                                                     # 等高线投射到 z = 0 的平
42                                                       面上
43 plt.show()                                          # 显示出所绘制的图像
```

代码 4.16 所生成的结果如下：

积分曲面计算结果为：sqrt(2) * pi/2

在 xoy 面上的投影区域与积分曲面的图形如图 4.17、图 4.18 所示.

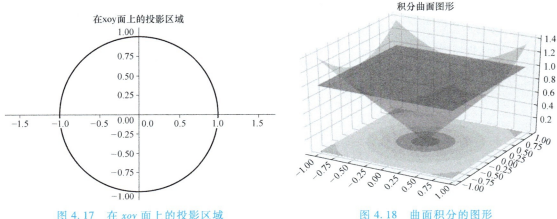

图 4.17　在 xoy 面上的投影区域　　　　　图 4.18　曲面积分的图形

【例 4.17】　计算第二类积分曲面 $\iint\limits_{\Sigma} x^2 y^2 z \mathrm{d}x \mathrm{d}y$ ，其中，Σ 是球面 $x^2+y^2+z^2=1$ 的下半部分的下侧.

在 Anaconda 内建的 Spyder 集成开发环境中输入代码 4.17.

代码 4.17　计算第二类积分曲面 $\iint\limits_{\Sigma} x^2 y^2 z \mathrm{d}x \mathrm{d}y$ 的程序

```
1 import sympy as sp                                   # 导入 sympy,记作 sp
2 import matplotlib.pyplot as plt                      # 导入 matplotlib.pyplot,记作 plt
3 import numpy as np                                   # 导入 numpy,记作 np
4 from mpl_toolkits.mplot3d import Axes3D              # 从 mpl_toolkits.mplot3d 导入 Axes3D
5 x,y,r,t= sp.symbols('x y r t')                       # 定义变量
6 x=r* sp.cos(t)                                        # 输入 x 的方程
7 y=r* sp.sin(t)                                        # 输入 y 的方程
8 z = sp.sqrt(1-x* * 2-y* * 2)                          # 输入 z 的方程
9 f=x* * 2* y* * 2* sp.sqrt(1-x* * 2-y* * 2)* r          # 输入函数
10 f = sp.simplify(f)                                   # 化简函数
11 qmjf=sp.integrate(f,(r,0,1),(t,0,2* sp.pi))         # 用 qmjf 表示曲面积分
12 print('积分曲面计算结果为:%s'%qmjf)                   # 打印
```

```
13 t= np. arange(0,2* np.pi,0.01)        # 产生从 0~2π 步长为 0.01 的数据列表
14 r=1                                    # 给 r 赋值 1
15 x=r* np.cos(t)                         # 输入 x 的方程
16 y=r* np.sin(t)                         # 输入 y 的方程
17 ax = plt.gca()                         # 获得当前 Axes 对象 ax
18 ax.spines['right'].set_color('none')   # 去掉右边框
19 ax.spines['top'].set_color('none')     # 去掉上边框
20 ax.spines['bottom'].set_position(('data',0))
21                                         # 将坐标置于坐标 0 处
22 ax.spines['left'].set_position(('data',0))
23                                         # 将坐标置于坐标 0 处
24 plt.title('在 xoy 面上的投影区域')      # 显示标题文本
25 plt.plot(x,y)                          # 绘制函数图像
26 plt.axis('equal')                      # x、y 轴刻度等长
27 x = np.arange(-1,1,0.01)               # 产生从 -1~1 步长为 0.01 的 x 的数据
28                                            列表
29 y = np.arange(-1,1,0.01)               # 产生从 -1~1 步长为 0.01 的 y 的数据
30                                            列表
31 x,y = np.meshgrid(x,y)                 # 生成网格点坐标矩阵
32 z=-np.sqrt(1-x* * 2-y* * 2)            # 输入函数
33 ax = Axes3D(plt.figure())              # 设置三维绘图环境
34 ax.set_title('积分曲面图形')           # 显示标题文本
35 ax.plot_surface(x,y,z)                 # 绘制三维图像
36 cset = ax.contourf(x,y,z,zdir='z',offset=0,cmap='rainbow')
37                                         # 等高线投射到 z=0 的平面上
38 plt.show()                             # 显示出所绘制的图像
```

代码 4.17 所生成的结果如下：

积分曲面计算结果为：2 * pi/105

在 xoy 面上的投影区域与积分曲面的图形如图 4.19、图 4.20 所示.

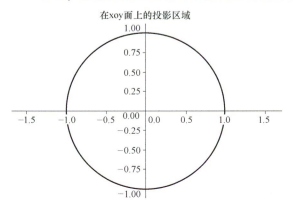

图 4.19 在 xoy 面上的投影区域

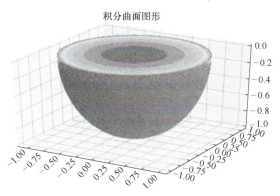

图 4.20 积分曲面的图形

习题 4-3

1. 计算定积分 $\int_0^1 \dfrac{1}{\sqrt{4-x^2}}dx$.

2. 计算二重积分 $\iint\limits_{D} e^{-(x^2+y^2)}dxdy$，其中，$D$ 是由直线 $y=1$、$x=2$ 及 $y=x$ 所围成的闭区域.

3. 计算三重积分 $\iiint\limits_{\Omega} xdxdydz$，其中，$\Omega$ 为 3 个坐标面及平面 $x+2y+z=1$ 所围成的闭区域.

4. 计算阿基米德螺线 $\rho=\theta$ 上相应于 θ 从 $0\sim 2\pi$ 的一段弧的弧长.

5. 计算第二类曲线积分 $\int_{\Gamma} x^3dx + 3zy^2dy - x^2ydz$，其中，$\Gamma$ 是从点 $A(3，2，1)$ 到点 B $(0，0，0)$ 的一段弧.

6. 计算曲面积分 $\iint\limits_{\Sigma} x^2dydz + y^2dzdx + z^2dxdy$，其中，$\Sigma$ 是长方体 Ω 的整个表面的外侧，其中 $\Omega=\{(x,y,z)\,|\,0\leqslant x\leqslant 1,0\leqslant y\leqslant 1,0\leqslant z\leqslant 1\}$.

4.4 常微分方程

4.4.1 一阶常微分方程

【例 4.18】 求微分方程 $\dfrac{dy}{dx}+y=e^{-x}$ 的通解.

在 Anaconda 内建的 Spyder 集成开发环境中输入代码 4.18.

代码 4.18 求微分方程 $\dfrac{dy}{dx}+y=e^{-x}$ 的通解的程序

```
1 import sympy as sp              # 导入 sympy,记作 sp
2 x = sp.Symbol('x')             # 定义变量
3 f = sp.Function('f')           # 创建函数
4 y = f(x)                       # 输入函数
5 d = sp.Eq(y.diff(x)+y,sp.exp(-x))    # 用 d 表示输入的微分方程
6 wffc = sp.dsolve(d,y)          # 用 wffc 表示求解微分方程
7 print('微分方程的通解为:%s'%wffc)   # 打印
8 sp.pprint(sp.dsolve(d,y))      # 漂亮的打印
```

代码 4.18 所生成的结果如下：

微分方程的通解为：Eq(f(x),(C1 + x) * exp(-x))

$$f(x) = (C_1 + x) e^{-x}$$

【例 4.19】 求微分方程 $y' = 2x$ 满足初始条件 $y|_{x=1} = 2$ 的特解.

在 Anaconda 内建的 Spyder 集成开发环境中输入代码 4.19.

代码 4.19 求微分方程 $y' = 2x$ 满足初始条件 $y|_{x=1} = 2$ 的特解的程序

```
1 import sympy as sp                         # 导入 sympy,记作 sp
2 x = sp.Symbol('x')                         # 定义变量
3 f = sp.Function('f')                       # 创建函数
4 y = f(x)                                   # 输入函数
5 d = sp.Eq(y.diff(x),2* x)                  # 用 d 表示输入的微分方程
6 wffc = sp.dsolve(d,y,ics={f(0):0})         # 用 wffc 表示求解 x=0,y=0 时的微分方程
7 print('微分方程的特解为:%s'%wffc)            # 打印
```

代码 4.19 所生成的结果如下：

微分方程的特解为：Eq(f(x),x * * 2 +1)

4.4.2 高阶常微分方程

【例 4.20】 求微分方程 $y^{(4)} - 2y''' + 5y'' = 0$ 的通解.

在 Anaconda 内建的 Spyder 集成开发环境中输入代码 4.20.

代码 4.20 求微分方程 $y^{(4)} - 2y''' + 5y'' = 0$ 的通解的程序

```
1 import sympy as sp                                   # 导入 sympy,记作 sp
2 x = sp.Symbol('x')                                   # 定义变量
3 f = sp.Function('f')                                 # 创建函数
4 y = f(x)                                             # 输入函数
5 d = sp.Eq(y.diff(x,4) -2* y.diff(x,3) +5* y.diff(x,2),0)  # 用 d 表示输入的微分方程
6 wffc = sp.dsolve(d,y)                                # 用 wffc 表示求解微分方程
7 print('微分方程的通解为:%s'%wffc)                      # 打印
8 sp.pprint(sp.dsolve(d,y))                            # 漂亮的打印
```

代码 4.20 所生成的结果如下：

微分方程的通解为：Eq(f(x),C1 + C2 * x + (C3 * sin(2 * x) + C4 * cos(2 * x)) * exp(x))

$$f(x) = C_1 + C_2 x + (C_3 \sin(2x) + C_4 \cos(2x)) e^x$$

【例 4.21】 求微分方程 $y'' + 2y' + y = 0$ 满足初始条件 $y|_{x=0} = 4$, $y'|_{x=0} = -2$ 的特解.

在 Anaconda 内建的 Spyder 集成开发环境中输入代码 4.21.

代码 4.21 求微分方程 $y'' + 2y' + y = 0$ 满足初始条件 $y|_{x=0} = 4$, $y'|_{x=0} = -2$ 的特解的程序

```
1 import sympy as sp                         # 导入 sympy,记作 sp
2 x = sp.Symbol('x')                         # 定义变量
3 f = sp.Function('f')                       # 创建函数
```

```
4 y = f(x)                                          # 输入函数
5 d = sp.Eq(y.diff(x,2) +2* y.diff(x) +y,0)          # 用 d 表示输入的微分方程
6 wffc = sp.dsolve(d,y,ics={f(0):4,f(x).diff(x).subs(x,0):-2})
7                                                    # 用 wffc 表示求解 x=0,y=0,y'=-
8                                                      2 时的微分方程的特解
9 print('微分方程的特解为:%s'%wffc)                      # 打印
```

代码 4.21 所生成的结果如下：

微分方程的特解为：$\mathrm{Eq}(f(x),(2*x+4)*\exp(-x))$

习题 4-4

1. 求微分方程 $xy'+y=x^2+3x+2$ 的通解.

2. 求微分方程 $y'=\dfrac{x}{y}+\dfrac{y}{x}$ 满足初始条件 $y|_{x=1}=2$ 的特解.

3. 求微分方程 $y'''=\mathrm{e}^{2x}-\cos x$ 的通解.

4. 求微分方程 $y''-y=4x\mathrm{e}^x$ 满足初始条件 $y|_{x=0}=0$, $y'|_{x=0}=1$ 的特解.

4.5 级数

4.5.1 常数项级数

【例 4.22】 求调和级数 $\displaystyle\sum_{n=1}^{\infty}\dfrac{1}{n}$ 的和，并确定和大于 5 时 n 的最小值.

在 Anaconda 内建的 Spyder 集成开发环境中输入代码 4.22.

代码 4.22 求调和级数 $\displaystyle\sum_{n=1}^{\infty}\dfrac{1}{n}$ 的和并确定和大于 5 时 n 的最小值的程序

```
1 import sympy as sp                    # 导入 sympy,记作 sp
2 n = sp.Symbol('n')                    # 定义变量
3 f = 1/n                               # 输入函数
4 s=sp.summation(f,(n,1,'oo'))          # 用 s 表示求级数
5 print('调和级数的和为:%s'%s)             # 打印
6 k=5                                    # 给 k 赋初值 5
7 sn=0                                   # 给 sn 赋初值 0
8 n=1                                    # 给 n 赋初值 1
9 while n>0:                             # while 语句
10    a=1/n                              # 定义 a
11    sn+=a                              # 对 a 进行累加
12    if sn>=k:                          # if 语句
```

```
13      break                           # 循环停止
14    n=n+1                             # 对 n 进行累加
15 print("当和大于 5 时,n 的最小值为:%d"%n)    # 打印
```

代码 4.22 所生成的结果如下：

调和级数的和为：oo

当和大于 5 时，n 的最小值为：83

4.5.2 函数项级数

【例 4.23】 求幂级数 $\sum\limits_{n=1}^{\infty} \dfrac{x^n}{n!}$ 的和函数.

在 Anaconda 内建的 Spyder 集成开发环境中输入代码 4.23.

代码 4.23 求幂级数 $\sum\limits_{n=1}^{\infty} \dfrac{x^n}{n!}$ 的和函数的程序

```
1 import sympy as sp                    # 导入 sympy,记作 sp
2 n = sp.Symbol('n')                    # 定义符号 n
3 x = sp.Symbol('x')                    # 定义变量 x
4 xn = x* * n/sp.factorial(n)           # 输入级数通项
5 s=sp.summation(xn,(n,1,'oo'))         # 用 s 表示求级数
6 s = sp.simplify(s)                    # 化简 s
7 print('幂级数的和函数为:%s'%s)          # 打印
```

代码 4.23 所生成的结果如下：

幂级数的和函数为：exp(x)-1

4.5.3 函数展成幂级数

【例 4.24】 将函数 $f(x)=\sin x$ 展开成 x 的 7 阶泰勒展开式.

在 Anaconda 内建的 Spyder 集成开发环境中输入代码 4.24.

代码 4.24 将函数 $f(x)=\sin x$ 展开成 x 的 7 阶泰勒展开式的程序

```
1 import sympy as sp                    # 导入 sympy,记作 sp
2 x = sp.Symbol('x')                    # 定义变量 x
3 f = sp.sin(x)                         # 输入函数
4 mjs=sp.series(f,x,0,8)                # 用 mjs 表示求 x=0 处的幂级数
5 print('sin(x)在 x=0 处的幂级数展式为:%s' %mjs)   # 打印
```

代码 4.24 所生成的结果如下：

sin(x) 在 x=0 处的幂级数展式为：x-x * * 3/6+x * * 5/120-x * * 7/5040+O(x * * 8)

【例 4.25】 将函数 $f(x)=\dfrac{1}{x}$ 展开成 $x+1$ 的 4 阶泰勒展开式.

在 Anaconda 内建的 Spyder 集成开发环境中输入代码 4.25.

代码 4.25 将函数 $f(x)=\dfrac{1}{x}$ 展开成 $x+1$ 的 4 阶泰勒展开式的程序

```
1 import sympy as sp              # 导入 sympy,记作 sp
2 x = sp.Symbol('x')             # 定义变量 x
3 f = 1/x                        # 输入函数
4 mjs=sp.series(f,x,-1,5)        # 用 mjs 表示求 x=-1 处的幂级数
5 print('幂级数展开式为:%s'  %mjs)   # 打印
```

代码 4.25 所生成的结果如下:

幂级数展开式为:$-2-(x+1)**2-(x+1)**3-(x+1)**4-x+O((x+1)**5,(x,-1))$

习题 4-5

1. 求级数 $\displaystyle\sum_{n=1}^{\infty}\dfrac{2+(-1)^n}{2^n}$ 的和.

2. 求幂级数 $\displaystyle\sum_{n=1}^{\infty}nx^{n-1}$ 的和函数.

3. 将函数 $f(x)=\ln(1+x)$ 展开成 x 的 3 阶泰勒展开式.

4. 将函数 $f(x)=\cos x$ 展开成 $x+\dfrac{\pi}{3}$ 的 2 阶泰勒展开式.

4.6 本章小结

本章分 5 节介绍了 Python 在高等数学中的应用. 4.1 节介绍了数列与函数的极限,具体包含 Python 求解数列的极限和函数的极限. 4.2 节介绍了导数与微分,具体包含 Python 求解一元函数的导数与微分和多元函数的导数与全微分. 4.3 节介绍了积分,具体包含 Python 求解一元函数的积分、多元函数的积分、曲线积分和曲面积分. 4.4 节介绍了常微分方程,具体包含 Python 求解一阶常微分方程和高阶常微分方程. 4.5 节介绍了级数,具体包含 Python 求解常数项级数、函数项级数以及函数展成幂级数.

总习题 4

1. 求数列极限 $\displaystyle\lim_{n\to\infty}\dfrac{3n+1}{2n+1}$.

2. 求函数极限 $\lim\limits_{x \to \infty} \arctan \dfrac{1}{x}$.

3. 求函数 $f(x) = (2x^2 + 1)\sin x$ 的 4 阶导数 $f^{(4)}(x)$.

4. 求曲线 $x = t$，$y = t^2$，$z = t^3$ 在 $t = 1$ 处的切向量.

5. 计算反常积分 $\displaystyle\int_{-\infty}^{+\infty} \dfrac{1}{x^2 + 2x + 2} \mathrm{d}x$.

6. 计算二重积分 $\displaystyle\int_0^1 \mathrm{d}y \int_0^y x^2 \mathrm{e}^{-y^2} \mathrm{d}x$.

7. 计算三重积分 $\displaystyle\iiint\limits_{\Omega} z \mathrm{d}x \mathrm{d}y \mathrm{d}z$，其中，$\Omega$ 是由曲面 $z = x^2 + y^2$ 与平面 $z = 4$ 所围成的闭区域.

8. 计算第一类曲线积分 $\displaystyle\int_L \sqrt{y} \mathrm{d}S$，其中，$L$ 是抛物线 $y = x^2$ 上点 $O(0, 0)$ 与点 $B(1, 1)$ 之间的一段弧.

9. 计算第一类曲面积分 $\displaystyle\iint\limits_{\Sigma} xyz \mathrm{d}S$，其中，$\Sigma$ 是由平面 $x = 0$，$y = 0$，$z = 0$ 及 $x + y + z = 1$ 所围成的四面体的整个边界曲面.

10. 求微分方程 $y'' + y = \mathrm{e}^x + \cos x$ 的通解.

11. 求级数 $\displaystyle\sum_{n=1}^{\infty} \dfrac{n^4}{n!}$ 的和.

12. 求幂级数 $\displaystyle\sum_{n=1}^{\infty} \dfrac{x^n}{n + 1}$ 的和函数.

13. 将函数 $f(x) = \dfrac{1}{x^2 + 3x + 2}$ 展开成 $x + 4$ 的 5 阶泰勒展开式.

第 5 章

Python 在线性代数中的应用

本章概要

- Python 矩阵及其运算
- Python 行列式
- Python 求解线性方程组
- Python 二次型

5.1 Python 矩阵及其运算

5.1.1 Python 创建矩阵

Python 创建矩阵有多种方法，一是使用 np. mat( ) 函数或者 np. matrix( ) 函数；二是使用数组代替矩阵. 实际上，官方文档建议使用二维数组代替矩阵来进行矩阵运算，因为二维数组用得较多，而且基本可取代矩阵. 另外，还有一些特殊矩阵的创建方式，具体调用格式详见代码 5.1.

代码 5.1   创建矩阵函数调用格式

```
1 matrix(mat)              # 创建矩阵
2 array                    # 数组创建矩阵
3 eye                      # 创建单位矩阵
4 diag                     # 创建对角矩阵
5 ones                     # 元素全是 1 矩阵
6 zeros                    # 元素全是 0 矩阵
7 bmat                     # 合成矩阵
8 a[i,:]                   # 选取矩阵的某行
9 a[:,j]                   # 选取矩阵的某列
10 a[i,j]                  # 选取矩阵的某个确定元素
```

注意：不论是行元素的提取 a[i,:]，还是列元素的提取 a[:,j]，这里的 i、j 都是从 0 开始取值的. 比如，a[0,:] 表示提取矩阵 *a* 的第一行元素，a[:,2] 表示提取矩阵的第 3

列元素.

【例 5.1】 创建一个 2×3 的矩阵 $\begin{pmatrix} 1 & 2 & 3 \\ 4 & 5 & 6 \end{pmatrix}$.

在 Anaconda 内建的 Spyder 集成开发环境中输入代码 5.2.

代码 5.2 创建一个 2×3 的矩阵

```
1 import numpy as np              # 导入 numpy,记作 np
2 a=np.mat([[1,2,3],[4,5,6]])     # 使用 mat()函数创建一个 2×3 的矩阵
3 print (a)                       # 输出矩阵 a
4 matrix([[1,2,3],                # 输出结果
5        [4,5,6]])
6 b=np.matrix([[1,2,3],[4,5,6]])  # np.mat()和 np.matrix()等价
7 b                               # 输出矩阵 b
8 matrix([[1,2,3],                # 输出结果
9        [4,5,6]])
10 a.shape                        # 使用 shape 属性可以获取矩阵的大小
11 (2,3)                          # 表明 a 是 2 行 3 列的矩阵
```

创建一个 2×3 的矩阵 $\begin{pmatrix} 1 & 2 & 3 \\ 4 & 5 & 6 \end{pmatrix}$，也可以用代码 5.3 中的方法编写.

代码 5.3 创建一个 2×3 的矩阵

```
1 import numpy as np              # 导入 numpy,记作 np
2 c=np.array([[1,2,3],[4,5,6]])   # 使用二维数组代替矩阵,常见的操作通用
3 print(c)                        # 输出矩阵 c
4 array([[1,2,3],                 # 输出结果
5        [4,5,6]])
```

注意：*c* 是 array（数组）类型，而 *a* 是 matrix（矩阵）类型. 线性代数里讲的维数和数组的维数不同，如线性代数中提到的 n 维行向量在 Python 中是一维数组，而线性代数中的 n 维列向量在 Python 中是一个 shape 为 $(n, 1)$ 的二维数组.

【例 5.2】 创建一个 3 阶的单位矩阵 $\begin{pmatrix} 1 & 0 & 0 \\ 0 & 1 & 0 \\ 0 & 0 & 1 \end{pmatrix}$.

在 Anaconda 内建的 Spyder 集成开发环境中输入代码 5.4.

代码 5.4 创建单位矩阵

```
1 import numpy as np              # 导入 numpy,记作 np
2 I=np.eye(3)                     # 创建 3 阶单位矩阵
3 I                              # 输出 I
```

```
4 array([[1,0,0],                        # 输出结果
5        [0,1,0],
6        [0,0,1]])
```

【例 5.3】 创建一个对角矩阵 $\begin{pmatrix} 1 & 0 & 0 \\ 0 & 2 & 0 \\ 0 & 0 & 3 \end{pmatrix}$.

在 Anaconda 内建的 Spyder 集成开发环境中输入代码 5.5.

代码 5.5　创建对角矩阵

```
1 import numpy as np                      # 导入 numpy,记作 np
2 I=np.diag((1,2,3))                      # 创建对角元素是 1,2,3 的对角矩阵
3 I                                       # 输出 I
4 array([[1,0,0],                         # 输出结果
5        [0,2,0],
6        [0,0,3]])
```

【例 5.4】 创建一个元素全是 1 的 3 阶矩阵 $\begin{pmatrix} 1 & 1 & 1 \\ 1 & 1 & 1 \\ 1 & 1 & 1 \end{pmatrix}$.

在 Anaconda 内建的 Spyder 集成开发环境中输入代码 5.6.

代码 5.6　创建元素全是 1 的矩阵

```
1 import numpy as np                      # 导入 numpy,记作 np
2 I=np.ones((3,3))                        # 创建元素全是 1 的矩阵
3 I                                       # 输出 I
4 array([[1.,1.,1.],                      # 输出结果
5        [1.,1.,1.],
6        [1.,1.,1.]])
```

【例 5.5】 创建全零的矩阵 $m=(0\ \ 0\ \ 0)$, $n=\begin{pmatrix} 0 \\ 0 \\ 0 \end{pmatrix}$, $p=\begin{pmatrix} 0 & 0 & 0 & 0 \\ 0 & 0 & 0 & 0 \\ 0 & 0 & 0 & 0 \end{pmatrix}$, $q=\begin{pmatrix} 0 & 0 & 0 \\ 0 & 0 & 0 \\ 0 & 0 & 0 \end{pmatrix}$.

在 Anaconda 内建的 Spyder 集成开发环境中输入代码 5.7.

代码 5.7　创建全零矩阵

```
1 import numpy as np                      # 导入 numpy,记作 np
2 m= np.zeros(3)                          # 创建一维全零行矩阵 m
3 m                                       # 输出 m
```

```
4 array([0.,0.,0.])                      # 输出结果
5 m= np.zeros(1,3)                       # np.zeros(3)与 np.zeros(1,3)等价
6 m                                      # 输出 m
7 array([0.,0.,0.])                      # 输出结果
8 n= np.zeros(3,1)                       # 创建全零列矩阵 n
9 n                                      # 输出 n
10 array([[0.],                          # 输出结果
11        [0.],
12        [0.]])
13 p= np.zeros([3,4])                    # 创建 3×4 全零矩阵
14 p                                     # 输出 p
15 array([[0.,0.,0.,0.],                 # 输出结果
16       [0.,0.,0.,0.],
17       [0.,0.,0.,0.]])
18 q= np.zeros([3,3])                    # 创建 3×3 全零矩阵
19 q                                     # 输出 q
20 array([[0.,0.,0.],                    # 输出结果
21       [0.,0.,0.],
22       [0.,0.,0.]])
```

【例 5.6】 已知矩阵 $A = \begin{pmatrix} 1 & -1 & 3 & -4 \\ 3 & -3 & 5 & -4 \\ 2 & -2 & 3 & -2 \\ 3 & -3 & 4 & -2 \end{pmatrix}$, $b = \begin{pmatrix} 3 \\ 1 \\ 0 \\ -1 \end{pmatrix}$, 合成矩阵 $B = (A, b)$.

在 Anaconda 内建的 Spyder 集成开发环境中输入代码 5.8.

代码 5.8 合成矩阵

```
1 import numpy as np                                        # 导入 numpy,记作 np
2 A = np.array([[1,-1,3,-4],[3,-3,5,-4],[2,-2,3,-2],[3,-3,4,-2]])
3                                                           # 使用 array()函数
4 b = np.array([3,1,0,-1])
5 A                                                         # 输出 A
6 array([[ 1,-1,  3,-4],                                    # 输出结果
7        [ 3,-3,  5,-4],
8        [ 2,-2,  3,-2],
9        [ 3,-3,  4,-2]])
10 b=np.array([3,1,0,-1]).reshape(-1,1)                     # 把 b 变换成 4×1 矩阵
11 b                                                        # 输出 b
12 array([[ 3],                                             # 输出结果
13        [ 1],
14        [ 0],
15        [-1]])
```

```
16 B=np.bmat("A b")                          # 创建矩阵 B
17 B                                         # 输出矩阵 B
18 matrix([[ 1,-1,  3,-4,  3],               # 输出结果
19         [ 3,-3,  5,-4,  1],
20         [ 2,-2,  3,-2,  0],
21         [ 3,-3,  4,-2,-1]])
```

【例 5.7】 选取矩阵 $\begin{pmatrix} 1 & 2 & 3 \\ 4 & 5 & 6 \\ 7 & 8 & 9 \end{pmatrix}$ 的第一行元素、第一列元素、第一行第二列元素.

在 Anaconda 内建的 Spyder 集成开发环境中输入代码 5.9.

代码 5.9　矩阵元素的获取

```
1 import numpy as np                          # 导入 numpy,记作 np.
2 a = np.array([[1,2,3],[4,5,6],[7,8,9]])     # 使用 array()函数创建矩阵
3 a[0]                                        # 获取矩阵的第一行
4 array([[1, 2, 3]])                          # 输出结果
5 a[0,:]                                      # a[0,:]与 a[0]等价
6 array([[1, 2, 3]])                          # 输出结果
7 a[:,0]                                      # 获取矩阵的第一列
8 array([1, 4, 7])                            # 按行输出结果
9 a[:,0].reshape(-1,1)                        # 获取矩阵的第一列
10 array([[1],                                # 按列输出结果
11        [4],
12        [7]])
13 a[0,1]                                     # 获取矩阵的第一行第二列元素元素
14 2                                          # 输出结果
```

注意: reshape()函数用于创建一个改变了尺寸的新数组,原数组的 shape 保持不变. 必须是矩阵格式或者数组格式才能用此函数. reshape(1, -1) 可将数组转换成一行, reshape(-1, 1) 可将数组转换成一列.

【例 5.8】 将 0~25 的数字生成 5×5 数组,并选取左上角 3×3 的切片、中间 3×3 的切片、前两行,倒数 1~3 行元素,并将 0~15 的数字生成 4×4 数组.

在 Anaconda 内建的 Spyder 集成开发环境中输入代码 5.10.

代码 5.10　矩阵切片的获取

```
1 import numpy as np                          # 导入 numpy,记作 np
2 a=np.arange(0,26)                           # 生成数组
3 a                                           # 输出 a
4 array([ 0, 1, 2, 3, 4, 5, 6, 7, 8, 9, 10, 11, 12, 13, 14, 15, 16,
```

```
5                                          # 输出结果
6        17, 18, 19, 20, 21, 22, 23, 24, 25])
7 a=np.resize(a,(5,5))                     # 将 a 生成 5×5 数组
8 a                                        # 输出 a
9 array([[ 0,  1,  2,  3,  4],            # 输出结果
10    [ 5,  6,  7,  8,  9],
11    [10, 11, 12, 13, 14],
12    [15, 16, 17, 18, 19],
13    [20, 21, 22, 23, 24]])
14 a[0:3,0:3]                             # 取 a 左上角 3×3 的切片
15 array([[ 0,  1,  2],                   # 输出结果
16    [ 5,  6,  7],
17    [10, 11, 12]])
18 a[1:4,1:4]                             # 取 a 中间 3×3 的切片
19 array([[ 6,  7,  8],                   # 输出结果
20    [11, 12, 13],
21    [16, 17, 18]])
22 a[0:2,:]                               # 取 a 前两行
23 array([[0, 1, 2, 3, 4],               # 输出结果
24    [5, 6, 7, 8, 9]])
25 a[-3:,:]                               # 取 a 倒数 1~3 行
26 array([[10, 11, 12, 13, 14],          # 输出结果
27    [15, 16, 17, 18, 19],
28    [20, 21, 22, 23, 24]])
29 a1 = np.arange(16).reshape(4,4)        # 将 0~15 的数字生成 4×4 数组
30 a1                                     # 输出 a1
31 array([[ 0,  1,  2,  3],              # 输出结果
32    [ 4,  5,  6,  7],
33    [ 8,  9, 10, 11],
34    [12, 13, 14, 15]])
```

注意：arange（0，26）返回从 0~25 的 26 个数构成的数组，第一个参数为起点，第二个参数为终点，步长取默认值，包前不包后.

5.1.2 Python 矩阵的运算

在 Python 中，矩阵运算的函数调用格式详见代码 5.11.

代码 5.11 矩阵运算的函数调用格式

```
1 A+B                 # 矩阵加法
2 A-B                 # 矩阵减法
3 k* A                # 数乘
```

```
4 A* B                             # 矩阵相乘 (matrix 类型)
5 dot (A,B)                        # 矩阵相乘
6 A * * m                          # A 的 m 次幂 (matrix 类型)
7 .T                               # 矩阵的转置
8 trace (A)                        # 矩阵的迹
```

【例 5.9】 已知 $A = \begin{pmatrix} 1 & 2 & 2 \\ 2 & 3 & 4 \\ 5 & 7 & 8 \end{pmatrix}$，$B = \begin{pmatrix} -2 & 1 & 5 \\ 1 & 4 & 2 \\ 3 & 9 & 7 \end{pmatrix}$，计算 $A+B$，$A-B$.

在 Anaconda 内建的 Spyder 集成开发环境中输入代码 5.12.

代码 5.12　计算矩阵的和与差

```
1 import numpy as np               # 导入 numpy, 记作 np
2 A=np.mat([[1,2,2],[2,3,4],[5,7,8]])    # 使用 mat() 函数
3 B=np.mat([[-2,1,5],[1,4,2],[3,9,7]])
4 A+B                             # 求 A+B
5 matrix([[-1,   3,   7],        # 输出结果
6         [ 3,   7,   6],
7         [ 8, 16, 15]])
8 A-B                             # 求 A-B
9 matrix ([[ 3,   1,  -3]        # 输出结果
10         [1,-1,2],
11         [2,-2,1]])
12 A=np.array([[1,2,2],[2,3,4],[5,7,8]])   # 使用 array() 函数
13 B=np.array([[-2,1,5],[1,4,2],[3,9,7]])
14 A+B                            # 求 A+B
15 array ([[-1,   3,   7],       # 输出结果
16         [ 3,   7,   6],
17         [ 8, 16, 15]])        # 矩阵的加法对 matrix 类型和 array 类型是
18                                  通用的
19 A-B                            # 求 A-B
20 array([ 3,   1,  -3])         # 输出结果
21         [1,-1,2],
22         [2,-2,1]])
23                                # 矩阵的减法对 matrix 类型和 array 类型是
24                                  通用的
```

【例 5.10】 已知 $A = \begin{pmatrix} 1 & 2 & 3 \\ 3 & 4 & 5 \\ 6 & 7 & 8 \end{pmatrix}$，计算 $2A$.

在 Anaconda 内建的 Spyder 集成开发环境中输入代码 5.13.

代码 5.13　计算矩阵的数乘

```
1 import numpy as np                              # 导入 numpy,记作 np
2 A=np.mat([[1,2,3],[3,4,5],[6,7,8]])            # 使用 mat()函数
3 C= np.array([[1,2,3],[3,4,5],[6,7,8]])          # 使用 array()函数
4 2* A                                            # 求 2A
5 matrix([[2,  4,  6],                            # 输出结果
6         [ 6,  8, 10],
7         [ 12,14,16]])
8 2* C                                            # 求 2C
9 array([[2,  4,  6],                             # 输出结果
10        [ 6,  8, 10],
11        [ 12,14,16]])                           # 矩阵的数乘对 matrix 类型和 array 类
12                                                    型是通用的
```

【例 5.11】　已知 $A = \begin{pmatrix} 1 & 0 & 3 & -1 \\ 2 & 1 & 0 & 2 \end{pmatrix}$, $B = \begin{pmatrix} 4 & 1 \\ -1 & 1 \\ 2 & 0 \\ 1 & 3 \end{pmatrix}$, 计算 AB, BA.

在 Anaconda 内建的 Spyder 集成开发环境中输入代码 5.14.

代码 5.14　计算矩阵的相乘

```
1 import numpy as np                              # 导入 numpy,记作 np
2 A=np.mat([[1,0,3,-1],[2,1,0,2]])               # 使用 mat()函数
3 B=np.mat([[4,1],[-1,1],[2,0],[1,3]])           #
4 A* B                                            # 注意 A,B 都是 matrix 类型,可以使用乘号
5 matrix([[ 9,-2],                                # 输出结果
6         [ 9, 9]])
7 B* A                                            # 计算 BA
8 matrix([[ 6,  1, 12, -2],                       # 输出结果
9         [ 1,  1, -3,  3],
10        [ 2,  0,  6, -2],
11        [ 7,  3,  3,  5]])
12 np.dot(A,B)                                     # 注意 A、B 都是 matrix 类型,AB 可以用
13                                                    dot()函数
14 matrix([[ 9, -2],                              # 输出结果
15         [ 9,  9]])
16 np.dot(B,A)                                     # 计算 BA
17 matrix([[ 6,  1, 12, -2],                      # 输出结果
18         [ 1,  1, -3,  3],
```

```
19                [2,  0,  6, -2],
20                [7,  3,  3,  5]])
21 A=np.array([[1,0,3,-1],[2,1,0,2]])        # 使用 array() 函数
22 B=np.array([[4,1],[-1,1],[2,0],[1,3]])
23 np.dot(A,B)                               # 注意 A、B 都是 array 类型，AB 应该用
24                                              dot() 函数
25 array([[ 9, -2],                         # 输出结果
26        [ 9,  9]])
27 np.dot(B,A)                               # 计算 BA
28 array([[ 6,  1, 12, -2],                 # 输出结果
29        [ 1,  1, -3,  3],
30        [ 2,  0,  6, -2],
31        [ 7,  3,  3,  5]])
```

注意：如果使用数组代替矩阵进行运算，则不能直接使用乘号，应使用 dot() 函数. dot() 函数可用于矩阵乘法. 对于二维数组，它计算的是矩阵乘积；对于一维数组，它计算的是内积.

【例 5.12】 已知 $A=(1\quad 2\quad 3)$，$B=\begin{pmatrix} 4 \\ 3 \\ 9 \end{pmatrix}$，计算 AB，BA.

在 Anaconda 内建的 Spyder 集成开发环境中输入代码 5.15.

代码 5.15 计算特殊矩阵的相乘

```
1 import numpy as np                         # 导入 numpy,记作 np
2 A=np.mat([1, 2, 3])                        # 使用 mat() 函数
3 B=np.mat([4, 3, 9])
4 A.shape                                    # A、B 都是 1×3 矩阵
5 (1, 3)
6 B=np.mat([4, 3, 9]).reshape(-1,1)         # 把 B 变换成 3×1 矩阵
7 B                                          # 输出 B
8 matrix([[4],
9         [3],
10        [9]])
11 B.shape
12 (3, 1)
13 A* B                                      # 注意 A、B 都是 matrix 类型,可以使用乘号
14 matrix([[37]])                            # 输出结果
15 B* A                                      # 计算 BA
16 matrix([[ 4,  8, 12],                     # 输出结果
17        [ 3,  6,  9],
18        [ 9, 18, 27]])
```

```
19 D=np.array([1, 2, 3])                    # 使用 array() 函数
20 E=np.array([4, 3, 9])
21 F=np.array([4, 3, 9]).reshape(-1,1)      # 把 E 变换成 3×1 矩阵
22 np.dot(D,E)                              # 计算 DE
23 37                                       # dot(D,E) 的结果是 D、E 的内积
24 np.dot(E,D)                              # 计算 ED
25 37                                       # 输出结果
26 np.dot(D,F)                              # 计算 DF=AB
27 array([[37]])                            # 计算 dot(D,F) 不再是内积,而是一个只有一
28                                            个元素的数组
29 np.dot(F,D)                              # ValueError: shapes (3,1) and (3,) not
30                                            aligned: 1 (dim 1) ! = 3 (dim 0)
31 D.shape = (1, -1)                        # 把 D 改为二维数组
32 D                                        # 输出 D
33 array([[1, 2, 3]])                       # 输出结果
34 np.dot(F,D)                              # 3×1 的 F 向量乘以 1×3 的 D 向量会得到 3×3
35                                            的矩阵
36 array([[ 4,  8, 12],                     # 计算 FD=BA
37         [ 3,  6,  9],
38         [ 9, 18, 27]])
```

注意:第 28 行中,F 是二维数组,D 是一维数组,维数不同,不能相乘.

【例 5.13】 已知矩阵 $A = \begin{pmatrix} 2 & 1 \\ -4 & -2 \end{pmatrix}$, $B = \begin{pmatrix} 3 & -1 \\ -6 & -2 \end{pmatrix}$, 求 AB, BA, A^2.

在 Anaconda 内建的 Spyder 集成开发环境中输入代码 5.16.

代码 5.16 计算矩阵的乘积

```
1 import numpy as np                        # 导入 numpy,记作 np
2 A=np.matrix([[2, 1], [-4, -2]])           # 使用 matrix() 函数
3 B=np.matrix([[3, -1], [-6, -2]])
4 np.dot(A, B)                              # A、B 都是 matrix 类型,AB 可以用 dot() 函数
5 matrix([[ 0, -4],                         # 输出结果
6         [ 0,  8]])
7 np.dot(B, A)                              # 计算 BA
8 matrix([[10,  5],                         # 输出结果 A* B! =B* A
9         [-4, -2]])
10 np.dot(A, A)
11 matrix([[0, 0],                          # 输出结果
12         [0, 0]])
13 np.linalg.matrix_power(A,2)              # 计算 A 自乘 2 次,与 dot(A, A) 等价
14 matrix([[0, 0],                          # 输出结果
15         [0, 0]])
```

```
16 A* * 2                                    # A是matrix类型,使用A* * 计算A²,与dot(A, A)等价
17 matrix([[0, 0],                           # 输出结果
18         [0, 0]])
```

【例 5.14】 已知 $A = \begin{pmatrix} -1 & 3 & 0 \\ 0 & 4 & 2 \end{pmatrix}$，求 A^T，$(A^T)^T$.

在 Anaconda 内建的 Spyder 集成开发环境中输入代码 5.17.

代码 5.17　计算矩阵的转置

```
1 import numpy as np                         # 导入 numpy,记作 np
2 A=np.array ([[-1, 3,0], [0, 4, 2]])        # 使用 array()函数
3 A.T                                        # A 的转置 Aᵀ
4 array([[-1,  0],                           # 输出结果
5        [ 3,  4],
6        [ 0,  2]])
7 A.T. T                                     # A 的转置的转置 (Aᵀ)ᵀ
8 array([[-1,  3,  0],                       # (Aᵀ)ᵀ=A
9        [ 0,  4,  2]])
10 A=np.mat ([[-1, 3,0], [0, 4,2]])          # 使用 mat()函数
11 A.T                                       # A 的转置 Aᵀ
12 matrix([[-1,  0],                         # 输出结果
13         [ 3,  4],
14         [ 0,  2]])                        # 矩阵的转置对 matrix 类型和 array 类型是通用的
```

【例 5.15】 已知矩阵 $A = \begin{pmatrix} 1 & -3 & 2 \\ -2 & 1 & -1 \\ 1 & 2 & -1 \end{pmatrix}$，验证矩阵转置的性质 $(\lambda A)^T = \lambda A^T (\lambda = 10)$.

在 Anaconda 内建的 Spyder 集成开发环境中输入代码 5.18.

代码 5.18　计算数乘矩阵的转置

```
1 import numpy as np                         # 导入 numpy,记作 np
2 A=np.array ([[1, -3,2], [-2, 1,-1],[1,2,-1]])  # 使用 array()函数
3 (10* A).T                                  # 计算 (10A)ᵀ
4 array([[ 10, -20,  10],                    # 输出结果
5        [-30,  10,  20],
6        [ 20, -10, -10]])
7 10* (A.T)                                  # 计算 10Aᵀ
8 array([[ 10, -20,  10],                    # 输出结果(10A)ᵀ=10Aᵀ
9        [-30,  10,  20],
10        [ 20, -10, -10]])
```

【例 5.16】 已知矩阵 $A = \begin{pmatrix} -1 & 1 & 3 \\ 8 & -3 & 6 \\ 4 & 0 & 12 \end{pmatrix}$, $B = \begin{pmatrix} 4 & -1 & 8 \\ 0 & 5 & 6 \\ 3 & 8 & -1 \end{pmatrix}$, 验证矩阵转置的性质 $(A+B)^T = A^T + B^T$.

在 Anaconda 内建的 Spyder 集成开发环境中输入代码 5.19.

代码 5.19 计算矩阵和的转置

```
1 import numpy as np                              # 导入 numpy, 记作 np
2 A=np.array ([[-1,1,3], [8, -3,6],[4,0,12]])     # 使用 array() 函数
3 B=np.array ([[4,-1,8], [0,5,6],[3,8,-1]])
4 (A+B).T                                         # 计算 (A+B)ᵀ
5 array([[ 3,  8,  7],                            # 输出结果
6        [ 0,  2,  8],
7        [11, 12, 11]])
8 A.T+B.T                                         # 计算 Aᵀ+Bᵀ
9 array([[ 3,  8,  7],                            # (A+B)ᵀ=Aᵀ+Bᵀ
10       [ 0,  2,  8],
11       [11, 12, 11]]),
```

【例 5.17】 已知矩阵 $A = \begin{pmatrix} 2 & 0 & -1 \\ 1 & 3 & 2 \end{pmatrix}$, $B = \begin{pmatrix} 1 & 7 & -1 \\ 4 & 2 & 3 \\ 2 & 0 & 1 \end{pmatrix}$, 计算 $(AB)^T$, $B^T A^T$.

在 Anaconda 内建的 Spyder 集成开发环境中输入代码 5.20.

代码 5.20 计算矩阵相乘的转置

```
1 import numpy as np                    # 导入 numpy, 记作 np
2 A=np.array ([[2,0,-1], [1,3,2]])      # 使用 array() 函数
3 B= np.array ([1,7,-1], [4,2,3],[2,0,1]])
4 np.dot(A,B).T                         # 计算 (AB)ᵀ
5 array([[ 0, 17],                      # 输出结果
6        [14, 13],
7        [-3, 10]])
8 np.dot(B.T,A.T)                       # 计算 BᵀAᵀ
9 array([[ 0, 17],                      # (AB)ᵀ=BᵀAᵀ
10       [14, 13],
11       [-3, 10]])
```

【例 5.18】 已知 $A = \begin{pmatrix} 1 & 2 & 2 \\ 5 & 4 & 3 \\ 9 & 7 & 8 \end{pmatrix}$，$B = \begin{pmatrix} 5 & 3 & 2 \\ 2 & 7 & 9 \\ 1 & 4 & 5 \end{pmatrix}$，计算 $\operatorname{tr}(A), \operatorname{tr}(A^{\mathrm{T}}), \operatorname{tr}(A+B), \operatorname{tr}(A) + \operatorname{tr}(B)$.

在 Anaconda 内建的 Spyder 集成开发环境中输入代码 5.21.

代码 5.21 计算矩阵的迹

```
1 import numpy as np                              # 导入 numpy,记作 np
2 A=np.mat([[1, 2, 2], [5, 4, 3], [9, 7, 8]])     # 使用 mat()函数
3 B=np.mat([[5, 3, 2], [2, 7, 9], [1, 4, 5]])
4 np.trace(A)                                      # 计算 tr(A)
5 13                                               # 输出结果
6 np.trace(A.T)                                    # 计算 tr(Aᵀ)
7 13                                               # tr(Aᵀ)=tr(A)
8 np.trace(A+B)                                    # 计算 tr(A+B)
9 30                                               # 输出结果
10 np.trace(A) + np.trace(B)                       # 计算 tr(A)+tr(B)
11 30                                              # tr(A+B)=tr(A)+tr(B)
```

【例 5.19】 已知 $A = \begin{pmatrix} 1 & 2 & 1 \\ 3 & 4 & 2 \\ 0 & 5 & 8 \end{pmatrix}$，$B = \begin{pmatrix} 4 & 3 & 1 \\ 5 & 8 & 2 \\ 1 & 5 & 4 \end{pmatrix}$，计算 A 与 B 的距离.

在 Anaconda 内建的 Spyder 集成开发环境中输入代码 5.22.

代码 5.22 计算矩阵的距离

```
1 import numpy as np                              # 导入 numpy,记作 np.
2 A=np.array([[1, 2, 1], [3, 4, 2], [0, 5, 8]])   # 使用 array()函数
3 B=np.array([[4, 3, 1], [5, 8, 2], [1, 5, 4]])
4 C=A-B                                            # 计算距离矩阵 C
5 C                                                # 输出 C
6 array([[-3, -1,  0],                             # 输出结果
7        [-2, -4,  0],
8        [-1,  0,  4]])
9 D=np.dot(C,C)                                    # 计算矩阵 C 的平方
10 E=np.trace(D)                                   # 计算矩阵 D 的迹
11 E                                               # 输出 E
12 45                                              # 输出结果
13 E**0.5                                          # 将 E 开方得到距离
14 6.708203932499369                               # 输出结果
```

习题 5-1

1. 已知矩阵 $A = \begin{pmatrix} 1 & 2 \\ 3 & 4 \end{pmatrix}$，$B = \begin{pmatrix} 5 & 6 \\ 7 & 8 \end{pmatrix}$，合成矩阵 $C = (A, B)$.

2. 计算下列矩阵乘积.

（1）$\begin{pmatrix} 4 & 3 & 1 \\ 1 & -2 & 3 \\ 5 & 7 & 0 \end{pmatrix} \begin{pmatrix} 7 \\ 2 \\ 1 \end{pmatrix}$；   （2）$(1 \quad 2 \quad 3) \begin{pmatrix} 3 \\ 2 \\ 1 \end{pmatrix}$；   （3）$\begin{pmatrix} 2 \\ 1 \\ 3 \end{pmatrix} (-1 \quad 2)$；

（4）$\begin{pmatrix} 2 & 1 & 4 & 0 \\ 1 & -1 & 3 & 4 \end{pmatrix} \begin{pmatrix} 1 & 3 & 1 \\ 0 & -1 & 2 \\ 1 & -3 & 1 \\ 4 & 0 & -2 \end{pmatrix}$.

3. 已知矩阵 $A = \begin{pmatrix} 1 & 2 & 3 \\ 2 & 2 & 5 \\ 3 & 5 & 1 \end{pmatrix}$，$B = \begin{pmatrix} 1 & -1 & -1 \\ 2 & -1 & -3 \\ 3 & 2 & -5 \end{pmatrix}$，计算：（1）$(A+B)(A+B)$；

（2）$A^2 - B^2$.

4. 已知矩阵 $A = \begin{pmatrix} 1 & 1 & 1 \\ 1 & 1 & -1 \\ 1 & -1 & 1 \end{pmatrix}$，$B = \begin{pmatrix} 1 & 2 & 3 \\ -1 & -2 & 4 \\ 0 & 5 & 1 \end{pmatrix}$，计算：（1）$3AB - 2A$；（2）$A^T B$.

5. 设矩阵 $A = \begin{pmatrix} 1 & 1 & 0 \\ 0 & 1 & 1 \\ 0 & 0 & 1 \end{pmatrix}$，求 A^8.

6. 设 $A = (1 \quad 2 \quad 3)$，$B = \begin{pmatrix} 1 & \dfrac{1}{2} & \dfrac{1}{3} \end{pmatrix}$，$C = A^T B$，求 C^5.

7. 已知矩阵 $A = \begin{pmatrix} -2 & 4 \\ 1 & -2 \end{pmatrix}$，$B = \begin{pmatrix} 2 & 4 \\ -3 & -6 \end{pmatrix}$，求 $(AB)^5$，$A^5 B^5$.

5.2 Python 行列式

5.2.1 Python 行列式的计算

由 n 阶方阵 A 的元素所构成的行列式（各元素的位置不变）称为 A 的行列式，记作 $|A|$ 或 $\det A$.

Python 中，linalg.det( ) 用来求矩阵的行列式值.

【例 5.20】 已知矩阵 $A = \begin{pmatrix} 1 & 2 \\ 1 & 3 \end{pmatrix}$，计算 $|A|$，$|A^T|$.

在 Anaconda 内建的 Spyder 集成开发环境中输入代码 5.23.

代码 5.23 计算矩阵的行列式

```
1 import numpy as np                          # 导入 numpy,记作 np
2 A=np.array ([[1, 2,], [1, 3]])              # 使用 array()函数
3 np.linalg.det(A)                            # 计算 |A|
4 1.0                                         # 输出结果
5 np.linalg.det(A.T)                          # 计算 |Aᵀ|,|A|=|Aᵀ|
6 1.0                                         # 输出结果
```

【例5.21】 证明 $\begin{vmatrix} 3 & 1 & -1 & 2 \\ -5 & 1 & 3 & -4 \\ 2 & 0 & 1 & -1 \\ 1 & -5 & 3 & -3 \end{vmatrix} = -\begin{vmatrix} 3 & 1 & -1 & 2 \\ 2 & 0 & 1 & -1 \\ -5 & 1 & 3 & -4 \\ 1 & -5 & 3 & -3 \end{vmatrix}$.

在 Anaconda 内建的 Spyder 集成开发环境中输入代码5.24.

代码5.24 行列式的性质

```
1 import numpy as np                                          # 导入 numpy,记作 np
2 A=np.mat ([[3,1,-1,2],[-5,1,3,-4],[2,0,1,-1],[1,-5,3,-3]])  # 使用 mat()函数
3 B=np.mat ([[3,1,-1,2], [2,0,1,-1], [-5,1,3,-4],[1,-5,3,-3]])
4 np.linalg.det(A)                                            # 计算 |A|
5 40.0                                                        # 输出结果
6 np.linalg.det(B)                                            # 计算 |B|
7 -40.0                                                       # 输出结果|A|=-|B|
```

【例5.22】 已知矩阵 $A = \begin{pmatrix} 1 & 2 & -1 \\ 3 & 4 & -2 \\ 5 & -4 & 1 \end{pmatrix}$, $B = \begin{pmatrix} 1 & 1 & -1 \\ 1 & 0 & -2 \\ 1 & -1 & 1 \end{pmatrix}$, 计算 $|AB|$, $|BA|$, $|A||B|$.

在 Anaconda 内建的 Spyder 集成开发环境中输入代码5.25.

代码5.25 计算矩阵乘积的行列式

```
1 import numpy as np                              # 导入 numpy,记作 np
2 A=np.mat ([[1,2,-1],[3,4,-2], [5, -4,1]])       # 使用 mat()函数
3 B=np.mat ([[1,1,-1],[1,0,-2], [1,-1,1]])
4 np.linalg.det(A* B)                             # 计算 |AB|
5 -7.99999999999995                               # 输出结果
6 np.linalg.det(B* A)                             # 计算 |BA|
7 -8.000000000000002                              # 输出结果
8 np.linalg.det(A)* np.linalg.det(B)              # 计算 |A||B|
9 -8.0                                            # 输出结果
```

【例 5.23】 已知矩阵 $A = \begin{pmatrix} 3 & 1 & 1 & 1 \\ 1 & 3 & 1 & 1 \\ 1 & 1 & 3 & 1 \\ 1 & 1 & 1 & 3 \end{pmatrix}$，验证行列式的性质 $|\lambda A| = \lambda^n |A|$.

在 Anaconda 内建的 Spyder 集成开发环境中输入代码 5.26.

代码 5.26　计算矩阵数乘的行列式

```
1 import numpy as np                                        # 导入 numpy,记作 np
2 A=np.mat ([[3,1,1,1],[1,3,1,1], [1, 1,3,1],[1,1,1,3]])    # 使用 array()函数
3 np. linalg. det(2* A)                                     # 计算|2A|
4 768.0000000000001
5 16* np. linalg. det(A)                                    # 计算 2⁴|A|
6 768.0000000000001                                         # |2A|=2⁴|A|
```

5.2.2　Python 克拉默法则

对于 n 元线性方程组 $\begin{cases} a_{11}x_1 + a_{12}x_2 + \cdots + a_{1n}x_n = b_1 \\ a_{21}x_1 + a_{22}x_2 + \cdots + a_{2n}x_n = b_2 \\ \qquad\qquad \vdots \\ a_{n1}x_1 + a_{n2}x_2 + \cdots + a_{nn}x_n = b_n \end{cases}$

如果 n 元线性方程组的系数行列式不等于零，即 $D \neq 0$，则有唯一解：$x_j = \dfrac{D_j}{D} (j = 1,$

$2, \cdots, n)$.

【例 5.24】 求解线性方程组 $\begin{cases} 3x_1 + 2x_2 \qquad\qquad = 1 \\ x_1 + 3x_2 + 2x_3 \qquad = 0 \\ \qquad x_2 + 3x_3 + 2x_4 = 0 \\ \qquad\qquad x_3 + 3x_4 = 0 \end{cases}$.

在 Anaconda 内建的 Spyder 集成开发环境中输入代码 5.27.

代码 5.27　求解线性方程组

```
1 import numpy as np                                   # 导入 numpy,记作 np
2 A=np.array([[3,2,0,0], [1,3,2,0], [0,1,3,2],[0,0,1,3]])
                                                       # 使用 array()函数
3 A                                                    # 系数矩阵
4 array([[3, 2, 0, 0],                                 # 输出 A
5        [1, 3, 2, 0],
6        [0, 1, 3, 2],
7        [0, 0, 1, 3]])
```

```
 8 b=np.array([1,0,0,0])                                    # 常数项 b
 9 b                                                        # 输出常数项 b
10 array([1, 0, 0, 0])                                      # 输出结果
11 D=np.linalg.det(A)                                       # 求 A 的行列式,不为零则存在唯
12                                                            一解
13 D                                                        # 输出 D
14 31.0                                                     # 确定方程组的解存在唯一性
15 A1=np.array([[1,2,0,0], [0,3,2,0], [0,1,3,2],[0,0,1,3]])
16                                                          # 为计算分向量 x1 准备矩阵
17 A2=np.array([[3,1,0,0], [1,0,2,0], [0,0,3,2],[0,0,1,3]])
18                                                          # 为计算分向量 x2 准备矩阵
19 A3=np.array([[3,2,1,0], [1,3,0,0], [0,1,0,2],[0,0,0,3]])
20                                                          # 为计算分向量 x3 准备矩阵
21 A4 = np.array([[3,2,0,1], [1,3,2,0], [0,1,3,0],[0,0,1,0]])
22                                                          # 为计算分向量 x4 准备矩阵
23 x1=np.linalg.det(A1) / D                                 # 计算分向量 x1
24 x2=np.linalg.det(A2) / D                                 # 计算分向量 x2
25 x3=np.linalg.det(A3) / D                                 # 计算分向量 x3
26 x4=np.linalg.det(A4) / D                                 # 计算分向量 x4
27 print(x1,x2,x3,x4)                                       # 输出解向量 x
28 0.4838709677419355 -0.22580645161290325 0.09677419354838711 -0.03225806451612903
29                                                          #输出结果
```

【例 5.25】 设曲线 $y=a_0+a_1x+a_2x^2+a_3x^3$ 通过 4 个点 （1，3），（2，4），（3，3），（4，-3），求系数 a_0，a_1，a_2，a_3.

解：把 4 个点的坐标代入曲线方程，得到以下线性方程组：

$$\begin{cases} a_0+a_1+a_2+a_3=3 \\ a_0+2a_1+4a_2+8a_3=4 \\ a_0+3a_1+9a_2+27a_3=3 \\ a_0+4a_1+16a_2+64a_3=-3 \end{cases}$$

在 Anaconda 内建的 Spyder 集成开发环境中输入代码 5.28.

代码 5.28 线性方程组的应用

```
1 import numpy as np                                        # 导入 numpy,记作 np
2 A=np.array([[1,1,1,1], [1,2,4,8], [1,3,9,27],[1,4,16,64]])
3                                                          # 使用 array()函数
4 A                                                        # 系数矩阵
5 array([[ 1,   1,   1,   1],                              # 输出 A
6       [ 1,   2,   4,   8],
7       [ 1,   3,   9,  27],
```

```
8        [ 1,  4, 16,  64]])
9 D=np.linalg.det(A)                              # 求 A 的行列式,不为零则存在唯一解
10 D                                              # 输出 D
11 12.0                                           # 确定方程组的解存在唯一性
12 b=np.array([3,4,3,-3])                         # 使用 array() 函数
13 b                                              # 常数项 b
14 array([ 3,  4,  3, -3])                        # 输出 b
15 A0=np.array([[3,1,1,1], [4,2,4,8], [3,3,9,27],[-3,4,16,64]])
16                                                # 为计算 a0 准备矩阵
17 A1=np.array([[1,3,1,1], [1,4,4,8], [1,3,9,27],[1,-3,16,64]])
18                                                # 为计算 a1 准备矩阵
19 A2=np.array([[1,1,3,1], [1,2,4,8], [1,3,3,27],[1,4,-3,64]])
20                                                # 为计算 a2 准备矩阵
21 A3=np.array([[1,1,1,3], [1,2,4,4], [1,3,9,3],[1,4,16,-3]])
22                                                # 为计算 a3 准备矩阵
23 a0=np.linalg.det(A0) / D                       # 计算 a0
24 a1=np.linalg.det(A1) / D                       # 计算 a1
25 a2=np.linalg.det(A2) / D                       # 计算 a2
26 a3=np.linalg.det(A3) / D                       # 计算 a3
27 print(a0,a1,a2,a3)                             # 输出解
28 3.000000000000002 -1.4999999999999998 2.0000000000000004 -0.5
29                                                # 输出结果
```

【例 5.26】 判断齐次线性方程组 $\begin{cases} x-y+z=0 \\ 3x+5y-z=0 \\ 5x+3y+z=0 \end{cases}$，解的情况.

在 Anaconda 内建的 Spyder 集成开发环境中输入代码 5.29.

代码 5.29 齐次线性方程组解的判定

```
1 import numpy as np                              # 导入 numpy,记作 np
2 A=np.array([[1,-1,1], [3,5,-1], [5,3,1]])       # 使用 array() 函数
3 A                                               # 系数矩阵
4 array([[ 1, -1,  1],                            # 输出 A
5        [ 3,  5, -1],
6        [ 5,  3,  1]])
7 D=np.linalg.det(A)                              # 求 A 的行列式
8 0.0                                             # 有非零解
9 print ("方程组有非零解")                          # 输出判断结果
10 方程组有非零解                                   # 输出结果
```

5.2.3 Python 伴随矩阵及逆矩阵

Python 中，linalg.inv( ) 用来求矩阵的逆矩阵.

【例 5.27】 已知矩阵 $A = \begin{pmatrix} 1 & -2 & 1 \\ 0 & 2 & -1 \\ 1 & 1 & -2 \end{pmatrix}$，求 $A^{-1}, (A^{-1})^{-1}, A^*$.

在 Anaconda 内建的 Spyder 集成开发环境中输入代码 5.30.

代码 5.30　计算逆矩阵和伴随矩阵

```
1 import numpy as np                                        # 导入 numpy,记作 np
2 A = np.array([[1, -2, 1], [0, 2, -1], [1, 1, -2]])        # 使用 array() 函数
3 A_det = np.linalg.det(A)                                  # 求 A 的行列式,不为零则存在逆矩阵
4 A_det                                                     # 输出 A 的行列式|A|
5 -3.0000000000000004                                       # 输出结果
6 A_inverse = np.linalg.inv(A)                              # 求 A 的逆矩阵 A⁻¹
7 A_inverse                                                 # 输出 A 的逆矩阵 A⁻¹
8 array([[ 1.        ,  1.        ,  0.        ],            # 输出结果
9        [ 0.33333333,  1.        , -0.33333333],
10       [ 0.66666667,  1.        , -0.66666667]])
11 np.linalg.inv (A_inverse)                                # 计算 (A⁻¹)⁻¹
12 array([[ 1., -2.,  1.],                                  # (A⁻¹)⁻¹ = A
13        [ 0.,  2., -1.],
14        [ 1.,  1., -2.]])
15 np.dot(A, A_inverse)                                     # 计算 AA⁻¹
16 array([[1., 0., 0.],                                     # AA⁻¹ = E
17        [0., 1., 0.],
18        [0., 0., 1.]])
19 A_companion = A_inverse * A_det                          # 求 A 的伴随矩阵
20 A_companion                                              # 输出 A 的伴随矩阵
21 array([[-3., -3., -0.],                                  # 输出结果
22        [-1., -3.,  1.],
23        [-2., -3.,  2.]])
```

【例 5.28】 已知矩阵 $A = \begin{pmatrix} 1 & 2 & 1 & 0 \\ 0 & 1 & 0 & 1 \\ 0 & 0 & 2 & 1 \\ 0 & 0 & 0 & 3 \end{pmatrix}$，$B = \begin{pmatrix} 1 & 0 & 3 & 1 \\ 0 & 1 & 2 & -1 \\ 0 & 0 & -2 & 3 \\ 0 & 0 & 0 & -3 \end{pmatrix}$，验证 $(AB)^{-1} = B^{-1}A^{-1}$.

在 Anaconda 内建的 Spyder 集成开发环境中输入代码 5.31.

代码 5.31　矩阵相乘的逆矩阵

```
1 import numpy as np                                    # 导入 numpy,记作 np
2 A = np.array([[1,2,1,0], [0, 1, 0,1], [0, 0, 2,1],[0,0,0,3]])
3                                                        # 使用 array() 函数
4 B = np.array([[1,0,3,1], [0, 1, 2,-1], [0, 0, -2,3],[0,0,0,-3]])
5 AB=np.dot(A,B)                                         # 求 AB
6 np.linalg.inv(AB)                                      # 计算 (AB)⁻¹
7 array([[ 1.       , -2.      , 0.25     , 1.19444444],# 输出结果
8        [ 0.       , 1.       , 0.5      , -0.27777778],
9        [-0.       , -0.      , -0.25    , -0.08333333],
10       [-0.       , -0.      , -0.      , -0.11111111]])
11 inverseA=np.linalg.inv(A)                             # 求 A 的逆矩阵
12 inverseB=np.linalg.inv(B)                             # 求 B 的逆矩阵
13 np.dot(inverseB, inverseA)                            # 计算 B⁻¹A⁻¹
14 array([[ 1.      , -2.      , 0.25    , 1.19444444],
15                                                       # 输出结果,(AB)⁻¹=B⁻¹A⁻¹
16        [ 0.      , 1.       , 0.5     , -0.27777778],
17        [ -0.     , -0.      , -0.25   , -0.08333333],
18        [ -0.     , -0.      , -0.      , -0.11111111]])
```

【例 5.29】 已知矩阵 $A = \begin{pmatrix} 4 & 3 & 2 \\ 3 & 2 & 1 \\ 2 & 1 & 2 \end{pmatrix}$,验证 $|A^*| = |A|^{n-1}(n \geqslant 2)$.

在 Anaconda 内建的 Spyder 集成开发环境中输入代码 5.32.

代码 5.32 伴随矩阵的行列式

```
1 import numpy as np                          # 导入 numpy,记作 np
2 A = np.array([[4, 3, 2], [3, 2, 1], [2, 1, 2]]) # 使用 array() 函数
3 detA=np.linalg.det(A)                       # 求 A 的行列式,不为零则存在逆矩阵
4 detA* detA                                  # 计算 |A|³⁻¹ = |A|² (n=3)
5 4.0                                         # 输出结果
6 inverseA=np.linalg.inv(A)                   # 求 A 的逆矩阵
7 inverseA                                    # 输出 A 的逆矩阵
8 array([[-1.5,  2.,   0.5],                  # 输出结果
9        [ 2.,  -2.,  -1.],
10       [ 0.5, -1.,   0.5]])
11 companionA=inverseA * detA                 # 求 A 的伴随矩阵
12 np.linalg.det(companionA)                  # 计算 |A*|
13 4.0                                        # |A*|=|A|³⁻¹
```

习题 5-2

1. 计算下列行列式：

$(1)\begin{vmatrix} 4 & 1 & 2 & 4 \\ 1 & 2 & 0 & 2 \\ 10 & 5 & 2 & 0 \\ 0 & 1 & 1 & 7 \end{vmatrix}$；
$(2)\begin{vmatrix} 2 & 1 & 4 & 1 \\ 3 & -1 & 2 & 1 \\ 1 & 2 & 3 & 2 \\ 5 & 0 & 6 & 2 \end{vmatrix}$.

2. 证明 $\begin{vmatrix} 2 & 8 & 2 & 3 \\ 2 & 5 & 4 & 9 \\ 1+1 & 2+4 & 3+3 & 3+4 \\ 2 & 9 & 8 & 6 \end{vmatrix} = \begin{vmatrix} 2 & 8 & 2 & 3 \\ 2 & 5 & 4 & 9 \\ 1 & 2 & 3 & 3 \\ 2 & 9 & 8 & 6 \end{vmatrix} + \begin{vmatrix} 2 & 8 & 2 & 3 \\ 2 & 5 & 4 & 9 \\ 1 & 4 & 3 & 4 \\ 2 & 9 & 8 & 6 \end{vmatrix}$.

3. 已知 $A = \begin{pmatrix} 1 & 1 & 2 \\ 1 & 0 & 4 \\ 2 & 4 & 1 \end{pmatrix}$, $B = \begin{pmatrix} 1 & 1 & 0 \\ 1 & 2 & 0 \\ 0 & 0 & 3 \end{pmatrix}$, 求 $|A|+|B|$ 和 $|A+B|$.

4. 设 $A = \begin{pmatrix} 3 & 4 & 0 & 0 \\ 4 & -3 & 0 & 0 \\ 0 & 0 & 2 & 0 \\ 0 & 0 & 2 & 2 \end{pmatrix}$, 求 $|A^8|$ 及 A^4.

5. 设 $A = \begin{pmatrix} 1 & 1 & 0 \\ 0 & 2 & 0 \\ 1 & 1 & -1 \end{pmatrix}$, $B = \begin{pmatrix} 2 & -4 & 1 \\ 1 & -5 & 0 \\ 0 & -1 & -1 \end{pmatrix}$, 求 $|2(AB)^5|$.

6. 用克拉默法则解下列方程组：

$(1)\begin{cases} x_1+x_2+x_3+x_4=5 \\ x_1+2x_2-x_3+4x_4=-2 \\ 2x_1-3x_2-x_3-5x_4=-2 \\ 3x_1+x_2+2x_3+11x_4=0 \end{cases}$；
$(2)\begin{cases} 5x_1+6x_2 & =1 \\ x_1+5x_2+6x_3 & =0 \\ x_2+5x_3+6x_4 & =0. \\ x_3+5x_4+6x_5 & =0 \\ x_4+5x_5 & =1 \end{cases}$

7. 判断齐次线性方程组 $\begin{cases} x_1-2x_2+4x_3=0 \\ 2x_1+3x_2+x_3=0 \\ x_1+x_2+x_3=0 \end{cases}$ 解的情况.

8. 求下列矩阵的逆矩阵：

$(1)\begin{pmatrix} 1 & 2 \\ 2 & 5 \end{pmatrix}$；
$(2)\begin{pmatrix} 1 & 2 & -1 \\ 3 & 4 & -2 \\ 5 & -4 & 1 \end{pmatrix}$.

9. 已知矩阵 $A = \begin{pmatrix} 1 & 0 & 1 \\ 2 & 1 & 0 \\ -3 & 2 & -5 \end{pmatrix}$, 求 $(E-A)^{-1}$.

10. 已知矩阵 $A = \begin{pmatrix} 1 & 0 & 0 \\ 2 & -\dfrac{1}{3} & 0 \\ 0 & -2 & 1 \end{pmatrix}$，求矩阵 $B = (A+E)^{-1}(A-E)$.

11. 已知矩阵 $A = \begin{pmatrix} 4 & 3 & 2 \\ 3 & 2 & 1 \\ 2 & 1 & 1 \end{pmatrix}$，验证 $(A^*)^{-1} = (A^{-1})^*$.

12. 已知 $AP = PB$，其中 $B = \begin{pmatrix} 1 & 0 & 0 \\ 0 & 0 & 0 \\ 0 & 0 & -1 \end{pmatrix}$，$P = \begin{pmatrix} 1 & 0 & 0 \\ 2 & -1 & 0 \\ 2 & 1 & 1 \end{pmatrix}$，求矩阵 A 及 A^5.

5.3　Python 求解线性方程组

5.3.1　Python 矩阵的秩

在 Python 中，用 np.linalg.matrix_rank() 求矩阵的秩.

【例 5.30】　计算矩阵 $A = \begin{pmatrix} 1 & 2 & -1 \\ 3 & 4 & -2 \\ 5 & -4 & 1 \end{pmatrix}$ 的秩.

在 Anaconda 内建的 Spyder 集成开发环境中输入代码 5.33.

代码 5.33　计算矩阵的秩

```
1 import numpy as np                              # 导入 numpy,记作 np
2 A = np.array([[1,2,-1], [3, 4, -2], [5, -4, 1]])  # 使用 array()函数
3 A                                               # 输出 A
4 array([[ 1,  2, -1],                            # 输出结果
5        [ 3,  4, -2],
6        [ 5, -4,  1]])
7 np.linalg.matrix_rank(A)                        # 求 A 的秩
8 3                                               # 输出 A 的秩为 3
```

【例 5.31】　已知矩阵 $A = \begin{pmatrix} 3 & 2 & 0 & 5 & 0 \\ 3 & -2 & 3 & 6 & -1 \\ 2 & 0 & 1 & 5 & -3 \\ 1 & 6 & -4 & -1 & 4 \end{pmatrix}$，验证 $r(A) = r(A^{\mathrm{T}})$.

在 Anaconda 内建的 Spyder 集成开发环境中输入代码 5.34.

代码 5.34　计算矩阵转置的秩

```
1 import numpy as np                              # 导入 numpy,记作 np
2 A = np.array([[3,2,0,5,0], [3, -2,3,6,-1], [2, 0, 1,5,-3],[1,6,-4,-1,4]])
```

```
3 A                                              # 输出 A
4 array([[ 3,  2,  0,  5,  0],                   # 输出结果
5        [ 3, -2,  3,  6, -1],
6        [ 2,  0,  1,  5, -3],
7        [ 1,  6, -4, -1,  4]])
8 np.linalg.matrix_rank(A)                       # 求 A 的秩
9 3                                              # 输出 A 的秩为 3
10 np.linalg.matrix_rank(A.T)                    # 求 A 的转置的秩
11 3                                             # r(A)=r(A^T)
```

【例 5.32】 已知矩阵 $A = \begin{pmatrix} 1 & -2 & 2 & -1 \\ 2 & -4 & 8 & 0 \\ -2 & 4 & -2 & 3 \\ 3 & -6 & 0 & -6 \end{pmatrix}$, $b = \begin{pmatrix} 1 \\ 2 \\ 3 \\ 4 \end{pmatrix}$, 求矩阵 A 及矩阵 $B=(A,b)$

的秩.

在 Anaconda 内建的 Spyder 集成开发环境中输入代码 5.35.

代码 5.35　合成矩阵的秩

```
1 import numpy as np                                  # 导入 numpy,记作 np
2 A = np.array([[1,-2,2,-1],[2,-4,8,0],[-2,4, -2, 3],[3,-6,0,-6]])
3                                                     # 使用 array()函数
4 b = np.array([1,2,3,4])
5 A                                                   # 输出 A
6 array([[ 1, -2,  2, -1],                            # 输出结果
7        [ 2, -4,  8,  0],
8        [-2,  4, -2,  3],
9        [ 3, -6,  0, -6]])
10 b=np.array([1,2,3,4]).reshape(-1,1)                # 把 b 变换成 4×1 矩阵
11 b                                                  # 输出 b
12 array([[1],                                        # 输出结果
13        [2],
14        [3],
15        [4]])
16 np.linalg.matrix_rank(A)                           # 求 A 的秩
17 2                                                  # 输出 A 的秩为 2
18 B=np.bmat("A b")                                   # 创建矩阵 B
19 B                                                  # 输出矩阵 B
20 matrix([[ 1, -2,  2, -1,  1],                      # 输出结果
21        [ 2, -4,  8,  0,  2],
```

```
22          [-2,  4,  -2,   3,   3],
23          [ 3, -6,   0,  -6,   4]])
24 np.linalg.matrix_rank( B )                    # 求 B 的秩
25 3                                             # 输出 B 的秩为 3
```

5.3.2 Python 线性方程组的解

在 Python 中，求解参数矩阵 X 有两种方式：

1）直接使用 NumPy 的 solve( ) 函数求解.

2）如果矩阵可逆，则可利用逆矩阵求 X.

① $AX = B$，若 A 可逆，则 $X = A^{-1}B$；

② $XA = B$，若 A 可逆，则 $X = BA^{-1}$；

③ $AXB = C$，若 A、B 均可逆，则 $X = A^{-1}CB^{-1}$.

【例 5.33】 求解线性方程组 $\begin{cases} x_1 + 2x_2 + x_3 = 7 \\ 2x_1 - x_2 + 3x_3 = 7 \\ 3x_1 + x_2 + 2x_3 = 18 \end{cases}$.

解： 方程组写成矩阵方程的形式为 $AX = B$.

其中，$A = \begin{pmatrix} 1 & 2 & 1 \\ 2 & -1 & 3 \\ 3 & 1 & 2 \end{pmatrix}$，$X = \begin{pmatrix} x_1 \\ x_2 \\ x_3 \end{pmatrix}$，$B = \begin{pmatrix} 7 \\ 7 \\ 18 \end{pmatrix}$.

在 Anaconda 内建的 Spyder 集成开发环境中输入代码 5.36.

代码 5.36 求解非齐次线性方程组

```
1 import numpy as np                         # 导入 numpy,记作 np
2 A = np.array([[1,2,1],[2,-1,3],[3,1,2]])   # 使用 array()函数
3 A                                          # 系数矩阵
4 array([[ 1,  2,  1],                       # 输出 A
5        [ 2, -1,  3],
6        [ 3,  1,  2]])
7 np.linalg.matrix_rank(A)                   # 求 A 的秩
8 3                                          # 确定方程组的解存在唯一性
9 B=np.array([7,7,18 ])                       # 使用 array()函数
10 B                                         # 常数项 B
11 array([ 7,  7, 18])                       # 输出 B
12 X= np.linalg.solve(A, B)                  # 求方程组的解
13 X                                         # 输出 X
14 array([ 7.,  1., -2.])                    # 方程组的解
15 np.dot(A, X)                              # 检验正确性,结果应为 B
```

```
16 array([ 7.,   7., 18.])                    # 验证了 AX=B 的正确性
17 np.allclose(np.dot(A, X), B)               # 也可以用 np.allclose(A,B)检
18                                               测两个矩阵是否相同
19 True                                       # 验证了 AX=B 的正确性
```

【例 5.34】 求解矩阵方程 $X\begin{pmatrix} 2 & 1 & -1 \\ 2 & 1 & 0 \\ 1 & -1 & 1 \end{pmatrix} = \begin{pmatrix} 1 & -1 & 3 \\ 4 & 3 & 2 \end{pmatrix}$.

在 Anaconda 内建的 Spyder 集成开发环境中输入代码 5.37.

代码 5.37　求解矩阵方程

```
1 import numpy as np                          # 导入 numpy,记作 np
2 A=np.array([[2,1,-1], [2,1,0], [1,-1,1]])   # 使用 array()函数
3 B=np.array([[1,-1,3], [4,3,2]])
4 detA=np.linalg.det(A)                       # 求 A 的行列式,不为零则可逆
5 detA                                        # 输出 |A|
6 2.9999999999999996                          # 输出结果
7 inverseA=np.linalg.inv(A)                   # 利用矩阵相乘求解
8 X=np.dot(B, inverseA)                       # 求解 X
9 X                                           # 输出 X
10 array([[-2.         , 2.        , 1.          ],   # 输出结果
11         [-2.66666667, 5.        , -0.66666667]])
```

【例 5.35】 求解矩阵方程 $\begin{pmatrix} 1 & 4 \\ -1 & 2 \end{pmatrix} X \begin{pmatrix} 2 & 0 \\ -1 & 1 \end{pmatrix} = \begin{pmatrix} 3 & 1 \\ 0 & -1 \end{pmatrix}$.

在 Anaconda 内建的 Spyder 集成开发环境中输入代码 5.38.

代码 5.38　求解矩阵方程

```
1 import numpy as np                          # 导入 numpy,记作 np
2 A=np.matrix([[1,4], [-1,2]])                # 使用 matrix()函数
3 B=np.matrix ([[2,0], [-1,1]])
4 C=np.matrix ([[3,1], [0,-1]])
5 np.linalg.matrix_rank(A)                    # 求 A 的秩
6 2                                           # A 的秩为 2,可逆
7 np.linalg.matrix_rank(B)                    # 求 B 的秩
8 2                                           # B 的秩为 2,可逆
9 inverseA=np.linalg.inv(A)                   # 利用可逆矩阵求解
10 inverseB=np.linalg.inv(B)
11 X=np.dot(inverseA ,C, inverseB)            # AXB=C 与 X=A⁻¹CB⁻¹ 等价
12 X                                          # 输出 X
```

```
13 matrix([[1., 1.,                          # 输出结果
14         [0.5, 0.]])
15 X= np.linalg.solve(A, C* inverseB)        # AXB=C 转换为 AX=CB⁻¹ 后求解
16 X                                          # 输出 X
17 matrix([[1., 1.,                          # 输出结果
18         [0.5, 0.]])
```

【例 5.36】 设矩阵 $A = \begin{pmatrix} 2 & 0 & 0 \\ 1 & 2 & 0 \\ 1 & 1 & 2 \end{pmatrix}$ 满足 $AB = A + B$，求矩阵 B.

解： 矩阵方程 $AB = A + B$ 移项并整理后为 $(A - E)B = A$.

在 Anaconda 内建的 Spyder 集成开发环境中输入代码 5.39.

代码 5.39 求解隐式矩阵方程

```
1 import numpy as np                          # 导入 numpy,记作 np
2 A=np.matrix([[2,0,0],[1,2,0],[1,1,2]])      # 使用 matrix() 函数
3 C=A- np.eye(3)                              # 求矩阵方程的系数矩阵
4 np.linalg.matrix_rank(C)                    # 求矩阵方程系数矩阵的秩
5 3                                           # 矩阵方程的解存在唯一性
6 B= np.linalg.solve(C, A)                    # 求矩阵 B
7 B                                           # 输出 B
8 matrix([[ 2.,   0.,   0.],                  # 输出结果
9         [-1.,   2.,   0.],
10        [ 0.,  -1.,   2.]])
```

习题 5-3

1. 求下列矩阵的秩：

(1) $\begin{pmatrix} 1 & 2 & 3 \\ 2 & 3 & -5 \\ 4 & 7 & 1 \end{pmatrix}$ ； (2) $\begin{pmatrix} 2 & -1 & 0 & 3 & -2 \\ 0 & 3 & 1 & -2 & 5 \\ 0 & 0 & 0 & 4 & -3 \\ 0 & 0 & 0 & 0 & 0 \end{pmatrix}$.

2. 已知矩阵 $A = \begin{pmatrix} 2 & 3 & 1 & -3 \\ 1 & 2 & 0 & -2 \\ 3 & -2 & 8 & 3 \\ 2 & -3 & 7 & 4 \end{pmatrix}$ ，$b = \begin{pmatrix} -7 \\ -4 \\ 0 \\ 3 \end{pmatrix}$ ，求矩阵 A 及矩阵 $B = (A, b)$ 的秩.

3. 已知矩阵 $A = \begin{pmatrix} 3 & 2 & 1 \\ 3 & 1 & 5 \\ 3 & 2 & 3 \end{pmatrix}$ ，$B = \begin{pmatrix} 1 & -1 & 1 \\ 3 & 5 & -1 \\ 5 & 3 & 1 \end{pmatrix}$ ，计算 $r(A), r(B), r(AB)$.

4. 求解下列线性方程组：

$$(1)\begin{cases} x_1+2x_2+3x_3=1 \\ 2x_1+2x_2+5x_3=2 \\ 3x_1+5x_2+x_3=3 \end{cases}; \quad (2)\begin{cases} x_1-x_2-x_3=2 \\ 2x_1-x_2-3x_3=1 \\ 3x_1+2x_2-5x_3=0 \end{cases}.$$

5. 设 $A=\begin{pmatrix} 4 & 1 & -2 \\ 2 & 2 & 1 \\ 3 & 1 & -1 \end{pmatrix}$, $B=\begin{pmatrix} 1 & -3 \\ 2 & 2 \\ 3 & -1 \end{pmatrix}$，求 X，使 $AX=B$.

6. 设 $A=\begin{pmatrix} 0 & 2 & 1 \\ 2 & -1 & 3 \\ -3 & 3 & -4 \end{pmatrix}$, $B=\begin{pmatrix} 1 & 2 & 3 \\ 2 & -3 & 1 \end{pmatrix}$，求 X，使 $XA=B$.

7. 求解矩阵方程 $\begin{pmatrix} 0 & 1 & 0 \\ 1 & 0 & 0 \\ 0 & 0 & 1 \end{pmatrix}X\begin{pmatrix} 1 & 0 & 0 \\ 0 & 0 & 1 \\ 0 & 1 & 0 \end{pmatrix}=\begin{pmatrix} 1 & -4 & 3 \\ 2 & 0 & -1 \\ 1 & -2 & 0 \end{pmatrix}$.

8. 设 $A=\begin{pmatrix} 1 & -1 & 0 \\ 0 & 1 & -1 \\ -1 & 0 & 1 \end{pmatrix}$, $AX=2X+A$，求 X.

5.4 Python 二次型

5.4.1 Python 矩阵的特征值和特征向量

在 Python 中，用 a,b = np.linalg.eig( ) 来求矩阵的特征值和特征向量. 其中，a 是特征值，b 是特征向量.

【例 5.37】 计算矩阵 $A=\begin{pmatrix} 3 & -1 \\ -1 & 3 \end{pmatrix}$ 的特征值和特征向量.

在 Anaconda 内建的 Spyder 集成开发环境中输入代码 5.40.

代码 5.40 求解特征值和特征向量

```
1 import numpy as np                      # 导入 numpy, 记作 np
2 A = np.array([[3,-1], [-1,3]])          # 使用 array() 函数
3 A                                       # 输出 A
4 array([[ 3, -1],                        # 输出结果
5        [-1, 3]])
6 a,b = np.linalg.eig(A)                  # 特征值保存在 a 中, 特征向量保存在 b 中
7 a                                       # 输出特征值 a
8 array([4., 2.])                         # 特征值为 4,2
9 b                                       # 输出特征向量 b
10 array([[ 0.70710678,  0.70710678],     # 输出结果
11        [-0.70710678,  0.70710678]])
```

【例 5.38】 已知矩阵 $A = \begin{pmatrix} 1 & 1 & 1 \\ 1 & 2 & 4 \\ 1 & 3 & 9 \end{pmatrix}$，验证 A 和 A^{T} 的特征值相同.

在 Anaconda 内建的 Spyder 集成开发环境中输入代码 5.41.

代码 5.41 求解矩阵转置的特征值和特征向量

```
1 import numpy as np                              # 导入 numpy,记作 np
2 A=np.matrix([[1,1,1],[1,2,4],[1,3,9]])          # 使用 matrix() 函数
3 A                                               # 输出 A
4 matrix([[1, 1, 1],                              # 输出结果
5         [1, 2, 4],
6         [1, 3, 9]])
7 a,b = np.linalg.eig(A)                          # A 的特征值保存在 a 中,特征向量保
8                                                 #   存在 b 中
9 print('A 的特征值:',a)                            # 输出 A 的特征值 a
10 A 的特征值:[10.60311024  1.24543789  0.15145187] # 输出结果
11 c,d = np.linalg.eig(A.T)                        # 求 A^T 的特征值和特征向量
12 print('A 的转置的特征值:',c)                       # 输出 A^T 的特征值 c
13 A 的转置的特征值:[10.60311024  1.24543789  0.15145187]
14                                                # A^T 的特征值和 A 的特征值相同
```

【例 5.39】 已知矩阵 $A = \begin{pmatrix} 1 & 0 & 0 & 0 \\ 1 & 2 & 0 & 0 \\ 2 & 1 & 3 & 0 \\ 1 & 2 & 1 & 4 \end{pmatrix}$，求 A、A^2 的特征值和特征向量.

在 Anaconda 内建的 Spyder 集成开发环境中输入代码 5.42.

代码 5.42 求解矩阵平方的特征值和特征向量

```
1 import numpy as np                              # 导入 numpy,记作 np
2 A=np.matrix([[1,0,0,0],[1,2,0,0],[2,1,3,0],[1,2,1,4]])
3                                                 # 使用 matrix() 函数
4 A                                               # 输出 A
5 matrix([[1, 0, 0, 0],                           # 输出结果
6         [1, 2, 0, 0],
7         [2, 1, 3, 0],
8         [1, 2, 1, 4]])
9 a,b = np.linalg.eig(A)                          # 特征值保存在 a 中,特征向量保存在 b 中
10 a                                              # 输出特征值 a
11 array([4., 3., 2., 1.])                        # 特征值为 4,3,2,1
12 b                                              # 输出特征向量 b
```

```
13 matrix([[ 0.        ,  0.        ,  0.        ,  0.63245553],
14                                                #输出结果
15          [ 0.        ,  0.        ,  0.66666667, -0.63245553],
16          [ 0.        ,  0.70710678, -0.66666667, -0.31622777],
17          [ 1.        , -0.70710678, -0.33333333,  0.31622777]])
18 c,d = np.linalg.eig(A* A)                      # A² 的特征值保存在 c 中,特征向量保存
19                                                   在 d 中
20 c                                              # 输出 A² 的特征值 c
21 array([16.,  9.,  4.,  1.])                    # A² 的特征值为 4²,3²,2²,1²
22 d                                              # 输出 A² 的特征向量 d
23 matrix([[ 0.        ,  0.        ,  0.        ,  0.63245553],
24                                                # A² 的特征向量和 A 的特征向量相同
25          [ 0.        ,  0.        ,  0.66666667, -0.63245553],
26          [ 0.        ,  0.70710678, -0.66666667, -0.31622777],
27          [ 1.        , -0.70710678, -0.33333333,  0.31622777]])
```

5.4.2　Python 二次型正定性

【例 5.40】　判定矩阵 $A = \begin{pmatrix} 2 & 0 & 1 \\ 3 & 1 & 3 \\ 4 & 0 & 5 \end{pmatrix}$ 的正定性.

在 Anaconda 内建的 Spyder 集成开发环境中输入代码 5.43.

代码 5.43　矩阵正定性的判定

```
1 import numpy as np                     # 导入 numpy,记作 np
2 A=np.matrix([[2,0,1],[3,1,3],[4,0,5]]) # 使用 matrix()函数
3 A                                       # 输出 A
4 matrix([[2, 0, 1],                      # 输出结果
5          [3, 1, 3],
6          [4, 0, 5]])
7 a,b = np.linalg.eig(A)                  # 特征值保存在 a 中,特征向量保存在 b 中
8 a                                       # 输出特征值 a
9 array([1., 1., 6.])                     # 特征值全部为正值,矩阵正定
```

【例 5.41】　判定二次型 $f = -5x^2 - 6y^2 - 4z^2 + 4xy + 4xz$ 的正定性.

解：f 的矩阵为 $A = \begin{pmatrix} -5 & 2 & 2 \\ 2 & -6 & 0 \\ 2 & 0 & -4 \end{pmatrix}$.

在 Anaconda 内建的 Spyder 集成开发环境中输入代码 5.44.

代码 5.44　二次型正定性的判定

```
1 import numpy as np                              # 导入 numpy,记作 np
2 A=np.matrix([[-5,2,2],[2,-6,0],[2,0,-4]])       # 使用 matrix()函数
3 A                                               # 输出 A
4 matrix([[-5,  2,  2],                           # 输出结果
5         [ 2, -6,  0],
6         [ 2,  0, -4]])
7 a,b = np.linalg.eig(A)                          # 特征值保存在 a 中,特征向量保存在 b 中
8 a                                               # 输出特征值 a
9 array([-2., -8., -5.])                          # 特征值为-2,-8,-5
10 M11=A[0,0]                                      # 计算 1 阶主子式
11 M11                                            # 输出 1 阶主子式
12 -5                                             # 1 阶主子式<0
13 M22=np.linalg.det(A[0:2,0:2])                  # 计算 2 阶主子式
14 M22                                            # 输出 2 阶主子式
15 25.99999999999999                              # 2 阶主子式>0
16 M33=np.linalg.det(A)                           # 计算 3 阶主子式
17 M33                                            # 输出 3 阶主子式
18 -79.99999999999997                             # 3 阶主子式<0
19                                                # 奇数阶主子式为负,偶数阶主子式为正,
20                                                  二次型为负定
```

习题 5-4

1. 求下列矩阵的特征值和特征向量:

$$（1）\begin{pmatrix} 2 & -1 & 2 \\ 5 & -3 & 3 \\ -1 & 0 & -2 \end{pmatrix}；（2）\begin{pmatrix} 1 & 2 & 3 \\ 2 & 1 & 3 \\ 3 & 3 & 6 \end{pmatrix}；（3）\begin{pmatrix} 1 & 0 & 0 & 1 \\ 0 & 0 & 1 & 0 \\ 0 & 1 & 0 & 0 \\ 1 & 0 & 0 & 0 \end{pmatrix}.$$

2. 已知矩阵 $A=\begin{pmatrix} 0 & 1 & 1 & -1 \\ 1 & 0 & -1 & 1 \\ 1 & -1 & 0 & 1 \\ -1 & 1 & 1 & 0 \end{pmatrix}$,求 A、A^{-1} 的特征值和特征向量.

3. 已知 $A=\begin{pmatrix} 6 & 0 & 2 \\ 0 & -2 & 0 \\ 2 & 0 & 6 \end{pmatrix}$,求 A、A^{*} 的特征值和特征向量.

4. 已知矩阵 $A=\begin{pmatrix} -1 & 1 & 0 \\ -4 & 3 & 0 \\ 1 & 0 & 2 \end{pmatrix}$,$B=\begin{pmatrix} -2 & 1 & 1 \\ 0 & 2 & 0 \\ -4 & 1 & 3 \end{pmatrix}$,证明 AB 的非零特征值也是 BA 的特征值.

5. 判定下列矩阵的正定性:

（1）$\begin{pmatrix} 2 & 0 & 1 \\ 0 & 3 & 0 \\ 1 & 0 & 1 \end{pmatrix}$ ；（2）$\begin{pmatrix} 2 & 1 & 1 \\ 1 & 3 & 2 \\ 1 & 2 & 2 \end{pmatrix}$ ；（3）$\begin{pmatrix} 1 & 1 & 1 \\ 1 & 3 & 1 \\ 1 & 1 & 4 \end{pmatrix}$ ；（4）$\begin{pmatrix} -1 & -1 & -1 \\ -1 & -4 & -1 \\ -1 & -1 & -2 \end{pmatrix}$.

6. 判定下列二次型的正定性:

（1）$f = -2x_1^2 - 6x_2^2 - 4x_3^2 + 2x_1x_2 + 2x_1x_3$ ；

（2）$f = x_1^2 + 3x_2^2 + 9x_3^2 + 19x_4^2 - 2x_1x_2 + 4x_1x_3 + 2x_1x_4 - 6x_2x_4 - 12x_3x_4$.

5.5 本章小结

本章分 4 节介绍了 Python 在线性代数中的应用. 5.1 节介绍了 Python 矩阵及其运算，具体包含矩阵的创建，矩阵的加减法、矩阵的数乘、矩阵的乘法、矩阵的迹、矩阵的距离等运算. 5.2 节介绍了 Python 行列式，具体包含行列式的计算，利用克拉默法则求解线性方程组，矩阵的伴随矩阵及逆矩阵. 5.3 节介绍了 Python 求解线性方程组，具体包含求解 Python 矩阵的秩、求解线性方程组的解. 5.4 节介绍了 Python 二次型，具体包含矩阵的特征值和特征向量的求法、二次型正定性的判定.

总习题 5

1. 设矩阵 $A = \begin{pmatrix} 1 & -3 & 2 \\ -2 & 1 & -1 \\ 1 & 2 & -1 \end{pmatrix}$，$B = \begin{pmatrix} 2 & 5 & 4 \\ 4 & -2 & 2 \\ 1 & 4 & 1 \end{pmatrix}$，计算 $(2A-B)(2A+B)$.

2. 设矩阵 $A = \begin{pmatrix} -1 & 3 & 0 \\ 0 & 4 & 2 \end{pmatrix}$，$B = \begin{pmatrix} 4 & 1 \\ 2 & 5 \\ 3 & 4 \end{pmatrix}$，$C = \begin{pmatrix} 2 & -1 \\ 4 & 2 \end{pmatrix}$，求 $(ABC)^T$.

3. 用克拉默法则解下列方程组:

（1）$\begin{cases} x_1 + x_2 + x_3 = 6 \\ x_1 - 2x_2 + 3x_3 = 6 \\ x_1 + 2x_2 - 3x_3 = -4 \end{cases}$ ；（2）$\begin{cases} 2x_1 + x_2 - 5x_3 + x_4 = 8 \\ x_1 - 3x_2 - 6x_4 = 9 \\ 2x_2 - x_3 + 2x_4 = -5 \\ x_1 + 4x_2 - 7x_3 + 6x_4 = 0 \end{cases}$.

4. 判断齐次线性方程组 $\begin{cases} -x_1 - 2x_2 + 4x_3 = 0 \\ 2x_1 + x_2 + x_3 = 0 \\ x_1 + x_2 - x_3 = 0 \end{cases}$ 解的情况.

5. 设矩阵 $A = \begin{pmatrix} 1 & -1 \\ 2 & 3 \end{pmatrix}$，$B = A^2 - 3A + 2E$，$E$ 为 2 阶单位矩阵，求 B^{-1}.

6. 已知矩阵 $A = \begin{pmatrix} 1 & 0 & 0 & 0 \\ -2 & 3 & 0 & 0 \\ 0 & -4 & 5 & 0 \\ 0 & 0 & -6 & 7 \end{pmatrix}$，$E$ 为 4 阶单位矩阵，求矩阵 $B = (E+A)^{-1}(E-A)$.

7. 已知 3 阶矩阵 A 的逆矩阵为 $A^{-1} = \begin{pmatrix} 1 & 1 & 1 \\ 1 & 2 & 1 \\ 1 & 1 & 3 \end{pmatrix}$，求 A 的伴随矩阵 A^* 的逆矩阵 $(A^*)^{-1}$.

8. 已知 $P = \begin{pmatrix} 2 & 0 & 0 \\ 0 & 1 & 2 \\ 0 & 0 & 1 \end{pmatrix}$，$A = \begin{pmatrix} 1 & 0 & 0 \\ 0 & 2 & 0 \\ 0 & 0 & 2 \end{pmatrix}$，求 $(P^{-1}AP)^8$.

9. 设 $A = \begin{pmatrix} 0 & 3 & 3 \\ 1 & 1 & 0 \\ -1 & 2 & 3 \end{pmatrix}$，$AB = A + 2B$，求 B.

10. 设 n 阶矩阵 A 和 B 满足条件 $A + B = AB$，已知 $B = \begin{pmatrix} 1 & -3 & 0 \\ 2 & 1 & 0 \\ 0 & 0 & 2 \end{pmatrix}$，求矩阵 A.

11. 设矩阵 $A = \begin{pmatrix} 1 & 1 & -1 \\ -1 & 1 & 1 \\ 1 & -1 & 1 \end{pmatrix}$，矩阵 X 满足 $A^* X = A^{-1} + 2X$，其中 A^* 是 A 的伴随矩阵，求矩阵 X.

12. 判定二次型 $f = x_1^2 + 4x_2^2 + 5x_3^2 + 2x_1x_2 + 4x_1x_3 + 2x_2x_3$ 的正定性.

第 6 章

Python 在概率统计中的应用

本章概要

- 随机变量的概率计算和数字特征
- 描述性统计和统计图
- 参数估计和假设检验

6.1 随机变量的概率计算和数字特征

6.1.1 随机变量的概率计算及常见概率分布

【例 6.1】 独立射击 500 次，每次命中率为 0.02，求命中次数为 10 次的概率.
在 Anaconda 内建的 Spyder 集成开发环境中输入代码 6.1.

代码 6.1 二项分布随机变量等于某个数的概率计算程序

```
1 import math                                                        # 调用 math
2 def binomial_distribution(p,n,x):                                  # 创建函数
3   c=math.factorial(n)/math.factorial(n-x)/math.factorial(x)        #计算组合数 c
4   return c* (p* * x)* ((1-p)* * (n-x))                             # 计算二项分布概率
5 print(binomial_sistribution(0.02,500,10))                          # 打印概率值
```

代码 6.1 运行的结果为：

0.12637979106892916

【例 6.2】 独立射击 100 次，每次命中率为 0.1，求命中次数不小于 10 次的概率.
在 Anaconda 内建的 Spyder 集成开发环境中输入代码 6.2.

代码 6.2 二项分布随机变量大于某个数的概率计算程序

```
1 import math                                                        # 调用 math
2 def binomial_distribution_morethan(p,n,x):                         # 创建二项分布
3 count=0                                                            # 定义变量初始值
4   for i in range(x, n, 1):                                         # 使用 for 循环让 i 在 range(x,
                                                                       n, 1)中遍历取值
```

```
5        c=math.factorial(n)/math.factorial(n-i)/math.factorial(i)
6                                                    #计算组合数 c
7        count+=c*(p**i)*((1-p)**(n-i))              # 计算概率并求和
8    return count                                    # 返回值
9 print(binomial_distribution_morethan(0.1,100,10))  # 打印
```

代码 6.2 运行的结果为：

0.5487098345579977

【例 6.3】 设随机变量 X 的概率密度函数为

$$f(x) = \begin{cases} 2(1-x), & 0 < x < 1 \\ 0, & \text{其他} \end{cases}$$

求概率 $P\left(\dfrac{1}{8} < X < 1\right)$.

在 Anaconda 内建的 Spyder 集成开发环境中输入代码 6.3.

代码 6.3 一维连续型随机变量的概率计算程序

```
1 from sympy import*            # 导入计算积分的模块包
2 x=symbols('x')                # 定义一个符号变量
3 f=2*(1-x)                     # 定义一个函数
4 print(integrate(f,(x,1/8,1))) # 计算概率值并打印
```

代码 6.3 运行的结果为：

0.765625

【例 6.4】 设连续型随机变量 X 的概率密度函数为

$$f(x) = \begin{cases} \dfrac{1}{4}(x+2), & -2 < x \leq 0 \\ \dfrac{1}{2}\cos x, & 0 < x \leq \dfrac{\pi}{2} \\ 0, & \text{其他} \end{cases}$$

求 （1） $P(-1 < X < 1)$；（2） $P\left(X \geq \dfrac{\pi}{4}\right)$.

$$P(-1 < X < 1) = \int_{-1}^{0} \frac{x+2}{4}\mathrm{d}x + \int_{0}^{1} \frac{\cos x}{2}\mathrm{d}x, \ P\left(X \geq \frac{\pi}{4}\right) = \int_{\frac{\pi}{4}}^{\frac{\pi}{2}} \frac{\cos x}{2}\mathrm{d}x.$$

在 Anaconda 内建的 Spyder 集成开发环境中输入代码 6.4.

代码 6.4 一维连续型随机变量的概率计算程序

```
1 import sympy as sp      # 导入 sympy,记作 sp
2 x=sp.symbols('x')       # 定义变量
```

```
3 f1 = (x+2)/4                                          # 输入函数 f1
4 f2 = (1/2)* sp.cos(x)                                 # 输入函数 f2
5 p1 = sp.integrate(f1,(x,-1,0))+sp.integrate(f2,(x,0,1))
6                                                       #用 p1 表示定积分,输入:函数,(自变量,下
7                                                          限,上限)
8 print('P(-1<X<1)计算结果为:%s'% p1)                    # 打印
9 p2 = sp.integrate(f2,(x,sp.pi/4,sp.pi/2))
10                                                      # 用 p2 表示定积分,输入:函数,(自变量,下
11                                                         限,上限)
12 print('P(X>=π/4)计算结果为:%s'% p2)                   # 打印
```

代码 6.4 运行的结果为：

P(-1<X<1)计算结果为:3/8 + 0.5 * sin(1)

P(X>=π/4)计算结果为:0.5-0.25 * sqrt(2)

【例 6.5】 已知 X 服从标准正态分布，即 $X \sim N(0, 1)$，求 $P(1<X<2)$，$P(-1<X<1)$．在 Anaconda 内建的 Spyder 集成开发环境中输入代码 6.5.

代码 6.5 正态分布的随机变量的概率计算程序

```
1 import sympy as sp                                    # 导入 sympy,记作 sp
2 x = sp.symbols('x')                                   # 定义变量 x
3 mu = 0                                                # 输入参数 mu 的值
4 sigma = 1                                             # 输入参数 sigma 的值
5 f = (1/(sp.sqrt(2* sp.pi)* sigma))* sp.exp((-(x-mu)* * 2)/2* sigma* * 2)
6                                                       #输入函数
7 p1 = sp.integrate(f,(x,1,2))                          # 计算概率
8 p2 = sp.integrate(f,(x,-1,1))                         # 计算概率
9 print('P(1<X<2)计算结果为:%s'% float(p1))             # 打印
10 print('P(-1<X<1)计算结果为:%s'% float(p2))           # 打印
```

代码 6.5 运行的结果为：

P(1<X<2) 计算结果为：0.13590512198327784

P(-1<X<1) 计算结果为：0.6826894921370859

【例 6.6】 设二维随机变量 (X,Y) 的分布律为：

Y	X		
	0	1	2
0	0.1	0.3	0.1
1	0.2	0.1	0.0
2	0.0	0.1	0.1

求 $P(X \leqslant 1, Y \leqslant 1)$.

在 Anaconda 内建的 Spyder 集成开发环境中输入代码 6.6.

代码 6.6　二维离散型随机变量的概率计算程序

```
1 import numpy as np                                          # 导入 numpy,记作 np
2 x=[0,1,2]                                                   # 随机变量 X 的取值
3 y=[0,1,2]                                                   # 随机变量 Y 的取值
4 A=np.array([[0.1,0.3,0.1],[0.2,0.1,0.0],[0.0,0.1,0.1]])
5                                                             # 随机变量 X、Y 的分布律
6 p=0                                                         # 变量 p 的初始值
7 m=-1                                                        # 变量 m 的初始值
8 n=-1                                                        # 变量 n 的初始值
9 for i in x:                                                 # 使用 for 循环让 i 在 x 中遍历取值
10    m+=1                                                    # 设置序号递进
11    for j in y:                                             # 使用 for 循环让 j 在 y 中遍历取值
12      if i<=1 and j<=1:                                     # 使用 if 语句判断
13        n+=1                                                # 设置序号递进
14        p=p+A[m,n]                                          # 计算概率
15      else:                                                 # 判断
16        p=p+0.                                              # 计算概率
17        n=-1                                                # 重新赋值 n
18 print('概率 P(X<=1,Y<=1) = ',p)                             # 打印
```

代码 6.6 运行的结果为:

概率 $P(X<=1, Y<=1) = 0.7000000000000001$

【例 6.7】　设二维随机变量 (X, Y) 的概率密度函数为

$$f(x, y) = \begin{cases} 2e^{-(2x+y)}, & x>0, y>0 \\ 0, & \text{其他} \end{cases}$$

求 (1) $P(0<X \leqslant 1, 0<Y \leqslant 1)$; (2) $P(Y \leqslant X)$.

(1) 在 Anaconda 内建的 Spyder 集成开发环境中输入代码 6.7-1.

代码 6.7-1　二维连续型随机变量的某事件概率计算程序

```
1 import scipy.integrate                                      # 引入需要的包
2 from numpy import exp                                       # 引入需要的包
3 f=lambda x,y:2* exp(-(2* x+y))                              # 创建表达式
4 p,err=scipy.integrate.dblquad(f,0,1,lambda g:0,lambda h:1)
5                                                             # 计算二重积分(p:积分值,err:误差)
6                          # 这里注意积分区间的顺序,二重积分的区间参数要以函数的形式传入
7 print(p)                                                    # 打印
```

代码 6.7-1 运行的结果为：

0.5465723439598089

（2）在 Anaconda 内建的 Spyder 集成开发环境中输入代码 6.7-2.

代码 6.7-2　二维连续型随机变量的某事件概率计算程序

```
1 import sympy as sp                                      # 导入 sympy,记作 sp
2 x,y = sp.symbols('x y')                                 # 定义变量
3 f=2* sp.exp(-(2* x+y))                                  # 创建表达式
4 I=sp.integrate(f, (y,0,x), (x,0,float("inf")))          # 计算积分
5 print('概率 P(Y<=X)=%s'% I)                             # 打印
```

代码 6.7-2 运行的结果为：

概率 P(Y<=X)= 1/3

【例 6.8】　设二维随机变量 (X, Y) 的概率密度函数为

$$f(x,y)=\begin{cases} \dfrac{1}{8}(6-x-y), & 0<x<2, 2<y<4 \\ 0, & \text{其他} \end{cases}$$

求 （1） $P\{X<1, Y<3\}$ ；（2） $P\{X+Y\leqslant 4\}$.

（1） $P\{X<1, Y<3\} = \displaystyle\int_0^1 dx \int_2^3 \dfrac{6-x-y}{8} dy$

在 Anaconda 内建的 Spyder 集成开发环境中输入代码 6.8-1.

代码 6.8-1　二维连续型随机变量的概率 $P\{X<1, Y<3\}$ 计算程序

```
1 import scipy.integrate                                  # 引入需要的包
2 from sympy import*                                      # 引入需要的包
3 x=symbols('x')                                          # 定义变量 x
4 y=symbols('y')                                          # 定义变量 y
5 f=lambda x,y:(6-x-y)/8                                  # 创建概率密度表达式
6 p,err=scipy.integrate.dblquad(f,0,1,lambda g:2,lambda h:3)
7                                                         # 计算二重积分(p:积分值,err:误差)
8                          # 这里注意积分区间的顺序,二重积分的区间参数要以函数的形式传入
9 print('概率 P(X<1,Y<3)为:%s'% p)                        # 打印
```

代码 6.8-1 运行的结果为：

概率 $P(X<1,Y<3)$ 为：0.375

（2） $P\{X+Y\leqslant 4\} = \displaystyle\int_0^2 dx \int_2^{4-x} \dfrac{6-x-y}{8} dy$

在 Anaconda 内建的 Spyder 集成开发环境中输入代码 6.8-2.

代码 6.8-2   二维连续型随机变量的概率 $P\{x+y\leqslant 4\}$ 计算程序

```
1 import sympy as sp                              # 导入 sympy,记作 sp
2 x,y = sp.symbols('x y')                         # 定义变量 x、y
3 f = (6-x-y)/8                                    # 建立函数表达式
4 I = sp.integrate(f, (y, 2, 4-x), (x, 0, 2))     # 计算二重积分
5 print('概率 P(X+Y<=4)为:%s'%I)                  # 打印
```

代码 6.8-2 运行的结果为:

概率 P(X+Y<=4) 为:2/3

一维随机变量的常见分布有 0-1 分布、二项分布、泊松分布、均匀分布、指数分布、正态分布,Python 可实现其分布图形.

【例 6.9】 抛硬币 1 次,0 代表失败(即反面朝上),1 代表成功(即正面朝上),求正面朝上的次数 X 及概率并绘制分布图.

在 Anaconda 内建的 Spyder 集成开发环境中输入代码 6.9.

代码 6.9   0-1 分布图形的程序

```
1 import numpy as np                              # 导入 numpy,记作 np
2 from scipy import stats                         # 导入统计计算包的统计模块
3 import matplotlib.pyplot as plt                 # 导入 matplotlib.pyplot,记作 plt
4 plt.rcParams['font.family']='simsun'            # 设置中文字体为宋体,设置成黑体 SimHei
5                                                     也可以
6 plt.rcParams['font.size']=10                    # 设置中文字体显示的字号大小
7 X=np.arange(0,2,1)                              # 构造一个列表 X
8 p=0.5                                           # 硬币朝上的概率
9 pList=stats.bernoulli.pmf(X,p)                  # 求对应分布的概率,使用概率质量函数(PMF)
10 plt.plot(X,pList,linestyle='None',marker='o')
11                                                # 不需要将两点相连
12 plt.vlines(X,0,pList)                          # 绘制竖线
13                                                #plt.vlines()格式为 plt.vlines(x 坐
14                                                    标值,y 坐标最小值,y 坐标最大值
15 plt.xlabel ('随机变量:抛 1 次硬币,反面记为 0,正面记为 1')
16                                                # x 轴标签
17 plt.ylabel('概率值')                           # y 轴标签
18 plt.title('0-1 分布:p=%0.2f'%p)                # 标题
19 plt.show()                                     # 显示绘制图形
```

代码 6.9 所生成的图形如图 6.1 所示.

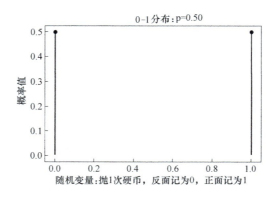

图 6.1　编程实现的 0-1 分布概率图

【例 6.10】　抛硬币 5 次，求正面朝上的次数 X 及概率并绘制分布图.

在 Anaconda 内建的 Spyder 集成开发环境中输入代码 6.10.

代码 6.10　二项分布图形绘制程序

```
1 import numpy as np                          # 导入 numpy,记作 np
2 from scipy import stats                      # 导入统计计算包的统计模块
3 import matplotlib.pyplot as plt              # 导入 matplotlib.pyplot,记作 plt
4 plt.rcParams['font.family']='simsun'         # 设置中文字体为宋体,设置成黑体
5                                                 SimHei 也可以
6 plt.rcParams['font.size']=10                 # 设置中文字体显示的字号大小
7 n=5                                          # 做某件事的次数
8 p=0.5                                        # 某件事发生的概率
9 X=np.arange(1,n+1,1)                         # arange()用于生成一个等差数组
10 pList=stats.binom.pmf(X,n,p)                # 求对应分布的概率,#pmf()的格式为
11                                               pmf(x 次成功,共 n 次实验,单次实
12                                               验成功概率为 p)
13 plt.plot(X,pList,linestyle='None',marker='o')
14                                             # 绘图
15 plt.vlines(X,0,pList)                        # 绘制垂线
16 plt.xlabel('随机变量:抛 5 次硬币,正面朝上的次数')
17                                             # x 轴标签
18 plt.ylabel('概率值')                         # y 轴标签
19 plt.title('二项分布:n=%i,p=%0.2f'%(n,p))     # 标题
20 plt.show()                                   # 显示绘制图形
```

代码 6.10 所生成的图形如图 6.2 所示.

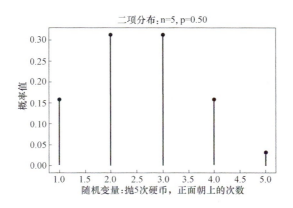

图 6.2　编程实现的二项分布图

【例 6.11】　已知某路口平均每天发生事故 2 次，绘制该路口一天内发生 k 次事故的概率分布图.

在 Anaconda 内建的 Spyder 集成开发环境中输入代码 6.11.

代码 6.11　泊松分布图形绘制程序

```
1  import numpy as np                                    # 导入 numpy,记作 np
2  from scipy import stats                               # 导入 stats
3  import matplotlib.pyplot as plt                       # 导入 matplotlib.pyplot,记作 plt
4  plt.rcParams['font.family']='simsun'                  # 设置中文字体为宋体,设置成黑体 SimHei
5                                                          也可以
6  plt.rcParams['font.size']=10                          # 设置中文字体显示的字号大小
7  mu=2                                                  # 平均值:每天平均发生 2 次事故
8  k=10                                                  # 该路口发生 10 次事故的概率
9  X=np.arange(0,k+1,1)                                  # arange()生成一个等差数组
10 pList=stats.poisson.pmf(X,mu)                         # 求对应分布的概率
11                                                       # pmf()格式为 pmf(发生 X 次事件,平均
12                                                          发生 mu 次)
13 plt.plot(X,pList,linestyle='None',marker='o')         # 绘图
14                                                       # 绘图
15 plt.vlines(X,0,pList)                                 # 绘制竖直线
16                                                       # vlines()格式为 vline(x 坐标值,y 坐
17                                                          标最小值,y 坐标最大值)
18 plt.xlabel('随机变量:该路口发生事故的次数')             # x 轴标签
19 plt.ylabel('概率值')                                   # y 轴标签
20 plt.title('泊松分布:平均值 mu=%i'%mu)                   # 标题
21 plt.show()                                            # 显示绘制图形
```

代码 6.11 所生成的图形如图 6.3 所示.

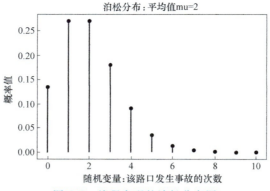

图 6.3　编程实现的泊松分布图

【例 6.12】　绘制均匀分布的概率密度图形.

在 Anaconda 内建的 Spyder 集成开发环境中输入代码 6.12.

代码 6.12　均匀分布的概率密度图形绘制程序

```
1 from scipy import stats as st              # 导入 stats,记作 st
2 import numpy as np                         # 导入 numpy,记作 np
3 import matplotlib as mpl                    # 导入 matplotlib,记作 mpl
4 import matplotlib.pyplot as plt             # 导入 matplotlib.pyplot,记作 plt
5 mpl.rcParams['font.sans-serif'] = [u'SimHei']
6                                             # 指定默认字体为黑体,SimHei 换为楷
7                                             #   体 KaiTi 也可以
8 mpl.rcParams['axes.unicode_minus'] = False  # 解决坐标负数显示的问题
9 x= np.linspace(0,30,100)                    # 产生起点为 0、终点为 30、含有 100 个
10                                            #   数据的等差数组
11 y = st.chi2.pdf(np.linspace(0,30,100),df=3)
12 plt.plot(np.linspace(-3,3,100),st.uniform.pdf(np.linspace(-3,3,100)))
13                                            # 画图
14 plt.fill_between(np.linspace(-3,3,100),st.uniform.pdf(np.linspace(-3,3,
15 100)),alpha=0.15)                          # 设置填充区域
16 plt.text(x=-1.5,y=0.7,s="pdf(uniform)",rotation=65,alpha=0.75,weight=
17 "bold",color="g")                          # 设置标签状态
18 plt.show()                                 # 显示绘制图形
```

代码 6.12 所生成的图形如图 6.4 所示.

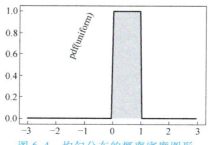

图 6.4　均匀分布的概率密度图形

【例 6.13】 绘制参数 $\lambda = 0.2$ 的指数分布的概率密度图形.

在 Anaconda 内建的 Spyder 集成开发环境中输入代码 6.13.

代码 6.13 指数分布的概率密度图形绘制程序

```
1 import matplotlib.pyplot as plt          # 导入 matplotlib.pyplot,记作 plt
2 import numpy as np                        # 导入 numpy,记作 np
3 lambd = 0.2                               # λ = 0.2
4 x = np.arange(1,10,0.1)                   # arange()生成一个等差数组
5 y = lambd * np.exp(-lambd * x)            # 建立概率密度表达式
6 print(y)                                  # 打印
7 plt.plot(x, y)                            # 绘图
8 plt.title('指数分布: $ lambda $ =%.2f'% (lambd))
9                                           # 标题
10 plt.xlabel('x')                          # x 轴标签
11 plt.ylabel('概率密度函数', fontsize=15)    # y 轴标签
12 plt.show()                               # 显示图形
```

代码 6.13 所生成的图形如图 6.5 所示.

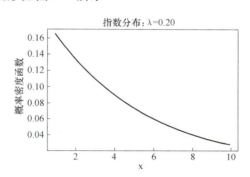

图 6.5 指数分布的概率密度图形

【例 6.14】 绘制正态分布的概率密度图形.

在 Anaconda 内建的 Spyder 集成开发环境中输入代码 6.14.

代码 6.14 正态分布的概率密度图形绘制程序

```
1 import numpy as np                        # 导入 numpy,记作 np
2 from scipy import stats                   # 导入 stats
3 import matplotlib.pyplot as plt           # 导入 matplotlib.pyplot,记作 plt
4 import matplotlib                         # 导入 matplotlib
5 plt.rcParams['font.sans-serif'] = ['SimHei']
6                                           # 指定默认字体为黑体,SimHei 换为楷体
7                                             KaiTi 也可以
```

```
8 matplotlib.rcParams['axes.unicode_minus']=False
9                                              # 解决坐标负数显示的问题
10 plt.rcParams['font.size']=10                # 设置中文字体显示的字号大小
11 mu=0                                         # 平均值
12 sigma=1                                      # 标准差
13 X=np.arange(-5,5,0.1)                        # arange()生成一个等差数组
14 pList=stats.norm.pdf(X,mu,sigma)            # 求对应分布的概率
15                                              # pdf()格式为pdf(发生X次事件,
16                                                均值为mu,方差为sigma)
17 plt.plot(X,pList,linestyle='-')             # 绘图
18 plt.xlabel('随机变量:x')                      # x轴标签
19 plt.ylabel('概率值:y')                        # y轴标签
20 plt.title('正态分布:$ \mu $ =%0.1f, $ \sigma^2 $ =%0.1f'%(mu,sigma))
21                                              # 标题
22 plt.show()                                   # 显示图形
```

代码 6.14 所生成的图形如图 6.6 所示.

6.1.2 随机变量的数字特征简介

随机变量的数字特征是由随机变量的分布确定的，能描述随机变量在某一个方面的特征的常数. 常见的数字特征有数学期望、方差、协方差、相关系数、矩、协方差矩阵等. 最重要的数字特征是数学期望和方差. 数学期望 $E(X)$ 又称均值，描述随机变量 X 取值的平均值大小，常用来比较两个或多个量的优劣、大小、长短等. 方差 $D(X)$ 是描述随机变量 X 与它自己的数学期望 $E(X)$ 的偏离程度，其值的大小可以衡量随机变量取值的稳定性，称 $\sqrt{D(X)}$ 为 X 的标准差，它们在理论和实际应用上都具有重要意义.

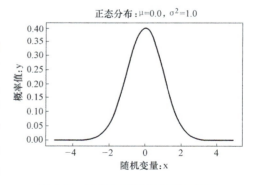

图 6.6 正态分布的概率密度图形

6.1.3 随机变量的数字特征计算及应用

由于数学期望、方差、协方差等在求法的本质上就是求和（离散型）或积分（连续型），因此 Python 可以通过定义函数或调用函数实现数字特征的计算. 需要注意的是，协方差的计算通过协方差矩阵显示.

【例 6.15】 设随机变量 X 的分布律为

X	-1	0	1	2	2.5
p_k	0.2	0.1	0.1	0.3	0.3

求 $E(X)$、$D(X)$.

在 Anaconda 内建的 Spyder 集成开发环境中输入代码 6.15.

代码 6.15　一维离散型随机变量的期望、方差计算程序

```
1 import numpy as np              # 导入 numpy,记作 np
2 a=np.array([-1,0,1,2,2.5])      # 用数组给出变量 x 的取值
3 b=np.array([0.2,0.1,0.1,0.3,0.3])  # 用数组给出变量 x 的取值的概率
4 expect=np.matmul(a,b)           # 计算 X 的期望值
5 print('期望 E(X)=',expect)      # 打印
6 expect2=np.matmul(a**2,b)       # 计算 x² 的期望值
7 var=expect2-expect**2           # 计算方差值
8 print('方差 D(X)=',var)         # 打印
```

代码 6.15 运行的结果为:

期望 $E(X)=1.25$

方差 $D(X)=1.8125$

【例 6.16】　设随机变量 X 的概率密度函数为

$$f(x)=\begin{cases}2(1-x),0<x<1\\0,\qquad 其他\end{cases}$$

求 $E(X)$、$D(X)$.

在 Anaconda 内建的 Spyder 集成开发环境中输入代码 6.16.

代码 6.16　一维连续型随机变量期望、方差计算程序

```
1 import math                     # 导入 math
2 from sympy import*              # 导入
3 x=symbols('x')                  # 定义变量
4 f=2*(1-x)                       # 分段函数的表示
5 e1=x*f                          # 创建表达式
6 A=integrate(e1,(x,0,1))         # 计算积分
7 print('期望值为',A)             # 打印
8 e2=x**2*f                       # 创建表达式
9 B=integrate(e2,(x,0,1))         # 计算积分
10 varx=B-A**2                    # 方差计算公式
11 print('方差 D(X)',varx)        # 打印
```

代码 6.16 运行结果为:

期望值为 1/3

方差 $D(X)$ 1/18

【例 6.17】　一餐馆有 3 种不同价格的快餐出售，价格分别为 7 元、9 元、10 元. 随机地选取一对前来就餐的夫妇，以 X 表示丈夫所选的快餐价格，以 Y 表示妻子所选的快餐价格，X 和 Y 的联合分布律为

Y	X		
	7	9	10
7	0.05	0.05	0.0
9	0.05	0.10	0.20
10	0.10	0.35	0.10

求（1）$E(X)$、$D(X)$；（2）$\max(X,Y)$ 的数学期望；（3）$X+Y$ 的数学期望.

在 Anaconda 内建的 Spyder 集成开发环境中输入代码 6.17.

代码 6.17　　二维离散型随机变量的期望、方差计算程序

```
1 import numpy as np                                    # 导入 numpy,记作 np
2 x=[7,9,10]                                            # 变量 x 取值
3 y=[7,9,10]                                            # 变量 y 取值
4 zmax=[]                                               # 定义数组 zmax
5 z=[]                                                  # 定义数组 z
6 for i in x:                                           # for 循环语句,i 在数组 x 中取值
7   for j in y:                                         # for 循环语句,j 在数组 y 中取值
8     if i>=j:                                          # if 语句判断
9         k=zmax.append(i)                             # 赋值数组
10    else:                                             # else 语句
11        k=zmax.append(j)                             # 赋值数组
12 print('max(x,y)=',zmax)                              # 打印
13 for l in x:                                          # for 循环语句,l 在数组 x 中取值
14   for m in y:                                        # for 循环语句,m 在数组 y 中取值
15     c=l+m                                            # 计算 c
16     n=z.append(c)                                    # 赋值数组
17 print('x+y=',z)                                      # 打印
18 A=np.array([[0.05,0.05,0.0],[0.05,0.10,0.20],[0.10,0.35,0.10]])   #给出数据
19 mean=x[0]*(A[0,0]+A[1,0]+A[2,0])+x[1]*(A[0,1]+A[1,1]+A[2,1])+x[2]*(A[0,
20 2]+A[1,2]+A[2,2])                                    # 计算 mean
21                                                      # 计算 var
22 var=x[0]**2*(A[0,0]+A[1,0]+A[2,0])+x[1]**2*(A[0,1]+A[1,1]+A[2,1])+x[2]
23 **2*(A[0,2]+A[1,2]+A[2,2])-mean**2
24 zmaxmean=zmax[0]*A[0,0]+zmax[1]*A[0,1]+zmax[2]*A[0,2]+zmax[3]*A[1,0]+
25 zmax[4]*A[1,1]+zmax[5]*A[1,2]+zmax[6]*A[2,0]+zmax[7]*A[2,1]+zmax[8]*A[2,2]
26                                                      # 计算 zmaxmean
27 xymean=z[0]*A[0,0]+z[1]*A[0,1]+z[2]*A[0,2]+z[3]*A[1,0]+z[4]*A[1,1]+z
28 5]*A[1,2]+z[6]*A[2,0]+z[7]*A[2,1]+z[8]*A[2,2]
29                                                      # 计算 xymean
30 print("x 的数学期望值=",mean)                          # 打印
31 print("x 的方差值=",var)                              # 打印
32 print("max(x,y)数学期望=",zmaxmean)                   # 打印
33 print("x+y 数学期望=",xymean)                         # 打印
```

代码 6.17 运行结果为：

$\max(x,y) = [7,9,10,9,9,10,10,10,10]$

$x+y = [14,16,17,16,18,19,17,19,20]$

x 的数学期望值 = 8.9

x 的方差值 = 1.0899999999999892

$\max(x,y)$ 数学期望 = 9.65

$x+y$ 数学期望 = 18.25

【例 6.18】 设随机变量 (X, Y) 的概率密度函数为

$$f(x,y) = \begin{cases} 12y^2, 0 \leqslant y \leqslant x \leqslant 1 \\ 0, \quad \text{其他} \end{cases}$$

求 $E(X)$、$E(Y)$、$D(X)$、$D(Y)$、$E(XY)$.

在 Anaconda 内建的 Spyder 集成开发环境中输入代码 6.18.

代码 6.18 二维连续型随机变量的期望、方差计算程序

```
1 import sympy as sp                              # 导入 sympy,记作 sp
2 x,y = sp.symbols('x y')                         # 定义变量 x、y
3 f =12* y* * 2                                    # 创建表达式
4 fx=x* f                                          # 创建表达式
5 fy=y* f                                          # 创建表达式
6 fx2=x* * 2* f                                    # 创建表达式
7 fy2=y* * 2* f                                    # 创建表达式
8 fxy=x* y* f                                      # 创建表达式
9 Ex=sp.integrate(fx, (y, 0, x), (x,0, 1))        # 计算 X 的期望
10 Ey=sp.integrate(fy, (y, 0, x), (x,0, 1))       # 计算 Y 的期望
11 Ex2=sp.integrate(fx2, (y, 0, x), (x,0, 1))     # 计算 X 的平方的期望
12 Ey2=sp.integrate(fy2, (y, 0, x), (x,0, 1))     # 计算 Y 的平方的期望
13 Dx=Ex2-(Ex)* * 2                               # 计算 X 的方差
14 Dy=Ey2-(Ey)* * 2                               # 计算 Y 的方差
15 Exy=sp.integrate(fxy, (y, 0, x), (x,0, 1))     # 计算 XY 的期望
16 print('期望 E(X)=%s'%Ex)                        # 打印
17 print('期望 E(Y)=%s'%Ey)                        # 打印
18 print('方差 D(X)=%s'%Dx)                        # 打印
19 print('方差 D(Y)=%s'%Dy)                        # 打印
20 print('期望 E(XY)=%s'%Exy)                      # 打印
```

代码 6.18 运行的结果为：

期望 $E(X) = 4/5$

期望 $E(Y) = 3/5$

方差 $D(X) = 2/75$

方差 $D(Y) = 1/25$

期望 $E(XY) = 1/2$

【例 6.19】 随机生成两个样本 X、Y，计算协方差和相关系数.

在 Anaconda 内建的 Spyder 集成开发环境中输入代码 6.19.

代码 6.19 随机生成数的协方差和相关系数的程序

```
1 import numpy as np                    # 导入 numpy,记作 np
2 x=np.random.randint(0,9,1000)         # 随机生成 X 数据
3 y=np.random.randint(0,9,1000)         # 随机生成 Y 数据
4 mx=x.mean()                           # 计算 X 平均值
5 my=y.mean()                           # 计算 Y 平均值
6 stdx=x.std()                          # 计算 X 标准差
7 stdy=y.std()                          # 计算 Y 标准差
8 covxy=np.cov(x,y)                     # 计算协方差矩阵
9 print(covxy)                          # 打印
10 covx=np.mean((x-x.mean())**2)        # 计算 covx
11 covy=np.mean((y-y.mean())**2)        # 计算 covy
12 print('X 的方差为',covx)              # 打印
13 print('Y 的方差为',covy)              # 打印
14 #这里计算的 covxy 等于上面的 covxy[0,1]和 covxy[1,0]三者相等,covxy=np.mean
15 ((x-x.mean())*(y-y.mean()))
16 coefxy=np.corrcoef(x,y)              # 计算相关系数
17 print(coefxy)                        # 打印
```

代码 6.19 运行的结果（一组可能输出的结果）为:

[[6.85222723 0.11018519], [0.11018519 6.74374274]]

X 的方差为 6.845375

Y 的方差为 6.736999

0.11007500000000002

【例 6.20】 设随机变量 X 和 Y 的联合概率分布为

X	Y		
	−1	0	1
0	0.07	0.18	0.15
1	0.08	0.32	0.20

求 X 和 Y 的协方差 $\text{cov}(X, Y)$ 和相关系数 ρ.

在 Anaconda 内建的 Spyder 集成开发环境中输入代码 6.20.

代码 6.20 二维离散型随机变量的协方差和相关系数计算程序

```
1 import numpy as np                    # 导入 numpy,记作 np
2 import math                           # 导入 math
```

```
3 x=[0,1]                                          # 确定变量取值
4 y=[-1,0,1]                                       # 确定变量取值
5 A=np.array([[0.07,0.18,0.15],[0.08,0.32,0.20]])  # 确定数组
6 Ex=0                                             # 赋变量初值
7 Ey=0                                             # 赋变量初值
8 Ex2=0                                            # 赋变量初值
9 Ey2=0                                            # 赋变量初值
10 Exy=0                                           # 赋变量初值
11 Dx=0                                            # 赋变量初值
12 Dy=0                                            # 赋变量初值
13 for i in x:                                     # for 循环语句
14    for j in y:                                  # for 循环语句
15       Ex=Ex+x[i]* A[i,j]                        # 计算 Ex
16       Ex2=Ex2+x[i]* * 2* A[i,j]                 # 计算 Ex2
17       Ey=Ey+y[j]* A[i,j]                        # 计算 Ey
18       Ey2=Ey2+y[j]* * 2* A[i,j]                 # 计算 Ey2
19       Exy=Exy+x[i]* y[j]* A[i,j]                # 计算 Exy
20 Dx=Ex2-Ex* * 2                                  # 计算 Dx
21 Dy=Ey2-Ey* * 2                                  # 计算 Dy
22 covxy=Exy-Ex* Ey                                # 计算 covxy
23 print('X 期望=%.4f'%Ex,'Y 期望=%.4f'%Ey,'X 平方期望=%.4f'%Ex2,'Y 平方期望=%
24 .4f'%Ey2)                                       #打印
25 print('XY 期望=%.4f'%Exy,'X 方差=%.4f'%Dx,'Y 方差=%.4f'%Dy,'XY 协方差=%4f
26 '%covxy)                                        # 打印
27 ρxy=covxy/(math. sqrt(Dx)* math. sqrt(Dy))      # 计算 ρxy
28 print('XY 相关系数=%4f'%covxy)                    # 打印
```

代码 6.20 运行的结果为:

X 期望 = 0.6000, Y 期望 = 0.2000, X 平方期望 = 0.6000, Y 平方期望 = 0.5000

XY 期望 = 0.1200, X 方差 = 0.2400, Y 方差 = 0.4600, XY 协方差 = −0.000000

XY 相关系数 = −0.000000

【例 6.21】 随机变量 (X,Y) 具有的概率密度函数为

$$f(x,y)=\begin{cases} \dfrac{1}{8}(x+y), & 0 \leqslant x \leqslant 2, 0 \leqslant y \leqslant 2 \\ 0, & 其他 \end{cases}$$

求 $E(X)$、$E(Y)$、协方差 $\text{cov}(X,Y)$、相关系数 ρ_{XY}、方差 $D(X+Y)$.

在 Anaconda 内建的 Spyder 集成开发环境中输入代码 6.21.

代码 6.21 二维连续型随机变量的协方差和相关系数计算程序

```
1 import sympy as sp                               # 导入 sympy,记作 sp
2 import math                                      # 导入 math
```

```
3 x,y = sp.symbols('x y')              # 定义两变量
4 f=(x+y)/8                            # 在 0≤x≤2,0≤y≤2 范围内定义函数表
5                                        达式
6 fx=x* f                              # 定义表达式
7 fy=y* f                              # 定义表达式
8 fx2=x* * 2* f                        # 定义表达式
9 fy2=y* * 2* f                        # 定义表达式
10 fxy=x* y* f                         # 定义表达式
11 Ex=sp.integrate(fx, (y, 0, 2), (x,0, 2))   # 计算 Ex
12 Ey=sp.integrate(fy, (y,0, 2), (x,0, 2))    # 计算 Ey
13 Ex2=sp.integrate(fx2, (y, 0, 2), (x,0, 2)) # 计算 Ex2
14 Ey2=sp.integrate(fy2, (y, 0, 2), (x,0, 2)) # 计算 Ey2
15 Dx=Ex2-(Ex)* * 2                    # 计算 Dx
16 Dy=Ey2-(Ey)* * 2                    # 计算 Dy
17 Exy=sp.integrate(fxy, (y,0, 2), (x,0, 2))  # 计算 Exy
18 covxy=Exy-Ex* Ey                    # 计算 covxy
19 ρxy=covxy/(math.sqrt(Dx)* math.sqrt(Dy))   # 计算 ρxy
20 var=Dx+Dy+2* covxy                  # 计算 var
21 print('协方差 cov(X,Y)=%s'%covxy)   # 打印
22 print('相关系数 ρ=%s'%ρxy)          # 打印
23 print('D(X+Y)=%s'%var)              # 打印
```

代码 6.21 运行的结果为：

协方差 $\mathrm{cov}(X,Y) = -1/36$

相关系数 $\rho = -0.0909090909090909$

$D(X+Y) = 5/9$

习题 6-1

1. 有 100 个四选一的选择题，每题 1 分，随机选取，选对得分，求能得到 25 分的概率.

2. 有 100 个四选一的选择题，每题 1 分，随机选取，选对得分，求能得到 30 分以上的概率.

3. 若进行 n 次重复独立试验，设每次试验的成功概率为 p，失败概率为 $q=1-p(0<p<1)$. 将试验进行到首次成功为止，以 X 表示已进行的试验次数，称 X 服从以 p 为参数的几何分布，次数 X 等于 k 的概率如下：

$$P(X=k) = (1-p)^{k-1}p, k=1,\cdots,n$$

今有一篮球运动员的投篮命中率为 60%，现投篮 5 次，以 X 表示他首次投中时累计已投篮的次数，求 X 取偶数的概率，并画出 X 的概率分布图.

4. 设随机变量 X 具有以下概率密度函数：

$$f(x) = \begin{cases} \dfrac{x}{6}, & 0 \leqslant x < 3 \\[2mm] 2 - \dfrac{x}{2}, & 3 \leqslant x \leqslant 4 \\[2mm] 0, & \text{其他} \end{cases}$$

求（1）$P\left\{1 < X \leqslant \dfrac{7}{2}\right\}$；（2）求期望 $E(X)$、方差 $D(X)$.

5. 一批产品中有一、二、三等品及废品 4 种，相应比例分别为 60%、20%、13%、7%. 若各等级的产值分别为 10 元、5.8 元、4 元及 0 元，求这批产品的平均产值.

6. 设二维随机变量 (X, Y) 的分布律为：

Y	X		
	0	1	2
0	0.1	0.3	0.1
1	0.2	0.1	0.0
2	0.0	0.1	0.1

求（1）概率 $P(X \leqslant 2, Y \leqslant 0)$；（2）期望 $E(Y)$，方差 $D(Y)$、标准差 $\sqrt{D(Y)}$、期望 $E(\min(X, Y))$、期望 $E(X + Y)$.

7. 设连续型随机变量 (X, Y) 的概率密度函数为：

$$f(x, y) = \begin{cases} 8xy, & 0 \leqslant x \leqslant y \leqslant 1 \\ 0, & \text{其他} \end{cases}$$

求（1）概率 $P(X + Y \leqslant 1)$；（2）求 $E(X)$、$E(Y)$、$D(X)$、$D(Y)$、$E(XY)$、$\mathrm{cov}(X, Y)$、ρ_{XY}.

6.2　描述性统计和统计图

在数理统计中，常需要从总体数据中提取变量的主要信息（总和、均值等），从总体的层面上对数据进行统计描述，在统计过程中经常会绘制一些相关统计图来辅助分析.

6.2.1　统计的基础知识

数理统计往往研究有关对象的某一项数量指标. 对这一数量指标进行试验或观察，将试验的全部可能的观察值称为总体，将每个观察值称为个体. 总体中的每一个个体都是某一随机变量 X 的值，因此一个总体对应一个随机变量 X，统称为总体 X. 从总体中按一定原则抽取若干个体进行观察的过程称为抽样. 在相同的条件下，对总体 X 进行 n 次重复的、独立的观察，得到 n 个结果 X_1，X_2，$\cdots$，X_n，称随机变量 X_1，X_2，$\cdots$，X_n 为来自总体 X 的简单随机样本. 针对不同的问题，构造出不含未知参数的样本的函数，再利用这些函数对总体的特征进行分析和推断，这些样本的函数就是统计量. 统计量的分布称为抽样分布. 来自正态分布的抽样分布为：

$$\chi^2 \text{ 分布, } t \text{ 分布, } F \text{ 分布.}$$

这 3 个分布称为统计学的三大分布，它们在数理统计中有着广泛的应用.

6.2.2　用 Python 计算简单统计量

简单统计量有表示位置的统计量，如算术平均值（mean）、中位数（median）、众数（mode）；有表示发散程度的统计量，如标准差（std）、方差（variance）、极差（ptp）、变异系数（cv）；有表示分布形状的统计量，如偏度和峰度等．用于科学计算的 NumPy 和 SciPy 工具可以实现对统计量的计算．

【例 6.22】　某科成绩为 76,85,78,89,97,45,60,80,78,65,67,76,80,95,78,65,50,85,76,77,66,60,76,90，计算均值、中位数、众数、极差、方差、标准差和变异系数．

在 Anaconda 内建的 Spyder 集成开发环境中输入代码 6.22.

代码 6.22　常用统计量计算程序

```
1 import numpy as np                                    # 导入 numpy,记作 np
2 from numpy import mean, median                        # 从 numpy 中调用 mean、median
3 from scipy.stats import mode                          # 从 scipy.stats 中调用 mode
4 from numpy import ptp, var, std                       # 从 numpy 中调用 ptp、var、std
5 data=[76,85,78,89,97,45,60,80,78,65,67,76,80,95,78,65,50,85,76,77,66,60,76,
6 90]                                                   # 给出数据
7 print('均值为',np.mean(data))                          # 计算,打印'均值为'
8 print('中位数为',np.median(data))                      # 计算,打印'中位数为'
9 print('众数为',mode(data))                             # 计算,打印'众数为'
10 print('极差为',ptp(data,axis=0))                      # 计算,打印'极差为'
11 print('方差为',var(data,axis=0))                      # 计算,打印'方差为'
12 print('标准差为',std(data,axis=0))                    # 计算,打印'标准差为'
13 print('变异系数为',np.mean(data) / std(data))          # 计算,打印'变异系数为'
```

代码 6.22 运行的结果为：

均值为 74.75

中位数为 76.5

众数为 ModeResult（mode＝array（[76]），count＝array（[4]））

极差为 52

方差为 162.85416666666666

标准差为 12.761432782672433

变异系数为 5.857492749677458

【例 6.23】　随机生成一组数据，计算均值、标准差、偏度、峰度．

在 Anaconda 内建的 Spyder 集成开发环境中输入代码 6.23.

代码 6.23　均值、标准差、偏度、峰度计算程序

```
1 import numpy as np            # 导入 numpy,记作 np
2 from scipy import stats       # 从 scipy 中调用 stats
3 x=np.random.randn(10000)      # 随机生成数
```

```
4 print('均值',np.mean(x,axis=0))                  # 计算、打印均值
5 print('标准差',np.std(x,axis=0))                  # 计算、打印标准差
6 print('偏度',stats.skew(x))                       # 计算、打印偏度
7 print('峰度',stats.kurtosis(x))                   # 计算、打印峰度
```

代码 6.23 运行的结果（一组可能输出的结果）为：

均值 0.0036576940736000184

标准差 1.001544653037577

偏度 0.020134377932781236

峰度 −0.03155027943574762

6.2.3　统计图

在得到大量数据后，对数据的分析有多种方法，其中图形分析比较清晰，在 Python 中常使用 Matplotlib 工具绘制统计图，满足图形分析的需求. 使用图形分析可以更加直观地展示数据的分布（频数分析）和关系（关系分析）. 柱状图和饼状图是对定性数据进行频数分析的常用工具，使用前需将每一类的频数计算出来. 直方图和累积曲线是对定量数据进行频数分析的常用工具，直方图对应密度函数，而累积曲线对应分布函数. 散点图可用来对两组数据的关系进行描述. 在没有分析目标时，需要对数据进行探索性的分析，箱形图将会帮助用户完成这一任务.

【例 6.24】　山药长度数据为 54,47,39,49,48,47,53,51,43,39,57,56,46,42,44,55,44, 40,46,40,47,51,43,36,43,38,48,54,48,34. 绘制柱状图.

在 Anaconda 内建的 Spyder 集成开发环境中输入代码 6.24.

代码 6.24　柱状图绘制程序

```
1 import matplotlib.pyplot as plt              # 导入 matplotlib.pyplot,记作 plt
2 read = [54,47,39,49,48,47,53,51,43,39,57,56,46,42,44,55,44,40,46,40,47,51,43,
36,43,38,48,54,48,34]                          # 读入数据
3 # 绘制柱状图
4 plt.hist(read,                                # 指定绘图数据
5     bins = 6, rwidth=0.95,                    # 指定柱状图的个数
6     color = 'steelblue',                      # 指定填充色
7     edgecolor = 'black')                      # 指定边框色
8 plt.xlabel('CM')                              # 设置横坐标的文字说明
9 plt.ylabel('数量:个')                          # 设置纵坐标的文字说明
10 plt.title('山药长度统计')                       # 设置标题
11 plt.show()                                    # 绘图
```

代码 6.24 所生成的图形如图 6.7 所示.

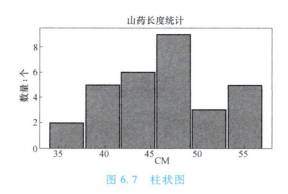

图 6.7　柱状图

【例 6.25】　对学生成绩优秀率 10%、良好率 45%、及格率 40%、不及格率 5% 绘制饼状图.

在 Anaconda 内建的 Spyder 集成开发环境中输入代码 6.25.

代码 6.25　绘制饼状图程序

```
1 import matplotlib.pyplot as plt          # 导入 matplotlib.pyplot,记作 plt
2 labels = '优秀','良好','及格','不及格'        # 定义 4 种学生成绩
3 sizes = [10,45,40,5]                     # 定义 4 种学生成绩所占的比例(%)
4 explode = (0,0.1,0,0)                    # 饼状图弹出第 2 个成绩
5 fig1,ax1=plt.subplots()                  # 定义 ax1
6 ax1.pie(sizes,explode = explode,labels = labels,autopct = '%1.1f%%',shadow =
True,startangle=90)                        # 绘图公式
7 ax1.axis('equal')
8 plt.title('学生成绩统计')                   # 设置标题
9 plt.show()                              # 绘图
```

代码 6.25 所生成的图形如图 6.8 所示.

【例 6.26】　对一组（120 个）零件的测试得分这一定量变量绘制直方图.

数据为 200,202,203,208,216,206,206,201,209,
205,202,203,199,208,206,209,206,208,202,203,206,
213,205,207,208,202,201,203,210,205,200,204,208,
208,204,206,204,195,208,209,212,203,199,207,197,
201,202,207,212,198,210,197,210,210,201,205,201,
203,205,210,211,209,205,204,205,211,207,205,211,
215,198,200,211,200,207,199,196,207,202,204,194,
204,212,201,200,199,211,214,217,206,210,205,204,
202,198,209,214,204,199,204,203,201,203,203,209,

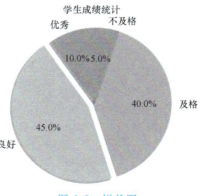

图 6.8　饼状图

208,209,202,205,207,207,205,206,204,213,206,206,207,200,198.

在 Anaconda 内建的 Spyder 集成开发环境中输入代码 6.26.

代码 6.26　　绘制直方图的程序

```
1 import matplotlib.pyplot as plt          # 导入 matplotlib.pyplot,记作 plt
2 read = [200,202,203,208,216,206,206,201,209,205,202,203,199,208,206,209,206,
3 208,202,203,206,213,205,207,208,202,201,203,210,205,200,204,208,208,204,206,
4 204,195,208,209,212,203,199,207,197,201,202,207,212,198,210,197,210,210,201,
5 205,201,203,205,210,211,209,205,204,205,211,207,205,211,215,198,200,211,200,
6 207,199,196,207,202,204,194,204,212,201,200,199,211,214,217,206,210,205,204,
7 202,198,209,214,204,199,204,203,201,203,203,209,208,209,202,205,207,207,205,
8 206,204,213,206,206,207,200,198]                  # 读入数据
9 plt.hist(read,                            # 指定绘图数据
10     bins = 24, rwidth=1,                 # 指定直方图中条块的个数
11     color = 'steelblue',                 # 指定直方图的填充色
12     edgecolor = 'black')                 # 指定直方图的边框色
13 plt.xlabel('质量分数')                     # 设置横坐标的文字说明
14 plt.ylabel('频率')                         # 设置纵坐标的文字说明
15 plt.title('质量分数频率直方图')             # 添加标题
16 plt.show()                                # 显示图形
```

代码 6.26 所生成的图形如图 6.9 所示.

【例 6.27】　对一组（120 个）零件的测试得分这一定量变量绘制散点图.

数据为 200, 202, 203, 208, 216, 206, 206, 201, 209, 205, 202, 203, 199, 208, 206, 209, 206, 208, 202, 203, 206, 213, 205, 207, 208, 202, 201, 203, 210, 205, 200, 204, 208, 208, 204, 206, 204, 195, 208, 209, 212, 203, 199, 207, 197, 201, 202, 207, 212, 198, 210, 197, 210, 210, 201, 205, 201, 203, 205, 210, 211, 209, 205, 204, 205, 211, 207, 205, 211, 215, 198, 200, 211, 200, 207, 199, 196, 207, 202, 204, 194, 204, 212, 201, 200, 199, 211, 214,

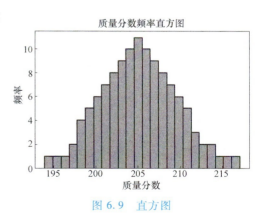

图 6.9　直方图

217, 206, 210, 205, 204, 202, 198, 209, 214, 204, 199, 204, 203, 201, 203, 203, 209, 208, 209, 202, 205, 207, 207, 205, 206, 204, 213, 206, 206, 207, 200, 198.

在 Anaconda 内建的 Spyder 集成开发环境中输入代码 6.27.

代码 6.27　　绘制散点图的程序

```
1 import matplotlib.pyplot as plt          # 导入 matplotlib.pyplot,记作 plt
```

```
2 x = [194,195,196,197,198,199,200,201,202,203,204,205,206,207,208,209,210,211,
3 212,213,214,215,216,217]                          # 质量分数数据
4 y = [1,1,1,2,4,5,6,7,8,9,10,11,10,9,8,7,6,5,3,2,2,1,1,1]
5                                                     # 频率数据
6 plt.scatter(x, y, s=100)                           # 绘制散点图,设置点的大小
7 plt.title("质量分数频率", fontsize=16)              # 添加标题,设置字号大小
8 plt.xlabel("质量分数", fontsize=12)                 # 设置横坐标的文字说明
9 plt.ylabel("频率", fontsize=12)                     # 设置纵坐标的文字说明
10 plt.tick_params(axis='both',
11 which='major', labelsize=10)                       # 设置坐标轴刻度标记的大小
12 plt.show()                                         # 显示图形
```

代码 6.27 所生成的图形如图 6.10 所示.

统计图绘制方法及说明如表 6.1 所示.

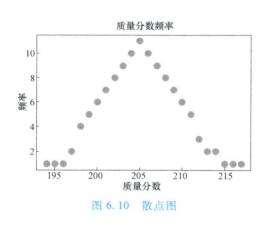

图 6.10　散点图

表 6.1　统计图绘制方法及说明

方法	说明
bar( )	柱状图
pie( )	饼状图
hist( )	直方图
scatter( )	散点图
boxplot( )	箱形图
xticks( )	设置横坐标的刻度值
xlabel( )	横坐标的文字说明
ylabel( )	纵坐标的文字说明
title( )	标题
show( )	绘图

习题 6-2

1. 在某省的一个"夫妻对电视传媒介质观念的研究"项目中,访问了 30 对夫妻,其中丈夫所受教育 x(单位:年)的数据如下:

18,20,16,6,16,17,12,14,16,18,14,14,16,9,20,18,12,15,13,16,16,21,21,9,16,20,14,14,16,16

计算样本均值、中位数、众数、极差、方差、标准差、变异系数、偏度和峰度.

2. 根据给出的 36 名学生的期中考试数据绘制柱状图. 数据:77,82,65,69,89,53,87,99,92,78,76,41,85,91,66,59,78,84,81,88,79,76,54,68,94,82,81,75,65,69,90,89,80,70,73,84.

3. 某品牌汽车有 4 种颜色,分别为红色、白色、黑色、灰色. 某年度每种颜色汽车的

销售占比为 15%、30%、30%、25%. 请绘制饼状图来反映每种颜色汽车的销售状态.

6.3 参数估计和假设检验

6.3.1 参数估计

点估计和区间估计是根据样本的观察值对总体中未知的参数进行估计的两种重要方法.

【例 6.28】 使用鸢尾花样本长度的均值来估计总体鸢尾花的长度情况，因此需要求样本的长度均值.

在 Anaconda 内建的 Spyder 集成开发环境中输入代码 6.28.

代码 6.28 计算总体鸢尾花的长度均值程序

```
1 import numpy as np                                        # 导入 numpy,记作 np
2 import pandas as pd                                       # 导入 pandas,记作 pd
3 import matplotlib. pyplot as plt                          # 导入 matplotlib. pyplot,记作 plt
4 import seaborn as sns                                     # 导入 seaborn,记作 sns
5 from sklearn. datasets import load_iris                   # 从 sklearn. datasets 导入 load_iris
6 import warnings                                           # 导入 warnings
7 sns. set(style="darkgrid")                                # 设置 seaborn 绘图的样式
8 plt. rcParams["font. family"]="SimHei"                    # 设置中文字体
9 plt. rcParams["axes. unicode_minus"]=False                # 是否使用 Unicode 字符集中的负号
10 warnings. filterwarnings("ignore")                       # 忽略警告信息
11 iris=load_iris()                                         # 加载鸢尾花数据集
12 data=np. concatenate([iris. data,iris. target. reshape(-1,1)],axis=1)
13 data=pd. DataFrame(data,columns=["sepal_length","sepal_width","petal_length",
14 "petal_width","type"])
15 # 将鸢尾花数据与对应的类型合并,组合成完整的记录
16 print(data["petal_length"]. mean())                      # 计算平均长度
```

代码 6.28 运行结果为：

3. 7580000000000027

【例 6.29】 有一大批糖果，现从中随机地抽取 16 袋，称得重量（单位：g）如下：

506,508,499,503,504,510,497,512,514,505,493,496,506,502,509,496

设袋装糖果的重量近似地服从正态分布，求总体均值 μ 和标准差 σ 的点估计值.

在 Anaconda 内建的 Spyder 集成开发环境中输入代码 6.29.

代码 6.29 总体均值 μ 和标准差 σ 的点估计值程序

```
1 import numpy as np                                                          # 导入 numpy,记作 np
2 arr=[506,508,499,503,504,510,497,512,514,505,493,496,506,502,509,496]
                                                                             #数据
```

```
3 arr_mean = np.mean(arr)                                    # 求均值
4 arr_var = np.var(arr)                                      # 求方差
5 arr_std = np.std(arr,ddof=1)                               # 求标准差
6 print("总体均值的点估计值为:%f" % arr_mean)                 # 打印
7 print("总体标准差的点估计值为:%f" % arr_std)                # 打印
```

代码 6.29 的运行结果为:

总体均值的点估计值为:503.750000

总体标准差的点估计值为:6.202150

【例 6.30】 在 $(-10000,10000)$ 间随机取数,求置信度为 95% 的 μ 的置信区间.

在 Anaconda 内建的 Spyder 集成开发环境中输入代码 6.30.

代码 6.30 随机取数的区间估计程序

```
1 import numpy as np                                         # 导入 numpy,记作 np
2 mean=np.random.randint(-10000,10000)                       # 随机生成总体数量
3 std=50                                                     # 定义总体标准差
4 n=50                                                       # 定义样本容量
5 all_=np.random.normal(loc=mean,scale=std,size=10000)
6                                                            #从总体中抽取若干个个体,构成一个样本
7 sample=np.random.choice(all_,size=n,replace=False)
8                                                            #随机采样
9 sample_mean=sample.mean()                                  # 计算样本均值
10 print("总体的均值:",mean)                                 # 打印
11 print("一次抽样的样本均值:",sample_mean)                   # 打印
12 se=std/np.sqrt(n)                                          # 计算标准误差
13 min_=sample_mean-1.96* se                                  # 计算下限
14 max_=sample_mean+1.96* se                                  # 计算上限
15 print("置信区间(95%置信度):",(min_,max_))                 # 打印
```

代码 6.30 的运行结果 (一组可能输出的结果) 为:

总体的均值:1698

一次抽样的样本均值:1687.8386654217188

置信区间 (95%置信度):(1673.9793725104626, 1701.697958332975)

【例 6.31】 有一大批糖果,现从中随机地抽取 16 袋,称得重量 (单位:g) 如下:

506,508,499,503,504,510,497,512,514,505,493,496,506,502,509,496

设袋装糖果的重量近似地服从正态分布. (1) 求总体均值 μ 的置信水平为 0.95 的置信区间; (2) 求总体标准差 σ 的置信水平为 0.95 的置信区间.

在 Anaconda 内建的 Spyder 集成开发环境中输入代码 6.31-1.

代码 6.31-1 总体均值 μ 的置信水平为 0.95 的置信区间程序

```
1  import numpy as np                                          # 导入 numpy,记作 np
2  sample=(506,508,499,503,504,510,497,512,514,505,493,496,506,502,509,496)
3                                                              # 输入样本
4  sample_mean = np.mean(sample)                               # 计算样本均值
5  std = np.std(sample,ddof=1)                                 # 计算样本标准差
6  n=16                                                        # 样本容量
7  print("总体的均值:",sample_mean)                             # 打印
8  print("总体的方差:",std)                                     # 打印
9  te=std/np.sqrt(n)                                           # 计算 te
10 min_=sample_mean-2.1315*te                                  # 计算下限
11 max_=sample_mean+2.1315*te                                  # 计算上限
12 print("mu 置信区间(95%置信度):",(min_,max_))                # 打印
```

代码 6.31-1 运行的结果为:

总体的均值:503.75

总体的方差:6.202150164795002

mu 置信区间(95%置信度):(500.44502923093484,507.05497076906516)

在 Anaconda 内建的 Spyder 集成开发环境中输入代码 6.31-2.

代码 6.31-2 总体标准差 σ 的置信水平为 0.95 的置信区间程序

```
1  import numpy as np                                          # 导入 numpy,记作 np
2  sample=(506,508,499,503,504,510,497,512,514,505,493,496,506,502,509,496)
3                                                              # 输入样本
4  sample_mean = np.mean(sample)                               # 计算样本均值
5  std = np.std(sample,ddof=1)                                 # 计算样本标准差
6  n=16                                                        # 样本容量
7  x1=27.488                                                   # 分位数值
8  x2=6.262                                                    # 分位数值
9  min_=np.sqrt(n-1)*std/np.sqrt(x1)                           # 计算下限
10 max_=np.sqrt(n-1)*std/np.sqrt(x2)                           # 计算上限
11 print("标准差的置信区间(95%置信度):",(min_,max_))           # 打印
```

代码 6.31-2 运行的结果为:

标准差的置信区间(95%置信度):(4.581591195344395,9.599118984379222)

【例 6.32】 有甲、乙两台机床加工相同的产品,从这两台机床加工的产品中随机地抽取若干件,测得产品直径(单位:mm)为

机床甲:20.5,19.8,19.7,20.4,20.1,20.0,19.0,19.9

机床乙:19.7,20.8,20.5,19.8,19.4,20.6,19.2

假定两台机床加工的产品直径都服从正态分布，且总体方差相等，求两个平均值差值的置信度为95%的置信区间.

在 Anaconda 内建的 Spyder 集成开发环境中输入代码 6.32.

代码 6.32　求两个平均值差值的置信区间程序

```
1 import pandas as pd                                      # 导入 pandas,记作 pd
2 import numpy as np                                       # 导入 numpy,记作 np
3 aSer = pd.Series([20.5,19.8,19.7,20.4,20.1,20.0,19.0,19.9])
4                                                          # 将数据导入
5 bSer = pd.Series([19.7,20.8,20.5,19.8,19.4,20.6,19.2])
6                                                          # 将数据导入
7 a_mean = aSer.mean()                                     # 计算数据的均值
8 b_mean = bSer.mean()                                     # 计算数据的均值
9 a_std = aSer.std()                                       # 计算数据的标准差
10 b_std = bSer.std()                                      # 计算数据的标准差
11 t_ci = 2.2010
12 a_n = len(aSer)                                         # 计算字符串长度
13 b_n = len(bSer)                                         # 计算字符串长度
14 se = np.sqrt(np.square(a_std)/a_n + np.square(b_std)/b_n)
15                                                         # 计算 se
16 sample_mean = a_mean - b_mean                           # 计算样本均值差
17 a = sample_mean -t_ci * se                              # 计算置信下限
18 b = sample_mean + t_ci * se                             # 计算置信上限
19 print('95%置信水平下,两个平均值差值的置信区间 CI=(%f,%f)'%(a,b))   #打印
```

代码 6.32 运行的结果为：

95%置信水平下，两个平均值差值的置信区间 $CI = (-0.711847, 0.561847)$

【例 6.33】　甲、乙两台机床加工同一种零件，分别抽取同等数量的样品，并测得它们的长度（单位：mm），数据如下：

甲 data = [3.45, 3.22, 3.90, 3.20, 2.98, 3.70, 3.22, 3.75, 3.28, 3.50, 3.38, 3.35, 2.95, 3.45, 3.20, 3.16, 3.48, 3.12, 3.20, 3.18, 3.25]

乙 data = [3.22, 3.28, 3.35, 3.38, 3.19, 3.30, 3.30, 3.20, 3.05, 3.30, 3.29, 3.33, 3.34, 3.35, 3.27, 3.28, 3.16, 3.28, 3.30, 3.34, 3.25]

在置信度为95%时，试求这两台机床加工精度之比 σ_1^2/σ_2^2 的置信区间. 假定测量值都服从正态分布，方差分别为 σ_1^2、σ_2^2.

在 Anaconda 内建的 Spyder 集成开发环境中输入代码 6.33.

代码 6.33　求两个总体方差比的置信区间程序

```
1 import numpy as np                                       # 导入 numpy,记作 np
2 from scipy import stats                                  # 调用统计模块 stats
```

```
3 def confidence_interval_varRatio(data1, data2,alpha=0.05):
4                                                              # 创建函数
5   n1 = len(data1)                                            # 取数据 1 容量
6   n2 = len(data2)                                            # 取数据 2 容量
7   tmp = np.var(data1, ddof=1)/np.var(data2, ddof=1)          # 计算 tmp(方差比)
8   F = stats.f(dfn=n1-1, dfd=n2-1)                            # 计算 F
9   return  tmp/F.ppf(1-alpha/2),tmp/F.ppf(alpha/2)            # 返回计算 F 分布的置
10                                                                信下限、置信上限
11 data1 = np.array([3.45, 3.22, 3.90, 3.20, 2.98, 3.70, 3.22, 3.75, 3.28, 3.50, 3.38,
12 3.35, 2.95, 3.45, 3.20, 3.16, 3.48, 3.12, 3.20, 3.18, 3.25])   # 数据 1
13 data2 = np.array([3.22, 3.28, 3.35, 3.38, 3.19, 3.30, 3.30, 3.20, 3.05, 3.30, 3.29,
14 3.33, 3.34, 3.35, 3.27, 3.28, 3.16, 3.28, 3.30, 3.34, 3.25])   # 数据 2
15 print(confidence_interval_varRatio(data1,data2,alpha=0.05))    # 打印
```

代码 6.33 运行的结果为:

(4.051925780851215, 24.610112136102646)

6.3.2 参数假设检验

假设检验是在已知总体分布某个参数的先验值后, 通过抽样来对该先验值验证是否接受的问题. 判断的方法大致分为两类: 临界值法和 p 值法. 相对来说, p 值法更方便计算机处理, 因此下面的讨论均基于 p 值法.

【例 6.34】 为了解 A 高校学生的消费水平, 随机抽取了 225 位学生来调查其月消费 (近 6 个月的消费平均值), 得到该 225 位学生的平均月消费为 1530 元. 假设学生月消费服从正态分布, 标准差为 $\sigma = 120$, 已知 B 高校学生的月平均消费为 1550 元, 是否可以认为 A 高校学生的消费水平要低于 B 高校?

在 Anaconda 内建的 Spyder 集成开发环境中输入代码 6.34.

代码 6.34 标准差已知的正态总体均值 μ 的左侧检验问题程序

```
1 import numpy as np                                # 导入 numpy,记作 np
2 from scipy import stats                           # 调用统计模块
3 def ztest_simple(xb, sigma,sample_num, mu0, side='both'):
4                                                   # 创建 z 检验函数
5   '''
6   参数:xb 表示样本均值;sigma 表示样本的标准差;sample_num 表示样本容量;
7   mu0 表示 H0 假设的均值;对于 side 取值,both 表示双边检验,left 表示左侧检验
8   返回值: 字典形式的 p_val
9   '''
10  Z = stats.norm(loc=0, scale=1)                  # 计算 Z
11  z0 = (xb-mu0)/(sigma/np.sqrt(sample_num))       # 计算 z0
12    if side=='both':                              # if 语句,side 为双边检验
```

```
13        z0 = np.abs(z0)                            # z0 取绝对值
14        tmp = Z.sf(z0)+Z.cdf(-z0)                  # 取 tmp 为 Z.sf(z0)+Z.cdf(-z0)
15        return {'p_val': tmp}                      # 返回 tmp
16    elif side == 'left':                           # side 为左侧检验
17        tmp = Z.cdf(z0)                            # 取 tmp 为 Z.cdf(z0)
18        return {'p_val': tmp}                      # 返回 tmp
19    else:                                          # 否则
20        tmp = Z.sf(z0)                             # 取 tmp 为 Z.sf(z0)
21        return {'p_val': tmp}                      # 返回 tmp
22 print(ztest_simple(1530, 120, 225, 1550, side='left'))
23                                                   # 打印
```

代码 6.34 运行的结果为：

{'p_val': 0.006209665325776132}

因此在显著性水平 $\alpha = 0.05$ 下，拒绝原假设，即认为 A 高校学生的生活水平低于 B 高校．

【例 6.35】　根据健康中心报告，35～44 岁的男性平均心脏收缩压为 128，标准差为 15. 现根据某公司 35～44 岁年龄段的 72 位员工的体检记录，计算得平均收缩压为 126.07 （mm/hg）．问该公司员工的收缩压与一般人群是否存在差异？假设该公司员工与一般男子的心脏收缩压具有相同的标准差，$\alpha = 0.05$.

在 Anaconda 内建的 Spyder 集成开发环境中输入代码 6.35.

代码 6.35　标准差已知的正态总体均值 μ 的双边检验问题的程序

```
1 import numpy as np                                       # 导入 numpy，记作 np
2 from scipy import stats                                  # 调用统计模块
3 def ztest_simple(xb, sigma, sample_num, mu0, side='both'):  # 创建 z 检验函数
4 '''    参数：xb 表示样本均值；sigma 表示样本的标准差；
5 sample_num 表示样本容量；mu0 表示 H0 假设的均值；
6 对于 side 取值，both 表示双边检验，left 表示左侧检验
7 返回值：字典形式的 p_val
8 '''
9     Z = stats.norm(loc=0, scale=1)                       # 计算 Z
10    z0 = (xb-mu0)/(sigma/np.sqrt(sample_num))            # 计算 z0
11    if side == 'both':                                   # if 语句，双边检验
12        z0 = np.abs(z0)                                  # 计算 z0
13        tmp = Z.sf(z0)+Z.cdf(-z0)                        # 计算 tmp
14        return {'p_val': tmp}                            # 返回
15    elif side == 'left':                                 # 左侧检验
16        tmp = Z.cdf(z0)                                  # 计算 tmp
17        return {'p_val': tmp}                            # 返回
18    else:                                                # 
19        tmp = Z.sf(z0)                                   # 计算 tmp
```

```
20          return {'p_val': tmp}                    # 返回
21 print(ztest_simple(126.07, 15, 72, 128, side='both')) # 打印
```

代码 6.35 运行的结果为：

{'p_val': 0.2749329465332896}

因为 0.2749329465332896>0.05，因此接受原假设，即该公司员工的收缩压与一般人群不存在差异．

【例 6.36】 可乐制造商为了检验可乐在贮藏过程中其甜度是否有损失，请专业品尝师对可乐贮藏前后的甜度进行评分．10 位品尝师对可乐贮藏前后的甜度评分之差为

$$2.0,\ 0.4,\ 0.7,\ 2.0,\ -0.4,\ 2.2,\ -1.3,\ 1.2,\ 1.1,\ 2.3$$

问：这些数据是否提供了足够的证据来说明可乐贮藏之后的甜度有损失呢？设总体服从正态分布，标准差未知．分别在显著水平 $\alpha=0.05$ 和 $\alpha=0.01$ 的情况下给出判定．

在 Anaconda 内建的 Spyder 集成开发环境中输入代码 6.36.

代码 6.36 标准差未知的正态总体均值 μ 的右侧检验问题程序

```
1 import numpy as np                        # 导入 numpy, 记作 np
2 from scipy import stats                   # 导入 stats
3 data = np.array([2.0, 0.4, 0.7, 2.0, -0.4, 2.2, -1.3, 1.2, 1.1, 2.3])
4                                           # 数据
5 _,pval = stats.ttest_1samp(data, 0)       # 调用 t 检验函数求 pval,H0:μ=0, H
6                                           #     1:μ>0, 右侧检验
7 print('双边检测结果为',pval)              # 打印
8 print(pval/2)                             # 打印
9 if pval/2<0.05:                           # 输入 α = 0.05,判断
10    print('如果显著水平取 α=0.05,则有充分的理由拒绝原假设,即甜度有损失.')
11                                          #打印
12 else:
13    print('如果显著水平取 α=0.05,则没有充分的理由拒绝原假设,即甜度无损失.')
14                                          #打印
15 if pval/2<0.01:                          # 输入 α = 0.01, 判断
16   print('如果显著水平取 α=0.01,则没有充分的理由拒绝原假设,即甜度无损失。')
17                                          #打印
18 else:
19   print('如果显著水平取 α=0.01,则有充分的理由拒绝原假设,即甜度有损失。')
20                                          # 打印
```

代码 6.36 运行的结果为：

双边检测结果为 0.02452631242068369

0.012263156210341845

如果显著水平取 $\alpha=0.05$，则有充分的理由拒绝原假设，即甜度有损失．

如果显著水平取 $\alpha = 0.01$，则有充分的理由拒绝原假设，即甜度有损失.

【例 6.37】 某批次矿砂的 5 个样品的镍含量经测定为（%）3.25，3.27，3.24，3.25，3.24，假设测定值服从正态分布，但是参数均未知. 问在 $\alpha = 0.01$ 下能否接受假设：这批矿砂的镍含量的均值为 3.25.

在 Anaconda 内建的 Spyder 集成开发环境中输入代码 6.37.

代码 6.37 标准差未知的正态总体均值 μ 的双边检验问题程序

```
1 import numpy as np                                    # 导入 numpy,记作 np
2 from scipy import stats                               # 导入 stats
3 data = np.array([3.25, 3.27, 3.24, 3.25, 3.24])       # 数据
4 _, pval = stats.ttest_1samp(data, 3.25)               # H0:μ = μ0=3.25, H1:μ ≠
5                                                          3.25, 双边检验,计算 pval
6 print('双边检测结果为',pval)                            # 打印
7 alpha=0.01                                            # 给定 α=0.01
8 if pval>alpha:                                        # if 语句判断
9   print('可以接受该批矿砂镍含量均值为 3.25')              # 打印
10 else:
11   print('不接受该批矿砂镍含量均值为 3.25')               # 打印
```

代码 6.37 运行的结果为：

双边检测结果为 1.0

可以接受该批矿砂镍含量均值为 3.25

【例 6.38】 有甲、乙两台机床加工相同的产品，从这两台机床加工的产品中随机地抽取若干件，测得产品直径（单位：mm）为

机床甲:20.5,19.8,19.7,20.4,20.1,20.0,19.0,19.9

机床乙:19.7,20.8,20.5,19.8,19.4,20.6,19.2

试比较甲、乙两台机床加工的产品直径有无显著差异. 假定两台机床加工的产品直径都服从正态分布，且总体方差相等，$\alpha = 0.05$.

在 Anaconda 内建的 Spyder 集成开发环境中输入代码 6.38.

代码 6.38 两个正态总体均值差的假设检验程序

```
1 import pandas as pd                                            # 导入 pandas,记作 pd
2 import numpy as np                                             # 导入 numpy,记作 np
3 aSer = pd.Series([20.5,19.8,19.7,20.4,20.1,20.0,19.0,19.9])
4                                                                # 数据集导入
5 bSer = pd.Series([19.7,20.8,20.5,19.8,19.4,20.6,19.2])
6                                                                # 数据集导入
7 a_mean = aSer.mean()                                           # 计算均值
8 b_mean = bSer.mean()                                           # 计算均值
9 print('甲机床加工的产品直径 =', a_mean,'单位:mm')                # 打印
```

```
10 print('乙机床加工的产品直径=',b_mean,'单位:mm')
11                                              # 打印
12 a_std = aSer.std()                           # 计算标准差
13 b_std = bSer.std()                           # 计算标准差
14 print('甲机床加工的产品直径标准差=',a_std,'单位:mm')
15                                              #打印
16 print('乙机床加工的产品直径标准差=',b_std,'单位:mm')
17                                              #打印
18 import statsmodels.stats.weightstats as st
19                                              # 导入 statsmodels.stats.
20                                                weightstats,记作 st
21 t,p_two,df = st.ttest_ind(aSer,bSer,usevar='unequal')
22                                              # 计算 t、p_two、df
23 print('t=',t,'p_two=',p_two,'df=',df)        # 打印
24 alpha = 0.05                                 # 判断标准:显著性水平为 0.05
25 if(p_two < alpha):                           # if 语句做出结论
26 #将计算出的 p 值(即 P_two 值)与显著性水平进行比较,若 p 值大于显著性水平,则接受原假设;
27 若 p 值小于显著性水平,则拒绝原假设,接受备择假设
28     print ('拒绝原假设,接受备择假设,也就是甲、乙两台机床加工的产品直径有显著差异')
29                                              #打印
30 else:
31     print ('接受原假设,也就是甲、乙两台机床加工的产品直径没有显著差异')
32                                              # 打印
```

代码 6.38 运行的结果为:

甲机床加工的产品直径 = 19.925 单位: mm

乙机床加工的产品直径 = 19.999999999999996 单位: mm

甲机床加工的产品直径标准差 = 0.4652188425123937 单位: mm

乙机床加工的产品直径标准差 = 0.6298147875897069 单位: mm

t = −0.25920658837461347, p_two = 0.8002815375229997, df = 10.956106306156492

接受原假设,也就是甲、乙两台机床加工的产品直径没有显著差异

【例 6.39】 两台机床生产同一个型号的滚珠,从甲机床生产的滚珠中抽取 8 个,从乙机床生产的滚珠中抽取 9 个,测得这些滚珠的直径(单位:mm)如下:

机床甲:15.0,14.8,15.2,15.4,14.9,15.1,15.2,14.8

机床乙:15.2,15.0,14.8,15.1,14.6,14.8,15.1,14.5,15.0

设两机床生产的滚珠直径分别为 X、Y,且 $X \sim N(\mu_1, \sigma_1^2)$,$Y \sim N(\mu_2, \sigma_2^2)$,是否认为这两台机床生产的滚珠直径方差没有显著的差异.

在 Anaconda 内建的 Spyder 集成开发环境中输入代码 6.39.

代码6.39　两个正态总体方差比的假设检验程序

```
1 import numpy as np                                          # 导入 numpy,记作 np
2 from scipy import stats                                     # 导入统计模块 stats
3 def ftest(data1,data2,side='both'):                         # 定义 F 检验函数
4     n1=len(data1)                                           # 取数据 1 的深度
5     n2=len(data2)                                           # 取数据 2 的深度
6     F=stats.f(dfn=n1-1,dfd=n2-1)                            # 计算 F
7     tmp=np.var(data1,ddof=1)/np.var(data2,ddof=1)           # 计算,tmp 表示两样本方差比
8     ret_left=F.cdf(tmp)                                     # 计算,cdf()为累计分布函数
9     ret_right=F.sf(tmp)                                     # 计算,sf()为残存函数
10     if side=='both':                                       # if 语句,双边检验
11        return 2*min(ret_left,ret_right)                    # 返回值
12     elif side=='left':                                     # else if 语句
13        return ret_left                                     # 返回值,左值
14     return ret_right                                       # 返回值,右值
15 data1=np.array([15.0,14.8,15.2,15.4,14.9,15.1,15.2,14.8])
16                                                            # 数据 data1
17 data2=np.array([15.2,15.0,14.8,15.1,14.6,14.8,15.1,14.5,15.0])
18                                                            # 数据 data2
19 pval=ftest(data1,data2,side='both')                        # 计算 pval
20 print('pval=',pval)                                        # 打印 pval
21 alpha=0.1                                                  # 输入 α 值
22 if pval>alpha:                                             # if 语句判断
23     print('接受原假设,即认为这两台机床生产的滚珠直径方差没有显著的差异.')
24                                                            # 打印
25 else:
26     print('拒绝原假设,即认为这两台机床生产的滚珠直径方差有显著的差异.')
27                                                            # 打印
```

代码6.39运行的结果为：

pval=0.7752489597608184

接受原假设，即认为这两台机床生产的滚珠直径方差没有显著的差异.

习题 6-3

1. 设 X 表示某种型号的电子元件的使用寿命（以小时 h 计），它服从指数分布，其密度函数为：

$$f(x,\theta)=\begin{cases} \dfrac{1}{\theta}\,e^{-x/\theta}, & x>0 \\ 0, & x\leqslant 0 \end{cases}$$

其中，θ 为未知参数，且 $\theta>0$. 现得样本值为：

$$168,130,169,143,174,198,108,212,252$$

试估计未知参数 θ.

2. 某公司研制出一种新的安眠药，要求其平均睡眠时间为 23.8h，为了检验安眠药是否达到要求，收集到一组使用新安眠药的睡眠时间（单位：h）：26.7,22,24.1,21,27.2,25,23.4. 假定睡眠时间服从正态分布 $N(\mu, \sigma^2)$，求平均睡眠时间的置信水平为 95% 的置信区间.

3. 有一大批糖果，现从中随机地抽取 16 袋，称得重量（单位：g）如下：

$$506,508,499,503,504,510,497,512,514,505,493,496,506,502,509,496$$

设袋装糖果的重量近似地服从正态分布，试求总体标准差 σ 的置信水平为 90% 的置信区间.

4. A、B 两个地区种植同一种型号的小麦，现抽取了 19 块面积相同的麦田，其中 9 块属于地区 A，另外 10 块属于地区 B，测得它们的小麦产量（单位：kg）分别如下：

地区 A：100,105,110,125,110,98,105,116,112

地区 B：101,100,105,115,111,107,106,121,102,92

设地区 A 的小麦产量 $X \sim N(\mu_1, \sigma^2)$，地区 B 的小麦产量 $Y \sim N(\mu_2, \sigma^2)$，$\mu_1$、$\mu_2$、$\sigma^2$ 均未知，试求这两个地区小麦的平均产量之差 $\mu_1 - \mu_2$ 的 95% 和 90% 的置信区间.

5. 设两个工厂生产的灯泡寿命近似服从正态分布 $X \sim N(\mu_1, \sigma_1^2)$ 和 $Y \sim N(\mu_2, \sigma_2^2)$. 样本分别为：

工厂甲：1600,1610,1650,1680,1700,1720,1800

工厂乙：1460,1550,1600,1620,1640,1660,1740,1820

设两样本相互独立，且 μ_1、μ_2、σ_1^2、σ_2^2 均未知，求置信水平分别为 95% 与 90% 的方差比 σ_1^2/σ_2^2 的置信区间.

6. 某面粉厂包装面粉，每袋面粉的重量（单位：kg）服从正态分布，机器运转正常时每袋面粉重量的均值为 50，标准差为 1. 某日随机地抽取了刚包装的 9 袋，称其重量为 49.7,50.6,51.8,52.4,49.8,51.1,52,51.5,51.2，问机器运转是否正常？

7. 水泥厂用自动包装机包装水泥，每袋额定重量是 50kg，某日开工后随机抽取了 9 袋，称得重量如下：

49.6,49.3,50.1,50.0,49.2,49.9,49.8,51.0,50.2

设每袋重量服从正态分布，问包装机工作是否正常？（$\alpha = 0.05$）

8. 随机地抽取年龄都是 25 岁的 16 名男子和 13 名女子，测得他们的脉搏率为：

男：61，73，58，64，70，64，72，60，65，80，55,72，56，56，74，65

女：83，58，70，56，76，64，80，68，78，108,76，70，97

假设男女脉搏率均服从正态分布，那么这些数据能否认为男女脉搏率的均值相同？（$\alpha = 0.05$）

9. 测定 10 位老年男子和 8 位青年男子的血压值（收缩压）为：

老年男子的血压值:133,120,122,114,130,155,116,140,160,180

青年男子的血压值:152,136,128,130,114,123,134,128

通常认为血压值服从正态分布，试检验老年男子血压值的波动是否显著高于青年男子？（$\alpha = 0.05$）

10. 有一种称为"混乱指标"的尺度可衡量工程师的英语可理解性，对混乱指标的打分越低，表示可理解性越高. 分别随机选取 13 篇刊载在工程杂志上的论文以及 10 篇未出版的学术报告，对它们的打分情况为：

杂志中的论文（数据Ⅰ）:1.79,1.75,1.67,1.65,1.87,1.74,1.94,1.62,2.06,1.33,1.96,1.69,1.70

未出版的学术报告（数据Ⅱ）:2.39,2.51,2.86,2.56,2.29,2.49,2.36,2.58,2.62,2.41

设数据Ⅰ、数据Ⅱ分别来自正态总体 $N(\mu_1, \sigma_1^2)$、$N(\mu_2, \sigma_2^2)$，μ_1、μ_2、σ_1^2、σ_2^2 均未知，两样本独立. 试检验假设 $H_0: \sigma_1^2 = \sigma_2^2$，$H_1: \sigma_1^2 \neq \sigma_2^2$.（$\alpha = 0.10$）

6.4　本章小结

本章分 3 节介绍了 Python 在概率统计中的应用. 6.1 节介绍了利用 Python 计算随机变量的概率和随机变量的数字特征，针对具体问题，通过设计函数以及调用相关程序包进行解决. 6.2 节介绍了描述性统计和统计图，使用 Python 计算常用统计量并介绍常见统计图的绘制方法. 6.3 节介绍了正态总体的参数估计和假设检验，通过调用统计模块以及针对具体问题创建函数等方式进行参数估计和假设检验.

总习题 6

1. 一本 100 页的书共有 100 个错字，每个字等可能地出现在每一页上，试求在给定的一页上至少有 3 个错字的概率.

2. 随机变量的分布律为：

X	-1	0	1	3
p	0.2	0.1	0.3	0.4

求（1）$P(X \leqslant 1)$；（2）$E(2X-1)$、$D(2X-1)$、$D(X^2)$.

3. 已知二维连续型随机变量 (X, Y) 的概率密度函数为：

$$f(x,y) = \begin{cases} e^{-x-y}, & x>0, y>0 \\ 0, & \text{其他} \end{cases}$$

求 $E(X)$、$E(Y)$、$E(XY)$、$\text{cov}(X,Y)$.

4. 设总体 X 服从均匀分布 $U[0,\theta]$，它的概率密度函数为：

$$f(x, \theta) = \begin{cases} \dfrac{1}{\theta}, & 0 \leqslant x \leqslant \theta \\ 0, & \text{其他} \end{cases}$$

其中参数 θ 未知，当样本观察值为 0.3, 0.8, 0.27, 0.35, 0.62, 0.55 时，求 θ 的矩估计值.

5. 设飞机的最大飞行速度 $X \sim N(\mu, \sigma^2)$，对某飞机进行了 15 次实测，各次的最大飞行速度为 422.2,418.7,425.6,420.3,425.8,423.1,431.5,428.2,438.3,434.0,412.3,417.2,413.5,441.3,423.7. 试求 μ 的置信度为 95% 的置信区间.

6. 两台机床生产同一个型号的滚珠，从甲机床生产的滚珠中抽取 8 个，从乙机床生产的滚珠中抽取 9 个，测得这些滚珠的直径（单位：mm）为：

机床甲:20.1,19.9,20.3,20.4,19.9,20.1,20.2,19.8

机床乙:20.2,20.0,19.8,20.1,19.6,19.8,20.1,19.7,20.0

设两机床生产的滚珠直径分别为 X、Y，且 $X \sim N(\mu_1, \sigma_1^2)$、$Y \sim N(\mu_2, \sigma_2^2)$，求置信水平为 90% 的双侧置信区间.

（1）$\sigma_1 = 0.8$，$\sigma_2 = 0.24$，求 $\mu_1 - \mu_2$ 的置信区间；

（2）若 $\sigma_1 = \sigma_2$ 且未知，求 $\mu_1 - \mu_2$ 的置信区间；

（3）若 $\sigma_1 \neq \sigma_2$ 且未知，求 $\mu_1 - \mu_2$ 的置信区间；

（4）若 μ_1、μ_2 未知，求 $\dfrac{\sigma_1^2}{\sigma_2^2}$ 的置信区间.

7. 某种元件的寿命 X（以 h 计）服从正态分布 $N(\mu, \sigma^2)$，μ、σ^2 均未知. 现测得 16 只元件的寿命为 159，280，101，212，224，379，179，264，222，362，168，250，149，260，485，170，问是否有理由认为元件的平均寿命大于 225h？

8. 某地某年高考后随机抽取 15 名男生、12 名女生的物理考试成绩如下：

男生：49，48，47，53，51，43，39，57，56，46，42，44，55，44，40

女生：46，40，47，51，43，36，43，38，48，54，48，34

从这 27 名学生的成绩能说明该地区男、女生的物理考试成绩不相上下吗？（$\alpha = 0.05$）

9. 为比较甲、乙两种安眠药的疗效，将 20 名患者分成两组，每组 10 人，假设服药后延长的睡眠时间分别服从正态分布，其数据为（单位：h）

甲：5.5，4.6，4.4，3.4，1.9，1.6，1.1，0.8，0.1，−0.1

乙：3.7，3.4，2.0，2.0，0.8，0.7，0.0，−0.1，−0.2，−1.6

问在显著性水平 $\alpha = 0.05$ 下两种药的疗效有无显著差别？

第7章

NumPy 库与 Pandas 库的用法

本章概要

- NumPy 库的用法
- Pandas 库的用法

7.1 NumPy 库的用法

NumPy（Numerical Python）是 Python 的一个开源的数值计算扩展，是其他数据分析包的基础，它为 Python 提供了高性能数组与矩阵运算处理能力.

7.1.1 NumPy 库的导入

NumPy 库是 Python 语言的第三方库、要想使用 NumPy 库，首先需要对其进行安装，如果事先在计算机中安装了 Anaconda 这种集成的环境，则不需要再安装 NumPy 库，只需要运行下面的代码即可将其导入：

import numpy as np

如果运行完这句代码，提示没有安装 NumPy 库，则需要手动安装. 有两种安装方法，分别是 pip 工具安装、文件安装.

1. pip 工具安装

pip 工具安装是较常用、高效的 Python 第三方库安装方式. pip 是 Python 官方提供并维护的在线第三方库安装工具. pip 是 Python 内置命令，需要通过命令行执行，执行 pip-h 命令将列出 pip 常用的子命令. 注意，不要在 IDLE 环境下运行 pip 程序. pip 常用子命令列表如图 7.1 所示.

```
Usage:
  C:\ProgramData\Anaconda3\python.exe -m pip <command> [options]

Commands:
  install        Install packages.
  download       Download packages.
  uninstall      Uninstall packages.
  freeze         Output installed packages in requirements format.
  list           List installed packages.
  show           Show information about installed packages.
  check          Verify installed packages have compatible dependencies.
  config         Manage local and global configuration.
  search         Search PyPI for packages.
  wheel          Build wheels from your requirements.
  hash           Compute hashes of package archives.
  completion     A helper command used for command completion.
  debug          Show information useful for debugging.
  help           Show help for commands.
```

图 7.1　pip 常用子命令列表

pip 支持一个库的安装（install）、下载（download）、卸载（uninstall）、列表（list）、查看（show）、查找（search）等安装和维护的子命令.

安装 NumPy 库的 pip 命令为：

pip install numpy

如果想卸载 NumPy 库，则用下面的命令：

pip uninstall numpy

也可以用 list 子命令列出已经安装的第三方库，例如：

pip list

2. 文件安装

下载 tar. gz 包，执行 python setup. py install 命令进行安装.

1）下载 tar. gz 包，https：//pypi. org/project/baidu-aip/#files.

2）解压到本地目录.

3）在 Anaconda Prompt 执行窗口中，进入 tar 包目录下，执行 python setup. py install 命令.

7.1.2　ndarray 数组

ndarray 数组对象是一个快速而灵活的数据集容器. 本节主要讲解 ndarray 数组的创建方法、数组的属性和数组的数据类型等内容.

1. ndarray 数组的创建

通常来说，ndarray 是一个通用的同构数据容器，即其中的所有元素都应该是相同的类型. 当创建好一个 ndarray 数组时，同时会在内存中存储 ndarray 的 shape 和 dtype. shape 是 ndarray 维度大小的元组，dtype 是解释说明 ndarray 数据类型的对象.

【例 7.1】　创建一个名为 arr1 和 arr2 的一维 ndarray 数组，分别以列表和元组为元素；创建一个名为 arr3 的二维数组，以列表为元素.

代码 7.1　创建 ndarray 数组

```
1 import numpy as np                      # 导入 numpy 库
2 data1 = [10,13,16,18]                    # 创建列表
3 arr1 = np. array(data1)                  # 创建 ndarray 数组
4 arr1                                     # 输出 arr1 数组
5 data2 = ([10,13,16,18])                  # 创建元组
6 arr2 = np. array(data2)                  # 创建 arr2 数组
7 data3 = [[1,2,3,4],[5,6,7,8]]            # 创建二维数组
8 arr3 = np. array(data3)                  # 创建 arr3 多维数组
9 print('arr1 = ',arr1)                    # 打印 arr1 数组
10 print('arr2 = ',arr2)                   # 打印 arr2 数组
11 print('arr3 = ',arr3)                   # 打印 arr3 数组
12 arr3. shape                             # arr3 数组的维度
13 arr3. dtype                             # arr3 数组的数据类型
```

代码 7.1 输出的结果为：

arr1 = [10 13 16 18]

arr2 = [110 113 116 118]

arr3 = [[1 2 3 4],[5 6 7 8]]

(2,4)

int32

由上面的结果不难发现 arr3 的维度是 2×4 的矩阵，数组的数据类型是整型.

除了可以使用 np.arrray 创建数组外，NumPy 库还有函数可以创建一些特殊的数组. 表 7.1 所示为常用的用来创建数组的函数.

表 7.1 常用的创建数组的函数

NumPy 库中创建数组的函数	函数的功能
np.random.rand()	以给定的形状创建一个数组,并在数组中加入在 [0,1] 区间均匀分布的随机样本
np.random.randn()	以给定的形状创建一个数组,数组元素符合标准正态分布 $N(0,1)$
np.random.randint()	生成在给定区间内离散均匀分布的整数值
np.zeros()	创建指定长度或形状的全 0 数组
np.zeros_like()	以另一个数组为参考,根据其形状和 dtype 创建全 0 数组
np.ones()	创建指定长度或形状的全 1 数组
np.ones_like()	以另一个数组为参考,根据其形状和 dtype 创建全 1 数组
np.empty()	创建一个没有具体值的数组(即垃圾值)
np.arange()	类似于内置的 arange() 函数,用于创建数组
np.eye()、np.identity()	创建正方形的 $N×N$ 单位矩阵

【例 7.2】 创建一个长度为 5 的随机数组，使其元素在 [0,1] 区间均匀分布；创建一个维度为 2×5 的随机数组，且数组元素符合标准正态分布 $N(0,1)$；创建数组，使其元素在 [5,10] 区间内符合离散均匀分布的整数值，且维度为 (2,3).

代码 7.2 创建 ndarray 数组

```
1 import numpy as np              # 导入 numpy 库
2 import random                   # 导入 random 库
3 arr4 = np.random.rand(2,10)     # 创建元素在[0,1]区间均匀分布的列表
4 print('arr4 = ',arr4)          # 输出 arr4
5 arr5 = np.random.normal(2,3)    # 创建元素符合标准正态分布的列表
6 print(('arr5 = ',arr5)         # 输出 arr5
7 arr6 = np.random.randint(5,11,(2,3))  # 创建元素在[5,10]区间内符合离散均匀分布的
8                                       整数值的列表
9                                 注意,第一个参数是元素可取的最小值;第二个
10                                参数是元素可取的最大值,但不包括这个值本
11                                身;第三个参数是维度
12 print(('arr6 = ',arr6)        # 输出 arr6
```

代码 7.2 输出的结果为：

arr4 = [[0.61809777 0.65808741 0.40320666 0.12757757 0.54301661 0.42360397

0.3755921 0.78146491 0.69550954 0.45178049]

[0.82861783 0.04640366 0.7155183 0.5755692 0.07110464 0.51807873

0.13324115 0.92643628 0.7175099 0.67428336]]

arr5 = [[-1.25375095 -1.7681963 -0.21755819]

[-0.26994601 0.3230669 0.77327337]]

arr6 = [[6 10 7]

[9 8 6]]

【例 7.3】 创建一个长度为 5 的全 0 数组和一个 3×3 的全 1 数组.

代码 7.3 创建数组

```
1 import numpy as np              # 导入 numpy 库
2 arr7 = np.zeros(5)              # 生成长度为 5 的全 0 数组
3 print('arr7=',arr7)            # 输出数组 arr7
4 arr8 = np.ones((3,3))          # 生成一个维度为(3,3)的全 1 数组
5 print('arr8=',arr8)            # 输出数组 arr8
```

代码 7.3 的结果为：

arr7 = [0. 0. 0. 0. 0.]

arr8 = [[1. 1. 1.]

[1. 1. 1.]

[1. 1. 1.]]

【例 7.4】 根据例 7.2 的数组 arr4，创建一个其形状和 dtype 与其一样的全 1 数组.

代码 7.4 创建数组

```
1 import numpy as np              # 导入 numpy,记作 np
2 arr4 = np.random.rand(2,10)    # 创建数组 arr4
3 arr9 = np.ones_like(arr4)      # 生成一个与 arr4 形状和 dtype 一样的全 1 数组
4 print('arr9=',arr9)           # 输出 arr9
```

代码 7.4 的结果为：

arr9 = array([[1., 1., 1., 1., 1., 1., 1., 1., 1., 1.],

[1., 1., 1., 1., 1., 1., 1., 1., 1., 1.]])

【例 7.5】 用 np.empty() 函数创建一个没有具体值的空数组，用 arange() 函数创建数组.

代码 7.5 创建数组

```
1 import numpy as np              # 导入 numpy,记作 np
```

```
2 arr10 = np.empty((2,4))              # 生成一个维度为 2×4 的空数组
3 print('arr10=',arr10)                # 输出 arr10
4 arr11 = np.arange(0,5)               # 用 arange() 方法创建具有均匀间隔的值的数
5                                         组,取值在(0,5)之间,不包含 5
6 print('arr11=',arr11)                # 输出 arr11
```

代码 7.5 的结果为:

arr10 = [[0.00000000e+000   0.00000000e+000   0.00000000e+000   0.00000000e+000]

[0.00000000e+000   6.22522714e−321   1.79074229e−280 −5.11114402e+125]]

arr11 = [0 1 2 3 4]

注意:empty() 函数的功能是根据给定的维度和数值类型返回一个新的数组,其元素不进行初始化.

使用 arange() 方法可以创建具有均匀间隔的值的 ndarray 数组.

【例 7.6】 用 eye() 函数和 identity() 函数分别创建 5 阶和 3 阶单位矩阵数组.

代码 7.6 创建数组

```
1 import numpy as np                    # 导入 numpy 库,记作 np
2 arr12 = np.eye(5)                     # 创建 5 阶单位矩阵
3 print('arr12=',arr12)                # 输出 arr12
4 arr13 = np.identity(3)               # 创建 3 阶单位矩阵
5 print('arr13=',arr13)                # 输出 arr13
```

代码 7.6 的结果为:

arr12 = [[1.0.0.0.0.] [0.1.0.0.0.] [0.0.1.0.0.] [0.0.0.1.0.][0.0.0.0.1.]]

arr13 = [[1.0.0.][0.1.0.][0.0.1.]]

2. ndarray 数组的属性

NumPy 创建 ndarray 对象的属性如表 7.2 所示.

表 7.2 ndarray 对象属性

属性	使用说明
.ndim	秩,即数据轴的个数
.size	数组中元素的个数
.itemsize	数组中每个元素的字节大小
.shape	数组的维度
.dtype	数据类型

【例 7.7】 指出前面创建的数组 arr5 的轴数、维度、数组中元素的个数、每个元素的字节大小、数组中元素的数据类型.

代码 7.7 数组的属性

```
1 import numpy as np                    # 导入 numpy, 记作 np
2 import random                         # 导入 random 模块
3 arr5 = np.random.normal(2,3)          # 用 random.normal() 函数选取符合正态分布的随机
4                                         数, 生成维度为 (2,3) 的数组
5 n1 = arr5.ndim                        # arr5 的秩
6 n2 = arr5.size                        # arr5 中数组元素的个数
7 n3 = arr5.shape                       # arr5 数组的维度
8 n4 = arr5.itemsize                    # arr5 数组中每个元素的字节大小
9 n5 = arr5.dtype                       # arr5 的数据类型
10 print('n1=',n1)                      # 打印 n1
11 print('n2=',n2)                      # 打印 n2
12 print('n3=',n3)                      # 打印 n3
13 print('n4=',n4)                      # 打印 n4
14 print('n5=',n5)                      # 打印 n5
```

代码 7.7 的结果为:

n1 = 2

n2 = 6

n3 = (2, 3)

n4 = 8

n5 = float64

3. ndarray 数组的数据类型

对于一个新建的数组, 可以用 dtype() 方法判断它的数据类型, 同样, 也可以通过 dtype() 方法给新创建的数组指定数据类型. 数组的数据类型有很多, 常用的数据类型如表 7.3 所示.

表 7.3 ndarray 数组的常用数据类型

数据类型	说明
float	浮点数
int	整型
complex	复数
bool	布尔值
String_	字符串
object	Python 对象

【例 7.8】 用 eye() 函数创建一个 4 阶单位矩阵, 观察其数据类型, 并将其数据类型更改为整型.

代码 7.8 数组数据类型的转换

```
1 import numpy as np                    # 导入 numpy, 记作 np
```

```
2 arr14 = np.eye(4)                    # 创建 4 阶单位矩阵
3 print(arr14.dtype)                   # 打印 arr14 的数据类型
4 arr15 = np.eye(4,dtype = 'int')      # 创建 4 阶单位矩阵,使其数据类型为整型
5 print(arr15.dtype)                   # 打印 arr15 的数据类型
```

代码 7.8 的结果为:

dtype('float64')

dtype('int32')

由结果可以看出,由 eye( ) 函数创建的数组,数据类型默认是 float64,于是再定义 arr15 数组时,定义 dtype='int',得到的数组数据类型就是 int32. 对于创建好的数组 arr15,也可以通过 astype( ) 方法进行数据类型的转换,代码如下:

arr = arr15.astype(np.float64)   # 更改 arr15 的数据类型为浮点型,也可以用代码
                                           arr = arr15.astype('float64'),效果是一样的

arr.dtype

运行的结果是 dtype('float64').

astype( ) 方法会创建一个新的数组,并不会改变原有数组的数据类型,比如上面代码中 arr14 的数据类型仍然是 float 型的,而 arr15 的数据类型是 int.

【例 7.9】 用 arange( ) 函数创建一个数组 arr17,再用 np.ones( ) 创建一个全 1 数组 arr18,用 arr18 的数据类型去更改 arr17 的数据类型.

代码 7.9 数据类型的更改

```
1 import numpy as np                   # 导入 numpy,记作 np
2 arr17 = np.arange(5)                 # arange()方法可创建具有均匀间隔的数组,取值范围
3                                          为[0,5)
4 print(arr17.dtype)                   # 查看并打印 arr17 的数据类型
5 arr18 = np.ones(8)                   # 生成长度为 8 的全 1 数组
6 print(arr18.dtype)                   # 查看并打印 arr18 的数据类型
7 arr19 = arr17.astype(arr18.dtype)    # 用 arr18 的数据类型去更改 arr17 的数据类型,再由
8                                        arr17 生成一个同样类型的数组 arr19
9 print(arr19.dtype)                   # 查看并打印 arr19 的数据类型
```

代码 7.9 的结果为:

dtype('int32')

dtype('float64')

dtype('float64')

数组的常用变换方法如表 7.4 所示。

表 7.4　数组的常用变换方法

数组变换方法	作用
reshape( )	数组维数重塑
ravel( )	数据扁平化
flatten( )	数据扁平化
concatenate( )	数组合并
split( )	数组拆分
transpose( )	数组转置
swapaxes( )	轴对换

【例 7.10】　用 arange( ) 方法创建一个数组，用 reshape( ) 方法改变其维度，传入新维度的数组.

代码 7.10　改变数组的维度

```
1 import numpy as np            #导入 numpy,记作 np
2 arr20 = np.arange(12)         # arange()方法可创建具有均匀间隔的数组,取值范
3                                 围为[0,12)
4 print('arr20 = ',arr20)      #打印数组 arr20
5 arr21 = arr20.reshape((3,4)) #重塑数组 arr20,生成维度为(3,4)的数组 arr21
6 print('arr21 = ',arr21)      #打印数组 arr21
7 arr22 = np.array([[1,2,3],[4,5,6]]) #生成数组 arr22
8 arr23 = arr22.reshape((3,2)) #重塑数组 arr22,生成维度为(3,2)的数组 arr23
9 print('arr22 = ',arr22)      #打印数组 arr22
10 print('arr23 =1',arr23)     #打印数组 arr23
```

代码 7.10 的结果为：

arr20 = [0　1　2　3　4　5　6　7　8　9　10　11]

arr21 = [[0　1　2　3][4　5　6　7][8　9　10　11]]

arr22 = [[1 2 3][4 5 6]]

arr23 = [[1 2][3 4][5 6]]

注意：数组重塑不改变原数组.

【例 7.11】　对于前面的数组 arr23，使其扁平化.

对于一个数组，使其扁平化有多种方法，比如可以用 ravel( ) 方法，也可以用 flatten( ) 方法.

代码 7.11　数组的扁平化

```
1 import numpy as np          #导入 numpy,记作 np
2 arr24 = arr23.ravel()       #将 arr23 扁平化处理,生成新的数组 arr24
3 print('arr24 = ',arr24)     #打印数组 arr24
4 arr25 = arr23.flatten()     #将 arr23 扁平化处理,生成新的数组 arr25
5 print('arr25 = ',arr25)     #打印数组 arr25
```

代码 7.11 的结果为:

arr24 = [1 2 3 4 5 6];

arr25 = [1 2 3 4 5 6]

ravel( ) 和 flatten( ) 方法达到的效果是相同的,都将数组扁平化,变成一维数组.

【例 7.12】 arange( ) 函数分别生成 2 个 2×3 的数组,然后用 concatenate( ) 方法将其合并.

代码 7.12 数组的扁平化

```
1 import numpy as np                          #导入 numpy,记作 np
2 arr26 = np.arange(0,6).reshape(2,3)         '''用 arange()方法创建具有均匀间隔的数组,
3                                                取值范围为[0,6),并用 reshape()方法将
4                                                其维度改为(2,3)'''
5 print('arr26=',arr26)                       #打印数组 arr26
6 arr27 = np.arange(6,12).reshape((2,3))      '''用 arange()方法创建具有均匀间隔的数组,
7                                                取值范围为[6,12),并用 reshape()方法
8                                                将其维度改为(2,3)'''
9 print('arr27=',arr27)                       #打印数组 arr27
10 arr28 = np.concatenate([arr26,arr27],axis=0)
11                                             '''用 concatenate()方法将 arr26 和 arr27 在
12                                                0 轴方向上进行合并,得到新的数组 arr28'''
13 print('arr28=',arr28)                      #打印数组 arr28
14 arr29 = np.concatenate([arr26,arr27],axis=1)
15                                             '''用 concatenate()方法将 arr26 和 arr27
16                                                在 1 轴方向上进行合并,得到新的数组
17                                                arr29'''
18 print('arr29=',arr29)                      # 打印数组 arr29
```

代码 7.12 的结果为:

arr26 = [[0 1 2] [3 4 5]]

arr27 = [[6 7 8] [9 10 11]]

arr28 = [[0 1 2] [3 4 5] [6 7 8] [9 10 11]]

arr29 = [[0 1 2 6 7 8] [3 4 5 9 10 11]]

本例中,应用了 concatenate( ) 方法对数组进行组合,使用时要注意轴向的选取,arr28 是将数组 arr26 和 arr27 沿着 0 轴组合,arr29 则沿着 1 轴组合.

关于数组的轴向:在二维 NumPy 数组中,轴是沿着行和列方向的,axis 0 轴是沿着行(rows)向下的轴,axis 1 轴是沿着列(columns)向右的轴,如图 7.2 所示.

一维 NumPy 数组只有一个轴(即 axis 0),如图 7.3 所示.

【例 7.13】 用 arange( ) 函数生成 1 个(3,4)的数组,然后用 split( ) 方法将数组拆分成多个数组.

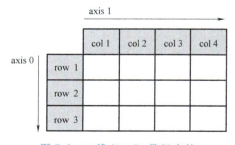

图 7.2 二维 NumPy 数组中的
axis 0 轴与 axis 1 轴

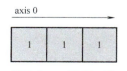

图 7.3 一维 NumPy
数组的 axis 0 轴

代码 7.13　数组的拆分

```
1 import numpy as np                        #导入 numpy,记作 np
2 arr30 = np.arange(16).reshape(4,4)        '''用 arange()方法创建具有均匀间隔的整数数组,
3                                              取值范围为[0,16],并用 reshape() 方法将其
4                                              维度改为（4，4）'''
5 print ('arr30 =', arr30)                  #打印数组 arr30
6 arr31 = np.split (arr30, [1, 3])          # 将 arr30 数组依 0 轴方向拆分,在索引值为 1、3
7                                             的两个位置分开
8 print ('arr31 =', arr31)                  #打印数组 arr31
```

代码 7.13 的结果为：

arr30 = [[0　1　2　3] [4　5　6　7] [8　9　10　11] [12　13　14　15]]

arr31 = [array([[0,1,2,3]]), array([[4,　5,　6,　7], [8,　9,10,11]]), array ([[12,13,14,15]])]

从结果看出，split( ) 方法将数组 arr30 沿着 0 轴方向（默认的是 0 轴方向）在索引值为 1 和索引值为 3 的行处分开，得到 3 个数组。当然，也可以沿着 1 轴拆分，代码如下：

```
1 import numpy as np                        #导入 numpy,记作 np
2 arr32 = np.split(arr30,[1,3],1)           #将 arr30 数组依 1 轴方向拆分,在索引值为 1、3
3                                             的两个位置分开
4 print('arr32 =',arr32)                    #打印数组 arr32
```

代码的结果为：

arr32 = [array([[0],[4],[8],[12]]), array([[1,　2],[5,　6],[9,10],[13, 14]]), array([[3],[7],[11],[15]])]

【例 7.14】　生成 1 个维度为（4，4）的数组，然后用 transpose( ) 方法将数组转置.

代码 7.14　数组的转置

```
1 import numpy as np                        #导入 numpy,记作 np
2 arr33 = np.arange(16).reshape(4,4)        '''用 arange()方法创建具有均匀间隔的整数数
3                                              组,取值范围为[0,16],并用 reshape() 方
4                                              法将其维度改为（4，4）'''
5 print ('arr33 =', arr33)                  #打印数组 arr33
6 arr34 = arr33.transpose ((1, 0))          #将数组 arr33 转置
7 print ('arr34 =', arr34)                  #打印数组 arr34
```

代码 7.14 的结果为：

arr33 = [[0　1　2　3] [4　5　6　7] [8　9　10　11] [12　13　14　15]]

arr34 = [[0 4 8 12] [1 5 9 13] [2 6 10 14] [3 7 11 15]]

数组转置除了用 transpose( ) 方法外，也可以用 T 属性，代码是 arr34 = arr33. T，结果跟之前是一样的.

【例 7.15】　生成 1 个 (2，2，3) 数组，然后用 swapaxes( ) 方法将 0 轴和 1 轴对换.

代码 7.15　轴的转置

```
1 import numpy as np                      #导入 numpy,记作 np
2 arr33 = np.arange(12).reshape(2,2,3)    '''用 arange()方法创建具有均匀间隔的整数数
3                                            组,取值范围为[0,12),并用 reshape()方法
4                                            将其维度改为(2,2,3)'''
5 print('arr33 =',arr33)                   #打印数组 arr33
6 arr34 = arr33.swapaxes(0,1)             #将数组 arr33 转置
7 print('arr34 =',arr34)                   #打印数组 arr34
```

代码 7.15 的结果为：

arr33 = [[[0 1 2] [3 4 5]] [[6 7 8] [9 10 11]]]

arr34 = [[[0 1 2] [6 7 8]] [[3 4 5] [9 10 11]]]

7.1.3　随机数生成函数

Random 库是 NumPy 的一个子模块，其主要作用是生成随机数. 该库提供了不同类型的随机数函数，所有的函数都基于最基本的 random. random( ) 函数扩展实现. 表 7.5 列出了 Random 库常用的随机数生成函数.

表 7.5　Random 库常用的随机数生成函数

函数	作用
seed(a = None)	初始化随机数种子
arange( )	用于创建等差数组
random( )	生成一个[0.0,1.0)之间的随机小数
randint(a,b)	生成一个[a,b]之间的随机整数
randn( )	生成正态分布的样本值
permutation( )	对一个随机数列排序,不改变原数组
shuffle( )	对一个随机数列排序,改变原数组
uniform(low,high,size)	生成具有均匀分布的数组,low 表示起始值,high 表示结束值,size 表示形状
normal(loc,scale,size)	生成具有正态分布的数组,loc 表示均值,scale 表示标准差
poission(lam,size)	生成具有泊松分布的数组,lam 表示随机事件发生的概率

【例 7.16】　用 uniform( ) 函数生成元素在 [0,20] 之间且具有均匀分布的维度为 (2,3) 的数组，用 randint( ) 函数生成 [0,100] 之间的维度为 (2,4,2) 的数组.

代码 7.16　随机数生成函数

```
1 import numpy as np                          #导入 numpy,记作 np
2 import random                               #导入 random 模块
3 arr35=np.random.uniform(0,20,(2,3))        #用 uniform()函数生成元素在[0,20]之间且
4                                                具有均匀分布的维度为(2,3)的数组
5 print('arr35=',arr35)                       #打印数组 arr35
6 arr36=np.random.randint(0,100,(2,4,2))     #randint()函数生成元素在[0,100]之间的
7                                                维度为(2,4,2)的数组
8 print('arr36=',arr36)                       #打印数组 arr36
```

代码 7.16 的结果为:

arr35＝〔〔18.76345174 12.16517404 9.39997569〕〔6.75633137 4.57095657 3.55746891〕〕

arr36＝〔〔〔2 0〕〔9 5〕〔9 1〕〔6 1〕〕〔〔9 0〕〔5 5〕〔0 2〕〔9 0〕〕〕

【例 7.17】 在〔1，12〕范围内随机取整数，生成一个序列，并分别用 permutation( ) 函数和 shuffle( ) 函数对其进行随机排序，比较两者有何不同.

代码 7.17 随机数生成函数

```
1 import numpy as np                          #导入 numpy,记作 np
2 import random                               #导入 random 模块
3 arr37=np.random.randint(100,200,size(5,4)) #randint()函数可随机生成元素在[100,
4                                                200]之间的维度为(5,4)的数组
5 print('arr37=',arr37)                       #打印 arr37
6 arr38=np.random.permutation(arr37)         #用 permutation()函数进行随机排序,排
7                                                序后的数组赋值给 arr38
8 print('arr38=',arr38)                       #打印 arr38
9 print('arr37=',arr37)                       #打印 arr37
10 arr39=np.random.shuffle(arr37)            #用 shuffle()函数对 arr37 进行随机排
11                                               序,排序后的数组赋值给 arr39
12 print('arr39=',arr39)                      #打印 arr39
13 print('arr37=',arr37)                      #打印 arr37
```

代码 7.17 的结果为:

arr37＝〔〔182 126 185 166〕〔165 125 195 153〕〔127 126 175 156〕〔145 126 150 199〕〔165 160 141 161〕〕

arr38＝〔〔165 125 195 153〕〔127 126 175 156〕〔182 126 185 166〕〔145 126 150 199〕〔165 160 141 161〕〕

使用 permutation( ) 函数进行随机排序后，再打印 arr37，结果是:

arr37＝〔〔182 126 185 166〕〔165 125 195 153〕〔127 126 175 156〕〔145 126 150 199〕〔165 160 141 161〕〕

此时发现 arr37 不变，后面再用 shuffle( ) 函数排序后，结果是:

arr39 = None

arr37 = [[145 126 150 199] [165 125 195 153] [182 126 185 166] [165 160 141 161] [127 126 175 156]]

arr39 = None，实际上是因为 shuffle() 函数没有返回值，从 arr37 的结果可发现 arr37 函数改变了.

【例7.18】 将二维数组 np.arange(9).reshape(3,3) 的列反转.

代码7.18 反转二维数组的列

```
1 import numpy as np          #导入 numpy,记作 np
2 import random               #random 库的引入,也可以用 from random import 引入
3 arr = np.arange(9).reshape(3,3)   #由 arange() 函数生成一个 (3, 3) 随机数组
4 arr1 = array [:, : : -1]     #将 arr 的列进行反转
5 print ('arr = 'arr)          #打印数组 arr
6 print ('arr1 = 'arr1 )       #打印数组 arr1
```

代码7.18 的结果为：

arr = [[0 1 2][3 4 5][6 7 8]]

arr1 = [[2 1 0][5 4 3][8 7 6]]

7.1.4 数组的索引和切片

1. 数组的索引

NumPy 中一维数组的索引与 Python 中的列表类似，索引从左往右递增，从 0 开始，也可以从右开始，那么索引则从 -1 开始.

【例7.19】 生成一个长度为 8 的一维随机数组，取索引为 1 的元素，并将其替换成 100，然后输出此数组.

代码7.19 数组的索引

```
1 import numpy as np          #导入 numpy,记作 np
2 arr = np.arange(8)          #由 arange() 函数生成数组，赋值给 arr35
3 print ('arr = ', arr)       #打印数组 arr
4 arr [1]                     #取 arr 索引为 1 的元素
5 arr [1] = 100               #索引为 1 的元素用 100 替换
6 print ('arr = ', arr)       #打印数组 arr
```

代码7.19 的结果为：

arr = [0 1 2 3 4 5 6 7]

arr = [0 100 2 3 4 5 6 7]

上例中的 arr 这个数组，索引值也可为负数，那么元素从右向左数，比如取索引值为 -4 的元素，则可以用 arr[-4] 来实现，其返回的值为 4.

对于二维数组，可在单个或者多个轴上完成索引，可以通过下面的例子来说明.

【例 7.20】 生成一个维度为（3，4）的二维随机数组，在 0 轴上分别取索引为 1、索引为 2 的元素.

代码 7.20　数组的索引

```
1 import numpy as np              #导入 numpy,记作 np
2 arr36=np.arange(12).reshape(3,4)  #用 arange()函数生成维度为(3,4)的二维数组
3 arr37=arr36[1]                 #在 0 轴上取索引为 1 的元素
4 arr38=arr36[2]                 #在 0 轴上取索引为 2 的元素
5 print9('arr36=',arr36)         #打印 arr36
6 print('arr37=',arr37)          #打印 arr37
7 print('arr38=',arr38)          #打印 arr38
```

代码 7.20 的结果为：

arr36 = [[0　1　2　3][4　5　6　7][8　9　10　11]]

arr37 = [4　5　6　7]

arr38 = [8　9　10　11]

注意：这里是按照轴的方向进行的，当在括号中输入一个参数时，数组默认按照 0 轴（也就是第一轴）方向进行切片，如果输入多个参数（也可以是整数索引和切片），则可完成任意数据的获取，见下面的代码.

```
8 arr39=arr36[0,2]               取 0 轴上索引为 0,1 轴上索引为 2 的元素
9 print('arr39=',arr39)          #打印数组 arr39
```

输出结果为：

arr39 = 2

当然也可以用下面的代码来实现：

```
10 arr40=arr36[0][2]             #arr36 的 0 轴取索引 0,再在一维数组上取索引为 2 的元素
11 print('arr40=',arr40)         #打印 arr40
```

输出结果为：

arr40 = 2

2. 数组的切片

数组切片是原始数组的视图，也就是说对视图的修改会直接影响到原始数组，因为 NumPy 的主要用途是处理大数据，如果每次切片都进行一次复制，那么对计算机性能和内存是相当大的考验.

一维数组的切片类似于 Python 列表的切片，比如下例.

【例 7.21】 生成一个一维的随机数组,取第 2~5 个元素的切片.

代码 7.21 数组的切片

```
1 import numpy as np
2 arr41=np.arange(8)
3 arr42=arr41[1:5]
4 print('arr41=',arr41)
5 print('arr42=',arr42)
```

代码 7.21 输出的结果为:

arr41 = [0 1 2 3 4 5 6 7]

arr42 = [1 2 3 4]

也可以用下面的代码实现:

6 arr43 = arr41[-7:-3]

7 print('arr43=',arr43)

输出的结果为:

arr43 = [1 2 3 4]

注意:第 6 行代码中的语法是数组名 [起点:终点:步长],步长默认为 1,从左向右取,不包含终点,如果从右向左取,则步长为-1. 例如,代码为 arr43 = arr41[-3:-7,-1],则输出的结果为 arr43 = [5 4 3 2],但如果步长取-2,即代码为 arr43 = arr41[-3:-7:-2],则输出结果为 arr43 = [5 3].

如果代码为 arr43 = arr41[3:],则表示从索引值为 3 的元素开始取,一直取到最后一个元素,这个代码的运行结果是 arr43 = [3 4 5 6 7]. 同理,如果代码为 arr43 = arr41[:3],则表示从第一个元素开始到索引为 2 的元素切片.

关于多维数组切片,则要更复杂一些,是按照轴方向进行的,当在括号中输入一个参数时,数组默认按照 0 轴(也就是第一轴)方向进行切片,当传入多个参数时,可完成对任意数据的获取,具体如下例所示.

【例 7.22】 对于例 7.20 中的 arr36,若想取第 3 列的数据以及第 2 行第 3 列的数据,如何进行切片?

代码 7.22 数组的切片

```
1 import numpy as np              #导入 numpy 库
2 arr36=np.arange(12).reshape(3,4)  #用 arange()函数生成维度为(3,4)的二维数组
3 arr44=arr36[:,2]               #取 arr36 中第 3 列的数据
4 arr45=arr36[1,1]               #取 arr36 中第 2 行、第 2 列的数据
5 arr46=arr36[:,2:3]             #取 arr36 中所有第 3 列的数据
6 print('arr44=',arr44)          #打印 arr44
7 print('arr45=',arr46)          #打印 arr45
8 print('arr46=',arr46)          #打印 arr46
```

代码 7.22 输出的结果为：

arr44 = [2　6　10]

arr45 = 5

arr46 = [[2][6][10]]

注意：arr44 的第一个参数为"："，意思是取 0 轴的所有元素，第二个参数为"2"，意思是取 1 轴的索引为 2 的元素，也就是第 3 列；在 arr45 中，第一个参数为"1："，意思是 0 轴中索引为 1 和大于 1 的所有元素都要取，第二个参数为"1："，表示 1 轴上元素的取法类似于 0 轴元素的取法；在 arr46 中，第二个参数为"2:3"，意思是在 1 轴上选取索引为 2 的所有元素（左闭右开原则）．

7.1.5　数组的存取

前面介绍了如何用 NumPy 创建数组及索引切片等一些对数组的操作，本小节将介绍如何对已经处理好的数组数据进行存储和读取．

1. 数组的存储

通过 np. savetxt( ) 方法可以对数组进行存储，具体可以看下面的例子．

【例 7.23】　用 arange( ) 函数生成一个数组，并将其存储为 .csv 文件，文件名为 chex1. csv.

代码 7.23　数组的存储

```
1 import numpy as np                    #导入 numpy,记作 np
2 arr=np. arange(10). reshape(2,5)      #用 arange() 函数生成数组,并将维度调整为 (2, 5)
3 np. savetxt ('chex1.csv', arr, fmt='%d', delimiter=', ')
4                                       '''用 savetxt() 函数将 arr 数组存储为 .csv 文件,
5                                         数据类型为整型,数据之间用逗号分隔'''
```

代码 7.23 输出的结果为：生成一个以 chex1. csv 为文件名的文件．

2. 数组的读取

对于存储的文件，可以通过 np. loadtxt( ) 方法进行读取，并将其加载到一个数组中．

【例 7.24】　在上例中，将文件 chex1. csv 中的数据读取出来．

代码 7.24　数组的读取

```
1 import numpy as np                    #导入 numpy,记作 np
2 arr=np. arange(10). reshape(2,5)      #用 arange()函数生成数组,并将维度调整为(2,5)
3 np. savetxt('chex1.csv',arr,fmt='%d',delimiter=',')
4                                       '''用 savetxt()函数将 arr 数组存储为 .csv 文件,
5                                         数据类型为整型
6 arr=np. loadtxt('chexl.csv',delimiter=',')
7 print(arr)
```

代码 7.24 输出的结果为：

arr = [[0. 1. 2. 3. 4.] [5. 6. 7. 8. 9.]]

习题 7-1

1. 创建一个 0~9 的一维数组，创建一个 3×3 的二维数组，取值范围为 0~8.

2. 从数组 np.array([1,2,0,0,4,0]) 中找出非 0 元素的位置索引.

3. 从数组 np.array([0,1,2,3,4,5,6,7,8,9]) 中提取所有的奇数.

4. 将数组 np.array([0,1,2,3,4,5,6,7,8,9]) 中的所有奇数替换为−1.

5. 交换数组 np.arange(9).reshape(3,3) 中的第 1 列和第 2 列.

6. 如何将数组 a = np.arange(10).reshape(2,−1) 和数组 b = np.repeat(1,10).reshape(2,−1) 水平堆叠？

7.2 Pandas 库的用法

Pandas 是基于 NumPy 的一种工具，该工具是为解决数据分析任务而创建的. Pandas 纳入了大量库和一些标准的数据模型，提供了高效操作大型数据集所需的工具. Pandas 提供了大量能使人们快速、便捷地处理数据的函数和方法. 用户很快就会发现，Pandas 是使 Python 成为强大而高效的数据分析环境的重要因素之一.

Pandas 有两个基本的数据结构：Series 和 DateFrame. 这里先介绍这两个数据结构的创建.

7.2.1 用 Pandas 创建数据

1. 创建 Series 数据

Series 序列是一种一维的结构，类似于一维列表和 ndarray 中的一维数组，但是功能比它们要更为强大. Series 由两部分组成：索引（index）和数值（values）. 一维列表和一维数组中都是采用从 0 开始的整数值作为默认索引，索引值一般不显示，但是可以通过索引去获取其中的元素. 对于 Series 来说，也是将从 0 开始的整数值作为默认索引，不过是显式地给出. 更为强大的是，Series 中的索引可以随意设置，方便人们取数.

【例 7.25】 创建一个 Series，以 1、2、3、4 为数据.

代码 7.25 数组的读取

```
1 import numpy as np              #导入 numpy,记作 np
2 import pandas as pd             #导入 pandas,记作 pd
3 from pandas import Series,DataFrame   #导入 Series 和 DataFrame
4 s1=pd.Series([1,2,3,4])         #以列表为参数生成 Series 数据 s1,索引为默认
5 print(s1)                       #打印 s1
```

代码 7.25 输出的结果为：

```
0    1
1    2
2    3
3    4
dtype：int64
```

注意：传入 Series 的参数可以是列表、元组、字典或者 Numpy 数组.

输出结果中的两列数，第一列是索引，第二列是值. 如果没有指定一组数据作为索引，Series 会以 $0 \sim N-1$（N 为数据的长度）的数据作为索引，称其为默认索引. 当然，也能以自定义索引的方式来创建 Series 数据，如下列代码所示：

```
s2 = pd.Series([1,2,3,4],index = ['a','b','c','d'])
print(s2)
```

代码运行的结果为：

```
a    1
b    2
c    3
d    4
dtype：int64
```

也可以通过 values 和 index 方法查看 Series 的数据形式和索引对象，可以通过下面的代码实现：

```
print(s2.values)
print(s2.index)
```

代码运行的结果为：

```
[1 2 3 4]
Index(['a','b','c','d'],dtype='object')
```

也可以查看某个索引对应的数值，比如，代码 x = s2['a'] 就是查看索引 "a" 对应的数据，返回值为 1.

Series 中的索引和值的对应关系类似于字典的键和值之间的一一对应关系，所以也可以通过字典数据来创建 Series，代码如下所示：

```
data = {'宝马':35,'玛莎拉蒂':120,'奥迪':80}
s3 = Series(data)
print(s3)
```

代码运行的结果为：

```
宝马      35
玛莎拉蒂   120
奥迪      80
dtype：int64
```

注意：由于字典结构是无序的，所以这里返回的 Series 也是无序的，这里依旧可以通过 index 指定索引的排列顺序，代码如下：

name = ['奥迪','玛莎拉蒂','宝马']

s4 = Series(data, index = name)

print(s4)

代码运行的结果为：

奥迪　　　　80

玛莎拉蒂　　120

宝马　　　　35

dtype：int64

也可以给 Series 的索引和数据都定义 name 属性，比如上面的 s4，可以用下面的代码实现：

s4. name = ' price '

s4. index. name = ' car '

print(s4)

代码运行的结果为：

car

奥迪　　　　80

玛莎拉蒂　　120

宝马　　　　35

Name：price, dtype：int64

2. 创建 DataFrame 数据

DataFrame 是 Python 的二维表格型数据结构，是 Python 数据分析最常用的数据，很多功能与 R 语言中的 data. frame 类似. 可以将 DataFrame 理解为 Series 的容器.

创建 DataFrame 的方法有很多，常用的是传入由数组、列表或元组组成的字典. 可以通过下面的例子说明.

【例 7. 26】 创建一个 DataFrame 二维数表.

代码 7. 26　创建 DataFrame 二维数表

```
1 import numpy as np              #导入 numpy,记作 np
2 import pandas as pd             #导入 pandas,记作 pd
3 from pandas import Series,DataFrame   #导入 Series 和 DataFrame
4 data={                          #定义字典 data
5     'name':['奥迪','玛莎拉蒂','宝马'],
6     'price':[80,120,35],
7     'amount':[10,4,15]
8 }
9   df = DataFrame(data)          #将字典 data 的参数传入 df,创建 DataFrame
10  print(df)                     #打印 df
```

代码 7. 26 运行的结果如图 7. 4 所示.

在上面的运行结果中，可以看到 DaraFrame 有行索引和列索引，列索引相当于列名，也可以称为"字段".

由于字典是无序的，因此可以通过 columns 指定字段的排列顺序，代码如下：

df1 = DataFrame(data, columns = ['name', 'amount', 'price'])

print(df1)

	name	price	amount
0	奥迪	80	10
1	玛莎拉蒂	120	4
2	宝马	35	15

图 7.4　代码 7.26 的运行结果

代码运行的结果如图 7.5 所示.

在没有指定行索引的情况下，通常以默认索引作为行索引. 就像上面的 DataFrame，也可以指定其他数据作为行索引，代码如下：

df2 = DataFrame(data, columns = ['name', 'amount', 'price'], index = ['01', '02', '03'])

print(df2)

代码运行的结果如图 7.6 所示.

	name	amount	price
0	奥迪	10	80
1	玛莎拉蒂	4	120
2	宝马	15	35

图 7.5　指定字段排列顺序后的输出结果

	name	amount	price
01	奥迪	10	80
02	玛莎拉蒂	4	120
03	宝马	15	35

图 7.6　指定行索引后的输出结果

也可以查看一个 DataFrame 的 index 和 columns，代码如下：

print(df2.index)

print(df2.columns)

代码运行的结果为：

Index(['01', '02', '03'], dtype = 'object')

Index(['name', 'amount', 'price'], dtype = 'object')

【例 7.27】　使用嵌套字典的方式创建一个 DataFrame.

代码 7.27　使用嵌套字典的方式创建 DataFrame

```
1 import numpy as np              #导入 numpy,记作 np
2 import pandas as pd             #导入 pandas,记作 pd
3 from pandas import Series,DataFrame #导入 Series 和 DataFrame
4 data = {
5         'amount':{'奥迪':6,'玛莎拉蒂':4,'宝马':15},
6         'price':{'奥迪':80,'玛莎拉蒂':120,'宝马':35}
7       }
8 df3 = DataFrame(data,index = [0,1,2])
9 print(df3)
```

代码 7.27 运行的结果如图 7.7 所示.

在创建 DataFrame 时，传入的数据类型还可以是 ndarray、列表等，具体如表 7.6 所示.

表 7.6 创建 DataFrame 数据可输入的数据类型

类型	使用说明
二维数组	数据矩阵，可传入行、列索引
由等长数组、列表、元组、序列组成的字典	
由 Series 组成的字典	每个 Series 为一列，Series 索引合并为行索引
嵌套字典	
字典或元组组成的列表	类似于二维数组

在上例中，也可以设置 index 和 columns 的 name 属性，代码如下：

```
df3.index.name='name'
df3.columns.name='info'
print(df3)
```

代码的结果如图 7.8 所示.

	amount	price
奥迪	6	80
玛莎拉蒂	4	120
宝马	15	35

图 7.7 代码 7.27 运行的结果

info	amount	price
name		
奥迪	6	80
玛莎拉蒂	4	120
宝马	15	35

图 7.8 设置 name 属性后的输出结果

也可以将前面的 DataFrame 数据 df2 转换为二维数组，代码为 df2.values，print(df2.values)，代码运行的结果为：

```
[['奥迪' 10 80]
['玛莎拉蒂' 4 120]
['宝马' 15 35]]
```

可见结果是个二维数组.

3. 数据的加载和查看

对于 Pandas 数据的读写，请看下面的例子.

【例 7.28】 创建一个 DataFrame，并把它存储为.csv 文件，再读取出来.

代码 7.28 数组的读取

```
import numpy as np                             #导入 numpy,记作 np
import pandas as pd                            #导入 pandas,记作 pd
from pandas import Series,DataFrame            #导入 Series 和 DataFrame
data1=[[1,2,3],[4,5,6],[7,8,9]]                #创建数组 data1
d1=DataFrame(data1,index=['a','b','c'],columns=['one','two','three'])
                                               #将 data1 作为参数创建 DataFrame
```

```
7 print(d1)                              #打印数组 d1
8 d1.to_csv('out1.csv',sep=',',header=True)
9                                        #将 d1 输出为 .csv 文件,带列标签
10 d1.to_csv('out2.csv',sep=',',header=False)
11                                       #将 d1 输出为 .csv 文件,不带列标签
12 d2=pd.read_csv('out1.csv')            #读取 out1.csv 文件到 d2
13 print(d2)                             #打印 d2
14 d3=d2.set_index('Unnamed: 0')         #将 d2 的索引加上标签"Unnamed: 0"并传 d3
15 print(d3)                             #打印 d3
16 d4=pd.read_csv('out2.csv',header=None,names=['one','two','three','four'])
17                                       #读取 out2.csv 文件到 d4,并通过 names 加上列标签
18 print(d4)                             #打印数组 d4
```

代码 7.28 的结果为:

```
one    two    three
a      1      2      3
b      4      5      6
c      7      8      9
```

Unnamed：0	one	two	three
0	a	1	2	3
1	b	4	5	6
2	c	7	8	9

```
              one    two    three
   Unnamed：0
a             1      2      3
b             4      5      6
c             7      8      9
```

	one	two	three	four
0	a	1	2	3
1	b	4	5	6
2	c	7	8	9

注意: pd.read_csv('out1.csv') 更一般的情况是 pd.read_csv(r'绝对路径\out1.csv').
如果要读取的文件不是 .csv 文件, 而是 Excel 文件, 则相应的代码如下:

d5 = pd.read_excel(r'D:\Dataclearing\pandas\test.xlsx')

可以用 d2.head(5) 查看 d2 的前 5 行.

也可以用下面的代码将其写进多个 Sheet 里面:

with pd.ExcelWriter('output.xlsx') as writer:

d5.to_excel(writer,index=False,sheet_name='1')

d5.to_excel(writer,index=False,sheet_name='2')

7.2.2 Pandas 索引操作

Series 的索引与 DataFrame 的行和列的索引均称为索引对象，索引对象不可修改，如果修改就会报错.

索引对象类似于数组数据，本小节将讲解 Series 和 DataFrame 索引操作的方法，通过将它们与 Excel 数据的类比，讲解 DataFrame 数据的选取与操作.

1. Series 的索引操作

Series 的索引操作类似于列表的索引操作，可以根据索引选取不同的数据，通过下面例子来说明.

【例 7.29】 创建一个以 a、b、c、d 为索引的 Series，然后根据索引取出不同的数据.

代码 7.29　Series 的索引操作

```
1 import numpy as np                              #导入 numpy,记作 np
2 import pandas as pd                             #导入 pandas,记作 pd
3 from pandas import Series                       #导入 Series
4 s=Series([3,4,5,6],index=['a','b','c','d'])
5                                                 #创建 Series
6 print(s)                                        #打印 s
7 s1=s['c']                                       #取出索引为 c 的数据,也可以用 s.c 来获得
8 s2=s[['a','c','d']]                             #取出索引为 a、c、d 的数据
9 s3=s[1:3]                                       '''取出索引为 1、2 的数据,也可以用代码 s3=s.iloc
10                                                    [1:3]或者 s3=s.loc['b':'c']实现'''
11 print(s1)                                       #打印 s1
12 print(s2)                                       #打印 s2
13 print(s3)                                       #打印 s3
```

代码 7.29 的结果为：

a   3
b   4
c   5
d   6
dtype：int64
5
a   3
c   5
d   6
dtype：int64
b   4
c   5
dtype：int64

loc 和 iloc 这两个函数都能实现提取数据的功能，只不过 loc 函数通过索引 Index 中的具体值来取数据，而 iloc 通过默认索引值来取数据．比如，s.loc['a':'c'] 和 s.iloc[0:3]，结果是一样的．

对于 DataFrame，也可以提取指定的行和列，返回的仍为 DataFrame，比如下面的例子．

【例 7.30】 创建一个 DataFrame，然后用 iloc 函数取出指定的行和列的数据．

代码 7.30　创建 DataFrame 并提取数据

```
1 import numpy as np              #导入 numpy,记作 np
2 import pandas as pd             #导入 pandas,记作 pd
3 from pandas import Series,DataFrame   #导入 Series 和 DataFrame
4 data = {                        #定义字典 data
5      'name':['奥迪','玛莎拉蒂','宝马'],
6      'price':[80,120,35],
7      'amount':[10,4,15]
8      }
9 df = DataFrame(data)            #定义一个 DataFrame
10 print(df)                      #打印 df
11 df.iloc[:,[0,2]]               #提取行索引的全部,列索引的 0、2 列
```

代码 7.30 的结果如图 7.9 所示．

2. 用 reindex() 方法重新索引

重新索引并不是给索引重新命名，而是对索引重新排序．如果某个索引不存在，就会引入缺失值，引入缺失值可以通过 reindex() 方法，具体参数说明如表 7.7 所示．

表 7.7　reindex() 参数说明

参数	说明
ffill 或 pad	向前填充（或搬运）值
bfill 或 backfill	向后填充（或搬运）值

	name	price	amount
0	奥迪	80	10
1	玛莎拉蒂	120	4
2	宝马	35	15

	name	amount
0	奥迪	10
1	玛莎拉蒂	4
2	宝马	15

图 7.9　代码 7.30 的结果

【例 7.31】 建立 Series 数据，并用 reindex() 方法对索引进行重新排序．

代码 7.31　建立 Series 数据并使用 reindex() 方法对索引重新排序

```
1 import numpy as np              #导入 numpy,记作 np
2 import pandas as pd             #导入 pandas,记作 pd
3 from pandas import Series,DataFrame   #导入 Series 和 DataFrame
4 s=Series([3,4,5,6],index=['a','b','c','d'])
5                                 #定义 Series 数据
6 s1=s.reindex(['d','c','b','a','e'])
7                                 #对 s 重新索引
8 print(s1)                       #打印 s1
```

代码 7.31 的结果为：

```
d     6
c     5
b     4
a     3
e     NaN
dtype：int64
```

因为没有"e"索引对应的数据，所以会显示"NaN"．

3. 更换索引

在 DataFrame 数据中，如果不希望使用默认索引，则可以在创建时通过 index 参数来设置索引．如果希望将列数据作为行索引，则可以用 set_index() 方法来实现．与其相反的是 reset_index() 方法，其作用是创建一个适应新索引的新对象．

【例 7.32】 创建一个 DataFrame，并用 set_index() 方法指定其索引．

代码 7.32 创建 DataFrame 并用 set_index() 方法指定其索引

```
1 import numpy as np              # 导入 numpy,记作 np
2 import pandas as pd             # 导入 pandas,记作 pd
3 from pandas import Series,DataFrame   # 导入 Series 和 DataFrame
4 data = {                        # 定义字典 data
5     'name':['奥迪','玛莎拉蒂','宝马'],
6     'price':[80,120,35],
7     'amount':[10,4,15]
8     }
9 df1 = DataFrame(data)           # 定义一个 DataFrame
10 print(df1)                     # 打印 df1
11 df2 = df1.set_index('name')    # 用 set_index()方法将"name"定义为行
12                                #   索引
13 print(df2)                     # 打印 df2
14 df3 = df2.reset_index()        # 用 reset_index()方法将行索引重新定义
15                                #   为默认索引
16 print(df3)                     # 打印 df3
```

代码 7.32 的结果为：

	name	price	amount
0	奥迪	80	10
1	玛莎拉蒂	120	4
2	宝马	35	15

	price	amount
name		
奥迪	80	10
玛莎拉蒂	120	4
宝马	35	15

	name	price	amount
0	奥迪	80	10
1	玛莎拉蒂	120	4
2	宝马	35	15

7.2.3 数据的增删

在数据处理中,常用的基本操作是"增、删、改、查"."查"在前面的内容中已经讲过,本小节主要讲解"增""删"和"改".

1. 增加

以例 7.32 中的 df1 为例,如果需要在原有的数据中增加一行数据,即"特斯拉"车型的数据,则用 append( ) 函数传入字典结构的数据即可,可以通过下面的代码实现.

```
new_data = {
        'name':'特斯拉',
        'price':120,
        'amount':90
}
df2 = df1. append(new_data, ignore_index = True)
print(df2)
```

代码运行的结果为:

	name	price	amount
0	奥迪	80	10
1	玛莎拉蒂	120	4
2	宝马	35	15
3	特斯拉	120	90

如果要增加一列出厂年份,即"year"的信息,则可新建一列用于存放该信息. 可通过传入数组或者列表结构的数据进行赋值,代码如下:

```
df2['year'] = [2019,2018,2021,2020]
print(df2)
```

代码的运行结果为:

	name	price	amount	year
0	奥迪	80	10	2019
1	玛莎拉蒂	120	4	2018
2	宝马	35	15	2021
3	特斯拉	120	90	2020

2. 删除

可以通过 drop 命令删除某一行的信息或者某一列的信息,比如在例 7.32 中,要删除"宝马"这一行的信息并且删除"year"这一行,代码如下:

```
new_df2 = df2.drop(2)
print(new_df2)
new_df2 = new_df2.drop('year',avis=1)
print(new_df2)
```

代码运行的结果为:

	name	price	amount	year
0	奥迪	80	10	2019
1	玛莎拉蒂	120	4	2018
3	特斯拉	120	90	2020

	name	price	amount
0	奥迪	80	10
1	玛莎拉蒂	120	4
3	特斯拉	120	90

3. 修改

"改"指的是将行和列的标签进行修改,需要使用 rename() 函数实现. 在上面的代码运行结果中,如果希望将行的标签"3"改成"2",将列的标签由"name"改成"car",可由下面的代码实现:

```
new_df2.rename(index={3:2},columns={'name':'car'},inplace=True)
print(new_df2)
```

	car	price	amount
0	奥迪	80	10
1	玛莎拉蒂	120	4
2	特斯拉	120	90

习题 7-2

1. 导入 Pandas 库用什么语句?

2. 创建一个 DataFrame(df),用 data 作数据,用 labels 作行索引.

其中 data = {'animal':['cat','cat','snake','dog','dog','cat','snake','cat','dog','dog'],
'age':[2.5,3,0.5,np.nan,5,2,4.5,np.nan,7,3],'visits':[1,3,2,3,2,3,1,1,2,1],
'priority':['yes','yes','no','yes','no','no','no','yes','no','no']}

labels=['a','b','c','d','e','f','g','h','i','j']

3. 查看第 2 题中 df 的前 3 行数据.

4. 选择第 2 题中行为 [3,4,8],且列为 ['animal,'age'] 的数据.

5. 将第 2 题中 f 行的 age 改为 1.5.

7.3 本章小结

本章分两节介绍了 NumPy 库和 Pandas 库的一些基本操作,尤其是在数据分析中的应用. 7.1 节介绍了 NumPy 库的用法,具体包含 NumPy 库的引入、ndarray 数组、随机数生成函数、数组的索引和切片、数组的存取. 7.2 节介绍了 Pandas 库的用法,具体包括用 Pandas 创建数据、Pandas 索引操作、数据的增删等.

总习题 7

1. 把数组中的 NaN 值替换成 0.

2. 给出起点 2、长度 10 和步长 3,创建一个 NumPy 数组.

3. 把数组 np.arange(15) 的随机位换成值 44.

4. 计算数组 a=np.array([1,2,3,2,3,4,3,4,5,6])、b=np.array([7,2,10,2,7,4,9,4,9,8]) 之间的距离.

5. 创建一个含有缺失值的 Series.

6. 以数据 data1=[[1,2,3],[4,5,6],[7,8,9]] 创建一个 DataFrame,并给其加上行列标签,再增加一行,元素全为 1,并增加一列 "four",元素全为 0.

第 8 章

Python 网络爬虫

本章概要

- Python 网络爬虫类型
- 爬取文本并下载
- 爬取图片并下载

8.1 Python 网络爬虫类型

根据使用场景，网络爬虫可分为通用爬虫和聚焦爬虫两种. 下面予以分别介绍.

8.1.1 通用爬虫

通用爬虫是搜索引擎抓取系统（Baidu、Google 等）的重要组成部分，主要目的是将互联网上的网页下载到本地，形成一个互联网内容的镜像备份.

通用搜索引擎（Search Engine）的工作原理：通用爬虫从互联网中搜集网页，采集信息. 这些网页信息为搜索引擎建立索引提供支持，它决定着整个引擎系统的内容是否丰富、信息是否即时，因此其性能的优劣直接影响着搜索引擎的效果.

第 1 步：抓取网页.

搜索引擎网络爬虫的基本工作流程如下：首先选取一部分种子 URL，将这些 URL 放入待抓取 URL 队列；取出待抓取 URL，解析 DNS 得到主机的 IP，并将 URL 对应的网页下载下来，存储进已下载的网页库中，然后将这些 URL 放进已抓取 URL 队列. 分析已抓取 URL 队列中的 URL，并分析其中的其他 URL，将 URL 放入待抓取 URL 队列，从而进入下一个循环. 搜索引擎如何获取一个新网站的 URL：

1）新网站向搜索引擎主动提交网址.

2）在其他网站上设置新网站外链（尽可能处于搜索引擎爬虫爬取范围）.

3）搜索引擎和 DNS 解析服务商（如 DNSPod 等）合作，新网站域名将被迅速抓取.

但是搜索引擎爬虫的爬行是有一定规则的，它需要遵从一些命令或文件的内容，如标注为 nofollow 的链接或者是 Robots 协议.

Robots 协议（也叫爬虫协议、机器人协议等），全称是"网络爬虫排除标准"（Robots Exclusion Protocol），网站通过 Robots 协议告诉搜索引擎哪些页面可以抓取，哪些页面不能抓取. 一般在网站首页网址最后添加 robots.txt 文件，按 <Enter> 键后即可打开 robots.txt 文件. 例如：

淘宝网的 robots. txt 文件网址为 https：∥www. taobao. com/robots. txt，文件内容为：

        User-agent：Baiduspider

        Disallow：/

        User-agent：baiduspider

        Disallow：/

腾讯网的 robots. txt 文件网址为 http：∥www. qq. com/robots. txt，文件内容为：

        User-agent： *

        Disallow：

        Sitemap：http：∥www. qq. com/sitemap_index. xml

百度网的 robots. txt 文件网址为 https：∥www. baidu. com/robots. txt，文件内容为：

        User-agent：Baiduspider

        Disallow：/baidu

        Disallow：/s?

        Disallow：/ulink？

        Disallow：/link？

        Disallow：/home/news/data/

        Disallow：/bh

        User-agent：Googlebot

        Disallow：/baidu

        Disallow：/s?

        Disallow：/shifen/

        Disallow：/homepage/

        …

第 2 步：数据存储.

搜索引擎通过爬虫爬取网页后，将数据存入原始页面数据库. 其中的页面数据与用户浏览器得到的 HTML 是完全一样的. 搜索引擎爬虫在爬取页面时，也进行一定的重复内容检测，一旦遇到访问权重很低的大量抄袭、采集或者复制的内容，很可能就不再爬取.

第 3 步：预处理.

搜索引擎将爬虫抓取回来的页面进行各种步骤的预处理，如提取文字、中文分词、消除噪声（比如版权声明文字、导航条、广告等）、索引处理、链接关系计算、特殊文件处理等.

除了 HTML 文件外，搜索引擎通常还能抓取和索引以文字为基础的多种文件类型，如 PDF、Word、WPS、XLS、PPT、TXT 文件等. 人们在搜索结果中也经常会看到这些文件类型. 但搜索引擎还不能处理图片、视频、Flash 动画这类非文字内容，也不能执行脚本和程序.

第 4 步：提供检索服务，网站排名.

搜索引擎在对信息进行组织和处理后，可为用户提供关键字检索服务，将检索的相关信息展示给用户. 同时会根据页面的 Rank 值（链接的访问量）来进行网站排名，这样，Rank 值高的网站在搜索结果中会排名较前.

但是，这些通用搜索引擎也存在着一定的局限性：通用搜索引擎所返回的结果都是网页，而大多数情况下，网页里 90% 的内容对用户来说都是无用的. 不同领域、不同背景的用户往往具有不同的检索目的和需求，搜索引擎无法提供针对具体某个用户的搜索结果. 万维网数据形式的丰富和网络技术的不断发展，使得图片、数据库、音频、视频等不同的数据大量出现，然而通用搜索引擎对这些文件无能为力，不能很好地发现和获取. 通用搜索引擎大多提供基于关键字的检索，难以支持根据语义信息提出的查询，无法准确理解用户的具体需求. 针对这些情况，聚焦爬虫技术得以广泛使用.

8.1.2　聚焦爬虫

聚焦爬虫是面向特定主题需求的一种网络爬虫程序. 它与通用搜索引擎爬虫的区别在于：聚焦爬虫在实施网页抓取时会对内容进行处理筛选，尽量保证只抓取与需求相关的网页信息. 聚焦爬虫编写一般分为以下 7 个步骤：

1）获取网站的网址. 有些网站的网址十分容易获取，但是有些网站的网址需要人们在浏览器中经过分析得出.

2）获取 User-Agent. 通过获取 User-Agent，将自己的爬虫程序伪装成由人通过浏览器亲自来完成信息获取，而非一个程序，因为大多数网站是不欢迎爬虫程序的.

3）请求 URL. 请求 URL 主要是为了获取人们所需的网址源码，便于获取数据.

4）获取响应. 获取响应是十分重要的，只有获取了响应，才可以对网站的内容进行提取，必要时需要通过登录网址获取 Cookie 来进行模拟登录操作.

5）获取源码中指定的数据. 一个网址里面的内容多且杂，必须将需要的信息获取到，目前主要用 3 个方法，分别是 re（正则表达式）、xpath 和 bs4.

6）处理数据和使数据美化. 数据获取之后，有些数据会十分杂乱，如有许多不需要的空格和一些标签等，这时要将数据中不需要的内容删除.

7）保存. 最后一步就是将所获取的数据进行保存，以便进行随时查阅，一般有文件夹、文本文档、数据库、表格等方式.

8.1.3　Python 聚焦爬虫常用工具

1）for 循环语句：爬取同类型数据时常常用到，格式为 for i in range 或者 ［n for n in range］. 如 print(［n for n in range(10)］)，输出结果为 ［0,1,2,3,4,5,6,7,8,9］.

2）requests 库：请求的时候用到，格式为 requests. get("url"). requests 库的方法及说明如表 8.1 所示.

表 8.1　requests 库的方法及说明

方法	用法说明
requests. request()	构造一个请求,是支持其他各方法的基础方法
requests. get()	获取 HTML 网页的主要方法,对应于 HTTP 的 get()
requests. head()	获取 HTML 网页头信息的方法,对应于 HTTP 的 head()
requests. put()	向 HTML 网页提交 put()请求的方法,对应于 HTTP 的 put()
requests. patch()	向 HTML 网页提交局部修改请求,对应于 HTTP 的 patch()
requests. post()	向 HTML 网页提交 post()请求的方法,对应于 HTTP 的 post()
requests. delete()	向 HTML 页面提交删除请求,对应于 HTTP 的 delete()

3）lxml 或者 html. parser 解析器：解析网页的工具，与 BeautifulSoup 库配合使用.

4）BeautifulSoup 库：与解析器配合解析网页. 表 8.2 列出了主要的解析器以及它们的优劣势.

表 8.2　主要的解析器的比较

解析器	使用方法	优势	劣势
Python 标准库	BeautifulSoup(markup ," html. parser ")	Python 标准库,执行速度适中,文档容错能力强	Python 3.2 前的版本的文档容错能力差
lxml HTML 解析器	BeautifulSoup(markup ," lxml ")	速度快,文档容错能力强	需要安装 C 语言库
lxml XML 解析器	BeautifulSoup(markup ,[" lxml "," xml "]) BeautifulSoup(markup ," xml ")	速度快,唯一支持 XML 的解析器	需要安装 C 语言库
html5lib 解析器	BeautifulSoup(markup ," html5lib ")	具有较好的容错性,以浏览器的方式解析文档,生成 HTML5 格式的文档	速度慢,不依赖外部扩展

从表 8.2 中可以看出推荐使用 lxml 作为解析器的原因是它的效率较高. 由于现在的 Python 版本已经更新到 Python3.8 以上，因此 html. parser 解释器也经常被选用. 另外，解析网页时，浏览器的开发者工具也经常使用.

8.1.4　Python 聚焦爬虫编写方法

Python 聚焦爬虫编写可以按照以下 3 步进行：

1）请求要爬取的网站. 用什么工具请求网站呢？当然是 requests 库，因此必须先导入 requests 库，导入命令是：

import requests

导入之前必须先进行安装. 在 Anaconda 环境下，可以在命令行运行 conda install requests 命令进行安装.

2）解析数据. 解析数据可以用 BeautifulSoup 库加解释器来进行，具体就是使用 BeautifulSoup(markup ," html. parser ") 命令或者 BeautifulSoup(markup ," lxml ") 命令. 当然，BeautifulSoup 库也是需要先安装的. 在 Anaconda 环境下，可以通过命令行运行 conda install bs4 命令来安装 BeautifulSoup 库. 同理，可以通过命令行运行 conda install lxml 命令来安装 lxml 解析库. BeautifulSoup 库导入命令是：

from bs4 import BeautifulSoup

3）保存数据. 保存数据会涉及利用 os 模块操作文件和目录，因此首先用 import os 导入 os 模块，又因为 Python 打开 . txt 文件默认的是 ASCII 编码，无法处理中文字符. 如果需要保存中文，要统一转换为 utf-8 编码，可以使用 codecs 这个包，格式为：

import codecs　　　　　　　　　　　　　　　　#导入库 codecs

res = codecs. open (' test. txt ',' w ',encoding =' utf-8 ')　　　#指定编码为 utf-8

保存数据通常的格式为：

```
with open(" file. 扩展名"," wb ") as f:
    f. write( response. content)
```

或者用这个格式：

```
f = open(' readmeone. txt ',' w ')          #以写模式打开文本文件 readmeone. txt
f. write(' hellopython！')                  #在打开的文本文件 f 中写入文本"hellopython！"
f. close( )                                  #关闭 f
```

结合以上 3 步，可以总结出 Python 聚焦爬虫程序编写方法：

```
import requests
from bs4 import BeautifulSoup
import os
import codecs
url = " https://xxxxxxx "
response = requests. get( url)
soup = BeautifulSoup( response. text," html. parser ")
with open(" file. 扩展名"," wb ") as f:
    f. write( response. content)
```

习题 8-1

1. Python 网络爬虫分为几类？
2. 通用爬虫与聚焦爬虫有什么区别？
3. requests 库的作用是什么？
4. bs4 库的作用是什么？
5. 阅读并运行下列程序，在每句命令后面添加注释以说明用途.

```
1 import requests
2 from bs4 import BeautifulSoup
3 url ='https://www. yalayi. com/'
4 headers = {
5     'user-agent': 'Mozilla/5.0 (Windows NT 10.0; WOW64) AppleWebKit/537.36 (KHT
6                   ML,like Gecko)
7                      Chrome/78.0.3904.108 Safari/537.36',
8     'referer': 'https://image. so. com/'}
10 response = requests. get(url)
11 print(response. status_code)
12 response. encoding = response. apparent_encoding
13 soup = BeautifulSoup(response. text,'html. parser')
14 print(soup. prettify())
15 imgs = soup. select("body > div. main > div:nth-child(3) > div:nth-child(1) > ul >
16 li > div. img-box > a > img")
```

```
17 print(imgs)
18 for img in imgs:
19     src_url = img.get('src')
20     pic_url = src_url.split('! ')[0]
21     down = pic_url.split('/')[-2]
22     print(pic_url)
23     a = requests.get(pic_url)
24     f = open('%s.jpg'% down,'wb')
25     f.write(a.content)
26     f.close
27     print('----%s 图片下载完毕----'%down)
28     print('全部图片下载完毕')
```

8.2 爬取文本并下载

要爬取文本,应首先选择一个网址,这里选择网址 http://111.117.146.136/Portal/Default.aspx,然后需要了解该网站的构架,熟悉网站是怎么实现的,单击链接查看会链接到哪里.

8.2.1 熟悉网站构架

【例 8.1】 熟悉网址 http://111.117.146.136/Portal/Default.aspx 构架.

在 360 浏览器中打开网址 http://111.117.146.136/Portal/Default.aspx,如图 8.1 所示.

图 8.1 http://111.117.146.136/Portal/Default.aspx 页面

单击"报考指南",跳转到网址 http://111.117.146.136/Portal/InfoList.aspx? Tp = guide,如图 8.2 所示.

单击第一条"沈阳建筑大学 2021 年艺术类招生章程"链接,跳转到网址 http://111.117.146.136/Portal/InfoDetail.aspx? Id = 3851,如图 8.3 所示.

单击第二条"关于对我校 2020 年第二学士学位 报名合格考生名单的公示",跳转到网址 http://111.117.146.136/Portal/InfoDetail.aspx? Id = 3806.

单击第三条,跳转到网址 http://111.117.146.136/Portal/InfoDetail.aspx? Id = 3774.

单击第四条,跳转到网址 http://111.117.146.136/Portal/InfoDetail.aspx? Id = 2795.

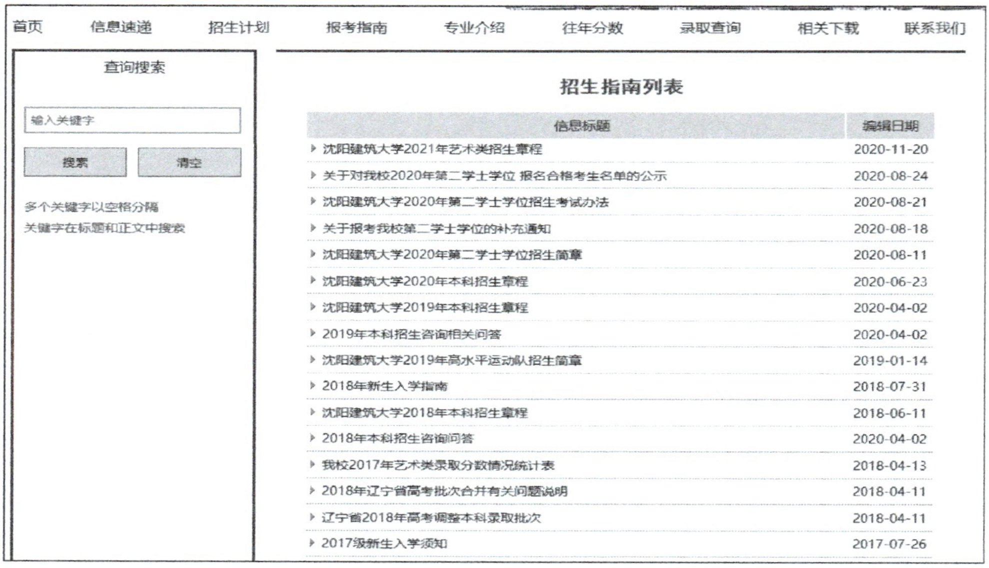
首页 信息速递 招生计划 报考指南 专业介绍 往年分数 录取查询 相关下载 联系我们

查询搜索

输入关键字

搜索 清空

多个关键字以空格分隔
关键字在标题和正文中搜索

招生指南列表

信息标题	编辑日期
沈阳建筑大学2021年艺术类招生章程	2020-11-20
关于对我校2020年第二学士学位 报名合格考生名单的公示	2020-08-24
沈阳建筑大学2020年第二学士学位招生考试办法	2020-08-21
关于报考我校第二学士学位的补充通知	2020-08-18
沈阳建筑大学2020年第二学士学位招生简章	2020-08-11
沈阳建筑大学2020年本科招生章程	2020-06-23
沈阳建筑大学2019年本科招生章程	2020-04-02
2019年本科招生咨询相关问答	2020-04-02
沈阳建筑大学2019年高水平运动队招生简章	2019-01-14
2018年新生入学指南	2018-07-31
沈阳建筑大学2018年本科招生章程	2018-06-11
2018年本科招生咨询问答	2020-04-02
我校2017年艺术类录取分数情况统计表	2018-04-13
2018年辽宁省高考批次合并有关问题说明	2018-04-11
辽宁省2018年高考调整本科录取批次	2018-04-11
2017级新生入学须知	2017-07-26

图 8.2 “报考指南”页面

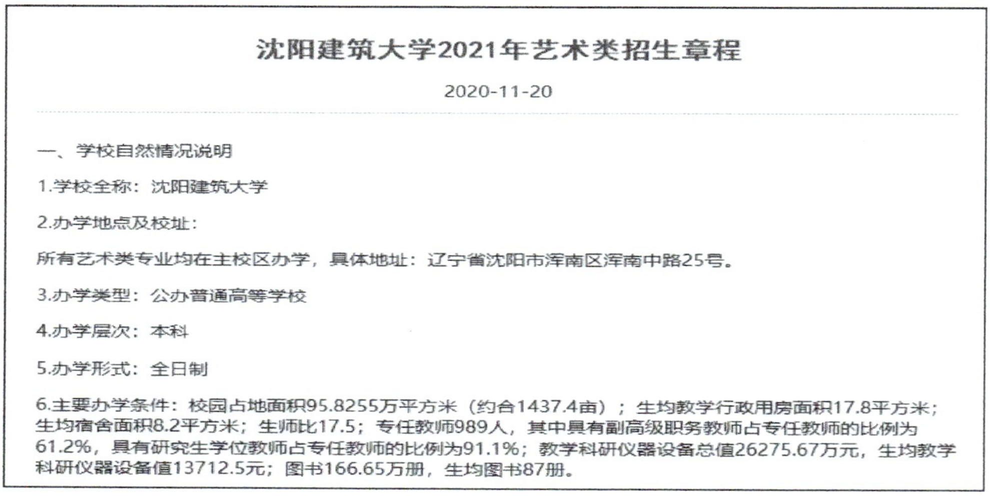
沈阳建筑大学2021年艺术类招生章程

2020-11-20

一、学校自然情况说明

1.学校全称：沈阳建筑大学

2.办学地点及校址：

所有艺术类专业均在主校区办学，具体地址：辽宁省沈阳市浑南区浑南中路25号。

3.办学类型：公办普通高等学校

4.办学层次：本科

5.办学形式：全日制

6.主要办学条件：校园占地面积95.8255万平方米（约合1437.4亩）；生均教学行政用房面积17.8平方米；生均宿舍面积8.2平方米；生师比17.5；专任教师989人，其中具有副高级职务教师占专任教师的比例为61.2%，具有研究生学位教师占专任教师的比例为91.1%；教学科研仪器设备总值26275.67万元，生均教学科研仪器设备值13712.5元；图书166.65万册，生均图书87册。

图 8.3 “沈阳建筑大学 2021 年艺术类招生章程”页面

单击第五条，跳转到网址 http://111.117.146.136/Portal/InfoDetail.aspx? Id=2773.

单击第六条，跳转到网址 http://111.117.146.136/Portal/InfoDetail.aspx? Id=2757，等等.

总结一下：需要从 http://111.117.146.136/Portal/Default.aspx 网页中找到“报考指南”，单击后跳转到网址 http://111.117.146.136/Portal/InfoList.aspx? Tp=guide，再从“报考指南”页面单击相应的招生简章，跳转到相应网址：

1 http://111.117.146.136/Portal/InfoDetail.aspx? Id=3851

2 http://111.117.146.136/Portal/InfoDetail.aspx? Id=3806

3 http://111.117.146.136/Portal/InfoDetail.aspx? Id=3774

4 http://111.117.146.136/Portal/InfoDetail.aspx？Id=2795

5 http://111.117.146.136/Portal/InfoDetail.aspx？Id=2773

6 http://111.117.146.136/Portal/InfoDetail.aspx？Id=2757

……

因此，可以通过"报考指南"页面 http://111.117.146.136/Portal/InfoList.aspx？Tp=guide 的"招生指南列表"来获取招生信息链接的 ID.

8.2.2　请求回应并解析网页

【例 8.2】　向网址 http://111.117.146.136/Portal/InfoList.aspx？Tp=guide 发送请求，并解析网页，获取招生信息 ID.

在 Anaconda 内建的 Spyder 集成开发环境中输入代码 8.1.

代码 8.1　向网址发送请求，并解析网页获取招生信息 ID

```
1 import requests                              #导入 requests
2 from bs4 import BeautifulSoup                #从 bs4 导入 BeautifulSoup
3 headers={'User-Agent':'Mozilla/5.0 (Windows NT 10.0; WOW64) AppleWebKit/537.36
4 (KHTML,like Gecko)Chrome/78.0.3904.108 Safari/537.36'}
5                                              #设置请求头
6 url='http://111.117.146.136/Portal/InfoList.aspx？Tp=guide'
7                                              #输入网址
8 response=requests.get(url,headers=headers)
9                                              #以 get()方法发送请求,获取回应 response
10 response.encoding = response.apparent_encoding
11                                             #设置编码格式,防止出现乱码
12 #print(response.status_code)                #打印状态码,值为 200,用完加#号注释掉
13 soup=BeautifulSoup(response.text,'html.parser')
14                                             #选用解析器"html.parser"
15 #print(soup.prettify())                     #查看情况,用完加#号注释掉
16 zsxxs=soup.find_all('a')                    #查找所有招生信息的超链接
17 #print(zsxxs)                               #打印招生信息,用完加#号注释掉
18 print(len(zsxxs))                           #若打印结果为 20,则说明找到 20 个超链接
19 for zsxx in zsxxs:                          #for 循环,zsxx 在 zsxxs 中遍历
20 zsxx_=zsxx.get('href')                      #用 get()方法从 zsxx 中提取 href
21 name=zsxx.string                            #用 string 提取 zsxx 中的中文
22 id_=zsxx_.split('=')[-1]                    #用 split()从 zsxx_中截取 ID 号
23 print(zsxx_)                                #打印 zsxx_
24 print(name)                                 #打印 name
25 print(id_)                                  #打印 id_
```

运行代码 8.1，输出结果如图 8.4 所示.

```
InfoDetail.aspx?Id=3851
沈阳建筑大学2021年艺术类招生章程
3851
InfoDetail.aspx?Id=3806
关于对我校2020年第二学士学位 报名合格考生名单的公示
3806
InfoDetail.aspx?Id=3774
沈阳建筑大学2020年第二学士学位招生考试办法
3774
InfoDetail.aspx?Id=2795
关于报考我校第二学士学位的补充通知
2795
InfoDetail.aspx?Id=2773
沈阳建筑大学2020年第二学士学位招生简章
2773
InfoDetail.aspx?Id=2757
沈阳建筑大学2020年本科招生章程
```

图 8.4   打印招生信息 ID

8.2.3   通过拼接网址爬取文本

【例 8.3】   通过 ID 号拼接出沈阳建筑大学 2021 年艺术类招生简章，向网址发送请求，并解析网页、爬取文本.

在 Anaconda 内建的 Spyder 集成开发环境中输入代码 8.2.

代码 8.2   向网址发送请求，并解析网页、爬取文本

```python
1 import requests                                #导入 requests
2 from bs4 import BeautifulSoup                  #从 bs4 导入 BeautifulSoup
3 url = 'http://111.117.146.136/Portal/InfoDetail.aspx? Id=3851'
4                                                #输入网址
5 headers = {'User-Agent':'Mozilla/5.0 (Windows NT 10.0; WOW64) AppleWebKit/537.36
6 (KHTML, like Gecko)
7 Chrome/78.0.3904.108 Safari/537.36'} #设置请求头
8 response = requests.get(url, headers = headers)
9                                                #以 get()方法发送请求,得到回应 response
10 response.encoding = response.apparent_encoding
11                                               #设置编码
12 soup = BeautifulSoup(response.text, 'html.parser')
13                                               #选用解析器"html.parser"开始解析网页
14 print(soup.prettify())                        #打印,发现需要的文本在<p>中
15 zsxxs = soup.find_all('p')                    #找出所有的段落"p"
16 for zsxx in zsxxs:                            #for 循环,让 zsxx 在 zsxxs 中遍历
17     jz = '沈阳建筑大学 2021 年艺术类招生章程'
18                                               #给 jz 赋值字符串名称
19     wzzsxx = zsxx.string                      #利用命令 string 提取每个段落"p"中的文本
```

```
20    with open("%s.txt"%jz,'a',encoding='utf-8') as f:
21                              #选用编码"utf-8",以追加方式"a"打开文本文件 f
22      f.write(str(wzzsxx))    #写入中文字符
23 print('下载完毕')            #打印
```

运行代码 8.2，输出结果为"---下载完毕---"，同时．py 程序文件夹中多了一个"沈阳建筑大学 2021 年艺术类招生章程．txt"文件，那就是下载的招生简章，打开文件后发现符合要求．编程过程中注意：find_all( ) 匹配的返回结果是一个列表．

8.2.4　通过拼接网址爬取多页文本

要爬取多页文本的全部内容，只需要将爬取一页的方法反复使用即可．这里要注意一个问题，就是每页都需要加上标题名称，这样不会混淆，阅读时也比较方便．

【例 8.4】　通过网址 http：//111.117.146.136/Portal/InfoList.aspx？Tp=guide 来获取多页 ID 号，拼接网址链接，爬取文本，并分别保存为文本文件．

整个过程分两步：第一步，先爬取每页的 ID 号，拼接出网址超链接，为了减少网络请求次数（请求次数增加会加重服务器的负担，造成下载失败、网络超时等），把爬取的网址超链接存入文本文档；第二步从本地文本文档里取出网址，解析下载文本的内容．

在 Anaconda 内建的 Spyder 集成开发环境中输入代码 8.3．

代码 8.3　爬取招生信息

```
1 import requests                          #导入 requests
2 from bs4 import BeautifulSoup            #从 bs4 导入 BeautifulSoup
3 url='http://111.117.146.136/Portal/InfoList.aspx? Tp=guide'
4                                          #输入网址
5 headers={'User-Agent':'Mozilla/5.0 (Windows NT 10.0; WOW64) AppleWebKit/537.36
6 (KHTML,like Gecko)Chrome/78.0.3904.108 Safari/537.36'}
7                                          #设置请求头
8 response=requests.get(url,headers=headers,timeout=5)
9                                          #以 get()方法发送请求,超时时间设置为 5s
10#print(response.status_code)            #打印响应状态码,若值为 200 则表示成功,用完加
11                                          #号注释掉
12 soup= BeautifulSoup(response.text,'html.parser')
13                                          #请求成功,开始解析网页
14#print(soup.prettify())                 #通过打印结果发现共 20 条招生信息超链接
15 zsxxs=soup.find_all('a')               #结合浏览器开发者工具查找全部的"a"
16#print(zsxxs)                           #打印,注意它是一个列表
17#print(len(zsxxs))                      #打印 20 条
18 zsxxs_url=[ ]                          #设置一个空列表,用来装超链接数据
19 for zsxx in zsxxs:                     #for 循环,让 zsxx 在 zsxxs 中遍历
```

```
20    zsxx_url=zsxx.get('href')            #以 get()方法从 zsxx 中取出"href"
21    name=zsxx.string                     #利用命令 string 提取文字
22    id_=zsxx_url.split('=')[-1]          #提取 ID 号
23    zsxxnew='http://111.117.146.136/Portal/InfoDetail.aspx? Id='+str(id_)
24                                         #进行网址拼接
25    headers={'User-Agent':'Mozilla/5.0 (Windows NT 10.0; WOW64) AppleWebKit/
26    537.36 (KHTML,likeGecko) Chrome/78.0.3904.108 Safari/537.36'}
27                                         #设置请求头,需要重新请求网址
28    res=requests.get(zsxxnew,headers=headers,timeout=20)
29                                         #发送请求,超时时间设置为 20s,这是一个经验值
30    soup_= BeautifulSoup(res.text,'html5lib')
31                                         #选用解析器"html5lib"
32    texts = soup_.find_all('p')          #结合开发者工具查找"p",文字都在<p>中
33    for text_ in texts:                  #for 循环,让 text_在 texts 中遍历
34      text_=text_.string                 #用命令 string 提取文字
35      with open("%s.txt"%name,'a',encoding='utf-8') as f:
36                                         #编码 utf-8,以添加方式打开"%s.txt"%name
37        f.write(str(text_))              #在 f 中写入 text_,文件存储为 utf-8 格式,编码
38                                         声明为 utf-8
39      print('------%s 下载完毕------'%name)  #打印,注意占位符的使用
40 print('------全部下载完毕------')          #最后打印
```

运行代码 8.3,输出结果如图 8.5 所示.

```
------沈阳建筑大学2021年艺术类招生章程下载完毕------
------关于对我校2020年第二学士学位 报名合格考生名单的公示下载完毕------
------沈阳建筑大学2020年第二学士学位招生考试办法下载完毕------
------关于报考我校第二学士学位的补充通知下载完毕------
------沈阳建筑大学2020年第二学士学位招生简章下载完毕------
------沈阳建筑大学2020年本科招生章程下载完毕------
------沈阳建筑大学2019年本科招生章程下载完毕------
------2019年本科招生咨询相关问答下载完毕------
------沈阳建筑大学2019年高水平运动队招生简章下载完毕------
------2018年新生入学指南下载完毕------
------沈阳建筑大学2018年本科招生章程下载完毕------
------2018年本科招生咨询问答下载完毕------
------我校2017年艺术类录取分数情况统计表下载完毕------
------2018年辽宁省高考批次合并有关问题说明下载完毕------
------辽宁省2018年高考调整本科录取批次下载完毕------
------2017级新生入学须知下载完毕------
------我校确定2017年本科招生来源计划下载完毕------
```

图 8.5　代码 8.3 的输出结果

习题 8-2

1. 打开一个网络小说网站,研究其网站的构架,了解网站是怎么实现的,单击小说名

称查看会链接到哪里.

    2. 通过编程实现爬取某网络小说每章的标题及超链接.

    3. 通过编程实现爬取某网络小说某章内容.

    4. 通过编程实现爬取某网络小说全部内容并保存下来.

    5. 阅读并运行下列程序.

```
1  import requests                                    #导入 requests
2  from bs4 import BeautifulSoup                       #从 bs4 导入 BeautifulSoup
3  import os                                           #导入 os
4  url='https://www.biqiugege8.com/book/21506/'
5                                                      #网络小说目录页网址
6  headers={'User-Agent':'Mozilla/5.0 (Windows NT 10.0; WOW64) AppleWebKit/537.36
7          (KHTML,like Gecko) Chrome/78.0.3904.108 Safari/537.36'}
8                                                      #设置请求头
9  response=requests.get(url,headers=headers,timeout=5)
10                                                     #向 url 以 get()方法发送请求
11   #print(response.status_code)                      #打印响应状态码,用完加#号注释掉
12 response.encoding = response.apparent_encoding
13                                                     #设置编码,防止出现乱码
14 soup= BeautifulSoup(response.text,'html5lib')
15                                                     #选用解析器"html5lib"解析响应
16   #print(soup.prettify())                           #打印,结合浏览器开发工具研究网页,用完加#号注
17                                                         释掉
18 chapters=soup.find_all('a')                          #通过上面的研究,准备查找,所有的"a"
19   #print(chapters)                                  #打印,用完加#号注释掉
20   #print(len(chapters))                             #打印,结果为 255,说明找到 255 个超链接,但实际只
21                                                         有 213 章,这里面有脏数据
22 '''
23 https://www.biqiugege8.com/book/21506/14009282.html
24 https://www.biqiugege8.com/book/21506/14009283.html
25 https://www.biqiugege8.com/book/21506/14009285.html
26 '''                                                 #三引号之间的注释是每章超链接示意,观察可以发现
27                                                         规律
28 m=[]                                                #定义一个空列表
29 for chap in chapters:                               #for 循环,让 chap 在 chapters 中遍历,要想办法清
30                                                         洗掉脏数据
31    chap_url=chap.get('href')                        #用 get()方法提取 chap 中的 href,这是超链接地址
32    namechap=chap.string                             #用 string 提取 chap 中的中文
33    k=str(namechap)+str(chap_url)                    #拼接字符串,形如"第几章 xxx"的形式
34    #print(namechap)                                 #打印提取的中文
35    #print(k)                                        #打印拼接的字符串,发现脏数据最后不以 html 结尾
```

```
36    g=k.split('.')[-1]                    #用.分割k,取倒数第一部分并记作g,构造清洗器html
37    if g=='html':                         #用条件语句进行判断,通过清洗器html清洗掉非html
38        m.append(k)                       #如果g等于"html",那么这样的k是干净的数据,将它
39                                           添加到m中
40    #print(m)                             #打印m,发现前面有7条数据与后面的数据重复
41    #print(m[7:])                         #打印m[7:],就是从第8条数据开始打印,注意默认初
42                                           值为0,打印结果刚好213条
43 for chapt in m[7:]:                      #for循环,chapt在m[7:]中遍历
44    name=chapt.split('/')[0]              #用"/"分割chapt,取第一部分并记作name,就是第一
45                                           章标记
46    kk=chapt.split('/')[-1]               #用"/"分割chapt,取倒数第一部分并记作kk,形如
47                                           14009282.html
48    kkk='https://www.biqiugege8.com/book/21506/'+kk+'|'+'\n'
49                                           #拼接字符串,就是网址加"|"和"\n",后面用到
50    #print(name)                          #打印name,符合要求,加#号注释掉
51    #print(kk)                            #打印kk,符合要求,加#号注释掉
52    #print(kkk)                           #打印kkk,符合要求,加#号注释掉
53    kkkk=str(name)+'|'+kkk                #拼接字符串,把每章名称拼接到网址前面,加"|"隔开
54    #print(kkkk.split('|')[0])            #打印kkkk.split('|')[0],符合要求,加#号注释掉
55    #print(kkkk.split('|')[1])            #打印kkkk.split('|')[1],符合要求,加#号注释掉
56 with open("kkkkn.txt",'a',encoding='utf-8') as f:
57                                           #以编码utf-8打开kkkkn.txt文件,在其中添加数据,
58                                           记作f
59    f.write(kkkk)                         #在f中写入数据kkkk
60  #print('保存完毕')                       #写入完毕,打印"保存完毕",前加#号注释掉,经过上面
61                                           的操作,把干净数据保存到kkkkn.txt中
62 with open('kkkkn.txt','r',encoding='utf-8') as f:
63                                           #接下来提出数据.以编码utf-8用读的方式打开
64                                           kkkkn.txt,记作f
65    content = list(f)                     #将f当成一个列表list(f)赋值给content
66    #print(content)                       #打印列表content,查看是否符合要求,用完加#号注释掉
67 n=0                                      #设置章节序号初值为0
68 for url_ in content:                     #让url_在content中遍历
69    try:                                  #使用try:xxxx except模式,使程序容错性提高
70        name=url_.split('|')[0]           #用"|"分割url_,取第一部分并赋值给name
71        url=url_.split('|')[1]            #用"|"分割url_,取第二部分并赋值给url
72        headers={'User-Agent':'Mozilla/5.0 (Windows NT 10.0; WOW64) AppleWebKit/
73            537.36 (KHTML,like Gecko) Chrome/78.0.3904.108 Safari/537.36'}
74                                           #设置请求头
75        response=requests.get(url,headers=headers,timeout=20)
76                                           #以get()方法发送请求
```

```
77    response.encoding = response.apparent_encoding
78                                    #设置编码,防止乱码出现
79  #print(response.status_code)      #打印响应状态码,值为200表示请求成功
80    soup= BeautifulSoup(response.text,'html5lib')
81                                    #选用解析器"html5lib"
82  #print(soup.prettify)             #打印
83    texts = soup.find_all('div',id="content")
84                                    #查找"div",id="content"
85  #print(texts)                     #打印
86    text_=texts[0].text.replace('\xa0'* 6,'\n\n')
87  #print(text_)                     #打印,没问题就保存下来
88    n=n+1                           #章节序号递增1
89    with open("%s.txt"%name,'a',encoding='utf-8') as f:
90                                    #以编码utf-8用添加方式打开"%s.txt",记作 f
91      f.write(text_)                #在 f 中写入 text_
92    print('----第%s 章下载完毕---------'% n)
93                                    #写完第一章,打印,注意占位符的使用
94 except:                            #否则
95   print('由于某种原因下载暂停')        #打印"由于某种原因下载暂停"
96 os.remove("kkkkn.txt")            #全部下载完毕,删除"kkkkn.txt",否则重新运行时
97                                       内容会增加
98 print('全部下载完毕')                #最后打印"全部下载完毕"
```

8.3 爬取图片并下载

爬取图片的方法与爬取文字的方法大同小异,但是需要注意网页源代码中图片的标记一般是 img. 同样,要爬取图片,需要先找到每张图片的网址.

8.3.1 爬取一张图片并保存

【例 8.5】 利用 requests 向网址发送请求,爬取一张图片.

在 Anaconda 内建的 Spyder 集成开发环境中输入代码 8.4.

代码 8.4 利用 requests 向网址发送请求,爬取一张图片

```
1 import requests                    #导入 requests
2 url='http://www.sjzu.edu.cn/__local/D/C2/54/FBC9932BEDFCD235C8D5D604027_
3 C945AB4A_F13C.jpg'
4 headers={'User-Agent':'Mozilla/5.0 (Windows NT 10.0; WOW64) AppleWebKit/537.36
5     (KHTML,like Gecko) Chrome/78.0.3904.108 Safari/537.36'}
6                                        #设置请求头
```

```
7 response = requests.get(url,headers=headers)
8                                    #以get()方法向url发送请求,响应记为response
9 print(response.status_code)        #打印响应状态码,200为正常值
10 img = response.content            #响应的二进制文件,保存图片时保存的是二进制数据
11 with open('新年快乐.jpg','wb') as f:
12                                    #以二进制写入方式打开文件"新年快乐.jpg",记作f
13 f.write(img)                      #在f里用二进制写入img数据
14 print("图片下载完毕")              #打印"图片下载完毕"
```

运行代码8.4,输出结果为"图片下载完毕",同时,.py程序所在文件夹下载了一张图片,如图8.6所示.

图8.6　下载的图片

8.3.2　爬取多张图片并保存

首先需要选择一个网站,其次解析网站,找到需要下载的图片的网址.注意:网站源代码中通常使用img给图片做标记.

【例8.6】　向网址http://www.sjzu.edu.cn/发送请求,利用BeautifulSoup解析网页,下载多张图片.

在Anaconda内建的Spyder集成开发环境中输入代码8.5.

代码8.5　利用BeautifulSoup解析网页,下载多张图片

```
1 import requests                    #导入requests
2 from bs4 import BeautifulSoup      #从bs4导入BeautifulSoup
3 url='http://www.sjzu.edu.cn/'      #输入网址
4 headers={'User-Agent':'Mozilla/5.0 (Windows NT 10.0; WOW64) AppleWebKit/537.36
5         (KHTML,like Gecko) Chrome/78.0.3904.108 Safari/537.36'}
6                                    #设置请求头
7 response = requests.get(url,headers=headers)
8                                    #以get()方法向url发送请求,响应记
9                                    为response
```

```
10 #print(response.status_code)                    #打印响应状态码,正常值为 200,用完加
11                                                  #注释掉
12 response.encoding = response.apparent_encoding
13                                                  #设置编码,防止出现乱码
14 soup=BeautifulSoup(response.text,'html.parser')
15                                                  #选用解析器"html.parser"
16 #print(soup.prettify())                          #打印,查看图片标记,用完加#号注释掉
17 pics=soup.find_all('img')                        #查找所有的 img 图片标记
18 #print(pics)                                      #打印所有的 img
19 '''                                              #下面 3 行为图片网址示例,可以通过浏览
20                                                      器开发工具找到
21 http://www.sjzu.edu.cn/—local/9/04/BA/5FCF7154BB991DF3A4C3337D679_41CFD0B8_40C63.jpg
22 http://www.sjzu.edu.cn/—local/3/0E/57/F98C0A06BD8F66A0466B36C1CB2_1AB33558_5FF29.jpg
23 http://www.sjzu.edu.cn/—local/1/CB/03/1902EB3A713D0602268E178974C_446CF1EC_BE5F0.jpg
24 '''
25 n=0                                              #设置序号初始值
26 for pic in pics:                                 #for 循环,让 pic 在 pics 中遍历
27     pic_url=pic.get('src')                       #以 get()方法从 pic 中提取 src
28     #print(pic_url)                              #打印,观察是否符合要求,用完加#号注释掉
29     k=pic_url.split('/')[1]                      #构造清洗器 k== "—local"
30     #print(k)                                    #打印,观察是否符合要求
31     if k=="__local":                             #使用条件语句进行数据清洗
32       #print(pic_url)                            #打印,观察是否符合要求
33       picnew_url='http://www.sjzu.edu.cn/'+pic_url
34                                                  #进行网址拼接
35       #print(picnew_url)                         #打印拼接网址,符合要求,用完加#号注释掉
36       res=requests.get(picnew_url,headers=headers)
37                                                  #对拼接的网址以 get()方法发送请求,回
38                                                      应记为 res
39       img = res.content                          #设置图片为二进制格式
40       n=n+1                                       #序号值递增 1
41       with open('第% s 张图片.jpg'%n,'wb') as f:
42                                                  #以二进制写入方式打开文件'第%s 张图
43                                                      片.jpg'%n,记作 f
44         f.write(img)                             #在 f 里写入 img 二进制数据
45       print('------第%s 图片下载完毕------'%n)
46                                                  #打印
47 print("全部图片下载完毕")                          #打印"全部图片下载完毕"
```

运行代码 8.5,输出结果如图 8.7 所示.

```
------第1图片下载完毕------
------第2图片下载完毕------
------第3图片下载完毕------
------第4图片下载完毕------
------第5图片下载完毕------
------第6图片下载完毕------
------第7图片下载完毕------
全部图片下载完毕
```

图 8.7　下载多张图片示例

习题 8-3

1. 网址源代码中，图片的重要标记是什么？
2. 解析网页时一定需要 bs4 吗？
3. 编写网络爬虫爬取数据是否存在法律风险？
4. 自己选择一个图片网站，爬取一张图片.
5. 自己选择一个图片网站，爬取多张图片并保存.

8.4　本章小结

　　本章分 3 节介绍了 Python 网络爬虫. 8.1 节介绍了 Python 网络爬虫类型，具体包含通用爬虫、聚焦爬虫、Python 聚焦爬虫常用工具、Python 聚焦爬虫编写方法. 8.2 节介绍了爬取文本并下载，具体包含熟悉网站构架、请求回应并解析网页、通过拼接网址爬取文本、通过拼接网址爬取多页文本. 8.3 节介绍了爬取图片并下载，具体包含爬取一张图片并保存、爬取多张图片并保存.

总习题 8

1. 编写网络爬虫爬取一张图片，并保存.
2. 编写网络爬虫爬取多张图片，并保存.
3. 编写网络爬虫爬取网络小说的一章，并保存.
4. 编写网络爬虫爬取网络小说的多章，并保存.

第 9 章

Python 在插值与拟合中的应用

本章概要

- Python 插值
- Python 拟合

9.1　Python 插值

插值、拟合与逼近是数值分析的三大基础工具. 它们的区别在于：插值是已知点列，找出完全经过点列的曲线；拟合是已知点列，找出从整体上靠近它们的曲线；逼近是已知曲线或者点列，通过构造函数无限靠近它们.

9.1.1　插值理论

简单讲，插值就是根据已知数据点（条件）来预测未知数据点值的方法. 具体来说，假如有 n 个已知条件，就可以求一个 $n-1$ 次的插值函数 $P(x)$，使得 $P(x)$ 接近未知原函数 $f(x)$，并由插值函数预测出需要的未知点值. 而由 n 个条件求 $n-1$ 次 $P(x)$ 的过程，实际上就是求 n 元一次线性方程组.

1. 代数插值

代数插值就是多项式插值，即假设所求插值函数为多项式函数 $p_n(x) = a_0 + a_1 x + a_2 x^2 + \cdots + a_n x^n$，显然，系数 $a_0, a_1, a_2, \cdots, a_n$ 即为所求. 如果已知 $n+1$ 个条件，比如 $n+1$ 个点的坐标 $(x_i, y_i), (i = 0, 1, 2, \cdots, n)$，那么求解满足这 $n+1$ 个点的坐标的方程组如下：

$$\begin{cases} a_0 + a_1 x_0 + a_2 x_0^2 + \cdots + a_n x_0^n = y_0 \\ a_0 + a_1 x_1 + a_2 x_1^2 + \cdots + a_n x_1^n = y_1 \\ \qquad\qquad\qquad \vdots \\ a_0 + a_1 x_n + a_2 x_n^2 + \cdots + a_n x_n^n = y_n \end{cases}$$

这时，解线性方程组即可求出系数 $a_0, a_1, a_2, \cdots, a_n$.

2. 拉格朗日插值

上面提到，一般来说，多项式插值就是求 $n+1$ 个线性方程的解，拉格朗日（Lagrange）插值也基于此思想. 数学家拉格朗日创造性地避开方程组求解的复杂性，引入"基函数"这一概念，使得快速手工求解成为可能.

求小于等于 n 次的多项式 $P_n(x)$，使其满足条件 $P_n(x_i) = y_i, i = 0, 1, \cdots, n$，这就是所谓的拉格朗日插值. 这里先以一次（线性）插值为例，介绍使用基函数方法求解，再推广到任意次多项式.

已知两点 (x_0, y_0)，(x_1, y_1)，求 $P_1(x) = a_0 + a_1 x$，使得 $P_1(x)$ 过这两点 (x_0, y_0)，(x_1, y_1). 显然有

$$\begin{cases} a_0 + a_1 x_0 = y_0 \\ a_0 + a_1 x_1 = y_1 \end{cases}$$

解此关于 a_0, a_1 的二元一次方程组可以求出 $a_0 = \dfrac{y_1 x_0 - y_0 x_1}{x_0 - x_1}$，$a_1 = \dfrac{y_1 - y_0}{x_1 - x_0}$，从而所求的 $P_1(x)$ 为

$$P_1(x) = a_0 + a_1 x = \frac{y_1 x_0 - y_0 x_1}{x_0 - x_1} + \frac{y_1 - y_0}{x_1 - x_0} x = \frac{x - x_1}{x_0 - x_1} y_0 + \frac{x - x_0}{x_1 - x_0} y_1$$

这里，记 $l_0(x) = \dfrac{x - x_1}{x_0 - x_1}$，$l_1(x) = \dfrac{x - x_0}{x_1 - x_0}$，称为 $P_1(x)$ 的两个基函数，显然是两个一次函数. 因此，$P_1(x)$ 可以看成两个一次函数的线性组合，从而 $p_1(x) = l_0(x) y_0 + l_1(x) y_1$.

再求二次（抛物线）插值：已知 3 点 (x_0, y_0)，(x_1, y_1)，(x_2, y_2)，求 $P_2(x) = a_0 + a_1 x + a_2 x^2$，使得 $P_2(x)$ 过这 3 点 (x_0, y_0)，(x_1, y_1)，(x_2, y_2). 显然有

$$\begin{cases} a_0 + a_1 x_0 + a_2 x_0^2 = y_0 \\ a_0 + a_1 x_1 + a_2 x_1^2 = y_1 \\ a_0 + a_1 x_2 + a_2 x_2^2 = y_2 \end{cases}$$

解此关于 a_0、a_1、a_2 的三元一次方程组，可以求出 a_0、a_1、a_2，从而得到二次函数 $P_2(x) = a_0 + a_1 x + a_2 x^2$. 但是这样求二次函数比较麻烦，可以换一种思考方法，将 $P_2(x)$ 看成 3 个二次函数 $l_0(x) y_0, l_1(x) y_1, l_2(x) y_2$ 的线性组合，即

$$P_2(x) = l_0(x) y_0 + l_1(x) y_1 + l_2(x) y_2$$

其中，$l_0(x)$ 满足 $l_0(x_0) = 1, l_0(x_1) = 0, l_0(x_2) = 0$；$l_1(x)$ 满足 $l_1(x_0) = 0, l_1(x_1) = 1, l_1(x_2) = 0$；$l_2(x)$ 满足 $l_2(x_0) = 0, l_2(x_1) = 0, l_2(x_2) = 1$.

这样一来，$P_2(x)$ 满足 $p_2(x_0) = y_0, p_2(x_1) = y_1, p_2(x_2) = y_2$，即二次函数 $P_2(x) = l_0(x) y_0 + l_1(x) y_1 + l_2(x) y_2$ 经过 3 点 $(x_0, y_0), (x_1, y_1), (x_2, y_2)$，接下来要做的就是把 $l_0(x)$，$l_1(x)$ 与 $l_2(x)$ 构造出来. 显然有

$l_0(x) = \dfrac{(x - x_1)(x - x_2)}{(x_0 - x_1)(x_0 - x_2)}$ 满足 $l_0(x_0) = 1, l_0(x_1) = 0, l_0(x_2) = 0$，可以代值进去计算.

$l_1(x) = \dfrac{(x - x_0)(x - x_2)}{(x_1 - x_0)(x_1 - x_2)}$ 满足 $l_1(x_0) = 0, l_1(x_1) = 1, l_1(x_2) = 0$，可以代值进去计算.

$l_2(x) = \dfrac{(x - x_0)(x - x_1)}{(x_2 - x_0)(x_2 - x_1)}$ 满足 $l_1(x_0) = 0, l_1(x_1) = 0, l_1(x_2) = 1$，可以代值进去计算.

一般化有

$$l_i(x) = \prod_{\substack{0 \leqslant j \leqslant 2 \\ j \neq i}} \frac{(x - x_j)}{(x_i - x_j)}, i = 0, 1, 2, P_2(x) = \sum_{i=0}^{2} l_i(x) y_i$$

下面推广到一般形式：已知 $n+1$ 个点 $(x_0,y_0),(x_1,y_1),(x_2,y_2),\cdots,(x_n,y_n)$，要求 n 次插值函数 $P_n(x)$，可以将 $P_n(x)$ 看成 n 个 n 次多项式之和，即 $P_n(x)=l_0(x)y_0+l_1(x)y_1+l_2(x)y_2+\cdots+l_n(x)y_n$.

要使得 $P_n(x_0)=y_0$，则要求：$l_0(x_0)=1,l_1(x_0)=0,l_2(x_0)=0,\cdots,l_n(x_0)=0$；

要使得 $P_n(x_1)=y_1$，则要求：$l_0(x_1)=0,l_1(x_1)=1,l_2(x_0)=0,\cdots,l_n(x_1)=0$；

要使得 $P_n(x_2)=y_2$，则要求：$l_0(x_2)=0,l_1(x_2)=0,l_2(x_2)=1,\cdots,l_n(x_2)=0$；

要使得 $P_n(x_n)=y_n$，则要求：$l_0(x_n)=0,l_1(x_n)=0,l_2(x_n)=0,\cdots,l_n(x_n)=1.$

构造基函数的一般形式为

$$l_0(x)=\frac{(x-x_1)(x-x_2)\cdots(x-x_n)}{(x_0-x_1)(x_0-x_2)\cdots(x_0-x_n)}=\prod_{1\leqslant j\leqslant n}\frac{(x-x_j)}{(x_0-x_j)};$$

$$l_1(x)=\frac{(x-x_0)(x-x_2)\cdots(x-x_n)}{(x_1-x_0)(x_1-x_2)\cdots(x_1-x_n)}=\prod_{\substack{0\leqslant j\leqslant n \\ j\neq 1}}\frac{(x-x_j)}{(x_1-x_j)}$$

$$l_2(x)=\frac{(x-x_0)(x-x_1)\cdots(x-x_n)}{(x_2-x_0)(x_2-x_1)\cdots(x_2-x_n)}=\prod_{\substack{0\leqslant j\leqslant n \\ j\neq 2}}\frac{(x-x_j)}{(x_2-x_j)};$$

$$l_n(x)=\frac{(x-x_0)(x-x_1)\cdots(x-x_{n-1})}{(x_n-x_0)(x_n-x_1)\cdots(x_n-x_{n-1})}=\prod_{\substack{0\leqslant j\leqslant n \\ j\neq n}}\frac{(x-x_j)}{(x_n-x_j)}$$

简记为 $l_k(x)=\prod_{\substack{j=0 \\ j\neq k}}^{n}\frac{(x-x_j)}{(x_k-x_j)}$，$P_n(x)=\sum_{k=0}^{n}l_k(x)y_k$，这就是著名的拉格朗日插值公式．拉格朗日插值的余项为

$$R_n(x)=f(x)-l_n(x)=\frac{f^{(n+1)}(\xi_n)}{(n+1)!}\prod_{i=0}^{n}(x-x_i)，其中 \prod_{i=0}^{n}(x-x_i)=(x-x_0)(x-x_1)(x-x_2)\cdots(x-x_n)$$

$x_2)\cdots(x-x_n)$，$\xi_n\in(a,b)$ 且与 x 有关．拉格朗日插值的余项可以由罗尔定理等证明．

9.1.2 用 Python 求解插值问题

用 Python 求解插值问题需要用到 SciPy 插值函数，常用的有线性插值、梯形插值、三次多项式插值、五次多项式插值、拉格朗日插值、三次样条插值等，其中最常用的是五次多项式插值和三次样条插值．用户也可以自己编写插值函数．为了方便，可以直接调用 SciPy 中的插值模块实现插值．导入插值模块可以使用 from scipy import interpolate 语句．插值函数包括内插一维函数插值 from scipy. interpolate import interp1d，用法如下：

$$\text{interp1d}(x,y,kind='linear',axis=-1,copy=True,bounds\_error=None,$$
$$\text{fill\_value}=nan,assume\_sorted=False)$$

x 和 y 是原始数组，注意，interp1d 输入值中存在 NaN 会导致不确定的行为．参数 x 与 y 是一维实数数组，沿插值轴的 y 长度必须等于 x 的长度．

kind：str 或 int，可选参数，将内插类型指定为字符串"linear""nearest""zero""slinear""quadratic""cubic""previous""next"或整数，指定要使用的样条插值器的顺序，默认值为"linear"．

axis：int，可选参数，指定要沿其进行插值的 y 轴，插值默认为 y 的最后一个轴．

copy：bool，可选参数．如果为 True，则将制作 x 和 y 的内部副本．如果为 False，则使用对 x 和 y 的引用．默认为复制．

bounds_error：bool，可选参数．如果为 True，则任何时候尝试对 x 范围之外的值进行插值都会引发 ValueError．如果为 False，则分配超出范围的值 fill_value．默认情况下会引发错误，除非 fill_value =" extrapolate "．

fill_value：array-like 或（array-like,array_like）或 "extrapolate"，可选参数．如果是 ndarray（或 float），则此值将用于填充数据范围之外的请求点．如果未提供，则默认值为 NaN．如果是两个元素的元组，则第一个元素用于 x_new<x[0]，第二个元素用于 x_new>x[-1]．不是两个元素元组的任何元素（如 list 或 ndarray，无论形状如何）都应视为一个 array-like 参数，该参数应同时用作两个边界 below,above = fill_value,fill_value．如果为 "extrapolate"，则将推断数据范围之外的点．

assume_sorted：bool，可选参数．如果为 False，则 x 的值可以按任何顺序排列，并且将首先对其进行排序．如果为 True，则 x 必须是单调递增值的数组．

【例 9.1】 一维插值函数 interp1d( ) 的应用示例．

在 Anaconda 内建的 Spyder 集成开发环境中输入代码 9.1．

代码 9.1 一维插值函数 interp1d( ) 的应用示例

```
1 import numpy as np              #导入 numpy,记作 np
2 import matplotlib.pyplot as plt  #导入 matplotlib.pyplot,记作 plt
3 from scipy import interpolate    #导入 scipy,记作 interpolate
4 x = np.arange(0,10)              #给定原始 x 数据
5 y = np.arange(11,21)             #给定原始 y 数据
6 f = interpolate.interp1d(x,y)    #进行一维插值,默认为线性插值,返回一个插值函
7                                    数 f
8 xnew = np.arange(0,9,0.1)        #给定新的 xnew 的值,要求在 0~10 之间
9 ynew = f(xnew)                   #用插值函数求出新的函数值
10 plt.plot(x,y,'o',xnew,ynew,'-') #绘制原始数据点(x,y)图与插值函数线图
11 plt.show()                       #显示图形
```

运行代码 9.1，所生成的图形如图 9.1 所示．

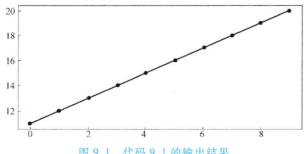

图 9.1 代码 9.1 的输出结果

【例 9.2】 一维插值函数 interp1d( ) 的应用示例.

在 Anaconda 内建的 Spyder 集成开发环境中输入代码 9.2.

代码 9.2 一维插值函数 interp1d( ) 的应用示例

```
1  import numpy as np                          #导入 numpy,记作 np
2  import matplotlib.pyplot as plt             #导入 matplotlib.pyplot,记作 plt
3  from scipy import interpolate               #导入 sciPy,记作 interpolate
4  x = np.arange(0,10)                          #给定原始 x 数据
5  y = np.np.cos(x)                             #给定原始 y 数据
6  f = interpolate.interp1d(x,y)                #进行一维插值,默认为线性插值,返回一个
7                                                 插值函数 f
8  xnew = np.arange(0,9,0.1)                    #给定新的 xnew 的值,要求在 0~10 之间
9  ynew = f(xnew)                               #用插值函数求出新的函数值
10 plt.plot(x,y,'o',xnew,ynew,'-')             #绘制原始数据点(x,y)图与插值函数线图
11 plt.show()                                   #显示图形
```

运行代码 9.2,所生成的图形如图 9.2 所示.

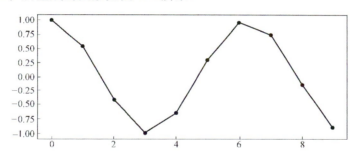

图 9.2 代码 9.2 的输出结果

【例 9.3】 一维插值函数 interp1d( ) 的应用,对 kind 取不同值进行示范.

在 Anaconda 内建的 Spyder 集成开发环境中输入代码 9.3.

代码 9.3 一维插值函数 interp1d( ) 的应用,对 kind 取不同值进行示范

```
1  import numpy as np                                #导入 numpy,记作 np
2  import matplotlib.pyplot as plt                   #导入 matplotlib.pyplot,记作 plt
3  from scipy.interpolate import interp1d            #导入插值模块
4  plt.rcParams['font.sans-serif']=['SimHei']
5                                                     #设置中文显示
6  plt.rcParams['axes.unicode_minus']=False          #解决显示负号的问题
7  x = np.linspace(0,1,30)                            #生成 x 数据
8  y = np.sin(5* x)                                   #生成 y 数据
9  y0 = interp1d(x,y,kind='zero')                     #一维插值函数,零次插值
```

```
10 y1 = interp1d(x,y,kind='linear')              #一维插值函数,一次插值
11 y2 = interp1d(x,y,kind='quadratic')           #一维插值函数,二次插值
12 y3 = interp1d(x,y,kind='cubic')               #一维插值函数,三次插值
13 new_x = np.linspace(0,1,100)                  #设置新变量的值
14 plt.figure(figsize=(12,8))                    #设置绘图环境
15 plt.subplot(231)                              #设置绘制子图,第2行,第3列,第1个图
16 plt.title("离散点图")                          #添加标题"离散点图"
17 plt.plot(x,y,'o',color='red',label='data')
18                                               #原始数据点绘图,正弦离散数据点
19 plt.subplot(232)                              #设置绘制子图,第2行,第3列,第2个图
20 plt.title("零次插值")                          #添加标题"零次插值"
21 plt.plot(new_x,y0(new_x),color='blue',label='zero')
22                                               '''一维插值函数,零次插值绘图,将离散数据点使
23                                               用小折线连接起来'''
24 plt.subplot(233)                              #设置绘制子图,第2行,第3列,第3个图
25 plt.title("一次插值")                          #添加标题"一次插值"
26 plt.plot(new_x,y1(new_x),color='green',label='linear')
27                                               #一维插值函数,一次插值绘图
28 plt.subplot(234)                              #设置绘制子图,第2行,第3列,第4个图
29 plt.title("二次插值")                          #添加标题"二次插值"
30 plt.plot(new_x,y2(new_x),color='yellow',label='quadratic')
31                                               #一维插值函数,二次插值绘图
32 plt.subplot(235)                              #设置绘制子图,第2行,第3列,第5个图
33 plt.title("三次插值")                          #添加标题"三次插值"
34 plt.plot(new_x,y3(new_x),color='black',label='cubic')
35                                               #一维插值函数,三次插值绘图
36 plt.subplot(236)                              # 设置绘制子图,第2行,第3列,第6个图
37 plt.title("interp1d插值")                      #添加标题"interp1d插值"
38 plt.plot(x,y,'o',color='red',label='data')
39                                               #原始数据点绘图,正弦离散数据点
40 plt.plot(new_x,y0(new_x),color='blue',label='zero')
41                                               #一维插值函数,零次插值绘图
42 plt.plot(new_x,y1(new_x),color='green',label='linear')
43                                               #一维插值函数,一次插值绘图
44 plt.plot(new_x,y2(new_x),color='yellow',label='quadratic')
45                                               #一维插值函数,二次插值绘图
46 plt.plot(new_x,y3(new_x),color='black',label='cubic')
47                                               #一维插值函数,三次插值绘图
48 plt.legend()                                  #添加图例
49 plt.show()                                    #显示绘制的图形
```

运行代码 9.3，所生成的图形如图 9.3 所示.

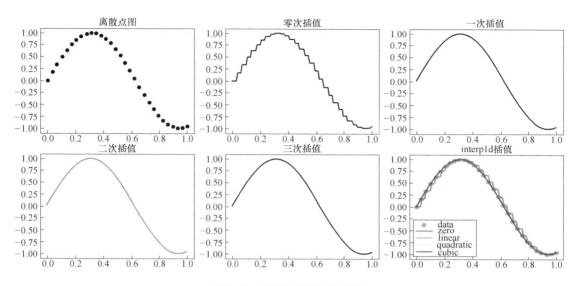

图 9.3　代码 9.3 的输出结果

SciPy 还提供了二维插值函数 interp2d( )，该函数能实现二维插值，其调用格式如下：

$$z1 = \text{interp2d}(x, y, z, \text{kind} = '\text{linear}')$$
$$\text{new\_z1} = z1(\text{new\_x}, \text{new\_x})$$

其中，第一、二个参数 x 与 y 是数组，x 为 m 维，y 为 n 维，第三个参数 z 是 $n \times m$ 二维数组，第四个参数为插值类型，kind = ' linear '表示一次插值. 该函数返回一个连续插值函数，通过输入新的插值点实现调用.

【例 9.4】　二维插值函数 interp2d( ) 的使用.

在 Anaconda 内建的 Spyder 集成开发环境中输入代码 9.4.

代码 9.4　二维插值函数 interp2d( ) 的使用示例

```
1 import numpy as np                        #导入 numpy,记作 np
2 import matplotlib.pyplot as plt           #导入 matplotlib.pyplot,记作 plt
3 from scipy.interpolate import interp2d    #导入插值模块
4 plt.rcParams['font.sans-serif']=['SimHei']
5                                           #设置中文显示
6 plt.rcParams['axes.unicode_minus']=False
7                                           #解决显示负号的问题
8 x1 = np.linspace(0,1,20)                  #生成 x1 数据
9 y1 = np.linspace(0,1,30)                  #生成 y1 数据
10 x,y = np.meshgrid(x1,y1)                 #从坐标向量 x,y 中返回坐标矩阵
11 z = np.sin(x**2+y**2) + y**2             #生成 z 数据
```

```
12 new_x = np.linspace(0,1,100)                       #生成 new_x 数据
13 new_y = np.linspace(0,1,100)                       #生成 new_y 数据
14 z1 = interp2d(x1,y1,z,kind='linear')               #二维插值函数,一次插值
15 new_z1 = z1(new_x,new_y)                           #设置 new_z1 值
16 z3 = interp2d(x1,y1,z,kind='cubic')                #二维插值函数,三次插值
17 new_z3 = z3(new_x,new_y)                           #设置 new_z3 值
18 plt.figure(figsize=(12,8))                         #设置绘图环境
19 plt.subplot(221)                                   #设置绘制子图,第 2 行,第 2 列,第 1
20                                                       个图
21 plt.plot(x1,z[0,:],'o',label='data')              #绘制原始数据散点图
22 plt.title("原始数据点图")                           #添加标题"原始数据点图"
23 plt.subplot(222)                                   #设置绘制子图,第 2 行,第 2 列,第 2
24                                                       个图
25 plt.plot(new_x,new_z1[0,:],label='linear')        #一次插值绘图
26 plt.title("interp2d 一次插值")                      #添加标题"interp2d 一次插值"
27 plt.subplot(223)                                   #设置绘制子图,第 2 行,第 2 列,第 3
28                                                       个图
29 plt.plot(new_x,new_z3[0,:],label='cubic')         #三次插值绘图
30 plt.title("interp2d 三次插值")                      #添加标题"interp2d 三次插值"
31 plt.subplot(224)                                   #设置绘制子图,第 2 行,第 2 列,第 4
32                                                       个图
33 plt.plot(x1,z[0,:],'o',label='data')              # 原始数据点图
34 plt.plot(new_x,new_z1[0,:],label='linear')        #一次插值绘图
35 plt.plot(new_x,new_z3[0,:],label='cubic')         #三次插值绘图
36 plt.title("interp2d")                             #添加标题"interp2d"
37 plt.xlabel("x")                                   #设置 x 轴标签
38 plt.ylabel("f")                                   #设置 y 轴标签
39 plt.legend()                                      #绘制图例
40 plt.show()                                        #显示绘制的图形
```

运行代码 9.4, 所生成的图形如图 9.4 所示.

【例 9.5】 一维 interp1d( ) 插值模块中 linear 插值与 cubic 插值的对照.

在 Anaconda 内建的 Spyder 集成开发环境中输入代码 9.5.

代码 9.5 一维 interp1d( ) 插值模块中 linear 插值与 cubic 插值的对照

```
1 import matplotlib.pyplot as plt                     #导入 matplotlib.pyplot,记作 plt
2 from scipy.interpolate import interp1d              #导入插值模块
3 import numpy as np                                  #导入 numpy,记作 np
```

```
 4 x=np.linspace(0,10,num=20,endpoint=True)        #产生原始数据 x 值
 5 y=np.cos(x* * 2.0)                               #产生原始数据 y 值
 6 f=interp1d(x,y)                                  #对原始点对(x,y)进行插值,默认为线
 7                                                    性插值,返回插值函数 f
 8 f2=interp1d(x,y,kind='cubic')                    #对原始点对(x,y)进行 cubic 插值,返
 9                                                    回插值函数 f
10 xnew=np.linspace(0,10,num=41,endpoint=True)      #给出新 xnew 的值
11 plt.plot(x,y,'o',xnew,f(xnew),'-',xnew,f2(xnew),'--')
12                                                  #绘制原始数据点图、线性插值图、三次
13                                                    函数插值图
14 plt.legend(['data','linear','cubic'],loc='best')
15                                                  #绘制图例
16 plt.show()                                       #显示图形
```

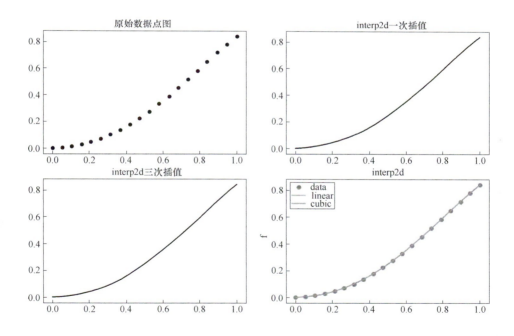

图 9.4　代码 9.4 的输出结果

运行代码 9.5，所生成的图形如图 9.5 所示.

【例 9.6】　假设有如下两组数据，这两组数据是通过代码 9.5 中第 4、5 句代码打印生成的：

x = [0. , 0.52631579, 1.05263158, 1.57894737, 2.10526316, 2.63157895, 3.15789474, 3.68421053,

4.21052632, 4.73684211, 5.26315789, 5.78947368, 6.31578947, 6.84210526, 7.36842105,

7.89473684, 8.42105263, 8.94736842, 9.47368421, 10.]

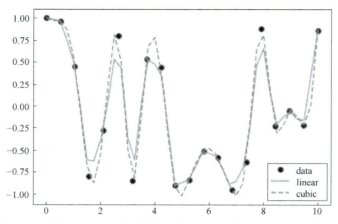

图 9.5   一维 interp1d( ) 插值模块中 linear 插值与 cubic 插值的对照

$y = [1., 0.96187791, 0.44642228, -0.79697989, -0.27660169, 0.80088632, -0.85381753,$
$0.53436789, 0.43476046, -0.90195336, -0.84000556, -0.50663963, -0.58045594,$
$-0.95249044, -0.63208631, 0.87518257, -0.22631487, -0.05518296, -0.21364236,$
$0.86231887].$

假设两个数组 x 与 y 作为二维空间即平面上的点（x,y）的两个维度，使用下面的程序进行数据绘图与插值绘图.

在 Anaconda 内建的 Spyder 集成开发环境中输入代码 9.6.

代码 9.6   进行数据绘图与插值绘图的对照

```
1 import matplotlib.pyplot as plt          #导入 matplotlib.pyplot,记作 plt
2 from scipy.interpolate import interp1d   #导入插值模块
3 import numpy as np                        #导入 numpy,记作 np
4 plt.figure()                             #设置绘图环境
5 plt.subplot(221)                         #在第 2 行第 2 列的第 1 个位置绘制子图
6 x=[0.,0.52631579,1.05263158,1.57894737,2.10526316,2.63157895,3.15789474,
7   3.68421053,4.21052632,4.73684211,5.26315789,5.78947368,6.31578947,
8   6.84210526,7.36842105,7.89473684,8.42105263,8.94736842,9.47368421,10.]
9                                           #输入 x 数据
10 y=[1.,0.96187791,0.44642228,-0.79697989,-0.27660169,0.80088632,-0.85381753,
11   0.53436789,0.43476046,-0.90195336,-0.84000556,-0.50663963,-0.58045594,
12   -0.95249044,-0.63208631,0.87518257,-0.22631487,-0.05518296,-0.21364236,
13   0.86231887]
14                                           #输入 y 数据
15 plt.plot(x,y,'o')                        #在点 (x,y) 处绘制散点图
16 plt.subplot(222)                         #在第 2 行第 2 列的第 2 个位置绘制子图
17 f1 = interp1d(x,y,kind = 'linear')       #利用数据 (x,y) 进行线性插值,返回插值
18                                           函数 f1
```

```
19 xnew = np.linspace(0,10,20)          #给出 x 的新值 xnew,它不能超过原先 x
20                                          值的范围
21 plt.plot(x,y,'o',xnew,f1(xnew),'-')   #同时绘制原数据图与线性插值函数图
22 plt.subplot(223)                       #在第 2 行第 2 列的第 3 个位置绘制子图
23 f2 = interp1d(x,y,kind = 'cubic')      #利用数据(x,y)进行立方插值,返回插值
24                                          函数 f2
25 xnew = np.linspace(0,10,20)          #给出 x 的新值 xnew,它不能超过原先 x
26                                          值的范围
27 plt.plot(x,y,'o',xnew,f2(xnew),'--')  #同时绘制原数据图与立方插值函数图
28 plt.subplot(224)                       #在第 2 行第 2 列的第 4 个位置绘制子图
29 f1 = interp1d(x,y,kind = 'linear')     #利用数据(x,y)进行线性插值,返回插值
30                                          函数 f1
31 f2 = interp1d(x,y,kind = 'cubic')      #利用数据(x,y)进行立方插值,返回插值
32                                          函数 f2
33 xnew = np.linspace(0,10,20)          #给出 x 的新值 xnew,它不能超过原先 x
34                                          值的范围
35 plt.plot(x,y,'o',xnew,f1(xnew),'-',xnew,f2(xnew),'--')
36                                        #同时绘制原数据图、线性插值函数图与立
37                                          方插值函数图
38 plt.legend(['data','linear','cubic'],loc = 'best')
39                                        #设置图例
40 plt.show()                            #显示图形
```

运行代码 9.6，所生成的图形如图 9.6 所示.

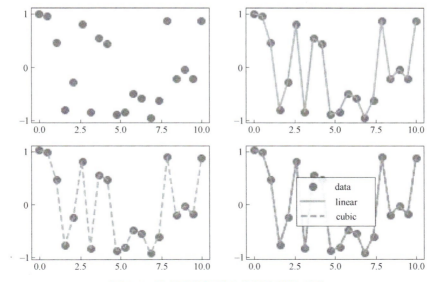

图 9.6　进行数据绘图与插值绘图的对照

下面介绍单变量样条插值的应用.

Scipy. interpolate 中的 UnivariateSpline 类是创建基于固定数据点的函数的便捷方法，其调用格式如下：

UnivariateSpline(x , y , w = None , bbox = [None , None] , k = 3 , s = None , ext = 0 , check_finite = False)

【例 9.7】 使用 UnivariateSpline 进行样条插值的示例.

在 Anaconda 内建的 Spyder 集成开发环境中输入代码 9.7.

代码 9.7 使用 UnivariateSpline 进行样条插值的示例

```
1 import matplotlib.pyplot as plt          #导入 matplotlib.pyplot,记作 plt
2 from scipy.interpolate import UnivariateSpline
3                                           #从 scipy.interpolate 中导入 UnivariateSpline
4 import numpy as np                        #导入 numpy,记作 np
5 plt.figure()                             #设置绘图环境
6 plt.subplot(131)                          #在第 1 行第 3 列的第 1 个位置绘制子图
7 x = np.linspace(-3,3,60)                  #给出 x 原始值
8 y = np.exp(-x**2) + 0.1 * np.random.randn(60)
9                                           #给出 y 原始值
10 plt.plot(x,y,'ro',ms = 8)                #绘制原始数据点图,红色
11 plt.subplot(132)                          #在第 1 行第 3 列的第 2 位置绘制子图
12 f=UnivariateSpline(x,y,k = 5)             #利用数据(x,y)进行 5 次样条插值,得到样条插值函
13                                               数 f
14 xnew=np.linspace(-3,3,1000)              #给出 x 的新值
15 plt.plot(xnew,f(xnew),'g',lw = 3)        #绘制 5 次样条插值函数图,线宽 lw=3,绿色
16 plt.subplot(133)                          #在第 1 行第 3 列的第 3 个位置绘制子图
17 f.set_smoothing_factor(0.5)              #设置线条平滑程度
18 plt.plot(xnew,f(xnew),'b',lw = 3)        #绘制 5 次样条插值函数图,线宽 lw=3,蓝色
19 plt.show()                               #显示图形
```

运行代码 9.7，所生成的图形如图 9.7 所示.

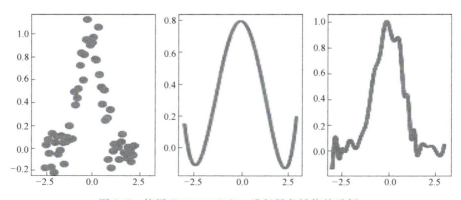

图 9.7 使用 UnivariateSpline 进行样条插值的示例

习题 9-1

1. 对于 $f(x) = \dfrac{1}{1+9x^2}$，在 $x \in [-1, 1]$ 上，分别对区间 $[-1, 1]$ 使用 $n=8$ 等分、$n=10$ 等分的等距分点进行多项式插值，并绘制 $f(x)$ 及插值多项式的图形.

2. 在一天的 24h 内，从 0 点开始每间隔 2h 测得的环境温度为（单位：℃）：
$$12, 9, 9, 10, 18, 24, 28, 27, 25, 20, 18, 15, 13$$
推测每 1s 时的温度，并描绘温度曲线.

3. 某型号飞机的机翼上缘轮廓线部分数据如下：

x：0.00, 4.74, 9.05, 19.00, 38.00, 57.00, 76.00, 95.00, 114.00, 133.00, 152.00, 171.00, 190.00

y：0.00, 5.23, 8.10, 11.97, 16.15, 17.10, 16.34, 14.63, 12.16, 6.69, 7.03, 3.99, 0.00

对数据进行优化，并画出机翼的上轮廓线.

4. 某天文学家在 1914 年 8 月的 7 次观察中测得地球与金星之间距离（单位：m），其常用对数值与日期的一组历史数据如下：

日期：18, 20, 22, 24, 26, 28, 30

距离对数：9.9618, 9.9544, 9.9468, 9.9391, 9.9312, 9.9232, 9.9150

试推断何时金星与地球的距离（m）的对数值为 9.9352.

9.2 Python 拟合

9.2.1 拟合理论

拟合是指对于已知的某函数的若干离散函数值 $\{f_1, f_2, \cdots, f_n\}$，通过调整该函数中若干待定系数 $f(\lambda_1, \lambda_2, \cdots, \lambda_n)$，使得该函数与已知点集的差别（最小二乘意义）最小. 如果待定函数是线性函数，就称为线性拟合或线性回归，否则称为非线性拟合或非线性回归. 表达式也可以是分段函数，这种情况下叫作样条拟合. 优化和拟合库 scipy.optimize 子模块提供了函数最小值（标量或多维）、曲线拟合和寻找等式的根的有用算法. 调用方法为 from scipy import optimize. 下面介绍最小二乘拟合.

假设有一组实验数据 $(x_i, y_i)(i = 1, 2, 3, \cdots, n)$，事先知道它们之间满足函数关系 $y_i = f(x_i)$，通过这些已知信息，需要确定函数 f 的一些参数. 例如，如果 f 是线性函数 $f(x) = kx + b$，那么 k 和 b 就是需要确定的参数. 如果用 p 表示函数中需要确定的参数，那么目标函数就是找到一组 p，使得函数 $A(p)$ 的值最小：

$$A(p) = \sum_{i=1}^{n} \left[y_i - f(x_i, p) \right]^2$$

这种算法称为最小二乘拟合（Least-square Fitting）. 在 optimize 模块中可以使用 leastsq( ) 对数据进行最小二乘拟合计算. leastsq( ) 只需要将计算误差的函数和待定参数的初始值传递给它即可. leastsq( ) 函数传入误差计算函数和初始值，该初始值将作为误差计算函数的第一个参数传入.

```
p0=[k0,b0]          #k0,b0 可以任意取值
optimize.leastsq(residuals,p0,args=(y_means,x))
```

leastsq( ) 函数其实是根据剩余误差 residuals(y_means-y_true)(y 均值与 y 真值的差) 估计模型（即函数）的参数. 计算的结果是一个包含两个元素的元组：第一个元素是一个数组，表示拟合后的参数 k、b；第二个元素如果等于 1、2、3、4 中的一个整数，则拟合成功，否则将会返回 mesg. mesg 可以保证退出状态是 success，只有当它前面那句程序执行失败，后面才会执行，相当于它前面那句程序的退出码.

【例 9.8】 使用最小二乘法对一组实验数据 (x_i, y_i) 进行线性拟合.

在 Anaconda 内建的 Spyder 集成开发环境中输入代码 9.8.

代码 9.8 使用最小二乘法对一组实验数据 (x_i, y_i) 进行线性拟合

```
1 import numpy as np                              #导入 numpy,记作 np
2 from scipy.optimize import leastsq              #从 scipy.optimize 中导入 leastsq
3 import matplotlib.pyplot as plt                 #导入 matplotlib.pyplot,记作 plt
4 xi=np.array([6.19,2.72,6.39,4.71,4.7,2.66,3.78])
5                                                 #给定原始 xi 实验数据
6 yi=np.array([7.01,2.78,6.47,6.71,4.1,4.23,4.05])
7                                                 #给定原始 yi 实验数据
8 def func(p,x):                                  #定义需要拟合的函数 func()为一次函数 kx+b
9 (k,b)=p                                         #参数 p 包含 k、b,即将参数 k、b 打包
10 return k* x+b                                  #回到函数 kx+b
11 def error(p,x,y,c):                            #定义误差函数 error()为 func(p,x)-y
12 print(c)                                       #打印拟合次数 c
13 return func(p,x)-y                             #x、y 都是列表,故返回值也是列表
14 p0=[1,2]                                       #给定初值 p0,即 k=1,b=2
15 c="拟合次数"                                    #调用几次 error()函数才能找到使均方误差
16                                                  之和最小的 k、b
17 Para=leastsq(error,p0,args=(xi,yi,c))          #把 error()函数中除了 p0 以外的参数打包到
18                                                  args 中,进行拟合
19 (k,b)=Para[0]                                  #Para 插值返回两个参数值,第一个是 Para
20                                                  [0],为 k、b 的值
21 t= Para[1]]                                    #Para 插值返回两个参数值,第二个是 Para
22                                                  [1],为 1、2、3、4 中的值
23 print("k=",k,'\n'," b=",b,"t=",t)              #先打印 k,强制换行,再打印 b 及 t 的值
24 plt.figure(figsize=(8,6))                      #设置绘图环境
25 plt.scatter(xi,yi,color="red",label="原始数据点",linewidth=6)
26                                                 #绘制原始 xi、yi 实验数据点图,红色
27 x=np.linspace(0,10,1000)                       #给出自变量 x 的值
28 y=k* x+b                                       #拟合直线 y=kx+b
```

```
29 plt.plot(x,y,color="blue",label="拟合直线",linewidth=2)
30                                              #绘制拟合直线
31 plt.legend()                                 #绘制图例
32 plt.show()                                   #显示绘制的图形
```

运行代码 9.8，所生成的图形如图 9.8 所示.

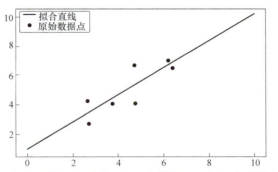

图 9.8　使用最小二乘法对一组实验数据（x_i, y_i）进行线性拟合

【例 9.9】　使用最小二乘法对带噪声的正弦数据进行拟合.

在 Anaconda 内建的 Spyder 集成开发环境中输入代码 9.9.

代码 9.9　使用最小二乘法对带噪声的正弦数据进行拟合

```
1 import numpy as np                            #导入 numpy,记作 np
2 from scipy.optimize import leastsq            #从 scipy.optimize 中导入 leastsq
3 import matplotlib.pyplot as plt               #导入 matplotlib.pyplot,记作 plt
4 plt.rcParams['font.sans-serif']=['SimHei']
5                                               #设置中文显示
6 plt.rcParams['axes.unicode_minus'] = False
7                                               #解决显示负号的问题
8 def func(x,p):                                #定义数据拟合所用的函数 A* sin(2* pi*
9                                                k* x+theta)
10     (A,k,theta) = p                          #A、k、theta 打包为参数 p
11     return A* np.sin(2* np.pi* k* x+theta)   #回到函数 A* sin(2* pi* k* x+theta)
12 def residuals(p,y,x):                        #定义误差函数 residuals(p,y,x)
13     return y-func(x,p)                       #实验数据 y 和拟合函数值之间的差,p 为拟
14                                                合需要找到的系数
15 x = np.linspace(-2* np.pi,0,100)             #给出实验数据 x 的值
16 (A,k,theta) =(10,0.34,np.pi/3)               #真实数据的函数参数
17 y0 = func(x,[A,k,theta])                     #给出真实数据初值 y0
18 y1 = y0 + 2 *  np.random.randn(len(x))       #加入噪声之后的实验数据 y1
```

```
19 p0 = [9,0.3,0]                                    #第一次,猜测的函数拟合参数,即初值
20 plsq = leastsq(residuals,p0,args=(y1,x))          #最小二乘法拟合
21 print(u"真实参数:",[A,k,theta])                   #打印真实参数
22 print(u'拟合参数',plsq[0])                         #实验数据拟合后的参数
23 plt.plot(x,y0,color="blue",label=u"真实数据")      #绘制真实数据图
24 plt.plot(x,y1,color="black",label=u"带噪声的实验数据")
25                                                    #绘制带噪声的真实数据图
26 plt.plot(x,func(x,plsq[0]),color="red",label=u"拟合数据")
27                                                    #绘制拟合数据数据图
28 plt.legend()                                       #绘制图例
29 plt.show()                                         #显示绘制的图形
```

运行代码 9.9,所生成的图形如图 9.9 所示.

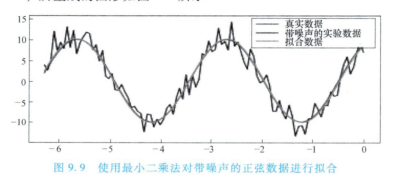

图 9.9　使用最小二乘法对带噪声的正弦数据进行拟合

9.2.2　数据拟合的 Python 实现

【例 9.10】　测得铜电线在温度处于 T_i 摄氏度时的电阻为 R_i,如表 9.1 所示,用最小二乘法拟合求出电阻 R 与温度 T 的近似函数关系.

表 9.1　温度处于 T_i 摄氏度时的电阻为 R_i 的实验数据

i	0	1	2	3	4	5	6
T_i	19.1	25	30.1	36.0	40.0	45.1	50.0
R_i	76.30	77.8	79.25	80.8	82.35	83.9	85.1

1)为了观察这些数据点对 (T_i,R_i) 满足什么函数关系类,首先画出散点图.
在 Anaconda 内建的 Spyder 集成开发环境中输入代码 9.10.

代码 9.10　数据点对 (T_i,R_i) 散点图绘制

```
1 import matplotlib.pyplot as plt                    # 导入 matplotlib.pyplot,记
2                                                       作 plt
3 T=[19.1,25,30.1,36.0,40.0,45.1,50.0]              # 输入数据 T
```

```
4 R=[76.30,77.8,79.25,80.8,82.35,83.9,85.1]     # 输入数据 R
5 plt.scatter(T,R,s=50,c='red',marker=("o"))    # 绘制数据点对散点图
6 plt.xlabel("T")                                # x 轴标记 T
7 plt.ylabel("R")                                # y 轴标记 R
```

运行代码 9.10, 所生成的图形如图 9.10 所示.

2）确定拟合函数类，并推导拟合函数求解的系数公式.

通过实验数据散点图可以发现，实验数据点对 (T_i, R_i) 接近一条直线，因此，可以取拟合函数为关于 R 与 T 的一次函数 $R = a_0 + a_1 T$，用最小二乘法进行拟合. 令 $A(a_0, a_1) = \sum\limits_{i=0}^{6} r_i^2 = \sum\limits_{i=0}^{6} (R(T_i) - R_i)^2$，即

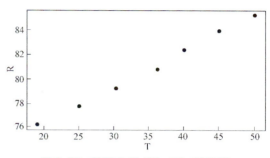

图 9.10　数据点对 (T_i, R_i) 散点图

$$A(a_0, a_1) = \sum_{i=0}^{6} (R(T_i) - R_i)^2 = \sum_{i=0}^{6} (a_0 + a_1 T_i - R_i)^2 = (a_0 + a_1 T_0 - R_0)^2 +$$
$$(a_0 + a_1 T_1 - R_1)^2 + \cdots + (a_0 + a_1 T_6 - R_6)^2$$

$A(a_0, a_1)$ 关于 a_0、a_1 分别求偏导数，有

$$\frac{\partial A}{\partial a_0} = 2(a_0 + a_1 T_0 - R_0) + 2(a_0 + a_1 T_1 - R_1) + \cdots + 2(a_0 + a_1 T_6 - R_6) = 2\left(7a_0 + \left(\sum_{i=0}^{6} T_i\right) a_1 - \sum_{i=0}^{6} R_i\right)$$

$$\frac{\partial A}{\partial a_1} = 2(a_0 + a_1 T_0 - R_0) T_0 + 2(a_0 + a_1 T_1 - R_1) T_1 + \cdots + 2(a_0 + a_1 T_6 - R_6) T_6$$

$$= 2\left[\left(\sum_{i=0}^{6} T_i\right) a_0 + \left(\sum_{i=0}^{6} T_i^2\right) a_1 - \sum_{i=0}^{6} (R_i T_i)\right]$$

$A(a_0, a_1)$ 要取极小值，$\dfrac{\partial A}{\partial a_0} = 0, \dfrac{\partial A}{\partial a_1} = 0$，即

$$7a_0 + \left(\sum_{i=0}^{6} T_i\right) a_1 - \sum_{i=0}^{6} R_i = 0$$

$$\left(\sum_{i=0}^{6} T_i\right) a_0 + \left(\sum_{i=0}^{6} T_i^2\right) a_1 - \sum_{i=0}^{6} (R_i T_i) = 0$$

接下来需要计算 a_0、a_1 的系数 $\sum\limits_{i=0}^{6} T_i$、$\sum\limits_{i=0}^{6} T_i^2$、$\sum\limits_{i=0}^{6} R_i$、$\sum\limits_{i=0}^{6} (R_i T_i)$.

3）Python 编程实现 a_0、a_1 的系数求值.

在 Anaconda 内建的 Spyder 集成开发环境中输入代码 9.11.

代码 9.11　计算 a_0、a_1 的系数值

```
1 import numpy as np         #导入 numpy,记作 np
```

```
2  T=[19.1,25,30.1,36.0,40.0,45.1,50.0]                    # 输入数据 T
3  R=[76.30,77.8,79.25,80.8,82.35,83.9,85.1]              # 输入数据 R
4  TT=[]                                                   # 创建一个空列表,用来装 Ti 乘以 Ti
5  RT=np.multiply(np.array(R),np.array(T))                # 将列表 T 与列表 R 的对应元素相乘,作
6                                                             为一个新的列表
7  for ti in T:                                            # for 循环,让 ti 遍历 T
8  TiTi=ti**2                                              # 将 ti 的二次方赋值给 TiTi
9  TT.append(TiTi)                                         # 将 TiTi 添加到列表 TT 中
10 sum_T=round(np.sum(T),3)                                # 对 T 求和,保留 3 位小数,赋值给 sum_T
11 TT_sum=np.sum(TT)                                       # 对 TT 求和,赋值给 TT_sum
12 sum_R=np.sum(R)                                         # 对 R 求和,赋值给 sum_R
13 RT_sum=np.sum(RT)                                       # 对 RT 求和,赋值给 RT_sum
14 print('Ti 求和=',sum_T)                                 # 打印"Ti 求和="
15 print('Ti 二次方求和=',TT_sum)                          # 打印"Ti 二次方求和="
16 print('Ri 求和=',sum_R)                                 # 打印"Ri 求和="
17 print('RiTi 求和=',RT_sum)                              # 打印"RiTi 求和="
18 print('RiTi=',RT.tolist())                             # 打印"RiTi="
```

运行代码 9.11,所生成的结果为:

Ti 求和=245.3

Ti 二次方求和=9325.83

Ri 求和=565.5

RiTi 求和=20029.445

RiTi=[1457.3300000000002,1945.0,2385.425,2908.7999999999997,3294.0,3783.8900000000003, 4255.0]

即 $\sum\limits_{i=0}^{6} T_i = 245.3$,$\sum\limits_{i=0}^{6} T_i^2 = 9325.83$,$\sum\limits_{i=0}^{6} R_i = 565.5$,$\sum\limits_{i=0}^{6} (R_i T_i) = 20029.445$

4)将 a_0、a_1 的系数值代入,进一步求解 a_0、a_1 的值,得到拟合函数.

关于 a_0、a_1 的方程组 $\begin{cases} 7a_0 + \left(\sum\limits_{i=0}^{6} T_i\right)a_1 = \sum\limits_{i=0}^{6} R_i \\ \left(\sum\limits_{i=0}^{6} T_i\right)a_0 + \left(\sum\limits_{i=0}^{6} T_i^2\right)a_1 = \sum\limits_{i=0}^{6} (R_i T_i) \end{cases}$,代入系数值,有

$$\begin{cases} 7a_0 + 245.3a_1 = 565.5 \\ 245.3a_0 + 9325.83a_1 = 20029.445 \end{cases}$$

将方程转换成矩阵形式有

$$\begin{pmatrix} 7 & 245.3 \\ 245.3 & 9325.83 \end{pmatrix} \begin{pmatrix} a_0 \\ a_1 \end{pmatrix} = \begin{pmatrix} 565.5 \\ 20029.445 \end{pmatrix}$$

在 Anaconda 内建的 Spyder 集成开发环境中输入代码 9.12 来求解矩阵方程.

代码 9.12　求解矩阵方程，计算 a_0、a_1 的值

```
1  import numpy as np                              # 导入 numpy,记作 np
2  sum_T=245.3                                     # 给 sum_T 赋值
3  TT_sum= 9325.83                                 # 给 TT_sum 赋值
4  sum_R= 565.5                                    # 给 sum_R 赋值
5  RT_sum=20029.445                                # 给 RT_sum 赋值
6  A=np.array([[7,sum_T],[sum_T,TT_sum]])          # 输入系数矩阵
7  b=np.array([sum_R,RT_sum])                      # 输入常数项矩阵
8  x=np.linalg.solve(A,b)                          # 求解矩阵方程 Ax=b,返回结果为一个列表 x
9  a0=round(x[0],3)                                # 将列表 x 的第一个数取 3 位小数,赋值给 a0
10 a1=round(x[1],3)                                # 将列表 x 的第二个数取 3 位小数,赋值给 a1
11 print('a0=',a0,'a1=',a1,",","R=",a0,"+",a1,"T")
12                                                 # 打印 a0、a1 的值及拟合函数表达式
```

运行代码 9.12，所生成的结果为：

a0 = 70.572，a1 = 0.291，R = 70.572+0.291T

利用关系式 $R = 70.572+0.291T$ 可以预测不同温度铜电线的电阻值，运行下列代码：

R = 0

t = round(R−70.572)/0.291,0)

print("T=" ,t)

可以求出 T = −243，也就是说，当温度为 −243℃ 时，铜电线的电阻为 0，电阻为 0 的导体通常称为超导体.

5）最后根据拟合函数 $R = 70.572+0.291T$ 绘制拟合曲线图，并与实验数据图进行对照来观察拟合效果.

在 Anaconda 内建的 Spyder 集成开发环境中输入代码 9.13.

代码 9.13　根据拟合函数 $R = 70.572+0.291T$ 及实验数据绘制图形

```
1  import numpy as np                              # 导入 numpy,记作 np
2  import matplotlib.pyplot as plt                 # 导入 matplotlib.pyplot,记作 plt
3  plt.rcParams['font.sans-serif']=['SimHei']
4                                                  # 设置中文显示
5  plt.rcParams['axes.unicode_minus'] = False
6                                                  # 解决显示负号的问题
7  T=np.array([19.1,25,30.1,36.0,40.0,45.1,50.0])
8                                                  # 输入实验 T 数据
9  R=np.array([76.30,77.8,79.25,80.8,82.35,83.9,85.1])
10                                                 # 输入实验 R 数据
11 T1=np.linspace(19,50,1000)                      # 设置拟合函数 T1 数据,介于 T 的最小值
12                                                       与最大值之间
```

```
13 R1=70.572+0.291* T1                              # 输入拟合函数
14 plt.scatter(T,R,color="red",label=u"实验数据")
15                                                  # 绘制实验数据图
16 plt.plot(T1,R1,color="blue",label=u"拟合曲线")
17                                                  # 绘制拟合函数数据图
18 plt.xlabel("T")                                  #给 x 轴加标签 T
19 plt.ylabel("R")                                  #给 y 轴加标签 R
20 plt.legend()                                     #绘制图例
21 plt.show()                                       #显示绘制的图形
```

运行代码 9.13，所生成的图形如图 9.11 所示.

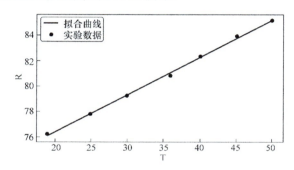

图 9.11　根据拟合函数 $R=70.572+0.291T$ 及实验数据绘制的图形

【例 9.11】　已知实验数据如表 9.2 所示，试用最小二乘法求它的二次拟合多项式，并绘制出实验数据点图与二次拟合多项式曲线图，观察它们的拟合情况.

表 9.2　实验数据

i	0	1	2	3	4	5	6	7	8
x_i	1	3	4	5	6	7	8	9	10
y_i	10	5	4	2	1	1	2	3	4

由于已经知道拟合函数类为多项式函数，因此可以设二次拟合多项式为 $y=a_0+a_1x+a_2x^2$.

下面代入数据 (x_i,y_i) $(i=0,1,2,3,\cdots,8)$，确定多项式的系数 a_0、a_1、a_2，即有 $y(x_i)=a_0+a_1x_i+a_2x_i{}^2$，令 $A(a_0,a_1,a_2)$ 为

$$A(a_0,a_1,a_2)=\sum_{i=0}^{8}(y(x_i)-y_i)^2=\sum_{i=0}^{8}(a_0+a_1x_i+a_2x_i{}^2-y_i)^2$$

$A(a_0,a_1,a_2)$ 取到极小值的必要条件是 $A(a_0,a_1,a_2)$ 关于 a_0、a_1、a_2 的 3 个一阶偏导数值为 0，从而有

$$\frac{\partial A}{\partial a_0}=2\sum_{i=0}^{8}(a_0+a_1x_i+a_2x_i{}^2-y_i)=2\left(\sum_{i=0}^{8}a_0+a_1\sum_{i=0}^{8}x_i+a_2\sum_{i=0}^{8}x_i{}^2-\sum_{i=0}^{8}y_i\right)=0$$

$$\frac{\partial A}{\partial a_1}=2\sum_{i=0}^{8}(a_0+a_1x_i+a_2x_i{}^2-y_i)x_i=2\left(a_0\sum_{i=0}^{8}x_i+a_1\sum_{i=0}^{8}x_i{}^2+a_2\sum_{i=0}^{8}x_i{}^3-\sum_{i=0}^{8}x_iy_i\right)=0$$

$$\frac{\partial A}{\partial a_2} = 2 \sum_{i=0}^{8} (a_0 + a_1 x_i + a_2 x_i^2 - y_i) x_i^2 = 2 \left(a_0 \sum_{i=0}^{8} x_i^2 + a_1 \sum_{i=0}^{8} x_i^3 + a_2 \sum_{i=0}^{8} x_i^4 - \sum_{i=0}^{8} x_i^2 y_i \right) = 0$$

即有关于 a_0、a_1、a_2 的三元一次方程组为

$$\begin{cases} a_0 \sum_{i=0}^{8} 1 + a_1 \sum_{i=0}^{8} x_i + a_2 \sum_{i=0}^{8} x_i^2 = \sum_{i=0}^{8} y_i \\[2mm] a_0 \sum_{i=0}^{8} x_i + a_1 \sum_{i=0}^{8} x_i^2 + a_2 \sum_{i=0}^{8} x_i^3 = \sum_{i=0}^{8} x_i y_i \\[2mm] a_0 \sum_{i=0}^{8} x_i^2 + a_1 \sum_{i=0}^{8} x_i^3 + a_2 \sum_{i=0}^{8} x_i^4 = \sum_{i=0}^{8} x_i^2 y_i \end{cases}$$

将三元一次方程组转换成矩阵方程为

$$\begin{pmatrix} 9 & \sum_{i=0}^{8} x_i & \sum_{i=0}^{8} x_i^2 \\[2mm] \sum_{i=0}^{8} x_i & \sum_{i=0}^{8} x_i^2 & \sum_{i=0}^{8} x_i^3 \\[2mm] \sum_{i=0}^{8} x_i^2 & \sum_{i=0}^{8} x_i^3 & \sum_{i=0}^{8} x_i^4 \end{pmatrix} \begin{pmatrix} a_0 \\ a_1 \\ a_2 \end{pmatrix} = \begin{pmatrix} \sum_{i=0}^{8} y_i \\[2mm] \sum_{i=0}^{8} x_i y_i \\[2mm] \sum_{i=0}^{8} x_i^2 y_i \end{pmatrix}$$

由于这里需要先求出系数矩阵，因此需要编程求下列各项.

$$\sum_{i=0}^{8} x_i, \sum_{i=0}^{8} x_i^2, \sum_{i=0}^{8} x_i^3, \sum_{i=0}^{8} x_i^4, \sum_{i=0}^{8} y_i, \sum_{i=0}^{8} x_i y_i, \sum_{i=0}^{8} x_i^2 y_i.$$

在 Anaconda 内建的 Spyder 集成开发环境中输入代码 9.14 来求系数矩阵.

代码 9.14　求系数矩阵

```
1 import numpy as np              #导入 numpy,记作 np
2 xi=[1,3,4,5,6,7,8,9,10]         # 输入数据 xi
3 yi=[10,5,4,2,1,1,2,3,4]         # 输入数据 yi
4 xi2=[ ]                         # 建立空列表
5 xi3=[ ]                         # 建立空列表
6 xi4=[ ]                         # 建立空列表
7 for xi_2 in xi:                 # for 循环,xi_2 在 xi 中遍历取值
8 xi_2=xi_2* * 2                  # xi_2 二次方后赋值给 xi_2
9 xi2.append(xi_2)                # 在空列表 xi2 中加入 xi_2 二次方
10 for xi_3 in xi:                # for 循环,xi_3 在 xi 中遍历取值
11 xi_3=xi_3* * 3                 # xi_3 三次方后赋值给 xi_3
12 xi3.append(xi_3)               # 在空列表 xi3 中加入 xi_3 三次方
13 for xi_4 in xi:                # for 循环,xi_4 在 xi 中遍历取值
14 xi_4=xi_4* * 4                 # xi_4 四次方后赋值给 xi_4
15 xi4.append(xi_4)               # 在空列表 xi4 中加入 xi_4 四次方
```

```
16 xiyi=np.multiply(np.array(xi),np.array(yi))
17                                              # 将 xi、yi 对应元素相乘,得到列表 xiyi
18 xi2yi=np.multiply(np.array(xi2),np.array(yi))
19                                              # 将 xi2、yi 对应元素相乘,得到列表 xi2yi
20 xi_sum=np.sum(xi)                            # 对 xi 求和
21 xi2_sum=np.sum(xi2)                          # 对 xi 的二次方求和
22 xi3_sum=np.sum(xi3)                          # 对 xi 的三次方求和
23 xi4_sum=np.sum(xi4)                          # 对 xi 的四次方求和
24 yi_sum=np.sum(yi)                            # 对 yi 求和
25 xiyi_sum=np.sum(xiyi)                        # 对 xiyi 求和
26 xi2yi_sum=np.sum(xi2yi)                      # 对 xi2yi 求和
27 print('xi 求和=',xi_sum,',','xi 二次方求和=',xi2_sum,',','xi 三次方求和=',xi3_
28 sum,',','xi 四次方求和=',xi4_sum)            #打印
29 print('yi 求和=',yi_sum,',','xiyi 求和=',xiyi_sum,','xi 二次方乘 yi 求和=',
30 xi2yi_sum)                                   #打印
```

运行代码 9.14,所生成的结果如下:

xi 求和=53,xi 二次方求和=381,xi 三次方求和=3017,xi 四次方求和=25317

yi 求和=32,xiyi 求和=147,xi 二次方乘 yi 求和=1025

即 $\sum_{i=0}^{8} x_i = 53$, $\sum_{i=0}^{8} x_i^2 = 381$, $\sum_{i=0}^{8} x_i^3 = 3017$, $\sum_{i=0}^{8} x_i^4 = 25317$, $\sum_{i=0}^{8} y_i = 32$, $\sum_{i=0}^{8} x_i y_i = 147$,

$\sum_{i=0}^{8} x_i^2 y_i = 1025$.

从而得到矩阵方程为

$$\begin{pmatrix} 9 & 53 & 381 \\ 53 & 381 & 3017 \\ 381 & 3017 & 25317 \end{pmatrix} \begin{pmatrix} a_0 \\ a_1 \\ a_2 \end{pmatrix} = \begin{pmatrix} 32 \\ 147 \\ 1025 \end{pmatrix}$$

在 Anaconda 内建的 Spyder 集成开发环境中输入代码 9.15 来求解矩阵方程.

代码 9.15 求解矩阵方程,计算 a_0、a_1、a_2 的值

```
1 import numpy as np                           # 导入 numpy,记作 np
2 xi_sum=53                                    # 输入 xi 求和的值
3 xi2_sum=381                                  # 输入 xi 二次方求和的值
4 xi3_sum=3017                                 # 输入 xi 三次方求和的值
5 xi4_sum=25317                                # 输入 xi 四次方求和的值
6 yi_sum=32                                    # 输入 yi 求和的值
7 xiyi_sum=147                                 # 输入 xiyi 求和的值
```

```
8 xi2yi_sum=1025                           # 输入 xi2yi 求和的值
9 A=np.array([[9,xi_sum,xi2_sum],[xi_sum,xi2_sum,xi3_sum],[xi2_sum,xi3_sum,xi4
10 _sum]])                                 # 输入系数矩阵
11 B=np.array([yi_sum,xiyi_sum,xi2yi_sum])
12                                         # 输入常数项矩阵
13 x=np.linalg.solve(A,B)                  # 求解矩阵方程,得到 a0、a1、a2 这 3 个值的列表 x
14 a0=round(x[0],4)                        # 取 a0 为列表 x 的第一个值,保留四位小数
15 a1=round(x[1],4)                        # 取 a1 为列表 x 的第二个值,保留四位小数
16 a2=round(x[2],4)                        # 取 a2 为列表 x 的第三个值,保留四位小数
17 print('a0=',a0,',','a1=',a1,',','a2=',a2)
18                                         # 打印 a0、a1、a2 的值
```

运行代码 9.15,所生成的结果为:

a0 = 13.4597,a1 = -3.6053,a2 = 0.2676

因此所求拟合函数为

$$y = 13.4597 - 3.6053x + 0.2676x^2$$

最后根据拟合函数 $y = 13.4597 - 3.6053x + 0.2676x^2$ 绘制拟合曲线图,并与实验数据图进行对照来观察拟合效果.

在 Anaconda 内建的 Spyder 集成开发环境中输入代码 9.16.

代码 9.16　根据拟合函数 $y = 13.4597 - 3.6053x + 0.2676x^2$ 及实验数据绘制图形

```
1 import numpy as np                       # 导入 numpy,记作 np
2 import matplotlib.pyplot as plt          # 导入 matplotlib.pyplot,记作 plt
3 plt.rcParams['font.sans-serif']=['SimHei']
4                                          # 设置中文显示
5 plt.rcParams['axes.unicode_minus'] = False
6                                          # 解决显示负号的问题
7 xi=np.array([1,3,4,5,6,7,8,9,10])        # 输入数据 xi
8 yi=np.array([10,5,4,2,1,1,2,3,4])        # 输入数据 yi
9 x=np.linspace(1,10,1000)                 # 输入拟合函数自变量数值,范围不超过 xi
10 y= 13.4597 -3.6053* x+0.2676* x* * 2    # 输入拟合函数
11 plt.scatter(xi,yi,color="red",label=u"实验数据",linewidth=6)
12                                         #绘制实验数据图
13 plt.plot(x,y,color="blue",label=u"拟合曲线",linewidth=2)
14                                         #绘制拟合曲线图
15 plt.xlabel("x")                         # 设置 x 轴标记
16 plt.ylabel("y")                         # 设置 y 轴标记
17 plt.legend()                            # 绘制图例
18 plt.show()                              # 显示绘制的图形
```

运行代码9.16，所生成的图形如图9.12所示.

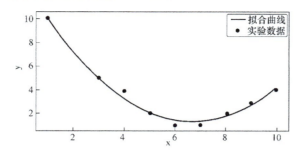

图 9.12　根据拟合函数及实验数据绘制的图形

【例 9.12】　已知实验数据如表9.3所示，试用二次拟合多项式进行拟合，绘制出实验数据点图与二次拟合多项式曲线图，观察它们的拟合情况.

表 9.3　实验数据

i	0	1	2	3	4	5	6	7
x_i	1	2	3	4	5	6	7	8
y_i	1	4	9	13	30	25	49	70

题目并没有要求求出拟合函数，只要求画出拟合图，因此可以使用 np. polyfit() 函数. 它采用的是最小二次拟合，调用方法为 numpy. polyfit(x, y, deg, rcond = None, full = False, w = None, cov = False)，前 3 个参数是必需的. 同时使用 np. poly1d() 函数得到多项式系数. np. poly1d() 函数主要有 3 个参数 poly1d([1,2,3])，参数 1 表示在没有参数 2 （也就是参数 2 默认 False） 时，参数 1 是一个数组形式，且表示从高到低的多项式系数项，比如参数 1 为 [4,5,6]，参数 2 为 True 时，表示将参数 1 中的参数作为根来形成多项式，即参数 1 为 [4, 5,6] 时可表示 $(x-4)(x-5)(x-6)=0$，参数 3 表示替换参数标识，用惯了 x，可以用 t、s 之类进行替换.

在 Anaconda 内建的 Spyder 集成开发环境中输入代码 9.17.

代码 9.17　使用 np. polyfit() 函数进行多项式拟合，并绘制实验数据图和拟合曲线图

```
1 import matplotlib.pyplot as plt          # 导入 matplotlib.pyplot,记作 plt
2 import numpy as np                        # 导入 numpy,记作 np
3 plt.rcParams['font.sans-serif']=['SimHei']
4                                           # 设置中文显示
5 plt.rcParams['axes.unicode_minus'] = False
6                                           # 解决显示负号的问题
7 x=[1,2,3,4,5,6,7,8]                       # 输入 x 数据
8 y=[1,4,9,13,30,25,49,70]                  # 输入 y 数据
9 a = np.polyfit(x,y,2)                     # 用二次多项式拟合 x、y 数组
10 b = np.poly1d(a)                         # 拟合之后用该函数来生成多项式对象
11 c = b(x)                                 # 生成多项式对象之后,就是获取 x 在这个多
12                                             项式处的值
```

```
13 plt.scatter(x,y,marker='o',label='实验数据',linewidth=6)
14                                          #使用原始数据绘制散点图
15 plt.plot(x,c,ls='-',c='red',label='二次多项式拟合曲线',linewidth=3)
16                                          #使用拟合后的数据(也就是 x、c 数组)绘制
17                                          图形
18 plt.legend()                            # 绘制图例
19 plt.show()                              # 显示绘制的图形
```

运行代码 9.17，所生成的图形如图 9.13 所示.

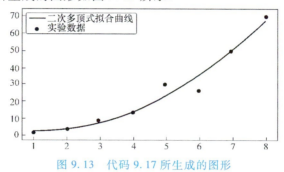

图 9.13　代码 9.17 所生成的图形

前面介绍了数据点对的拟合，下面介绍对已知函数曲线的拟合.

【例 9.13】　对 $y=\cos x+0.5x$ 的曲线进行拟合．绘制出函数图与拟合函数曲线图，观察它们的拟合情况.

首先绘制函数图形.

在 Anaconda 内建的 Spyder 集成开发环境中输入代码 9.18.

代码 9.18　绘制函数 $y=\cos x+0.5x$ 图形

```
1 import numpy as np                       #导入 numpy,记作 np
2 import matplotlib.pyplot as plt          #导入 matplotlib.pyplot,记作 plt
3 def f(x):                                #定义函数 f(x)
4 return np.cos(x)+0.5* x                  #返回到 cosx+0.5x
5 x=np.linspace(-2* np.pi,2* np.pi,50)     #输入 x 的取值范围
6 plt.plot(x,f(x),'r')                     #绘制曲线图,红色
7 plt.xlabel('x')                          #给 x 轴添加标签
8 plt.ylabel('f(x)')                       #给 y 轴添加标签
9 plt.grid(True)                           #显示网格
10 plt.show()                              #显示绘制的图形
```

运行代码 9.18，所生成的图形如图 9.14 所示.

其次用一次函数进行线性拟合.

在 Anaconda 内建的 Spyder 集成开发环境中输入代码 9.19.

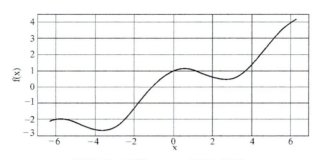

图 9.14　函数 $y=\cos x+0.5x$ 图形

代码 9.19　函数 $y=\cos x+0.5x$ 图形的一次函数拟合

```
1 import numpy as np                              #导入 numpy,记作 np
2 import matplotlib.pyplot as plt                 #导入 matplotlib.pyplot,记作 plt
3 plt.rcParams['font.sans-serif']=['SimHei']
4                                                 # 设置中文显示
5 plt.rcParams['axes.unicode_minus'] = False
6                                                 # 解决显示负号的问题
7 def f(x):                                       #定义函数 f(x)
8 return np.cos(x)+0.5* x                         #返回到 cosx+0.5x
9 x=np.linspace(-2* np.pi,2* np.pi,50)            #输入 x 的取值范围
10 plt.plot(x,f(x),'r',label='已知函数')
11                                                #绘制曲线图,红色
12 nh=np.polyfit(x,f(x),deg=1)                     #对 f(x)进行一次线性拟合
13 ry=np.polyval(nh,x)                             # 获取拟合函数值
14 plt.plot(x,ry,'b.',label='拟合曲线')
15                                                #绘制拟合曲线
16 plt.legend(loc=0)                              #添加图例
17 plt.xlabel('x')                                #给 x 轴添加标签
18 plt.ylabel('f(x)')                             #给 y 轴添加标签
19 plt.grid(True)                                 #显示网格
20 plt.show()                                     #显示绘制的图形
```

　　运行代码 9.19,所生成的图形如图 9.15 所示.

　　观察图形可以发现,用一次拟合误差比较大. 因为原来的函数为曲线,拟合函数为直线,造成拟合误差比较大的现象. 为了提高拟合程度,需要修改拟合函数,修改代码 9.19 中第 9 行的 "nh=np.polyfit(x,f(x),deg=1)" 这句命令,将 deg=1 修改为 deg=10,重新运行代码 9.19,可以得到图 9.16 所示的结果.

　　从图 9.16 中可以看出,由于增加了拟合次数,拟合程度大幅提高.

　　【例 9.14】　由专业知识可知,合金的强度 $y_i(10^7\text{Pa})$ 与合金中碳的含量 $x_i(\%)$ 有关. 为了生产出强度满足客户需要的合金,在冶炼时应该如何控制碳的含量?如果在冶炼过程中通过化验得知了碳的含量,能否预测这炉合金的强度?实验数据如表 9.4 所示.

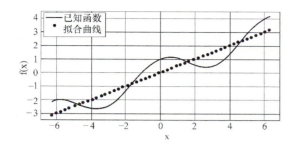

图 9.15　函数 $y=\cos x+0.5x$ 图形的一次函数拟合

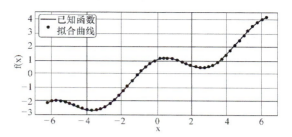

图 9.16　函数 $y=\cos x+0.5x$ 图形的十次函数拟合

表 9.4　实验数据

i	0	1	2	3	4	5	6	7	8	9	10	11
x_i	0.10	0.11	0.12	0.13	0.14	0.15	0.16	0.17	0.18	0.20	0.21	0.23
y_i	42	43.5	45	45.5	45	47.5	49	53	50	55	55	60

1）绘制 x_i 与 y_i 的散点图，观察图形，大致确定它们之间的线性关系.

2）做 y 对 x 的最小二乘拟合，求出拟合函数.

3）估计当 $x=0.22$ 时，y 等于多少？预测当 $x=0.25$ 时，y 等于多少？

在 Anaconda 内建的 Spyder 集成开发环境中输入代码 9.20.

代码 9.20　绘制实验数据的散点图

```
1 import matplotlib.pyplot as plt          # 导入 matplotlib.pyplot,记作 plt
2 plt.rcParams['font.sans-serif']=['SimHei']
3                                           # 设置中文显示
4 plt.rcParams['axes.unicode_minus'] = False
5                                           # 解决显示负号的问题
6 xi=[0.10,0.11,0.12,0.13,0.14,0.15,0.16,0.17,0.18,0.20,0.21,0.23]
7                                           #输入 xi 数据
8 yi=[42,43.5,45,45.5,45,47.5,49,53,50,55,55,60]
9                                           # 输入 yi 数据
10 plt.scatter(xi,yi,c='r',s=60,label='实验数据')
11                                          # 绘制实验数据散点图
12 plt.legend(loc=0)                        # 绘制图例
13 plt.xlabel('x')                          #给 x 轴添加标签
14 plt.ylabel('f(x)')                       #给 y 轴添加标签
15 plt.grid(True)                           #显示网格
16 plt.show()                               #显示绘制的图形
```

运行代码 9.20，所生成的图形如图 9.17 所示.

观察实验数据的散点图，发现这些散点近似于一条直线上的点，因此确定拟合函数为一次函数．设 $y=a_0+a_1x$，做 y 对 x 的最小二乘拟合，代入实验数据，有关于 a_0、a_1 的方程组如下：

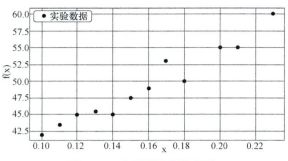

$$\begin{cases} 12a_0 + \left(\sum_{i=0}^{11} x_i\right)a_1 = \sum_{i=0}^{11} y_i \\ \left(\sum_{i=0}^{11} x_i\right)a_0 + \left(\sum_{i=0}^{11} x_i^{\,2}\right)a_1 = \sum_{i=0}^{11} (y_ix_i) \end{cases}$$

图 9.17　实验数据的散点图

编程求系数，在 Anaconda 内建的 Spyder 集成开发环境中输入代码 9.21.

代码 9.21　编程求系数

```
1 import numpy as np                                    #导入 numpy,记作 np
2 xi=[0.10,0.11,0.12,0.13,0.14,0.15,0.16,0.17,0.18,0.20,0.21,0.23]
3                                                       #输入 xi 数据
4 yi=[42,43.5,45,45.5,45,47.5,49,53,50,55,55,60]
5                                                       #输入 yi 数据
6 xi2=[]                                                # 创建一个空列表,用来装 xi 乘以 xi
7 yixi=np.multiply(np.array(yi),np.array(xi))
8                                                       # 将列表 xi 与列表 yi 对应元素相乘,作为一个
9                                                         新的列表
10 for xi_2 in xi:                                      # for 循环,让 xi_2 遍历 xi
11 xi_2=xi_2**2                                         # 将 xi_2 二次方赋值给 xi_2
12 xi2.append(xi_2)                                     # 将 xi_2 添加到列表 xi2 中
13 sum_xi=round(np.sum(xi),3)                           # 对 xi 求和,赋值给 sum_xi,小数点保留 3 位
14 sum_xi2=np.sum(xi2)                                  # 对 xi2 求和,赋值给 sum_xi2
15 sum_yi=np.sum(yi)                                    # 对 yi 求和,赋值给 sum_yi
16 sum_yixi=np.sum(yixi)                                # 对 yixi 求和,赋值给 sum_yixi
17 print('xi 求和=',sum_xi)                             # 打印"xi 求和="
18 print('xi 二次方求和=',sum_xi2)                      # 打印"xi 二次方求和="
19 print('yi 求和=',sum_yi)                             # 打印"yi 求和="
20 print('yixi 求和=',sum_yixi)                         # 打印"yixi 求和="
```

运行代码 9.21，所生成的结果为：

xi 求和 = 1.9

xi 二次方求和 = 0.3194

yi 求和 = 590.5

yixi 求和 = 95.925 代入系数，得到方程组：

$$\begin{cases} 12a_0+1.9a_1=590.5 \\ 1.9a_0+0.3194a_1=95.925 \end{cases}$$

转换成矩阵方程 $\begin{pmatrix} 12 & 1.9 \\ 1.9 & 0.3194 \end{pmatrix} \begin{pmatrix} a_0 \\ a_1 \end{pmatrix} = \begin{pmatrix} 590.5 \\ 95.925 \end{pmatrix}$

编程求矩阵方程的解，在 Anaconda 内建的 Spyder 集成开发环境中输入代码 9.22.

代码 9.22　求矩阵方程的解

```
1 import numpy as np                          # 导入 numpy, 记作 np
2 sum_xi =1.9                                 # 给 sum_xi 赋值
3 sum_xi2= 0.3194                             # 给 sum_xi2 赋值
4 sum_yi = 590.5                              # 给 sum_yi 赋值
5 sum_yixi =95.925                            # 给 sum_yixi 赋值
6 A=np.array([[12,sum_xi],[sum_xi,sum_xi2]])
7                                             # 输入系数矩阵
8 b=np.array([sum_yi,sum_yixi])               # 输入常数项矩阵
9 x=np.linalg.solve(A,b)                      # 求解矩阵方程 Ax=b,返回结果为一个列表 x
10 a0=round(x[0],3)                           # 对列表 x 的第一个数取 3 位小数,赋值给 a0
11 a1=round(x[1],3)                           # 对列表 x 的第二个数取 3 位小数,赋值给 a1
12 print('a0=',a0,'a1=',a1,",","y=",a0,"+",a1,"x")
13                                            # 打印 a0、a1 的值及拟合函数表达式
```

运行代码 9.22，所生成的结果为：

a0 = 28.493，a1 = 130.835，y = 28.493 + 130.835 x

输入下列程序：

def y(x):

　　　return 28.493 + 130.835 * x

y1 = round(y(0.22),3)

y2 = round(y(0.25),3)

print('y(0.22)=',y1,',',' y(0.25)=',y2)

输出结果为：

y(0.22) = 57.277, y(0.25) = 61.202

即当 x = 0.22 时，y = 57.277；当 x = 0.25 时，y = 61.202.

最后，绘制实验数据散点图与拟合函数图，观察拟合情况.

在 Anaconda 内建的 Spyder 集成开发环境中输入代码 9.23.

代码 9.23　绘制实验数据散点图与拟合函数图

```
1 import matplotlib.pyplot as plt                    #输入 matplotlib.pyplot,记
2                                                      作 plt
3 import numpy as np                                  #输入 numpy,记作 np
4 xi=[0.10,0.11,0.12,0.13,0.14,0.15,0.16,0.17,0.18,0.20,0.21,0.23]
5                                                      #输入 xi 数据
```

```
 6 yi=[42,43.5,45,45.5,45,47.5,49,53,50,55,55,60]    #输入 yi 数据
 7 def y(x):                                          #定义函数
 8 return 28.493+130.835* x                           #y(x)=28.493+130.835* x
 9 x=np.linspace(-0.10,0.23,50)                        #输入 x 的取值范围
10 plt.plot(x,y(x),c='g')                              #绘制拟合函数图
11 plt.scatter(xi,yi,c='b',s=60)                       #绘制实验数据散点图
12 plt.scatter(0.22,y(0.22),c='r',s=80)                #绘制点(0.22,y(0.22))
13 plt.scatter(0.25,y(0.25),c='r',s=80)                #绘制点(0.25,y(0.25))
14 plt.show()                                          #显示绘制的图形
```

运行代码 9.23，所生成的图形如图 9.18 所示.

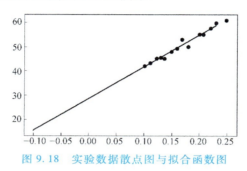

图 9.18　实验数据散点图与拟合函数图

习题 9-2

1. 某型号飞机的机翼上缘轮廓线部分数据如下：

x：0.00，4.74，9.05，19.00，38.00，57.00，76.00，95.00，114.00，133.00，152.00，171.00，190.00

y：0.00，5.23，8.10，11.97，16.15，17.10，16.34，14.63，12.16，6.69，7.03，3.99，0.00

对表中数据进行 3 次、6 次和 8 次多项式拟合，并绘图.

2. 用机床进行金属品加工时，为了适当地调整机床，需要测定刀具的磨损速度. 在一定的时间测量刀具的厚度，得到的数据如下：

切削时间（t/h）：0，1，2，3，4，5，6，7，8，9，10，11，12，13，14，15，16

刀具厚度（y/cm）：30.0，29.1，28.4，28.1，28.0，27.7，27.5，27.2，27.0，26.8，26.5，26.3，26.1，25.7，25.3，24.8，24.0

如果经验公式为 $y=a_0+a_1t+a_2t^2+a_3t^3$，试用最小二乘法拟合确定 $a_i(i=0,1,2,3)$.

9.3　本章小结

本章分两节介绍了 Python 在插值与拟合中的应用. 9.1 节介绍了 Python 插值，具体包

含插值理论、用 Python 求解插值问题. 9.2 节介绍了 Python 拟合，具体包含拟合理论、数据拟合的 Python 实现.

总习题 9

1. 对于 $f(x) = x^4$，在 $x \in [-1, 2]$ 上，用六等分的等距分点进行多项式插值，并计算 $f(1.2)$ 的近似值，同时绘制等距分点散点图及插值多项式的图形.

2. 设有某实验数据如下：

x：1.36，1.49，1.73，1.81，1.95，2.16，2.28，2.48

y：14.094，15.096，16.844，17.378，18.435，19.949，20.963，22.494

试求一个一次多项式来拟合以上数据.

第 10 章

Python 环境监测项目

本章概要

- 环境监测和测量系统
- 方差分析
- 图形分析
- 偏倚和线性分析
- 统计过程控制分析

10.1 环境监测和测量系统

10.1.1 环境监测

环境监测（Environmental Monitoring）是通过对人类和环境有影响的各种物质的含量、排放量的检测，跟踪环境质量的变化，确定环境质量水平，为环境管理、污染治理等工作提供基础和保证. 环境监测通常包括背景调查、确定方案、优化布点、现场采样、样品运送、实验分析、数据收集、分析综合等过程. 总的来说，就是计划—采样—分析—综合的获得信息的过程.

环境监测的特点可归纳如下：

1. 综合性

1）监测手段包括化学、物理、生物、物理化学、生物化学及生物物理等一切可以表征环境质量的方法.

2）监测对象包括水质监测、空气监测、土壤监测、固体废物监测、生物监测、噪声和振动监测、电磁辐射监测、放射性监测、热监测、光监测、卫生监测（病原体、病毒、寄生虫等）等.

3）对监测数据进行统计处理、综合分析时，涉及该地区的自然和社会各个方面的情况，必须综合考虑.

2. 连续性

由于环境污染具有时空性等特点，因此只有坚持长期测定，才能从大量的数据中揭示其变化规律.

3. 追踪性

为保证监测结果具有一定的准确性、可比性、代表性和完整性，需要有一个量值追踪体系来进行监督.

10.1.2　水环境监测

1. 水质监测项目

水环境是构成环境的基本要素之一，是人类社会赖以生存和发展的重要自然资源，也是受人类干扰和破坏非常严重的领域. 地表水和地下水是水环境的两个重要组成部分. 地表水包括河流、湖泊、水库、海洋、池塘、沼泽、冰川等；地下水包括泉水、浅层地下水、深层地下水等. 由于受人类活动的影响，原始的河流等环境受到不同程度的破坏，引起河流流域内发生水污染等环境问题. 常见的环境监测水质指标项目分为 5 类，如表 10.1 所示.

表 10.1　环境监测水质指标项目分类

指标分类	理化指标	无机指标	有机污染综合指标	微生物指标	毒理学指标
项目	水温、pH 值	Cu、Zn、硫化物、氟化物	COD、BOD5、DO、NH_3 – N、T-P、T-N、挥发酚、石油类、阴离子表面活性剂 LAS	大肠菌群	Se、As、Hg、Cd、Cr^{6+}、Pb、氰化物，饮用水、地表水、水源地水质特定项目 80 项主要为有机毒物

2. 水环境质量标准

我国《地表水环境质量标准》（GB 3838—2002）依据地表水水域环境功能和保护目标，按功能高低划分为 5 类. 地表水环境质量标准基本项目标准值也相应地分为 5 类，不同的功能类别分别执行相应类别的质量标准.

Ⅰ类：主要适用于源头水、国家自然保护区；

Ⅱ类：主要适用于集中式生活饮用水地表水源地一级保护区、珍稀水生生物栖息地、鱼虾类产卵场、仔稚幼鱼的索饵场等；

Ⅲ类：主要适用于集中式生活饮用水地表水源地二级保护区、鱼虾类越冬场、洄游通道、水产养殖区等渔业水域及游泳区；

Ⅳ类：主要适用于一般工业用水区及人体非直接接触的娱乐用水区；

Ⅴ类：主要适用于农业用水区及一般景观要求水域.

地下水质按《地下水质量标准》（GB/T 14848—2017）划分为以下 5 类.

Ⅰ类：地下水化学组分含量低，适用于各种用途；

Ⅱ类：地下水化学组分含量较低，适用于各种用途；

Ⅲ类：地下水化学组分含量中等，以 GB 5749—2006 为依据，主要适用于集中式生活饮用水水源及工农业用水；

Ⅳ类：地下水化学组分含量较高，以农业和工业用水质量要求以及一定水平的人体健康风险为依据，适用于农业和部分工业用水，适当处理后可做生活饮用水；

Ⅴ类：地下水化学组分含量高，不宜作为生活饮用水水源，其他用水可根据使用目的选用.

我国地表水和地下水部分水安全指标标准限值如表 10.2 所示.

表 10.2　我国地表水和地下水部分水安全指标标准限值　　（单位：mg/L）

监测项目	地表水					地下水				
	Ⅰ	Ⅱ	Ⅲ	Ⅳ	Ⅴ	Ⅰ	Ⅱ	Ⅲ	Ⅳ	Ⅴ
高锰酸盐指数（COD_{Mn}）	2	4	6	10	15	1.0	2.0	3.0	10.0	>10.0
化学需氧量（COD_{cr}）	15	15	20	30	40	—				
五日生化需氧量（BOD_5）	3	3	4	6	10	—				
氨氮（$NH_3\text{-}N$）	0.15	0.5	1.0	1.5	2.0	0.02	0.10	0.50	1.50	>1.50
总磷（以 P 计）	0.02	0.1	0.2	0.3	0.4	—				
总氮（以 N 计）	0.2	0.5	1.0	1.5	2.0	—				

10.1.3　水质评价方法

地表水一般常采用标准指数法进行单项水质因子的评价. 标准指数>1，表明该水质参数超过了规定的水质标准，已经不能满足使用要求.

单项水质因子 i 在第 j 点的标准指数：

$$S_{i,j} = \frac{c_{i,j}}{c_{s,i}}$$

式中　$S_{i,j}$——标准指数；

　　　$c_{i,j}$——评价因子 i 在 j 点的实测浓度值，单位为 mg/L；

　　　$c_{s,j}$——评价因子 i 的评价标准限值，单位为 mg/L.

地下水水质现状评价应采用标准指数法进行评价. 标准指数>1，表明该水质因子已超过了规定的水质标准. 指数越大，超标越严重. 标准指数计算公式为：

$$P_i = \frac{c_i}{c_{si}}$$

式中　P_i——第 i 个水质因子的标准指数；

　　　c_i——第 i 个水质因子的监测质量浓度值，单位为 mg/L；

　　　c_{si}——第 i 个水质因子的标准质量浓度值，单位为 mg/L.

某建设项目需编制环境影响报告书，委托环境监测有限公司对项目所在区域地表水环境进行监测. 监测时间为 2019 年 1 月 21 日~22 日，监测点位共两个，每天监测一次，地表水环境标准执行《地表水环境质量标准》（GB 3838—2002）中的 V 类标准，分析项目所在区域地表水达标情况. 地表水监测数据及评价结果如表 10.3 所示.

表 10.3　地表水环境质量现状及评价结果　　（单位：mg/L）

项目		地点				
		污水处理厂上游500m	污水处理厂上游500m是否达标	污水处理厂下游500m	污水处理厂下游500m是否达标	V类标准
COD	1 月 21 日	38	达标	30	达标	40
	1 月 22 日	35	达标	31	达标	
BOD_5	1 月 21 日	17.2	超标	15.7	超标	10
	1 月 22 日	16.0	超标	15.4	超标	
氨氮	1 月 21 日	1.59	达标	1.46	达标	2.0
	1 月 22 日	1.84	达标	1.71	达标	

10.1.4 方差分析

1. 方差分析步骤

方差分析（Analysis of Variance，ANOVA）可以用来推断一个或多个因素在其状态变化时，其因素水平或交互作用是否会对实验指标产生显著影响，主要分为单因素方差分析、多因素无重复方差分析和多因素重复方差分析.

方差分析和假设检验的具体步骤如下，在 Python 中，从统计—方差分析—单（双）因子入口：

1）设在一个试验中只考察一个因子 A，它有 r 个水平，在每一水平下进行 m 次重复试验，其结果用 y_{11}，$\cdots$，y_{rm} 表示.

2）计算因子 A 的每一水平下的数据 T_1，T_2，$\cdots$，T_r，以及总和 T.

3）计算各类数据的二次方和 $\sum\limits_{i=1}^{r}\sum\limits_{j=1}^{m}y_{ij}^2$、$\sum\limits_{i=1}^{r}T_i^2$、总和的二次方 T^2.

4）依次计算总和 T、因子 A、误差 e 的偏差平方和 SS_T、SS_A、SS_e.

5）对于给定的显著性水平 α（通常为 95% 的置信区间内），将求得的 F 值与 F 分布表中的临界值 $F_{1-\alpha}(df_A, df_e)$ 比较，当 $F > F_{1-\alpha}(df_A, df_e)$ 时，认为因子 A 是显著的，否则认为因子 A 是不显著的. P 值 >0.05 则接受原假设，P 值 <0.05 则拒绝原假设.

2. 假设检验

在统计中常用 P 值判断. 关于 P 值（$\alpha = 0.05$）：

1）正态性检验，$P > 0.05$ 说明呈现正态性，$P < 0.05$ 说明非正态性.

2）线性相关关系判断，$P > 0.05$ 说明无显著相关性，$P < 0.05$ 存在显著相关性.

3）方差分析，$P > 0.05$ 说明该因子不显著，$P < 0.05$ 说明该因子显著.

4）模型的有效性判断，$P > 0.05$ 说明模型无效，$P < 0.05$ 说明模型有效.

5）交互作用判断，$P > 0.05$ 说明无显著交互作用，$P < 0.05$ 说明有显著交互作用.

10.1.5 图形分析

图形分析具有简单、直观、清晰、方便等特点. 这里用 Python 进行图形分析主要用到两个库：Matplotlib 和 Seaborn. Seaborn 是基于 Matplotlib 的更加高级的可视化库，可使得绘图更加容易. 在大多数情况下，使用 Seaborn 能绘制出具有吸引力的图，而使用 Matplotlib 能绘制出具有更多特色的图.

用 Python 绘制的图形主要包括点图、线图、散点图、直方图、条形图、箱形图、提琴图、热力图、聚类图、关系图、回归图等.

10.1.6 偏倚和线性分析

偏倚是针对单点而言的，量程内任意一处都不存在偏倚为最佳. 偏倚指平均值 $\overline{X}$ 与其参考值 V_r 之间的差异. 经过检验，如果系统存在偏倚，就用 $\overline{X} - V_r$ 作为此点的偏倚估计. 线性是指在其量程范围内，各点处的偏倚与参考值呈线性关系. 每个测量系统都有量程，好的测量系统要求在量程的任何一处都不存在偏倚. 偏倚可以通过校准加以修正，为了在任何一处都能对观测值加以修正，必须要求测量系统的偏倚具有线性．一般来说，当测量基准值较小时（量程较低的地方），测量偏倚会比较小；当测量基准值较大（量程较高的地方）时，测量偏倚会比较大．线性则要求这些偏倚量与其测量基准值呈线性关系．可通过统计回归拟合线图中的线性回归得到结果．

10.1.7 统计过程控制分析

1. 统计过程控制

统计过程控制（Statistical Process Control，SPC）是一种借助数理统计方法的过程控制工具．它对生产过程或测量过程进行评估和监控，建立并保持过程处于可接受的并且稳定的水平，从而保证产品与服务符合规定的要求，以达到控制质量的目的．

实施 SPC 的过程一般分为两大步骤：第一步，用 SPC 工具对过程进行分析，如绘制分析用的控制图等，根据分析结果采取必要措施，如可能需要消除过程中的系统性因素，也可能需要管理层的介入来减小过程的随机波动以满足过程能力的需求．第二步，用控制图对过程进行监控，控制图是 SPC 中非常重要的工具．

2. 控制图分类

SPC 控制图是统计过程控制的核心工具，是对过程质量加以测定、记录从而进行控制管理的一种用科学方法设计的图，是用于分析和判断工序是否处于稳定状态所使用的带有控制界限的图，是质量控制行之有效的手段．

SPC 控制图分为计量型与计数型两大类，包含 7 种基本图表．

（1）计量型控制图

计量型控制图包括 Xbar-R 控制图（均值极差图）、Xbar-S 控制图（均值标准差图）、I-MR 控制图（单值移动极差图）．

（2）计数型控制图

计数型控制图包括 P 控制图（用于可变样本量的不合格品率）、np 控制图（用于固定样本量的不合格品数）、u 控制图（用于可变样本量的单位缺陷数）、c 控制图（用于固定样本量的缺陷数）．

3. Xbar-R 控制图

Xbar-R 控制图（均值极差图）用于控制对象为长度、重量、强度、纯度、时间、收率和生产量等计量值的场合．Xbar 控制图主要用于观察正态分布的均值变化，R 控制图主要用于观察正态分布分散或变异情况的变化，而 SPC Xbar-R 控制图则将两者联合运用，用于观察正态分布的变化．

Xbar-R 控制图（均值极差图）是应用非常广泛的一对图，其他控制图（如均值标准差图、中位数极差控制图）可参照进行．

（1）以子组为单元收集数据，确定子组大小、子组个数与子组间隔

子组大小 n：一般以 $4\sim5$ 个为宜．

子组个数 k：一般以 $20\sim25$ 组为宜．

计算每个子组的均值 $\bar{x}$ 和极差 R：

$$\bar{x}=\frac{x_1+x_2+\cdots+x_n}{n}, \quad R=x_{\max}-x_{\min}$$

在 Xbar 图和 R 图上选择合理尺度，使点尽量在图中间部位. 在控制图上绘制出均值 $\bar{x}$ 和极差 R 所在的点，然后连成折线.

（2）计算控制限

计算 k 个子组均值的平均值 $\bar{\bar{x}}$：

$$\bar{\bar{x}} = \frac{\bar{x}_1 + \bar{x}_2 + \cdots + \bar{x}_k}{k}$$

计算 k 个子组极差的平均值 $\bar{R}$：

$$\bar{R} = \frac{R_1 + R_2 + \cdots + R_k}{k}$$

计算 Xbar 图的上、下控制限：

$$UCL_{\bar{x}} = \bar{\bar{x}} + A_2\bar{R}, \quad LCL_{\bar{x}} = \bar{\bar{x}} - A_2\bar{R}$$

计算 R 图的上、下控制限：

$$UCL_R = D_4\bar{R}, \quad LCL_R = D_3\bar{R}$$

完成 Xbar 图和 R 图的中心线（实线）与上、下控制限的绘制.

这样绘制的 Xbar 图与 R 图可供分析使用，考察过程是否受控，若过程失控，则需对控制图修改或补充.

控制图上点的散布状态是生产过程（测量过程）运行状况的缩影，各种波动（正常波动或异常波动）都可通过点的散布状态表现出来. 应从图上判断过程是否存在异常波动，并对每个异常波动逐个分析，寻找原因并及时纠正，以免再次发生. Xbar 图显示子组间的波动，并表明过程的稳定性. R 图显示子组内的波动，反映了所考察过程的波动程度. R 图的失控将会影响 Xbar 图，因为 Xbar 图的上、下限依赖于平均极差 $\bar{R}$，所以应先分析 R 图，后分析 Xbar 图.

4. 控制图系数表

计量控制图系数表如表 10.4 所示.

表 10.4　计量控制图系数表

样本大小	均值控制图			标准差控制图					极差控制图						
	控制界限系数		中心线系数		控制界限系数				中心线系数			控制界限系数			
n	A	A2	A3	C4	1/C4	B3	B4	B5	B6	d2	1/d2	d3	D1	D2	D3	D4
2	2.121	1.880	2.659	0.798	1.2533	0.000	3.267	0.000	2.606	1.128	0.887	0.853	0.000	3.686	0.000	3.267
3	1.732	1.023	1.954	0.886	1.1284	0.000	2.568	0.000	2.276	1.693	0.591	0.888	0.000	4.358	0.000	2.574
4	1.500	0.729	1.628	0.921	1.0854	0.000	2.266	0.000	2.088	2.059	0.486	0.88	0.000	4.698	0.000	2.282
5	1.342	0.577	1.427	0.940	1.0638	0.000	2.089	0.000	1.964	2.326	0.430	0.864	0.000	4.918	0.000	2.114

习题 10-1

1. 在水环境监测分析工作中，氨氮的测定采用什么分析方法？

2.《地表水环境质量标准》（GB 3838—2002）共划分几类标准？

3.《地表水环境质量标准》（GB 3838—2002）中化学需氧量（COD_{cr}）的 V 类标准是多少？

4.《地下水质量标准》（GB/T 14848—2017）中氨氮（NH_3-N）的 III 类标准是多少？

5. 根据在生态环境部网站查询的长江流域上海市闵行区辖区地表水水质监控断面的自动监测实时数据（网址 http://106.37.208.243：8068/GJZ/Business/Publish/Main.html），计算高锰酸盐指数的标准指数，分析高锰酸盐指数（COD_{Mn}）是否达到《地表水环境质量标准》（GB 3838—2002）中 III 类标准要求. 监测结果如表 10.5 所示.

表 10.5　上海市闵行区地表水水质自动监测结果　　　　（单位：mg/L）

断面名称			监测项目				
			溶解氧	高锰酸盐指数	氨氮	总磷	总氮
闵行西界（松浦大桥）	2021.1.21	自动监测数据	10.43	5.40	0.270	0.014	3.75

6. 某建设项目需编制环境影响评价报告书，委托环境检测有限公司对该项目厂址处的地下水环境质量进行了监测，监测指标共 5 个. 地下水水质现状监测结果如表 10.6 所示. 项目所在区域地下水环境执行《地下水质量标准》（GB/T 14848—2017）III 类标准. 请计算氨氮标准指数，分析氨氮是否达标.

表 10.6　地下水水质现状监测结果　　　　（单位：mg/L）

监测点位	监测项目				
	氨氮	总硬度	硫化物	耗氧量	氯化物
厂址处	0.232	220	<0.005	2.35	10

10.2　方差分析

10.2.1　Python 命令

方差分析主要用到的库是 Pandas 和 Statsmodels. 简要流程是，先用 Pandas 库的 DataFrame 数据结构来构造输入数据格式，然后用 Statsmodels 库中的 ols() 函数得到最小二乘线性回归模型，最后用 Statsmodels 库中的 anova_lm() 函数进行方差分析.

Pandas 库是 Python 常用的库，由于 Anaconda 发行版已经安装了常用的数据分析包，因此只要调用即可. 其调用格式见代码 10.1.

代码 10.1　程序包调用格式

```
1 import pandas as pd                           # 导入 pandas,记作 pd
2 from statsmodels.formula.api import ols       # 用 statsmodels 库中的 ols()函数得
3                                                  到最小二乘线性回归模型
4 from statsmodels.stats.anova import anova_lm  # 用 statsmodels 库中的 anova_lm()
5                                                  函数进行多因素方差分析
```

```
6 columns()                              # 制定列的宽度和数量
7 ols()                                  # 最小二乘法函数
8 anova_lm()                             # 进行方差分析
9 describe()                             # 进行统计描述
10 summary()                             # 进行回归分析
```

10.2.2　方差分析示例

化学需氧量（COD_{Cr}）采用酸式滴定管进行滴定分析，需进行滴定法的测量系统分析．选取 COD_{Cr} 国家环境标准样品，明细如表 10.7 所示．

表 10.7　化学需氧量标准样品明细表

COD_{Cr} 标准样品编号	标准值（mg/L）
200193	29.4±1.9
200176	35.0±3.1
200188	24.2±1.21

COD_{Cr} 标准样品测定，平行样品数量 5，即选取编号为 200193 的安瓿瓶 5 支，测定者 3 人，测量设备为酸式滴定管，按照《水质　化学需氧量的测定　重铬酸盐法》（HJ 828—2017）进行测定，将标准样品打乱顺序再测一次，再次打乱后测定，测第三次，测定结果如表 10.8 所示．

表 10.8　编号为 200193 的化学需氧量标准样品测定结果　　（单位：mg/L）

标准样品	第一次测量			第二次测量			第三次测量		
	A	B	C	A	B	C	A	B	C
1	28.4	28.5	28.4	28.4	28.4	28.5	28.4	28.4	28.5
2	28.9	28.8	28.9	29.0	28.9	28.9	29.0	28.8	28.9
3	29.0	29.0	28.9	29.1	29.0	28.9	29.1	29.0	29.0
4	28.4	28.5	28.4	28.5	28.5	28.5	28.5	28.5	28.4
5	28.6	28.6	28.6	28.6	28.6	28.7	28.6	28.6	28.7

【例 10.1】　根据表 10.8 编号为 200193 的化学需氧量（COD_{Cr}）标准样品的测量数据，对化验员和标准样品进行有交互作用的双因素方差分析，并输出方差分析结果．

在 Anaconda 内建的 Spyder 集成开发环境中输入代码 10.2.

代码 10.2　有交互作用的双因素方差分析代码

```
1 import pandas as pd                              # 导入 pandas,记作 pd
2 from statsmodels.formula.api import ols          # 从 statsmodels.formula.api 导
3                                                   入 ols
4 from statsmodels.stats.anova import anova_lm      # 从 statsmodels.stats.anova 导
5                                                   入 anova_lm
```

```
6 data=pd.DataFrame([[1,1,28.4],[1,2,28.9],[1,3,29.0],[1,4,28.4],[1,5,28.6],
7                    [1,1,28.4],[1,2,29.0],[1,3,29.1],[1,4,28.5],[1,5,28.6],
8                    [1,1,28.4],[1,2,29.0],[1,3,29.1],[1,4,28.5],[1,5,28.6],
9                    [2,1,28.5],[2,2,28.8],[2,3,29.0],[2,4,28.5],[2,5,28.6],
10                   [2,1,28.4],[2,2,28.9],[2,3,29.0],[2,4,28.5],[2,5,28.6],
11                   [2,1,28.4],[2,2,28.8],[2,3,29.0],[2,4,28.5],[2,5,28.6],
12                   [3,1,28.4],[3,2,28.9],[3,3,28.9],[3,4,28.4],[3,5,28.6],
13                   [3,1,28.5],[3,2,28.9],[3,3,28.9],[3,4,28.5],[3,5,28.7],
14                   [3,1,28.5],[3,2,28.9],[3,3,29.0],[3,4,28.4],[3,5,28.7]],
15                                          # 输入数据
16 columns=('化验员','标准样品','结果'))     # 确定列宽和数量
17 df=pd.DataFrame(data)                    # 利用字典生成 DataFrame 数据结构
18 model=ols('结果~C(化验员)+C(标准样品)+C(化验员):C(标准样品)',data=df).fit()
19                                          # 建立模型
20 anovat=anova_lm(model)                   # 方差分析
21 print(anovat)                            # 输出结果
```

程序中，第 2 句用 Statsmodels 库中的 ols() 函数得到最小二乘线性回归模型；第 3 句用 Statsmodels 库中的 anova_lm() 函数进行多因素方差分析；第 4 句用 Pandas 库的 DataFrame 数据结构来构造输入数据格式，其中第一列为因素 A 化验员的水平，第二列为因素 B 标准样品的水平，第三列为试验结果. 第 15 句表示因素 A 化验员和因素 B 标准样品以及化验员和标准样品的交互作用的水平对结果的影响. 用 ols() 函数进行最小二乘线性拟合. 第 16 句用 anova_lm () 函数进行多因素方差分析. 方差分析结果如表 10.9 所示.

表 10.9　方差分析结果

	df	sum_sq	mean_sq	F	PR(>F)
C(化验员)	2.0	0.005778	0.002889	1.444444	2.518145e-01
C(标准样品)	4.0	2.343556	0.585889	92.944444	1.423285e-23
C(化验员):C(标准样品)	8.0	0.069778	0.008722	4.361111	1.408529e-03
Residual	30.0	0.060000	0.002000	NaN	NaN

注：1. Residual 表示误差，df 表示自由度，sum_sq 表示离差平方和，mean_sq 表示均方离差，F 表示 F 值，PR（>F）表示 F 值所对应的显著水平 α.

2. P 值代表显著性值，$P<0.05$ 表明数据存在显著差异，$P<0.01$ 表明差异明显. $P>0.05$，不能否定原假设，即不能说数据间存在显著差异. 也就是说进行 COD_{Cr} 测定分析时，化验员间的差异不明显，主要差异来源于样本差异.

【例 10.2】　根据表 10.8 编号为 200193 的化学需氧量（COD_{Cr}）标准样品的测量数据，对化验员和标准样品进行无交互作用的双因素方差分析，并输出统计描述分析结果、回归分析结果、方差分析结果.

在 Anaconda 内建的 Spyder 集成开发环境中输入代码 10.3.

代码 10.3　无交互作用的双因素方差分析代码

```
1 import pandas as pd                                   # 导入 pandas,记作 pd
2 from statsmodels.formula.api import ols              # 从 statsmodels.formula.api 导入 ols
3 from statsmodels.stats.anova import anova_lm         # 从 statsmodels.stats.anova 导入
4                                                           anova_lm
5 data=pd.DataFrame([[1,1,28.4],[1,2,28.9],[1,3,29.0],[1,4,28.4],[1,5,28.6],
6                    [1,1,28.4],[1,2,29.0],[1,3,29.1],[1,4,28.5],[1,5,28.6],
7                    [1,1,28.4],[1,2,29.0],[1,3,29.1],[1,4,28.5],[1,5,28.6],
8                    [2,1,28.5],[2,2,28.8],[2,3,29.0],[2,4,28.5],[2,5,28.6],
9                    [2,1,28.4],[2,2,28.9],[2,3,29.0],[2,4,28.5],[2,5,28.6],
10                   [2,1,28.4],[2,2,28.8],[2,3,29.0],[2,4,28.5],[2,5,28.6],
11                   [3,1,28.4],[3,2,28.9],[3,3,28.9],[3,4,28.4],[3,5,28.6],
12                   [3,1,28.5],[3,2,28.9],[3,3,28.9],[3,4,28.5],[3,5,28.7],
13                   [3,1,28.5],[3,2,28.9],[3,3,29.0],[3,4,28.4],[3,5,28.7]],
14                                                      # 输入数据
15 columns=['化验员','标准样品','结果'])                  # 确定列宽和数量
16 model=ols('结果~C(化验员)+C(标准样品)',data=data).fit()  # 建立模型
17 anovat=anova_lm(model)                               # 方差分析
18 print(data.describe())                               # 输出统计描述分析结果
19 print(anovat)                                        # 输出方差分析结果
20 print(model.summary())                               # 输出回归分析结果
```

在程序中,第 14 句表示因素 A 化验员和因素 B 标准样品以及化验员和标准样品的无交互作用的水平对结果的影响. 用 ols() 函数进行最小二乘线性拟合. 第 16 句输出统计描述分析结果. 第 17 句输出方差分析结果. 第 18 句输出回归分析结果. 分析结果如表 10.10 所示.

表 10.10　分析结果一览表

Describe Results(统计描述分析结果)				
	化验员	标准样品	化验结果	指标含义
count	45.000000	45.000000	45.000000	数据量
mean	2.000000	3.000000	28.684444	均值
std	0.825723	1.430194	0.237368	标准值
min	1.000000	1.000000	28.400000	最小值
25%	1.000000	2.000000	28.500000	下四分位数
50%	2.000000	3.000000	28.600000	中位数
75%	3.000000	4.000000	28.900000	上四分位数
max	3.000000	5.000000	29.100000	最大值

（续）

Anovat Results（方差分析结果）					
	df	sum_sq	mean_sq	F	PR(>F)
C（化验员）	2.0	0.005778	0.002889	0.845890	4.370964e-01
C（标准样品）	4.0	2.343556	0.585889	171.553082	9.062737e-24
Residual	38.0	0.129778	0.003415	NaN	NaN

注意：P 值代表显著性值，$P<0.05$ 表明数据存在显著差异，$P<0.01$ 表明差异明显．$P>0.05$，不能否定原假设，即不能说数据间存在显著差异．不考虑化验员和样品两因素的交互作用后，与化验员和样品对应的 F 值和 P 值都发生了微小的改变．进行 COD_{Cr} 测定分析时，化验员间的差异不明显，主要差异来源于样本差异．

OLS Regression Results（回归分析结果）				
Dep. Variable：	结果	R-squared：		0.948
Model：	OLS	Adj. R-squared：		0.939
Method：	Least Squares	F-statistic：		114.7
Date：	Sat,09 Jan 2021	Prob（F-statistic）：		8.65e-23
Time：	11:38:39	Log-Likelihood：		67.741
No. Observations：	45	AIC：		−121.5
Df Residuals：	38	BIC：		−108.8
Df Model：	6			
Covariance Type：	nonrobust			

	coef	std err	t	P>|t|	[0.025	0.975]
Intercept	28.4489	0.023	1234.281	0.000	28.402	28.496
C（化验员）[T.2]	−0.0267	0.021	−1.250	0.219	−0.070	0.017
C（化验员）[T.3]	−0.0200	0.021	−0.937	0.355	−0.063	0.023
C（标准样品）[T.2]	0.4667	0.028	16.940	0.000	0.411	0.522
C（标准样品）[T.3]	0.5667	0.028	20.570	0.000	0.511	0.622
C（标准样品）[T.4]	0.0333	0.028	1.210	0.234	−0.022	0.089
C（标准样品）[T.5]	0.1889	0.028	6.857	0.000	0.133	0.245

Omnibus：	2.909	Durbin-Watson：		1.729
Prob(Omnibus)：	0.233	Jarque-Bera（JB）：		1.508
Skew：	0.040	Prob(JB)：		0.470
Kurtosis：	2.107	Cond. No.		6.45

注意：1. P 值小于 0.01 差异性更好，有显著差异性．P 值小于 0.05 有统计学意义．

2. 化验员 t 检验原假设：总体均值与假设的化验员检验值不存在显著差异（无差异）．

3. 标准样品 t 检验原假设：总体均值与假设的标准样品检验值存在显著差异（有差异）．但标准样品 4 不存在显著差异（无差异）．

【例 10.3】 根据表 10.8 编号为 200193 的化学需氧量（COD_{Cr}）标准样品的测量数据，使用 tukey 方法分别对化验员和样本进行多重比较分析，并输出分析结果．

在 Anaconda 内建的 Spyder 集成开发环境中输入代码 10.4.

代码 10.4　多重比较分析代码

```
1  import pandas as pd                                              # 导入 pandas,记作 pd
2  from statsmodels.stats.multicomp import pairwise_tukeyhsd        # 导入 pairwise_tuke-
3                                                                     yhsd
4  data=pd.DataFrame([[1,1,28.4],[1,2,28.9],[1,3,29.0],[1,4,28.4],[1,5,28.6],
5                     [1,1,28.4],[1,2,29.0],[1,3,29.1],[1,4,28.5],[1,5,28.6],
6                     [1,1,28.4],[1,2,29.0],[1,3,29.1],[1,4,28.5],[1,5,28.6],
7                     [2,1,28.5],[2,2,28.8],[2,3,29.0],[2,4,28.5],[2,5,28.6],
8                     [2,1,28.4],[2,2,28.9],[2,3,29.0],[2,4,28.5],[2,5,28.6],
9                     [2,1,28.4],[2,2,28.8],[2,3,29.0],[2,4,28.5],[2,5,28.6],
10                    [3,1,28.4],[3,2,28.9],[3,3,28.9],[3,4,28.4],[3,5,28.6],
11                    [3,1,28.5],[3,2,28.9],[3,3,28.9],[3,4,28.4],[3,5,28.7],
12                    [3,1,28.5],[3,2,28.9],[3,3,29.0],[3,4,28.4],[3,5,28.7]],
13                                                                   # 输入数据
14 columns=['化验员','标准样品','结果'])                            # 确定列宽和数量
15 print(pairwise_tukeyhsd(data['结果'],data['化验员']))            # 输出比较结果
16 print(pairwise_tukeyhsd(data['结果'],data['标准样品']))          # 输出比较结果
```

在程序中，第 2 句用 Statsmodels 库中的 pairwise_tukeyhsd( ) 函数进行双重比较分析. 多重比较分析结果如表 10.11 所示.

表 10.11　多重比较分析结果

Multiple Comparison of Means - Tukey HSD,FWER = 0.05(化验员结果)						
group1	group2	meandiff	p-adj	lower	upper	reject
1	2	−0.0267	0.9	−0.2419	0.1886	False
1	3	−0.02	0.9	−0.2353	0.1953	False
2	3	0.0067	0.9	−0.2086	0.2219	False

注意:Reject= False,说明 3 个化验员无显著性差异.

Multiple Comparison of Means - Tukey HSD,FWER = 0.05(样品结果)						
group1	group2	meandiff	p-adj	lower	upper	reject
1	2	0.4667	0.001	0.3883	0.545	True
1	3	0.5667	0.001	0.4883	0.645	True
1	4	0.0333	0.7182	−0.045	0.1117	False
1	5	0.1889	0.001	0.1105	0.2673	True
2	3	0.1	0.0065	0.0216	0.1784	True
2	4	−0.4333	0.001	−0.5117	−0.355	True
2	5	−0.2778	0.001	−0.3562	−0.1994	True
3	4	−0.5333	0.001	−0.6117	−0.455	True
3	5	−0.3778	0.001	−0.4562	−0.2994	True
4	5	0.1556	0.001	0.0772	0.2339	True

注意:reject=Ture,说明两个样品有显著性差异. Reject=false,说明两个样品无显著性差异.

习题 10-2

1. 氨氮是常用的水质环境考核指标之一. 氨氮的测量设备为分光光度计. 试验选取编号为 200575 的安瓿瓶 5 支(标准值 35.2±1.6mg/L),测定者 3 人,按照《水质 氨氮的测定 纳氏试剂分光光度法》(HJ 535—2009)进行测定. 测定结果如表 10.12 所示. 根据表 10.12 中氨氮（NH_3-N）的测量数据,对化验员和样品进行有交互作用的双因素方差分析,并输出方差分析结果和统计描述分析结果.

表 10.12　编号为 200575 的氨氮标准样品测定结果　　　　　（单位:mg/L）

样本	第一次测量			第二次测量			第三次测量		
	A	B	C	A	B	C	A	B	C
1	36.1	36.2	36.3	36.4	36.4	35.9	36.3	36.0	36.2
2	35.5	35.8	35.6	35.3	35.5	35.3	35.4	35.5	35.6
3	34.6	35.4	34.6	34.7	34.6	34.4	35.5	34.5	35.2
4	34.3	34.1	34.0	34.5	34.3	34.0	34.2	34.0	34.3
5	35.2	35.4	34.9	35.0	35.2	35.0	35.2	35.3	35.1

2. 根据表 10.12 中编号为 200575 氨氮（NH_3-N）标准样品测定结果，对化验员和样品进行无交互作用的双因素方差分析，并输出方差分析结果.

3. 根据表 10.12 中编号为 200575 氨氮（NH_3-N）标准样品测定结果，对化验员和样品进行有交互作用分析，用 ols( ) 进行 t 检验分析，并输出回归分析结果.

4. 根据表 10.12 中编号为 200575 氨氮（NH_3-N）标准样品测定结果，对样品进行单因素方差分析，并输出方差分析结果.

5. 根据表 10.12 中编号为 200575 氨氮（NH_3-N）标准样品测定结果，对化验员进行单因素方差分析，并输出方差分析结果.

6. 根据表 10.12 中编号为 200575 氨氮（NH_3-N）标准样品测定结果，用 tukeyhsd 方法分别对化验员和样本进行多重比较分析，并输出比较分析结果.

10.3　图形分析

10.3.1　Python 命令

Python 绘制图形主要用到 4 个库：Pandas、NumPy、Matplotlib 和 Seaborn. 绘制的图形包括关系图、分类图、分布图、回归图、矩阵图等.

Pandas 库是 Python 常用的库，由于 Anaconda 发行版已经安装了常用的数据分析包，因此只要调用即可. NumPy、Matplotlib 和 Seaborn 不是 Python 自带的，需要计算机连网的情况下自行安装. 如果需要在 Anaconda 平台下安装 NumPy、Matplotlib 和 Seaborn，则可以通过分别在命令行中输入代码 conda install numpy、conda install matplotlib 和 conda install seaborn 实现，其他第三方程序包可以进行类似的安装，其调用格式见代码 10.5.

代码10.5　程序包调用格式

```
1 import pandas as pd              # 导入 pandas,记作 pd
2 import numpy as np               # 导入 numpy,记作 np
3 import matplotlib.pyplot as plt  # 导入 matplotlib.pyplot,记作 plt
4 import seaborn as sns            # 导入 seaborn,记作 sns
5 np.array()                       # 创建数组
6 np.mean()                        # 计算矩阵均值
7 sum()                            # 求和
8 dataframe()                      # 构造数据输入格式
9 df.plot.box()                    # 绘制箱线图
10 sns.violinplot()                # 绘制小提琴图
11 sns.pointplot()                 # 绘制点图
12 sns.stripplot()                 # 绘制散点图
13 sns.barplot()                   # 绘制条形图
14 sns.heatmap()                   # 绘制热力图
15 sns.jointplot()                 # 绘制双变量关系图
16 sns.lmplot()                    # 绘制线性回归图
17 sns.pairplot()                  # 绘制矩阵关系图
18 sns.regplot()                   # 绘制线性回归图
19 sns.residplot()                 # 绘制残差图
20 range()                         # 创建整数列表
21 plt.rcParams['figure.dpi']      # 设置图片分辨率
```

10.3.2　图形分析示例

【例10.4】　根据表10.8,计算编号为200193的化学需氧量（COD_{Cr}）标准样品不同化验员 3 次测定结果的均值,分析标准样品与化验员的交互作用,绘制均值折线图并添加拟合线.

在 Anaconda 内建的 Spyder 集成开发环境中输入代码 10.6.

代码10.6　化验员测定结果均值及拟合线的折线图

```
1 import numpy as np                                      # 导入 numpy,记作 np
2 import matplotlib.pyplot as plt                         # 导入 matplotlib.pyplot,记作 plt
3 A=np.array([[28.4,28.9,29.0,28.4,28.6],[28.4,29.0,29.1,28.5,28.6],[28.4,29.0,
4          29.1,28.5,28.6]])                              # 构建 A 数组
5 B=np.array([[28.5,28.8,29.0,28.5,28.6],[28.4,28.9,29.0,28.5,28.6],[28.4,28.8,
6          29.0,28.5,28.6]])                              # 构建 B 数组
7 C=np.array([[28.4,28.9,28.9,28.4,28.6],[28.5,28.9,28.9,28.5,28.7],[28.5,28.9,
8          29.0,28.4,28.7]])                              # 构建 C 数组
9 x=[1,2,3,4,5]                                           # 设置 x 轴坐标
```

```
10 y1 = A.mean(axis = 0)                        # 计算 A 数组每一列的均值
11 y2 = B.mean(axis = 0)                        # 计算 B 数组每一列的均值
12 y3 = C.mean(axis = 0)                        # 计算 C 数组每一列的均值
13 Y = (y1+y2+y3)/3                             # 计算均值的均值
14 plt.scatter(x,y1,label = 'A')               # 绘制 A 均值散点
15 plt.scatter(x,y2,label = 'B')               # 绘制 B 均值散点
16 plt.scatter(x,y3,label = 'C')               # 绘制 C 均值散点
17 plt.plot(x,Y,'+-',markersize = '8')         # 绘制折线
18 plt.xlabel("Standart Sample")               # 设置 x 轴标签
19 plt.ylabel("Average Consult")               # 设置 y 轴标签
20 plt.title("Standart Sample * Researcher")   # 设置图片标题
21 plt.xticks(x)                               # 设置 x 轴精确刻度
22 plt.legend()                                # 显示图例
23 plt.rcParams['figure.dpi'] = 1000           # 设置图片分辨率
24 plt.show()                                  # 显示图像
```

代码 10.6 所生成的绘图区域如图 10.1 所示.

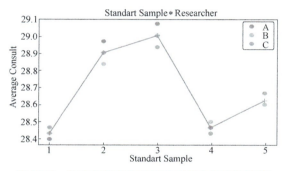

图 10.1　化验员测定结果均值及拟合线的折线图

【例 10.5】　根据表 10.8，分析编号为 200193 的化学需氧量（COD_{Cr}）标准样品不同化验员测定结果的统计值，绘制箱线图，并输出统计描述结果.

在 Anaconda 内建的 Spyder 集成开发环境中输入代码 10.7.

代码 10.7　化验员测定结果箱线图

```
1 import pandas as pd                          # 导入 pandas,记作 pd
2 import matplotlib.pyplot as plt              # 导入 matplotlib.pyplot,记作 plt
3 data = {'A':[28.4,28.9,29.0,28.4,28.6,28.4,29.0,29.1,28.5,28.6,28.4,29.0,29.1,
4          28.5,28.6],
5        'B':[28.5,28.8,29.0,28.5,28.6,28.4,28.9,29.0,28.5,28.6,28.4,28.8,29.0,
6          28.5,28.6],
7        'C':[28.4,28.9,28.9,28.4,28.6,28.5,28.9,28.9,28.5,28.7,28.5,28.9,29.0,
8          28.4,28.7]}                         # 创建字典
```

```
9 df =pd.DataFrame(data)                        # 利用字典生成 DataFrame 数据结构
10 df.plot.box()                                # 绘制箱线图
11 plt.grid(linestyle ="--",alpha =1.0)          # 设置画布网格线
12 plt.title("Box Plot")                        # 设置画布标题
13 plt.rcParams['figure.dpi'] =1000             # 设置图片分辨率
14 print(df.describe())                         # 打印统计描述内容
```

统计分析结果如表 10.13 所示.

表 10.13　统计分析结果

	A	B	C	指标含义
count	15.000000	15.000000	15.000000	数据量
mean	28.700000	28.673333	28.680000	均值
std	0.280306	0.221897	0.221037	标准值
min	28.400000	28.400000	28.400000	最小值
25%	28.450000	28.500000	28.500000	下四分位数
50%	28.600000	28.600000	28.700000	中位数
75%	29.000000	28.850000	28.900000	上四分位数
max	29.100000	29.000000	29.000000	最大值

代码 10.7 所生成的绘图区域如图 10.2 所示.

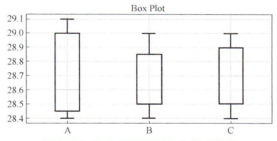

图 10.2　化验员测定结果分析箱线图

【例 10.6】　根据表 10.8，分析编号为 200193 的化学需氧量（COD_{Cr}）标准样品不同化验员测定结果的统计值，输出统计分析结果，并绘制小提琴图.

在 Anaconda 内建的 Spyder 集成开发环境中输入代码 10.8.

代码 10.8　化验员测定结果小提琴图

```
1 import pandas as pd                            # 导入 pandas,记作 pd
2 import seaborn as sns                          # 导入 seaborn,记作 sns
3 import matplotlib.pyplot as plt                # 导入 matplotlib.pyplot,记作 plt
4 data ={'A':[28.4,28.9,29.0,28.4,28.6,28.4,29.0,29.1,28.5,28.6,28.4,29.0,29.1,
5          28.5,28.6],
6      'B':[28.5,28.8,29.0,28.5,28.6,28.4,28.9,29.0,28.5,28.6,28.4,28.8,29.0,
7          28.5,28.6],
```

```
8        'C':[28.4,28.9,28.9,28.4,28.6,28.5,28.9,28.9,28.5,28.7,28.5,28.9,29.0,
9 28.4,28.7]}                              # 创建字典
10 df=pd.DataFrame(data)                    # 利用字典生成 DataFrame 数据结构
11 def status(x):return pd.Series([x.count(),x.min(),x.idxmin(),x.quantile(.25),
12             x.median(),x.quantile(.75),x.mean(),x.max(),x.idxmax(),x.mad(),
13             x.var(),x.std(),x.skew(),x.kurt()],index=['总数','最小值',
14             '最小值位置','25%分位数','中位数','75%分位数','均值','最大值',
15             '最大值位数','平均绝对偏差','方差','标准差','偏度','峰度'])
16                                          # 自定义一个函数
17 df.apply(status)                         # 执行该函数,查看统计函数值
18 print(df.apply(status))                  # 输出统计分析结果
19 sns.violinplot(data=df)                  # 绘制小提琴图
20 plt.title("Violin Plot")                 # 设置标题
21 plt.rcParams['figure.dpi']=1000          # 设置图片分辨率
```

代码 10.8 所生成的绘图区域如图 10.3 所示.

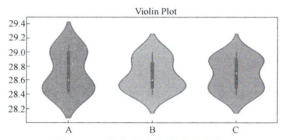

图 10.3　化验员测定结果小提琴图

统计分析结果如表 10.14 所示.

表 10.14　统计分析结果

	A	B	C
总数	15.000000	15.000000	15.000000
最小值	28.400000	28.400000	28.400000
最小值位置	0.000000	5.000000	0.000000
25%分位数	28.450000	28.500000	28.500000
中位数	28.600000	28.600000	28.700000
75%分位数	29.000000	28.850000	28.900000
均值	28.700000	28.673333	28.680000
最大值	29.100000	29.000000	29.000000
最大值位数	7.000000	2.000000	12.000000
平均绝对偏差	0.253333	0.194667	0.194667
方差	0.078571	0.049238	0.048857
标准差	0.280306	0.221897	0.221037

（续）

	A	B	C
偏度	0.336795	0.433227	0.016485
峰度	−1.757788	−1.404197	−1.751505

【例 10.7】　根据表 10.8，分析编号为 200193 的化学需氧量（COD_{Cr}）标准样品不同化验员的测定结果，绘制箱线图、点图和散点图的组合图.

在 Anaconda 内建的 Spyder 集成开发环境中输入代码 10.9.

代码 10.9　化验员测定结果箱线图、点图和散点组合图

```
1 import pandas as pd                              # 导入 pandas,记作 pd
2 import matplotlib.pyplot as plt                  # 导入 matplotlib.pyplot,记作 plt
3 import seaborn as sns                            # 导入 seaborn,记作 sns
4 data={'A':[28.4,28.9,29.0,28.4,28.6,28.4,29.0,29.1,28.5,28.6,28.4,29.0,29.1,
5          28.5,28.6],
6      'B':[28.5,28.8,29.0,28.5,28.6,28.4,28.9,29.0,28.5,28.6,28.4,28.8,29.0,
7          28.5,28.6],
8      'C':[28.4,28.9,28.9,28.4,28.6,28.5,28.9,28.9,28.5,28.7,28.5,28.9,29.0,
9          28.4,28.7]}                             # 创建字典
10 df=pd.DataFrame (data)                          # 利用字典生成 DataFrame 数据结构
11 sns.boxplot (data=df, width=0.4)                # 绘制箱线图
12 sns.pointplot (data=df, color=" k" )            # 绘制点图
13 sns.stripplot (data=df, color=" r" )            # 绘制散点图
14 plt.ylim (28.3, 29.2)                           # 设置 y 轴范围
15 plt.title (" Box Plot* Point Plot* Strip Plot"  # 设置图片标题
16 plt.rcParams ['figure.dpi'] =1000               # 设置图片分辨率
```

代码 10.9 所生成的绘图区域如图 10.4 所示.

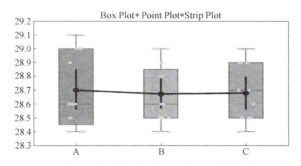

图 10.4　化验员测定结果箱线图、点图和散点图的组合图

【例 10.8】　根据表 10.8，分析编号为 200193 的化学需氧量（COD_{Cr}）标准样品不同化验员的测定结果，绘制条形图.

在 Anaconda 内建的 Spyder 集成开发环境中输入代码 10.10.

代码 10.10　化验员测定结果条形图

```
1 import pandas as pd                              # 导入 pandas,记作 pd
2 import seaborn as sns                            # 导入 seaborn,记作 sns
3 import matplotlib.pyplot as plt                  # 导入 matplotlib.pyplot,记作 plt
4 data={'A':[28.4,28.9,29.0,28.4,28.6,28.4,29.0,29.1,28.5,28.6,28.4,29.0,29.1,
5          28.5,28.6],
6       'B':[28.5,28.8,29.0,28.5,28.6,28.4,28.9,29.0,28.5,28.6,28.4,28.8,29.0,
7          28.5,28.6],
8       'C':[28.4,28.9,28.9,28.4,28.6,28.5,28.9,28.9,28.5,28.7,28.5,28.9,29.0,
9          28.4,28.7]}                             # 创建字典
10 df=pd.DataFrame(data)                           # 利用字典生成 DataFrame 数据结构
11 sns.barplot(data=df)                            # 绘制条形图
12 plt.ylim(28,29)                                 # 设置 y 轴刻度范围
13 plt.title("Bar Plot")                           # 设置画布标题
14 plt.rcParams['figure.dpi']=1000                 # 设置图片分辨率
```

代码 10.10 所生成的绘图区域如图 10.5 所示.

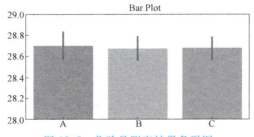

图 10.5　化验员测定结果条形图

【例 10.9】　根据表 10.8,分析编号为 200193 的化学需氧量（COD_{Cr}）标准样品不同化验员的测定结果,绘制热力图,并输出相关分析结果.

在 Anaconda 内建的 Spyder 集成开发环境中输入代码 10.11.

代码 10.11　化验员测定结果热力图

```
1 import pandas as pd                              # 导入 pandas,记作 pd
2 import seaborn as sns                            # 导入 seaborn,记作 sns
3 import matplotlib.pyplot as plt                  # 导入 matplotlib.pyplot,记作 plt
4 data={'A':[28.4,28.9,29.0,28.4,28.6,28.4,29.0,29.1,28.5,28.6,28.4,29.0,29.1,
5          28.5,28.6],
6       'B':[28.5,28.8,29.0,28.5,28.6,28.4,28.9,29.0,28.5,28.6,28.4,28.8,29.0,
7          28.5,28.6],
8       'C':[28.4,28.9,28.9,28.4,28.6,28.5,28.9,28.9,28.5,28.7,28.5,28.9,29.0,
9          28.4,28.7]}                             # 创建字典
```

```
10 df=pd.DataFrame(data)                    # 利用字典生成 DataFrame 数据结构
11 sns.heatmap(df.corr(),square=True,annot=True)# 绘制热力图
12 result=df.corr()                         # 进行相关性分析
13 print(result)                            # 输出分析结果
14 plt.rcParams['figure.dpi']=1000          # 设置图片分辨率
```

相关分析结果如表 10.15 所示.

表 10.15　相关分析结果

	A	B	C
A	1.000000	0.976131	0.956872
B	0.976131	1.000000	0.920395
C	0.956872	0.920395	1.000000

代码 10.11 所生成的绘图区域如图 10.6 所示.

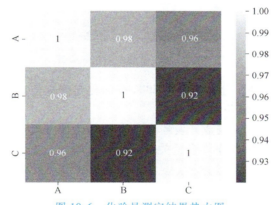

图 10.6　化验员测定结果热力图

【例 10.10】　根据表 10.8,分析编号为 200193 的化学需氧量（COD_{Cr}）标准样品不同化验员的测定结果,绘制聚类图.

在 Anaconda 内建的 Spyder 集成开发环境中输入代码 10.12.

代码 10.12　化验员测定结果聚类图

```
1 import pandas as pd                       # 导入 pandas,记作 pd
2 import seaborn as sns                     # 导入 seaborn,记作 sns
3 import matplotlib.pyplot as plt           # 导入 matplotlib.pyplot,记作 plt
4 data={'A':[28.4,28.9,29.0,28.4,28.6,28.4,29.0,29.1,28.5,28.6,28.4,29.0,29.1,
5          28.5,28.6],
6       'B':[28.5,28.8,29.0,28.5,28.6,28.4,28.9,29.0,28.5,28.6,28.4,28.8,29.0,
7          28.5,28.6],
8       'C':[28.4,28.9,28.9,28.4,28.6,28.5,28.9,28.9,28.5,28.7,28.5,28.9,29.0,
9          28.4,28.7]}                       # 创建字典
10 df=pd.DataFrame(data)                     # 利用字典生成 DataFrame 数据结构
```

```
11 sns.clustermap(df.corr(),annot=True,annot_kws={'size':25})    # 绘制聚类图
12 result=df.corr()                                               # 分析相关关系
13 plt.rcParams['figure.dpi']=1000                                # 设置图片分辨率
```

代码 10.12 所生成的绘图区域如图 10.7 所示.

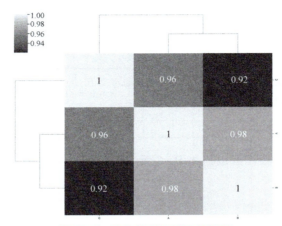

图 10.7　化验员测定结果聚类图

【例 10.11】根据表 10.8，分析编号为 200193 的化学需氧量（COD_{Cr}）标准样品不同化验员的测定结果，绘制双变量关系组合图.

在 Anaconda 内建的 Spyder 集成开发环境中输入代码 10.13.

代码 10.13　化验员测定结果双变量关系组合图（1）

```
1 import pandas as pd                              # 导入 pandas,记作 pd
2 import seaborn as sns                            # 导入 seaborn,记作 sns
3 import matplotlib.pyplot as plt                  # 导入 matplotlib.pyplot,记作 plt
4 data={'A':[28.4,28.9,29.0,28.4,28.6,28.4,29.0,29.1,28.5,28.6,28.4,29.0,29.1,
5           28.5,28.6],
6       'B':[28.5,28.8,29.0,28.5,28.6,28.4,28.9,29.0,28.5,28.6,28.4,28.8,29.0,
7           28.5,28.6],
8       'C':[28.4,28.9,28.9,28.4,28.6,28.5,28.9,28.9,28.5,28.7,28.5,28.9,29.0,
9           28.4,28.7]}                            # 创建字典
10 df=pd.DataFrame(data)                           # 利用字典生成 DataFrame 数据结构
11 sns.jointplot(x='A',y='B',data=df,kind='scatter',color="g")
12                                                 # 绘制双变量关系散点组合图
13 sns.jointplot(x='B',y='C',data=df,kind='kde',color="r")
14                                                 # 绘制双变量关系密度组合图
15 sns.jointplot(x='A',y='C',data=df,kind='hex',color="k")
16                                                 # 绘制双变量关系六角形组合图
17 plt.rcParams['figure.dpi']=1000                 # 设置图片分辨率
```

代码 10.13 所生成的绘图区域如图 10.8~图 10.10 所示.

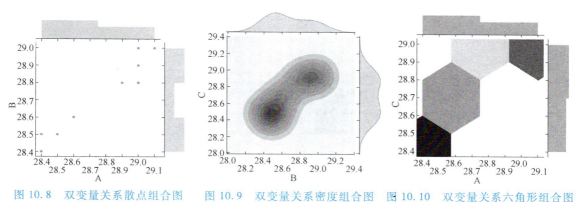

图 10.8　双变量关系散点组合图　　图 10.9　双变量关系密度组合图　　图 10.10　双变量关系六角形组合图

【例 10.12】　根据表 10.8，分析编号为 200193 的化学需氧量（COD_{Cr}）标准样品不同化验员的测定结果，绘制双变量关系组合图.

在 Anaconda 内建的 Spyder 集成开发环境中输入代码 10.14.

代码 10.14　化验员测定结果双变量关系组合图（2）

```
1 import pandas as pd                          # 导入 pandas, 记作 pd
2 import seaborn as sns                         # 导入 seaborn, 记作 sns
3 import matplotlib.pyplot as plt               # 导入 matplotlib.pyplot, 记作 plt
4 data={'A':[28.4,28.9,29.0,28.4,28.6,28.4,29.0,29.1,28.5,28.6,28.4,29.0,29.1,
5         28.5,28.6],
6      'B':[28.5,28.8,29.0,28.5,28.6,28.4,28.9,29.0,28.5,28.6,28.4,28.8,29.0,
7         28.5,28.6],
8      'C':[28.4,28.9,28.9,28.4,28.6,28.5,28.9,28.9,28.5,28.7,28.5,28.9,29.0,
9         28.4,28.7]}                           # 创建字典
10 df=pd.DataFrame(data)                         # 利用字典生成 DataFrame 数据结构
11 sns.jointplot(x='A',y='C',data=df,kind='reg',color="y")
12                                               # 绘制双变量关系回归组合图
13 sns.jointplot(x='A',y='B',data=df,kind='hex',color="r")
14                                               # 绘制双变量关系六角形组合图
15 sns.jointplot(x='B',y='C',data=df,kind='resid',color="c")
16                                               # 绘制双变量关系残差组合图
17 plt.rcParams['figure.dpi']=1000               # 设置图片分辨率
```

代码 10.14 所生成的绘图区域如图 10.11~图 10.13 所示.

【例 10.13】　根据表 10.8，分析编号为 200193 的化学需氧量（COD_{Cr}）不同化验员的测定结果，绘制线性回归图.

绘制线性回归图有两种不同的方法.

第 1 种方法用 lmplot（）绘制，在 Anaconda 内建的 Spyder 集成开发环境中输入代码 10.15-1.

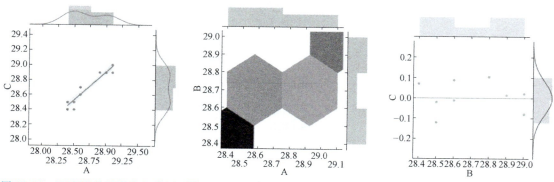

图 10.11　双变量关系回归组合图　图 10.12　双变量关系六角形组合图　图 10.13　双变量关系残差组合图

代码 10.15-1　　化验员测定结果线性回归图（1）

```
1 import pandas as pd                    # 导入 pandas,记作 pd
2 import seaborn as sns                  # 导入 seaborn,记作 sns
3 import matplotlib.pyplot as plt        # 导入 matplotlib.pyplot,记作 plt
4 data={'A':[28.4,28.9,29.0,28.4,28.6,28.4,29.0,29.1,28.5,28.6,28.4,29.0,29.1,
5          28.5,28.6],
6      'B':[28.5,28.8,29.0,28.5,28.6,28.4,28.9,29.0,28.5,28.6,28.4,28.8,29.0,
7          28.5,28.6],
8      'C':[28.4,28.9,28.9,28.4,28.6,28.5,28.9,28.9,28.5,28.7,28.5,28.9,29.0,
9          28.4,28.7]}                    # 创建字典
10 df=pd.DataFrame(data)                  # 利用字典生成 DataFrame 数据结构
11 sns.lmplot(x='A',y='B',data=df)        # 绘制线性回归图
12 sns.lmplot(x='A',y='C',data=df)        # 绘制线性回归图
13 sns.lmplot(x='B',y='C',data=df)        # 绘制线性回归图
14 plt.rcParams['figure.dpi']=1000        # 设置图片分辨率
```

代码 10.15-1 所生成的绘图区域如图 10.14~图 10.16 所示.

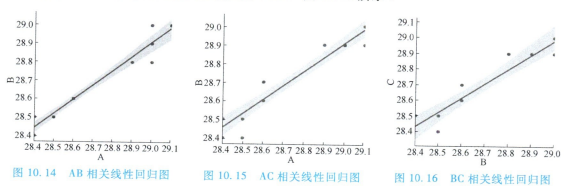

图 10.14　AB 相关线性回归图　　图 10.15　AC 相关线性回归图　　图 10.16　BC 相关线性回归图

　　第 2 种方法用 regplot( ) 绘制，在 Anaconda 内建的 Spyder 集成开发环境中输入代码 10.15-2.

代码 10.15-2 化验员测定结果线性回归图（2）

```
1 import pandas as pd                          # 导入 pandas,记作 pd
2 import seaborn as sns                        # 导入 seaborn,记作 sns
3 import matplotlib.pyplot as plt              # 导入 matplotlib.pyplot,记作 plt
4 data={'A':[28.4,28.9,29.0,28.4,28.6,28.4,29.0,29.1,28.5,28.6,28.4,29.0,29.1,
5          28.5,28.6],
6      'B':[28.5,28.8,29.0,28.5,28.6,28.4,28.9,29.0,28.5,28.6,28.4,28.8,29.0,
7          28.5,28.6],
8      'C':[28.4,28.9,28.9,28.4,28.6,28.5,28.9,28.9,28.5,28.7,28.5,28.9,29.0,
9          28.4,28.7]}                         # 创建字典
10 df=pd.DataFrame(data)                        # 利用字典生成 DataFrame 数据结构
11 sns.regplot(x='A',y='B',data=df,marker="o") # 绘制线性回归线
12 sns.regplot(x='A',y='C',data=df,marker="x") # 绘制线性回归线
13 sns.regplot(x='B',y='C',data=df,marker="^") # 绘制线性回归线
14 plt.rcParams['figure.dpi']=1000              # 设置图片分辨率
```

代码 10.15-2 所生成的绘图区域如图 10.17 所示.

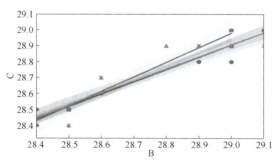

图 10.17 化验员测定结果线性回归图

【例 10.14】 根据表 10.8, 分析编号为 200193 的化学需氧量（COD_{Cr}）标准样品不同化验员的测定结果, 绘制线性回归图（统计绘图参数为变量的均值）.

在 Anaconda 内建的 Spyder 集成开发环境中输入代码 10.16.

代码 10.16 化验员测定结果线性回归图

```
1 import pandas as pd                          # 导入 pandas,记作 pd
2 import numpy as np                           # 导入 numpy,记作 np
3 import seaborn as sns                        # 导入 seaborn,记作 sns
4 import matplotlib.pyplot as plt              # 导入 matplotlib.pyplot,记作 plt
5 data={'A':[28.4,28.9,29.0,28.4,28.6,28.4,29.0,29.1,28.5,28.6,28.4,29.0,29.1,
6          28.5,28.6],
7      'B':[28.5,28.8,29.0,28.5,28.6,28.4,28.9,29.0,28.5,28.6,28.4,28.8,29.0,
8          28.5,28.6],
```

```
 9        'C':[28.4,28.9,28.9,28.4,28.6,28.5,28.9,28.9,28.5,28.7,28.5,28.9,29.0,
10           28.4,28.7]}                  # 创建字典
11 df=pd.DataFrame(data)                   # 利用字典生成 DataFrame 数据结构
12 sns.lmplot(x='A',y='B',data=df,x_estimator=np.mean)
13                                         # 绘制线性回归图(统计绘图参数为变量的均值)
14 sns.lmplot(x='A',y='C',data=df,x_estimator=np.mean)
15                                         # 绘制线性回归图(统计绘图参数为变量的均值)
16 sns.lmplot(x='B',y='C',data=df,x_estimator=np.mean)
17                                         # 绘制线性回归图(统计绘图参数为变量的均值)
18 plt.rcParams['figure.dpi']=1000         # 设置图片分辨率
```

代码 10.16 所生成的绘图区域如图 10.18～图 10.20 所示.

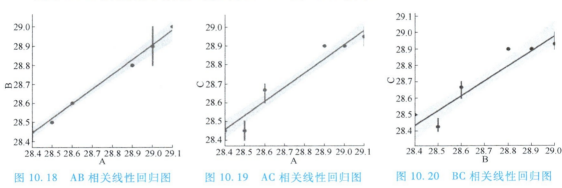

图 10.18　AB 相关线性回归图　　　图 10.19　AC 相关线性回归图　　　图 10.20　BC 相关线性回归图

【例 10.15】　根据表 10.8，分析编号为 200193 的化学需氧量（COD_{Cr}）标准样品不同化验员的测定结果，绘制矩阵关系图.

在 Anaconda 内建的 Spyder 集成开发环境中输入代码 10.17.

代码 10.17　化验员测定结果矩阵关系图

```
 1 import pandas as pd                     # 导入 pandas,记作 pd
 2 import seaborn as sns                   # 导入 seaborn,记作 sns
 3 import matplotlib.pyplot as plt         # 导入 matplotlib.pyplot,记作 plt
 4 data={'A':[28.4,28.9,29.0,28.4,28.6,28.4,29.0,29.1,28.5,28.6,28.4,29.0,29.1,
 5           28.5,28.6],
 6      'B':[28.5,28.8,29.0,28.5,28.6,28.4,28.9,29.0,28.5,28.6,28.4,28.8,29.0,
 7           28.5,28.6],
 8      'C':[28.4,28.9,28.9,28.4,28.6,28.5,28.9,28.9,28.5,28.7,28.5,28.9,29.0,
 9           28.4,28.7]}                   # 创建字典
10 df=pd.DataFrame(data)                   # 利用字典生成 DataFrame 数据结构
11 sns.pairplot(df)                        # 绘制矩阵关系图
12 plt.rcParams['figure.dpi']=1000         # 设置图片分辨率
```

代码 10.17 所生成的绘图区域如图 10.21 所示.

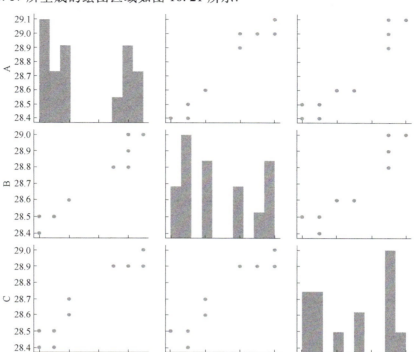

图 10.21 化验员测定结果矩阵关系图

【例 10.16】 根据表 10.8, 分析编号为 200193 的化学需氧量（COD_{Cr}）标准样品不同化验员的测定结果, 进行分组绘图.

在 Anaconda 内建的 Spyder 集成开发环境中输入代码 10.18.

代码 10.18 化验员测定结果分组绘图

```
1 import pandas as pd                              # 导入 pandas,记作 pd
2 import seaborn as sns                            # 导入 seaborn,记作 sns
3 import matplotlib.pyplot as plt                  # 导入 matplotlib.pyplot,记作 plt
4 data={'A':[28.4,28.9,29.0,28.4,28.6,28.4,29.0,29.1,28.5,28.6,28.4,29.0,29.1,
5         28.5,28.6],
6       'B':[28.5,28.8,29.0,28.5,28.6,28.4,28.9,29.0,28.5,28.6,28.4,28.8,29.0,
7         28.5,28.6],
8       'C':[28.4,28.9,28.9,28.4,28.6,28.5,28.9,28.9,28.5,28.7,28.5,28.9,29.0,
9         28.4,28.7]}                              # 创建字典
10 df=pd.DataFrame(data)                           # 利用字典生成 DataFrame 数据结构
11 g = sns.PairGrid(df)                            # 设置分组绘图
12 g = g.map_lower(sns.kdeplot)                    # 在下对角线子图上用二元函数绘制的图
13 g = g.map_upper(sns.regplot)                    # 在上对角线子图上用二元函数绘制的图
14 g = g.map_diag(sns.kdeplot)                     # 对角线单变量子图
15 plt.rcParams['figure.dpi']=1000                 # 设置图片分辨率
```

代码 10.18 所生成的绘图区域如图 10.22 所示.

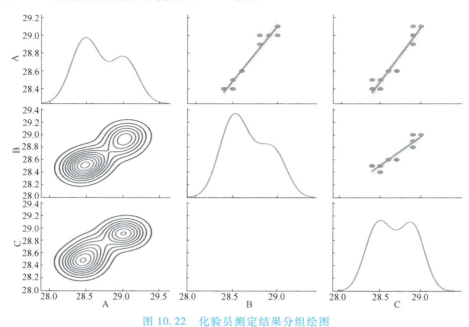

图 10.22 化验员测定结果分组绘图

习题 10-3

1. 根据表 10.12 中编号为 200575 氨氮（NH_3-N）标准样品的测定结果，绘制折线图，并输出 status 统计分析结果.

2. 根据表 10.12 中编号为 200575 氨氮（NH_3-N）标准样品的测定结果，绘制点图.

3. 根据表 10.12 中编号为 200575 氨氮（NH_3-N）标准样品的测定结果，绘制均值散点图，并添加拟合线.

4. 根据表 10.12 中编号为 200575 氨氮（NH_3-N）标准样品的测定结果，绘制箱线图和点图的组合图，并输出 describe 统计描述结果.

5. 根据表 10.12 中编号为 200575 氨氮（NH_3-N）标准样品的测定结果，绘制小提琴图、点图、散点图的组合图.

6. 根据表 10.12 中编号为 200575 氨氮（NH_3-N）标准样品的测定结果，绘制热力分析图.

7. 根据表 10.12 中编号为 200575 氨氮（NH_3-N）标准样品的测定结果，绘制聚类分析图，并输出相关分析结果.

8. 根据表 10.12 中编号为 200575 氨氮（NH_3-N）标准样品的测定结果，用 regplot（）绘制线性回归图.

9. 根据表 10.12 中编号为 200575 氨氮（NH_3-N）标准样品的测定结果，绘制变量中位数的直方图（参数 estimator = median）.

10. 根据表 10.12 中编号为 200575 氨氮（NH_3-N）标准样品的测定结果，用 lmplot（）

绘制线性回归图，并设置统计参数为变量的均值（参数 x_estimator = np. mean）.

11. 根据表 10.12 中编号为 200575 氨氮（NH_3-N）标准样品的测定结果，绘制 5 种双变量关系图（kind 参数分别为 scatter、kde、hex、reg、resid）.

12. 根据表 10.12 中编号为 200575 氨氮（NH_3-N）标准样品的测定结果，绘制多功能矩阵关系图（参数 diag_kind ='kde'）.

10.4　偏倚和线性分析

10.4.1　Python 命令

偏倚和线性分析主要用到的是 Sklearn 中的线性回归模型 LinearRegression. 残差分析主要用到 Seaborn 中的 residplot. 偏倚与基准值的回归及置信区间主要用 Pandas 中 Statsmodels 库中的 ols（）函数、anova_lm（）函数以及 Seaborn 中的 regpolt 组合进行分析.

Pandas 库是 Python 最常用的库，由于 Anaconda 发行版已经安装了常用的数据分析包，因此只要调用即可. Searborn 和 Sklearn 不是 Python 自带的，需要计算机联网的情况下自行安装. 可以通过分别在命令行中输入代码 conda install seaborn、conda install scikit-learn 安装. 其他第三方程序包可以类似这样进行安装，其调用格式见代码 10.19.

代码 10.19　程序包调用格式

```
1 import pandas as pd                                    # 导入 pandas,记作 pd
2 import matplotlib.pyplot as plt                        # 导入 matplotlib.pyplot,记作 plt
3 import seaborn as sns                                  # 导入 seaborn,记作 sns
4 from statsmodels.formula.api import ols                # 用 statsmodels 库中的 ols()函数
5                                                          得到最小二乘线性回归模型
6 from statsmodels.stats.anova import anova_lm           # 用 statsmodels 库中的 anova_lm()
7                                                          函数进行多因素方差分析
8 from sklearn.linear_model import LinearRegression      # 调用线性回归函数
9 model.predict()                                        # 预测分析
10 model = ols('y~x',data).fit()                         # 用 ols()函数进行最小二乘线性拟合
11 anovat=anova_lm()                                     # 用 anova_lm()函数进行方差分析
12 dataframe()                                           # 构造数据输入格式
13 sns.regplot()                                         # 绘制线性回归图
14 sns.regplot(order=2)                                  # 拟合二次曲线
15 sns.regplot(order=3)                                  # 拟合三次曲线
16 fig.add_subplot()                                     # 生成子图
17 summary()                                             # 进行回归分析
18 plt.rcParams['font.sans-serif']                       # 指定默认字体
19 plt.rcParams['axes.unicode_minus']                    # 解决负号正确显示的问题
20 plt.rcParams['figure.dpi']                            # 设置图片分辨率
```

10.4.2 测定结果分析

由同一化验员用同一酸式滴定管对 200193、200176、200188 的 3 种环境标准样品各进行 5 次测量，基准值与测量值、基准值与偏倚分别如表 10.16 和表 10.17 所示.

表 10.16　化学需氧量测量的基准值与测量值　　　　　　　（单位：mg/L）

标准样品代码	200193	200176	200188
基准值	29.4	35.0	24.2
1	28.4	35.2	23.8
2	28.9	34.9	23.6
3	29.0	35.3	24.7
4	28.4	34.6	24.6
5	28.2	34.3	24.0

表 10.17　化学需氧量测量的基准值与偏倚　　　　　　　（单位：mg/L）

标准样品代码	200193	200176	200188
基准值	29.4	35.0	24.2
1	−1.0	0.2	−0.4
2	−0.5	−0.1	−0.6
3	−0.4	0.3	0.5
4	−1.0	−0.4	0.4
5	−0.8	−0.7	−0.2

【例 10.17】　根据表 10.16，分析化学需氧量（COD_{Cr}）不同标准样品的测定结果，绘制不同标准样品的折线图.

在 Anaconda 内建的 Spyder 集成开发环境中输入代码 10.20.

代码 10.20　化学需氧量不同标准样品测定结果折线图

```
1 import matplotlib.pyplot as plt        # 导入 matplotlib.pyplot,记作 plt
2 x=[1,2,3,4,5]                          # 设置 x 轴坐标
3 y1=[28.4,28.9,29.0,28.4,28.2]          # 设置 y1 轴坐标
4 y2=[35.2,34.9,35.3,34.6,34.3]          # 设置 y2 轴坐标
5 y3=[23.8,23.6,24.7,24.6,24.0]          # 设置 y3 轴坐标
6 fig = plt.figure(figsize=(12,4))       # 生成一张 12×4 的图
7 ax1 = fig.add_subplot(131)             # 生成第一个子图,在第 1 行第 3 列的
8                                             第一个位置
9 ax2 = fig.add_subplot(132)             # 生成第二个子图,在第 1 行第 3 列的第
10                                            二个位置
11 ax3 = fig.add_subplot(133)            # 生成第三个子图,在第 1 行第 3 列的第
12                                            三个位置
```

```
13 ax1.plot(x,y1,'r* -',markersize='10',label='29.4')
14                                              # 绘制和设置第一个子图
15 ax1.legend()                                 # 设置第一个子图标签
16 ax2.plot(x,y2,'gs-',markersize='10',label='35.0')
17                                              # 绘制和设置第二个子图
18 ax2.legend()                                 # 设置第二个子图标签
19 ax3.plot(x,y3,'y^-',markersize='10',label='24.2')
20                                              # 绘制和设置第三个子图
21 ax3.legend()                                 # 设置第三个子图标签
22 plt.rcParams['figure.dpi']=1000              # 设置图片分辨率
```

代码 10.20 所生成的绘图区域如图 10.23 所示.

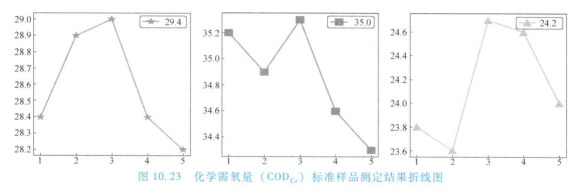

图 10.23　化学需氧量（COD_{Cr}）标准样品测定结果折线图

10.4.3　线性分析

【例 10.18】　根据表 10.16，分析化学需氧量不同标准样品的测定结果，绘制基准值与测量值的散点图及回归线.

在 Anaconda 内建的 Spyder 集成开发环境中输入代码 10.21.

代码 10.21　基准值与测量值的散点图

```
1 import matplotlib.pyplot as plt               # 导入 matplotlib.pyplot,
2                                                  记作 plt
3 from sklearn.linear_model import LinearRegression   # 调用线性回归函数
4 data_x=[[29.4],[29.4],[29.4],[29.4],[29.4],[35.0],[35.0],[35.0],[35.0],
5         [35.0],[24.2],[24.2],[24.2],[24.2],[24.2]]  # 设置 x 轴数据格式
6 data_y=[[28.4],[28.9],[29.0],[28.4],[28.2],[35.2],[34.9],[35.3],[34.6],
7         [34.3],[23.8],[23.6],[24.7],[24.6],[24.0]]  # 设置 y 轴数据格式
8 model=LinearRegression()                       # 建立模型
9 model.fit(data_x,data_y)                       # 拟合线性模型
10 y_pred=model.predict(data_x)                  # 预测值
11 R2 = model.score(data_x,data_y)               # 拟合程度
```

```
12 plt.plot(data_x,data_y,'k.')                      # 绘制数据散点图
13 plt.plot(data_x,y_pred,'g-')                      # 绘制回归线
14 plt.rcParams['font.sans-serif']=['SimHei']        # 指定默认字体
15 plt.rcParams['axes.unicode_minus']=False          # 解决显示负号的问题
16 plt.xlabel("基准值")                                # 设置 x 轴标签
17 plt.ylabel("测量值")                                # 设置 y 轴标签
18 plt.title("拟合线图  测量值=-0.1699+0.9942 基准值")   # 设置标题
19 plt.axis([22,38,22,38])                           # 设置坐标轴范围
20 plt.grid(True)                                    # 设置画布网格
21 print(model.coef_,model.intercept_)              # 输出斜率和截距
22 print('R2=%.3f'% R2)                              # 输出 R2
23 plt.rcParams['figure.dpi']                        # 设置图片分辨率
24 plt.show()                                        # 显示图片
```

输出结果:

[[0.99424132]]

[-0.16992687]

R2=0.987

代码 10.21 所生成的绘图区域如图 10.24 所示.

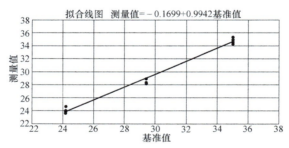

图 10.24　基准值与测量值的散点图

10.4.4　偏倚分析

【例 10.19】　根据表 10.16，分析化学需氧量不同标准样品的测定结果，绘制残值分布散点图.

在 Anaconda 内建的 Spyder 集成开发环境中输入代码 10.22.

代码 10.22　残值分布散点图

```
1 import seaborn as sns                              # 导入 seaborn,记作 sns
2 import matplotlib.pyplot as plt                    # 导入 matplotlib.pyplot,记作 plt
3 x=[29.4,29.4,29.4,29.4,29.4,35.0,35.0,35.0,35.0,35.0,24.2,24.2,24.2,24.2,24.2]
4                                                    # 设置 x 轴坐标
5 y=[28.4,28.9,29.0,28.4,28.2,35.2,34.9,35.3,34.6,34.3,23.8,23.6,24.7,24.6,24.0]
6                                                    # 设置 y 轴坐标
```

```
7 sns.residplot(x=x,y=y)                          # 线性回归模型拟合后各点残值
8                                                     分布散点
9 plt.xlim(23.5,35.5)                             # 设置 x 轴范围
10 plt.rcParams['font.sans-serif']=['SimHei']     # 指定默认字体
11 plt.xlabel("参考值")                            # 设置 x 轴标注
12 plt.ylabel("残值")                              # 设置 y 轴标注
13 plt.title("COD残值分布图")                      # 设置图片标题
14 plt.rcParams['figure.dpi']=1000                # 设置图片分辨率
15 plt.show()                                     # 显示图片
```

代码 10.22 所生成的绘图区域如图 10.25 所示.

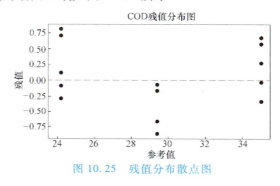

图 10.25   残值分布散点图

【例 10.20】   根据表 10.17, 分析化学需氧量不同标准样品测定结果的偏倚值, 绘制偏倚与基准值的回归及置信区间图.

在 Anaconda 内建的 Spyder 集成开发环境中输入代码 10.23.

代码 10.23   回归及置信区间图

```
1 import pandas as pd                              # 导入 pandas, 记作 pd
2 from statsmodels.formula.api import ols          # 用 statsmodels 库中的 ols() 函数得到
3                                                      最小二乘线性回归模型
4 from statsmodels.stats.anova import anova_lm      # 用 statsmodels 库中的 anova_lm() 函
5                                                      数进行多因素方差分析
6 import seaborn as sns                             # 导入 seaborn, 记作 sns
7 import matplotlib.pyplot as plt                   # 导入 matplotlib.pyplot, 记作 plt
8 x=[29.4,29.4,29.4,29.4,29.4,35.0,35.0,35.0,35.0,35.0,24.2,24.2,24.2,24.2,24.2]
9                                                  # 设置 x 轴坐标
10 y=[-1.0,-0.5,-0.4,-1.0,-0.8,0.2,-0.1,0.3,-0.4,-0.7,-0.4,-0.6,0.5,0.4,-0.2]
11                                                 # 设置 y 轴坐标
12 data = pd.DataFrame({'x':x,'y':y})              # 利用字典生成 DataFrame 数据结构
13 model = ols('y~x',data).fit()                   # 用 ols() 函数进行最小二乘线性拟合
14 sns.regplot(x=x,y=y,ci=95)                      # 绘制回归线
15 anovat=anova_lm(model)                          # 用 anova_lm() 函数进行方差分析
16 plt.xlim(23.5,35.5)                             # 设置 x 轴坐标范围
```

```
17 plt.xlabel("参考值")                                # 设置 x 轴标注
18 plt.ylabel("偏倚")                                  # 设置 y 轴标注
19 print(anovat)                                      # 输出方差分析结果
20 plt.rcParams['figure.dpi'] =1000                   # 设置图片分辨率
```

方差分析结果如表 10.18 所示.

表 10.18 方差分析结果

	df	sum_sq	mean_sq	F	PR(>F)
x	1.0	0.010299	0.010299	0.040241	0.844115
Residual	13.0	3.327035	0.255926	NaN	NaN

代码 10.23 所生成的绘图区域如图 10.26 所示.

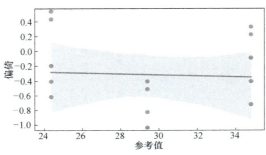

图 10.26 回归及置信区间图

【例 10.21】 根据表 10.17,分析化学需氧量不同标准样品测定结果偏倚值,绘制偏倚与基准值的回归及置信区间图,并进行三次曲线拟合.

在 Anaconda 内建的 Spyder 集成开发环境中输入代码 10.24.

代码 10.24 回归及置信区间三次拟合图

```
1 import pandas as pd                                 # 导入 pandas,记作 pd
2 import seaborn as sns                               # 导入 seaborn,记作 sns
3 import matplotlib.pyplot as plt                     # 导入 matplotlib.pyplot,记作 plt
4 x=[29.4,29.4,29.4,29.4,29.4,35.0,35.0,35.0,35.0,35.0,24.2,24.2,24.2,24.2,24.2]
5                                                     # 设置 x 轴坐标
6 y=[-1.0,-0.5,-0.4,-1.0,-0.8,0.2,-0.1,0.3,-0.4,-0.7,-0.4,-0.6,0.5,0.4,-0.2]
7                                                     # 设置 y 轴坐标
8 data = pd.DataFrame({'x':x,'y':y})                  # 利用字典生成 DataFrame 数据结构
9 sns.regplot(x=x,y=y)                                # 绘制回归线及置信区间
10 sns.regplot(x=x,y=y,order=2)                       # 拟合二次曲线通过 order=2 设置 y
11 sns.regplot(x=x,y=y,order=3)                       # 拟合三次曲线通过 order=3 设置 y
12 plt.xlim(23.5,35.5)                                # 设置 x 轴范围
13 plt.rcParams['figure.dpi'] =1000                   # 设置图片分辨率
```

代码 10.24 所生成的绘图区域如图 10.27 所示.

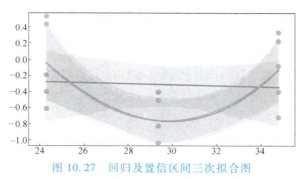

图 10.27 回归及置信区间三次拟合图

习题 10-4

1. 由同一化验员用同一分光光度计对 200575、2005113、205122 的 3 种环境标准样品各进行 5 次测量，基准值与测量值、基准值与偏倚值如表 10.19 和表 10.20 所示. 根据表 10.1.9 中氨氮（NH_3-N）不同标准样品的测定结果，绘制不同标准样品测量值的折线图.

表 10.19 氨氮（NH_3-N）的基准值与测量值 （单位：mg/L）

标样代码	200575	2005113	205122
基准值	35.2	27.6	2.02
1	36.4	27.4	2.09
2	35.3	27.7	2.07
3	34.7	27.9	1.98
4	34.9	27.0	1.94
5	35.0	27.3	2.05

表 10.20 氨氮（NH_3-N）的基准值与偏倚值 （单位：mg/L）

标样代码	200575	2005113	205122
基准值	35.2	27.6	2.02
1	1.2	−0.2	0.07
2	0.1	0.1	0.05
3	−0.5	0.3	−0.04
4	−0.3	−0.6	−0.08
5	−0.2	−0.3	0.03

2. 根据表 10.19 中氨氮（NH_3-N）不同标准样品的测定结果，绘制测量值和基准值的散点图及回归线，并输出统计分析结果.

3. 根据表 10.20 中氨氮（NH_3-N）不同标准样品的测定结果偏倚值，绘制残差分析图.

4. 根据表 10.20 中氨氮（NH$_3$-N）不同标准样品的测定结果偏倚值，绘制偏倚与基准值的回归及置信区间图，并输出方差分析和回归分析结果.

5. 根据表 10.20 中氨氮（NH$_3$-N）不同标准样品的测定结果偏倚值，绘制偏倚与基准值的回归及置信区间图，并进行二次曲线拟合.

6. 根据表 10.20 中氨氮（NH$_3$-N）不同标准样品的测定结果偏倚值，绘制偏倚与基准值的回归及置信区间图，并进行三次曲线拟合.

10.5 统计过程控制分析

10.5.1 Python 命令

统计过程控制（SPC）分析主要是通过绘制 SPC 控制图来实现的. 这里以 Xbar-R（均值极差图）为例来说明 SPC 控制图绘制的过程和方法. Python 绘制 SPC 控制图主要用到 3 个库：Pandas、NumPy 和 Matplotlib. 其调用格式见代码 10.25.

代码 10.25　程序包调用格式

```
1 import pandas as pd                    # 导入 pandas,记作 pd
2 import numpy as np                     # 导入 numpy,记作 np
3 import matplotlib.pyplot as plt        # 导入 matplotlib.pyplot,记作 plt
4 range()                                # 创建整数列表
5 np.mean()                              # 计算矩阵均值
6 plt.figure()                           # 设置画布大小
7 r'$ \bar{\bar{x}} $'                    # 子组均值平均数的符号
8 plt.annotate()                         # 设置注释
9 plt.rcParams['figure.dpi']             # 设置图片分辨率
10 df.mean().mean()                      # 计算子组均值平均数
11 pd.concat()                           # 数据的合并和重塑
12 groupby()                             # 分组统计
13 plt.subplots()                        # 创建子图
14 suptitle()                            # 设置图片标题
15 for ()                                # 循环语句
16 zip()                                 # 重新组合,生成新的元组
17 np.max()                              # 计算矩阵最大值
18 np.min()                              # 计算矩阵最小值
```

10.5.2 统计过程控制分析示例

【例 10.22】 根据表 10.8 中编号为 200193 的化学需氧量（COD$_{Cr}$）标准样品不同化验员的测定结果，绘制 Xbar-R 控制图.

在 Anaconda 内建的 Spyder 集成开发环境中输入代码 10.26.

代码 10.26   化验员测定结果 Xbar-R 控制图

```
1 import numpy as np                                   # 导入 numpy,记作 np
2 import matplotlib.pyplot as plt                      # 导入 matplotlib.pyplot,记作 plt
3 n1=[1,2,3,4,5]                                        # 设置 x 轴坐标
4 n2=[6,7,8,9,10]                                       # 设置 x 轴坐标
5 n3=[11,12,13,14,15]                                   # 设置 x 轴坐标
6 x1=[[28.4,28.9,29.0,28.4,28.6],[28.4,29.0,29.1,28.5,28.6],[28.4,29.0,29.1,
7     28.5,28.6]]                                       # 构建数组
8 x2=[[28.5,28.8,29.0,28.5,28.6],[28.4,28.9,29.0,28.5,28.6],[28.4,28.8,29.0,
9     28.5,28.6]]                                       # 构建数组
10 x3=[[28.4,28.9,28.9,28.4,28.6],[28.5,28.9,28.9,28.5,28.7],[28.5,28.9,29.0,
11     28.4,28.7]]                                      # 构建数组
12 x11=np.mean(x1,axis=0)                               # 计算 x1 每一列的均值
13 x1_bar=sum(x11)/len(n1)                              # 计算 x1 子组的均值
14 x21=np.mean(x2,axis=0)                               # 计算 x2 每一列的均值
15 x2_bar=sum(x21)/len(n2)                              # 计算 x2 子组的均值
16 x31=np.mean(x3,axis=0)                               # 计算 x3 每一列的均值
17 x3_bar=sum(x31)/len(n3)                              # 计算 x3 子组的均值
18 r1=sum(np.max(x1,axis=0)-np.min(x1,axis=0))/len(n1)
19                                                      # 计算 R1 极差的均值
20 r2=sum(np.max(x2,axis=0)-np.min(x2,axis=0))/len(n2)
21                                                      # 计算 R2 极差的均值
22 r3=sum(np.max(x3,axis=0)-np.min(x3,axis=0))/len(n3)
23                                                      # 计算 R3 极差的均值
24 A2=1.023                                             # 查表
25 xbar=(x1_bar+x2_bar+x3_bar)/3                        # 计算子组均值的平均数
26 rbar=(r1+r2+r3)/3                                    # 计算子组极差的均值
27 ucl=xbar+A2*rbar                                     # 计算上控制限
28 lcl=xbar-A2*rbar                                     # 计算下控制限
29 R1=np.max(x1,axis=0)-np.min(x1,axis=0)              # 计算 R1 最大值与最小值的差值
30 R2=np.max(x2,axis=0)-np.min(x2,axis=0)              # 计算 R2 最大值与最小值的差值
31 R3=np.max(x3,axis=0)-np.min(x3,axis=0)              # 计算 R3 最大值与最小值的差值
32 R1_bar=sum(R1)/len(n1)                              # 计算第 1 组极差的均值
33 R2_bar=sum(R2)/len(n2)                              # 计算第 2 组极差的均值
34 R3_bar=sum(R3)/len(n3)                              # 计算第 3 组极差的均值
35 D3=0                                                 # 查表
36 D4=2.574                                             # 查表
37 Rbar=(R1_bar+R2_bar+R3_bar)/3                       # 计算极差的均值
38 Ucl=D4*Rbar                                          # 计算上控制限
39 Lcl=D3*Rbar                                          # 计算下控制限
40 fig = plt.figure(figsize=(15,10))                   # 设置画布
41 ax1 = fig.add_subplot(211)                          # 设置第 1 个图片
```

```
42 plt.xticks([1,2,3,4,5,6,7,8,9,10,11,12,13,14,15],["1","2","3","4","5","1",
43           "2","3",
44           "4","5","1","2","3","4","5"])              # 设置 x 轴精准刻度
45 plt.plot(n1,x11,'k',marker='o')                       # 绘制折线
46 plt.plot(n2,x21,'k',marker='o')                       # 绘制折线
47 plt.plot(n3,x31,'k',marker='o',label='sample')        # 绘制折线
48 plt.plot(n1,np.ones(5)*xbar,'b')                      # 绘制 xbar
49 plt.plot(n2,np.ones(5)*xbar,'b')                      # 绘制 xbar
50 plt.plot(n3,np.ones(5)*xbar,'b',label=r'$\bar{\bar{x}}$')
51                                                        # 绘制 xbar
52 plt.plot(n1,np.ones(5)*ucl,'r')                       # 绘制 ucl
53 plt.plot(n2,np.ones(5)*ucl,'r')                       # 绘制 ucl
54 plt.plot(n3,np.ones(5)*ucl,'r',label='Ucl')           # 绘制 ucl,设置图例
55 plt.plot(n1,np.ones(5)*lcl,'g')                       # 绘制 lcl
56 plt.plot(n2,np.ones(5)*lcl,'g')                       # 绘制 lcl
57 plt.plot(n3,np.ones(5)*lcl,'g',label='Lcl')           # 绘制 lcl,设置图例
58 plt.title('CODcr Xbar Chart')                         # 设置第 1 个子图标题
59 plt.legend()                                          # 设置图例
60 plt.grid(False)                                       # 设置图片网格线
61 ax2 = fig.add_subplot(212)                            # 设置第 2 个图片
62 plt.xticks([1,2,3,4,5,6,7,8,9,10,11,12,13,14,15],["1","2","3","4","5",
63        "1","2","3","4","5","1","2","3","4","5"])      # 设置 x 轴精准刻度
64 plt.plot(n1,R1,'k',marker='o')                        # 绘制折线
65 plt.plot(n2,R2,'k',marker='o')                        # 绘制折线
66 plt.plot(n3,R3,'k',marker='o',label='sample')         # 绘制折线
67 plt.plot(n1,np.ones(5)*Rbar,'b')                      # 绘制 Rbar
68 plt.plot(n2,np.ones(5)*Rbar,'b')                      # 绘制 Rbar
69 plt.plot(n3,np.ones(5)*Rbar,'b',label=R'$\bar{R}$')
70                                                        # 绘制 Rbar
71 plt.plot(n1,np.ones(5)*Ucl,'r')                       # 绘制 Ucl
72 plt.plot(n2,np.ones(5)*Ucl,'r')                       # 绘制 Ucl
73 plt.plot(n3,np.ones(5)*Ucl,'r',label='Ucl')           # 绘制 Ucl
74 plt.plot(n1,np.ones(5)*Lcl,'g')                       # 绘制 Lcl
75 plt.plot(n2,np.ones(5)*Lcl,'g')                       # 绘制 Lcl
76 plt.plot(n3,np.ones(5)*Lcl,'g',label='Lcl')           # 绘制 Lcl
77 plt.title('CODcr R Control Chart')                    # 设置第 2 个子图标题
78 plt.legend()                                          # 设置图例
79 plt.grid(False)                                       # 设置图片网格线
80 plt.rcParams['figure.dpi']=1000                       # 设置图片分辨率
81 plt.show()                                            # 显示图片
```

代码 10.26 所生成的绘图区域如图 10.28 所示.

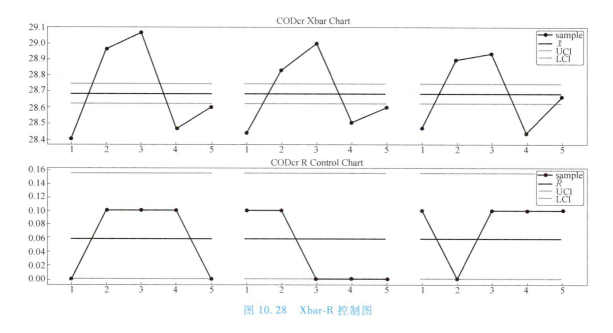

图 10.28　Xbar-R 控制图

习题 10-5

1. 根据表 10.12 中编号为 200575 氨氮（NH_3-N）标准样品的测定结果，绘制 Xbar-R 控制图.

2. 根据表 10.12 中编号为 200575 氨氮（NH_3-N）标准样品的测定结果，绘制 R 控制图.

3. 总磷（T-P）测量设备为分光光度计 DR5000，按照《水质　总磷的测定　钼酸铵分光光度法》（GB/T 11893—1989）进行测定. 选取编号为 203971 的安瓿瓶 5 支（0.157 ± 0.008 mg/L），测定者 3 人，将标准样品打乱顺序再测一次，再打乱后测第三次，总磷（T-P）标准样品测定结果如表 10.21 所示，根据表 10.21 绘制 Xbar-R 控制图.

表 10.21　编号为 203971 的总磷（T-P）标准样品测定结果

化验员	次数	T-P 国家环境标准样品滴定值(mg/L)				
		1	2	3	4	5
A	1	0.158	0.153	0.151	0.152	0.152
A	2	0.157	0.154	0.150	0.151	0.153
A	3	0.158	0.154	0.150	0.152	0.153
B	1	0.157	0.154	0.151	0.152	0.155
B	2	0.158	0.154	0.150	0.152	0.154
B	3	0.157	0.155	0.151	0.153	0.154
C	1	0.156	0.154	0.150	0.151	0.153
C	2	0.157	0.153	0.150	0.152	0.154
C	3	0.157	0.155	0.149	0.152	0.153

4. 根据表 10.21 中编号为 203971 总磷（T-P）标准样品的测定结果，绘制 R 控制图.

5. 总氮（T-N）测量设备为紫外分光光度计 T6，按照《水质 总氮的测定 碱性过硫酸钾消解紫外分光光度法》（HJ 636—2012）进行测定. 选取编号为 203252 的安瓿瓶 5 支（标准值 0.544±0.061mg/L），测定者 3 人，将标准样品打乱顺序测一次，再打乱后测第三次，总氮（T-N）标准样品测定结果如表 10.22 所示，根据表 10.22 绘制 Xbar-R 控制图.

表 10.22　编号为 203252 的总氮（T-N）标准样品测定结果

| 化验员 | 次数 | T-N 国家环境标准样品滴定值（mg/L） | | | | |
		1	2	3	4	5
A	1	0.564	0.538	0.524	0.585	0.55
A	2	0.576	0.545	0.518	0.587	0.551
A	3	0.564	0.543	0.522	0.591	0.552
B	1	0.566	0.537	0.534	0.591	0.548
B	2	0.572	0.543	0.528	0.588	0.545
B	3	0.573	0.536	0.536	0.586	0.543
C	1	0.567	0.544	0.518	0.589	0.545
C	2	0.566	0.547	0.523	0.595	0.546
C	3	0.568	0.539	0.522	0.588	0.543

6. 根据表 10.22 中编号为 203252 总氮（T-N）标准样品的测定结果，绘制 R 控制图.

10.6　本章小结

本章共分 5 节. 10.1 节介绍了环境监测和测量系统，具体内容包括环境监测、水环境监测、水质评价方法、方差分析、图形分析、偏倚和线性分析、统计过程控制分析. 10.2 节介绍了方差分析，主要包括 Python 命令、方差分析示例. 10.3 节介绍了图形分析，用 Python 绘制的图形主要包括点图、线图、散点图、直方图、条形图、箱线图、提琴图、热力图、聚类图、分类图、关系图、回归图等. 10.4 节介绍了偏倚和线性分析：偏倚是针对单点而言的，量程内任意一处都不存在偏倚为最佳；线性就是要求这些偏倚量与其测量基准值呈线性关系，通过统计回归拟合线图中的线性回归得到结果. 10.5 节介绍了统计过程控制（SPC）分析，以 Xbar-R（均值极差图）为例，来说明 SPC 控制图绘制的过程和方法.

总习题 10

1. 5 日生化需氧量（BOD_5）是常用的水质环境考核指标之一. 实验选取编号为 200253 的安瓿瓶 5 支（标准值 82.3±5.9mg/L），测定者 3 人. 生化需氧量（BOD_5）测量设备为 KKV-DRIVE50ML 滴定仪，按照《水质 五日生化需氧量（BOD5）的测定 稀释与接种法》（HJ 505—2009）进行测定. 将标准样品打乱顺序测一次，再打乱后测第三次，测定结果如表 10.23 所示. 根据表 10.23 中生化需氧量（BOD_5）的测量数据，对化验员和样品进行有交互作用的双因素方差分析，并输出方差分析结果和 describe 统计分析结果.

表 10.23　编号为 200253 的生化需氧量（BOD_5）标准样品测定结果

（单位：mg/L）

化验员	次数	1	2	3	4	5
A	1	81.4	82.3	79.4	83.6	84.7
A	2	81.6	82.2	78.6	83.7	84.3
A	3	81.5	82.1	78.5	83.3	84.2
B	1	81.6	82.5	79.4	83.2	83.9
B	2	81.7	82.3	79.5	83.7	84.7
B	3	81.6	82.4	79.2	83.8	84.2
C	1	81.5	82.5	78.8	83.1	84.6
C	2	81.7	82.3	78.6	83.7	84.1
C	3	81.4	82.1	79.5	83.8	84.2

2. 根据表 10.23，计算编号为 200253 的生化需氧量（BOD_5）标准样品不同化验员 3 次测定结果的均值，分析标准样品与化验员的交互作用，绘制均值折线图并添加拟合线.

3. 根据表 10.23 中编号为 200253 的生化需氧量（BOD_5）标准样品不同化验员的测定结果，绘制箱线图和点图的组合图，并输出统计描述分析结果.

4. 根据表 10.23 中编号为 200253 的生化需氧量（BOD_5）标准样品不同化验员的测定结果，绘制带标注的方形热力图，并输出相关分析结果.

5. 根据表 10.23 中编号为 200253 的生化需氧量（BOD_5）标准样品不同化验员的测定结果，用 regplot 绘制回归图.

6. 根据表 10.23 中编号为 200253 生化需氧量（BOD_5）标准样品不同化验员的测定结果，用 Pandas 绘制矩阵关系图.

7. 根据表 10.23 中编号为 200253 的生化需氧量（BOD_5）标准样品不同化验员的测定结果，绘制双变量关系组合图，要求参数 kind 分别设置为 reg、resid、hex、kde、scatter.

8. 根据表 10.23 中编号为 200253 的生化需氧量（BOD_5）标准样品不同化验员的测定结果，进行分组绘图，要求上图设为 scatterplot，下图设为 kdeplot，对角线设为 kdeplot.

9. 由同一化验员用同一滴定仪对 200253、200255、200251 的 3 种生化需氧量（BOD_5）环境标准样品各进行 5 次测量，基准值与测量值如表 10.24 所示. 根据表 10.24 中生化需氧量不同标准样品的测定结果，绘制基准值与测量值的散点图及回归线.

表 10.24　生化需氧量（BOD_5）测量的基准值与测量值　（单位：mg/L）

标样代码	200253	200255	200251
基准值	82.3	74.7	64.0
1	79.4	73.2	61.5
2	81.3	74.8	61.7
3	79.4	73.5	63.8
4	81.0	73.6	63.6
5	79.0	74.2	64.1

10. 根据表 10.24 中生化需氧量（BOD_5）不同标准样品的测定结果，绘制残差分析图.

11. 由同一化验员用同一滴定仪对 200253、200255、200251 的 3 种生化需氧量（BOD_5）环境标准样品各进行 5 次测量，测量结果偏倚值如表 10.25 所示. 根据表 10.25 中生化需氧量不同标准样品的测定结果偏倚值，绘制偏倚与基准值的回归及置信区间图，并进行三次曲线拟合.

表 10.25　生化需氧量（BOD_5）测量的基准值与偏倚值　　　（单位：mg/L）

标样代码	200253	200255	200251
基准值	82.3	74.7	64.0
1	−2.9	−1.5	−2.5
2	−1.0	0.1	−2.3
3	−2.9	−1.2	−0.2
4	−1.3	−1.1	−0.4
5	−2.4	−0.5	0.1

12. 根据表 10.23 中编号为 200253 的生化需氧量（BOD_5）标准样品不同化验员的测定结果，绘制 Xbar-R 控制图.

第 11 章

Python 环境质量控制项目及应用

本章概要

- 环境质量控制项目
- Python 在环境质量控制中的应用

11.1 环境质量控制项目

通常质量控制项目数据量较多，适合使用 Python 语言进行批量处理．在学习 Python 环境质量控制与应用之前先了解一下环境质量控制项目．

11.1.1 环境质量控制项目概述

常见的质量控制项目按照不同分析仪器分类整理为：①原子荧光光度计，如测定砷、硒、汞等；②原子吸收光谱仪，如测定铜、锌、铅、镉、锰等；③离子色谱仪，如测定氟化物等．

Python 作为一种强大的计算机编程语言，可以通过质量控制项目的数据分析进行水质环境质量分析与评价，能列出更直观的可视化图表以表达数据分析结果．质量评价可依据《地表水环境质量标准》（GB 3838—2002）和《关于印发〈地表水环境质量评价办法（试行）〉的通知》（环办［2011］22 号），采用单因子评价法．另外，Python 还可以与六西格玛质量管理中的专用分析工具 Minitab 结合起来，完成测量系统的分析和改进，为环境监测实验室数据质量提升提供科学的依据．本章适合对统计学、六西格玛测量系统分析和实验室监测有兴趣的读者阅读，特别是在实验学科中需要利用 Python 来进行数据处理的学生和研究人员．

11.1.2 质量控制过程能力

过程能力是 Python 质量控制的重要研究指标之一．任何一个过程都受两种因素影响：随机因素和系统因素．随机因素造成的波动变化幅度较小，在正常的测量过程中，它是不可避免的，我们不得不接受它存在的合理性．系统因素则由人、机、料、法、环各个环节共同作用，波动具有规律性，输出结果也具有规律性，可探测系统是否处于可控状态．研究过程能力，只有系统处于统计控制状态时，对过程能力的分析才是有意义的．

测量系统处于统计受控状态，并不能保证测量值满足真值范围要求，分析其原因，在于过程的均值是否偏离目标值过远或者过程波动过大. 可以通过过程绩效来评价.

11.1.3 过程能力分析

过程能力指数是指过程能力满足测量标准要求（规格范围等）的程度，是指测量过程在一定时间里，处于控制状态（稳定状态）下的实际测量能力. 这里所指的测量过程，是指化验员、分析设备、试剂、方法和测量环境5个基本质量因素综合作用的过程，也就是测量数据的产生过程. 过程能力分析的前提条件是，输出过程需通过稳定性检验、数据独立性检验、数据自相关性检验、数据正态性检验. 当过程处于统计控制状态时，定义过程能力指数 C_p 为容差与过程波动范围之比.

$$C_p = \frac{容差}{过程能力} = \frac{USL-LSL}{6\sigma} = \frac{T}{6\sigma} \tag{11.1}$$

C_p 是描述过程能力的最重要指标，它只能反映输出均值 μ 与规格中心 M 重合时的过程能力之比. 容差 T 一般不轻易改变，因此 σ 越小，C_p 值越大. 规格中心即为 $M = \frac{1}{2}(USL + LSL)$. 测量系统过程能力判别准则如表 11.1 所示.

表 11.1　测量系统过程能力判别准则

过程能力	说明	过程能力	说明
$C_p < 1$	过程能力不足	$1.33 \leq C_p < 1.67$	过程能力充足
$1 \leq C_p < 1.33$	过程能力尚可	$C_p \geq 1.67$	过程能力富余

大多数情况下，过程输出的均值 μ 不会恰好与规格中心重合. 因此，用过程中心 μ 与两个规格限最近的距离 $\min\{USL-\mu, \mu-LSL\}$ 与 3σ 之比作为过程能力指数，记为 C_{pk}，即

$$C_{pk} = \min\left\{\frac{USL-\mu}{3\sigma}, \frac{\mu-LSL}{3\sigma}\right\} = \min(C_{pu}, C_{pl}) \tag{11.2}$$

式中，$C_{pu} = \dfrac{USL-\mu}{3\sigma}$ 称为单侧上限过程能力指数，仅有上规格限的场合才可使用；$C_{pl} = \dfrac{\mu-LSL}{3\sigma}$ 称为单侧下限过程能力指数，仅有下规格限的场合才可使用. 由 C_{pk} 的表达式可以看出，当 $\mu = M$ 时，$C_p = C_{pk}$；当 $\mu \neq M$ 时，$C_{pk} < C_p$. C_{pm} 和 C_{pmk} 称为混合能力指数，它强调了向目标值靠近的重要性，强调了目标值，淡化了规格限.

11.1.4 正态性分析

正态分布（Normal Distribution）对统计学的许多方面都有重大的影响力. 若随机变量 X 服从一个数学期望为 μ、方差为 σ^2 的正态分布，记为 $X \sim N(\mu, \sigma^2)$. 正态分布概率密度函数为正态分布的期望值，μ 决定了其位置，其标准差 σ 决定了分布的幅度. 实现正态分布概率密度计算的代码如代码 11.1 所示.

代码 11.1　程序包调用格式

```
1 import math                    # 导入 math
2 import numpy as np             # 导入 numpy,记作 np
```

```
3 import matplotlib.pyplot as plt          # 导入 matplotlib.pyplot,记作 plt
4 u = 0                                      # 均值 u 定义了值
5 u01 = -2                                   # u01 定义了值
6 sig = math.sqrt(0.2)                       # 定义标准差 sig
7 sig01 = math.sqrt(1)                       # 定义标准差 sig01
8 sig02 = math.sqrt(5)                       # 定义标准差 sig02
9 sig_u01 = math.sqrt(0.5)                   # 定义标准差 sig_u01
10 x = np.linspace(u-3* sig,u + 3* sig,50)   # 定义 3sig 的 x 轴范围,均值左右范围
11                                              对等
12 x_01 = np.linspace(u-6 * sig,u + 6 * sig,50)  # 定义 6sig 的 x 轴范围,均值左右范围
13                                              对等
14 x_02 = np.linspace(u-10 * sig,u + 10 * sig,50) # 定义 10sig 的 x 轴范围,均值左右范围
15                                              对等
16 x_u01 = np.linspace(u-10 * sig,u + 1 * sig,50) # 定义 -10sig 至 sig 的 x 轴范围,均值
17                                              左右范围不对等
18 y_sig = np.exp(-(x - u) * * 2 /(2* sig * * 2))/(math.sqrt(2* math.pi) * sig)
19                                           # 定义密度函数 y_sig
20 y_sig01 = np.exp(-(x_01 - u) * * 2 /(2* sig01 * * 2))/(math.sqrt(2* math.pi)*
21         sig01)                            # 定义密度函数 y_sig01
22 y_sig02 = np.exp(-(x_02 - u) * * 2 / (2* sig02 * * 2)) / (math.sqrt(2 * math.pi) *
23         sig02)                            # 定义密度函数 y_sig02
24 y_sig_u01 =np.exp(-(x_u01 - u01) * * 2 / (2 * sig_u01 * * 2)) / (math.sqrt(2 *
25             math.pi) * sig_u01)           # 定义密度函数 y_sig_u01
26 plt.plot(x,y_sig,"r-",linewidth=2)        # 绘制(x,y)的折线图
27 plt.plot(x_01,y_sig01,"g-",linewidth=2)   # 绘制(x_01,y_sig01)的折线图
28 plt.plot(x_02,y_sig02,"b-",linewidth=2)   # 绘制(x_02,y_sig02)的折线图
29 plt.plot(x_u01,y_sig_u01,"m-",linewidth=2) # 绘制(x_u01,y_sig_u01)的折线图
30 plt.grid(True)                            # 绘制网格线
31 plt.show()                                # 显示绘制图形
```

判断数据是否服从正态分布的检验称为正态性检验,可通过直方图初判、QQ 图判断或 K-S 检验实现.

11.1.5 稳定性分析

稳定性判断主要通过 I-MR 控制图（Individual and Moving Range Charts）来实现. 使用此控制图可以监视过程在一段时间内的稳定性,以便标识和更正过程中的不稳定性. I-MR 控制图包括两个图：一个是 I-Chart（Individual Chart,单值控制图）,另一个是 MR-Chart（Moving Range Chart,移动极差控制图）. 实现过程稳定性需要符合稳定性 8 条判异规则,如表 11.2 所示. 不满足稳定性要求的情况如图 11.1 所示,图 11.1 中的 8 个图分别对应判异规则的 1~8 条. Python 实现 8 条判异规则见代码 11.9 中的第 28~107 行.

表 11.2　稳定性 8 条判异规则

规则	规则名	描述
1	超限	1 个点落在 A 区外
2	A 区	连续 3 点中有 2 点落在中心线同一侧的 Zone B 以外
3	B 区	连续 5 点中有 4 点落在中心线同一侧的 Zone C 以外
4	C 区	连续 9 个以上的点落在中心线同一侧（Zone C 或以外）
5	趋势	连续 7 点递增或递减
6	混合	连续 8 点无一点落在 Zone C
7	分层	连续 15 点落在中心线两侧的 Zone C 内
8	过控	连续 14 点相邻交替上下

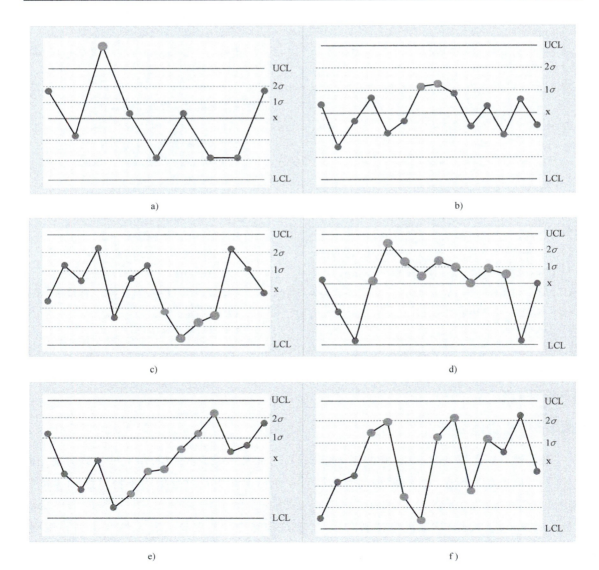

图 11.1　不满足稳定性要求的情况展示图

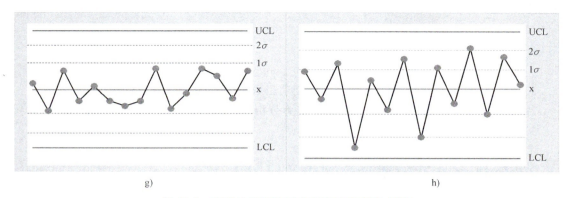

图 11.1   不满足稳定性要求的情况展示图（续）

可以使用 Plotly 模块进行控制图绘制. Plotly 作为开源的 Python 图形库可以制作交互式的、出版物质量的图形. Plotly 得益于它的默认布局和调色，输出的图片更加具有现代感. 使用 Plotly 代码前需要安装 Plotly 包.

11.1.6　相关性分析

统计数据通常需要对数据进行交互分析，对数据进行目视检查，寻找相关性关系. 通常存在两个变量，相关性考察的是两个变量之间的关联程度. 如果两个变量是正态分布的，那么确定相关系数的标准方法通常是 Pearson.

$$r = \frac{\sum_{i=1}^{n}(X_i - \overline{X})(Y_i - \overline{Y})}{\sqrt{\sum_{i=1}^{n}(X_i - \overline{X})^2}\sqrt{\sum_{i=1}^{n}(Y_i - \overline{Y})^2}} \qquad (11.3)$$

计算相关系数可调用代码 11.2.

代码 11.2　计算相关系数程序包

```
1 import pandas as pd                                          # 导入 pandas,记作 pd
2 import math                                                   # 导入 math
3 def calc_corr(a,b):                                           # 定义函数:计算相关系数
4 a_avg = sum(a)/len(a)                                         # 定义 a_avg 为 a 的平均数
5 b_avg = sum(b)/len(b)                                         # 定义 b_avg 为 b 的平均数
6 cov_ab = sum([(x - a_avg)* (y - b_avg) for x,y in zip(a,b)]) # 计算分子,协方差*
7   sq = math.sqrt(sum([(x - a_avg)** 2 for x in a])* sum([(x - b_avg)** 2 for x in b]))
8                                                               # 计算分母,方差乘积* *
9                                                               # 代码此处为空行,不允许删除
10 corr_factor = cov_ab/sq                                      # 计算相关系数
```

相关系数的判断如下：$|\gamma| > 0.8$ 时，可认为两变量间高度相关；$0.5 < |\gamma| < 0.8$ 时，可认为两变量中度相关；$0.3 < \gamma < 0.5$ 时，可认为两变量低度相关；$|\gamma| < 0.3$ 时，可认为两变

量基本不相关.

习题 11-1

1. 请列出使用 Python 进行环境质量控制项目数据分析的优势.
2. 请说明在环境监测项目上应用过程能力分析提升测量系统测量水平的原因.
3. 请说明控制图的 8 条判异规则.

11.2 Python 在环境质量控制中的应用

【例 11.1】 为了解环境监测实验室汞的测定是否满足六西格玛质量管理要求，需对其测量系统进行过程能力分析. 使用编号为 202039 的相同汞环境标准样品进行连续测定，平行样样本数量为 30，实验员固定 1 人. 测量设备为北京吉天原子荧光光度计，型号为 AFS-9330，按照《水质 汞、砷、硒、铋和锑的测定 原子荧光法》（HJ 694—2014）进行测定. 测定结果如表 11.3 所示. 请问该实验室汞测量系统过程能力是否合格？

表 11.3 汞测量系统测定结果

编号	取样量（mL）	定容体积（mL）	荧光强度	测定浓度（μg/L）	样品浓度（μg/L）
1	5.0	10.0	84.53	0.438	4.38
2	5.0	10.0	85.05	0.440	4.40
3	5.0	10.0	85.57	0.442	4.42
4	5.0	10.0	86.62	0.446	4.46
5	5.0	10.0	87.66	0.450	4.50
6	5.0	10.0	88.44	0.453	4.53
7	5.0	10.0	88.97	0.455	4.55
8	5.0	10.0	89.49	0.457	4.57
9	5.0	10.0	89.75	0.458	4.58
10	5.0	10.0	90.01	0.459	4.59
11	5.0	10.0	90.53	0.461	4.61
12	5.0	10.0	90.79	0.462	4.62
13	5.0	10.0	91.31	0.464	4.64
14	5.0	10.0	91.05	0.463	4.63
15	5.0	10.0	91.31	0.464	4.64
16	5.0	10.0	91.58	0.465	4.65
17	5.0	10.0	91.58	0.465	4.65
18	5.0	10.0	91.84	0.466	4.66
19	5.0	10.0	92.10	0.467	4.67
20	5.0	10.0	92.36	0.468	4.68
21	5.0	10.0	92.88	0.470	4.70

（续）

编号	取样量 （mL）	定容体积 （mL）	荧光强度	测定浓度 （μg/L）	样品浓度 （μg/L）
22	5.0	10.0	93.66	0.473	4.73
23	5.0	10.0	94.19	0.475	4.75
24	5.0	10.0	94.19	0.475	4.75
25	5.0	10.0	94.19	0.475	4.75
26	5.0	10.0	94.71	0.477	4.77
27	5.0	10.0	95.23	0.479	4.79
28	5.0	10.0	95.75	0.481	4.81
29	5.0	10.0	96.53	0.484	4.84
30	5.0	10.0	97.84	0.489	4.89

在这个例题中，首先要对原子荧光光度计输出值进行过程能力分析前的要素验证，即正态性检验、独立性检验、稳定性检验. 通过检验，满足要求后才能进行过程能力分析.

11.2.1　Python 正态性分析

【例 11.2】　请对表 11.3 中汞样品浓度的测定数据进行正态性分析.

正态性分析可以使用 3 种方法：直方图（或者绘制正态分布概率图）、QQ 图、K-S 检验.

（1）直方图的绘制

给直方图添加拟合曲线（密度函数曲线），有以下两种方法.

方法一：采用 Matplotlib 中的 hist( ) 模块绘制直方图，调用格式见代码 11.3.

代码 11.3　程序包调用格式

```
1 import numpy as np                        # 导入 numpy,记作 np
2 import matplotlib.pyplot as plt           # 导入 matplotlib.pyplot,记作 plt
3 def normfun(x,mu,sigma): #定义正态分布的概率密度函数,x 是某一测量值,mu 是平均值,sigma
4                                           是标准差
5    pdf =np.exp(-((x - mu) ** 2) / (2 * sigma ** 2)) / (sigma * np.sqrt(2 *
6       np.pi))                             # 定义密度函数的取值
7    return pdf                             # 返回 pdf 值
8 tttt =[4.38,4.40,4.42,4.46,4.50,4.53,4.55,4.57,4.58,4.59,4.61,4.62,4.64,4.63,
9      4.64,4.65,                           # 定义 tttt 为数据表
10        4.65,4.66,4.67,4.68,4.70,4.73,4.75,4.75,4.75,4.77,4.79,4.81,4.84,4.89]
11 mu =np.mean(tttt)                         # 定义 mu 为数据 tttt 均值
12 sigma =np.std(tttt,ddof=1)               # 定义 sigma 为数据 tttt 标准差,注意 ddof =
13                                           1,保证无偏估计
14 x =tttt                                   # 定义 x 的取值为 tttt 数据
15 y = normfun(x,mu,sigma) # 设定 y 轴,载入刚定义的正态分布函数,y 为服从 (mu,sigma²) 的密
16                                           度函数
```

```
17 plt.plot(x,y)                            # 绘制数据集的正态分布曲线
18 plt.hist(tttt,#绘图数据                    # 绘制直方图,数据为 tttt
19            bins=8,                         # 指定直方图的条形数为 8
20            color='steelblue',              # 指定填充颜色为钢蓝色
21            edgecolor='k',                  # 指定直方图的边界色为黑色
22            label=u'汞标准样品测定直方图')      # 为直方图设置标签
23 plt.title("histogram")                    # 显示标题
24 plt.xlabel('Concentration of Hg')         # 显示 x 轴标题
25 plt.ylabel('Probability')                 # 显示 y 轴标题
26 plt.rcParams['figure.dpi']=1000           # 设置图片分辨率
27 plt.show()                                # 显示所绘制的图像
```

代码 11.3 所生成的正态性检验统计学图形如图 11.2 所示. 注意, 在进行标准差计算时, np.std( ) 会有一个小 "陷阱", 原因在于 np.std( ) 有这样一个参数: ddof: int, 可选, 这个参数的英文解释为 "Means Delta Degrees of Freedom. The divisor used in calculations is N - ddof, where N represents the number of elements. By default ddof is zero". 可译为 "表示 δ 自由度. 计算中使用的除数是 N-ddof, 其中 N 表示元素数. 默认情况下, ddof 为 0". 因此, 想要正确调用, 必须使 ddof=1.

方法二: 采用 Seaborn 库中的 distplot( ) 绘制直方图. Seaborn 在 Matplotlib 的基础上进行了更高级的 API 封装, 使用 Seaborn 能做出更具吸引力的图, 而使用 Matplotlib 能制作具有更多特色的图. 其调用格式见代码 11.4.

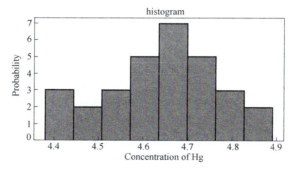

图 11.2   用 Python 绘制的概率直方图

代码 11.4   程序包调用格式

```
1 import seaborn as sns                      # 导入 seaborn,记作 sns
2 import numpy as np                         # 导入 numpy,记作 np
3 import matplotlib.pyplot as plt            # 导入 matplotlib.pyplot,记作 plt
4 tttt=[4.38,4.40,4.42,4.46,4.50,4.53,4.55,4.57,4.58,4.59,4.61,4.62,4.64,4.63,
5      4.64,4.65,                           # 定义 tttt 为数据表
6        4.65,4.66,4.67,4.68,4.70,4.73,4.75,4.75,4.75,4.77,4.79,4.81,4.84,4.89]
7 mu=np.mean(tttt)                           # 定义 mu 为数据集 tttt 的均值
```

```
8 sigma=np.std(tttt,ddof=1)                              # 定义 sigma 为数据表 tttt 的标准
9                                                          差,注意 ddof=1
10 sns.distplot(tttt,bins=8,color='k',hist=True,kde=True,rug=True)
11                                                        # 绘制直方图
12 plt.title("Histogram of Hg Measurement System")        # 显示图形标题
13 plt.xlabel('Concentration of Hg')                      # 显示 x 轴标题
14 plt.ylabel('Probability')                              # 显示 y 轴标题
15 plt.rcParams['figure.dpi']=1000                        # 设置图片分辨率
16 plt.grid(False)                                         # 不显示网格
17 plt.show()                                              # 显示绘制图形
18 sns.kdeplot(tttt,shade=True)                           # 绘制密度图,将曲线下方的区域进行
19                                                          一个填充
20 plt.title("Densogram of Hg Measurement System")        # 显示图形标题
21 plt.xlabel('Concentration of Hg')                      # 显示 x 轴标题
22 plt.ylabel('Probability')                              # 显示 y 轴标题
23 plt.rcParams['figure.dpi']=1000                        # 设置图片分辨率
24 plt.grid(False)                                         # 不显示网格
25 plt.show()                                              # 显示绘制图形
```

运行代码 11.4 得到的图形如图 11.3 所示.在这里主要使用 sns.distplot(),kde=True 表示是否显示拟合曲线,如果为 False 则只出现直方图.使用 Seaborn 库绘制的直方图密度曲线更贴近数据本身的变化趋势,更能反映数据真实性,而使用 Matplotlib 中的 hist 命令绘制的直方图密度曲线则拟合的程度较高,线型更流畅和对称.

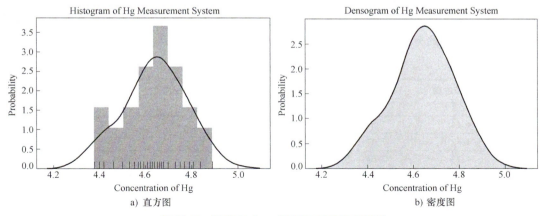

a) 直方图 b) 密度图

图 11.3　使用 Seaborn 绘制直方图与密度图

（2）正态分布 QQ 图的绘制

代码 11.5　程序包调用格式

```
1 import numpy as np                                      # 导入 numpy,记作 np.
2 from scipy import stats                                 # 从 scipy 导入 stats
```

```
3 import numpy as np                              # 导入 numpy,记作 np
4 from matplotlib import pyplot as plt            # 从 matplotlib 导入 pyplot,记作 plt
5 data=[4.38,4.40,4.42,4.46,4.50,4.53,4.55,4.57,4.58,4.59,4.61,4.62,4.64,4.63,
4.64,4.65,                                        # 定义 data 为数据表
6      4.65,4.66,4.67,4.68,4.70,4.73,4.75,4.75,4.75,4.77,4.79,4.81,4.84,4.89]
7 mu=np.mean(data)                                 # 定义 mu 为数据表的均值
8 sigma=np.std(data,ddof=1)                        # 定义 sigma 为数据表的标准差,注意 ddof=1
9 stats.probplot(data,dist="norm",plot=plt)        # 绘制 QQ 图,正常概率图,绘制分位数和最小
10                                                    二乘拟合
11 plt.rcParams['figure.dpi']=1000                 # 设置图片分辨率
12 plt.show()                                       # 显示绘制图形
```

运行代码 11.5,得到的图形如图 11.4 所示.QQ 图上的点都接近于直线,说明这组数据是正态分布的.

绘制 QQ 图可使用代码 probplot(),生成样本数据相对于指定理论分布(默认为正态分布)的分位数的概率图,并可选地显示该图.probplot()为数据计算一条 best-fit 线,并使用 Matplotlib 或给定的绘图函数对结果进行绘图.

小拓展 1:

【例 11.3】 利用 Seaborn 库将表 11.4 中的汞、砷、硒、镉 4 种环境监测数据绘制成正态分布图,要求在同一个图中统一呈现,以便了解各监测项目的分布情况.

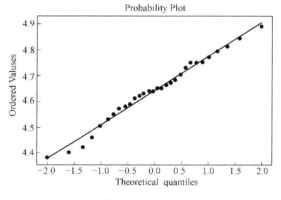

图 11.4 QQ 图

表 11.4 各质量控制项目环境监测数据列表

编号	Hg 样品浓度（μg/L）	As 样品浓度（μg/L）	Se 样品浓度（μg/L）	Zn 样品浓度（mg/L）	F 样品浓度（μg/L）	Cd 样品浓度（mg/L）
1	4.64	7.59	6.85	1.78	1.52	8.35
2	4.62	7.47	6.89	1.97	1.53	7.67
3	4.73	7.04	6.56	2.06	1.54	7.76
4	4.53	7.52	8.21	1.94	1.55	7.23
5	4.68	7.23	7.35	1.94	1.43	7.95
6	4.57	7.24	6.42	1.79	1.50	7.50
7	4.81	7.53	6.96	2.02	1.58	7.89
8	4.46	7.28	6.59	1.91	1.50	8.08
9	4.89	7.43	6.53	1.86	1.51	7.43
10	4.42	7.58	7.31	1.91	1.38	7.69
11	4.65	7.85	6.72	1.76	1.61	7.72
12	4.58	7.67	7.15	2.00	1.54	7.60
13	4.59	7.22	6.68	1.94	1.44	7.65

（续）

编号	Hg 样品浓度（μg/L）	As 样品浓度（μg/L）	Se 样品浓度（μg/L）	Zn 样品浓度（mg/L）	F 样品浓度（μg/L）	Cd 样品浓度（mg/L）
14	4.63	7.37	6.17	1.86	1.55	7.96
15	4.84	7.26	6.84	1.95	1.53	8.05
16	4.67	7.52	6.65	1.78	1.49	7.41
17	4.66	7.27	6.72	1.89	1.43	7.49
18	4.58	7.65	7.29	1.96	1.58	7.55
19	4.55	7.49	7.24	1.94	1.53	7.99
20	4.70	7.82	7.20	1.90	1.48	7.88
21	4.38	7.47	6.14	1.91	1.56	7.92
22	4.65	7.54	6.75	1.81	1.45	7.54
23	4.75	7.84	6.22	2.03	1.54	7.53
24	4.64	7.59	5.78	2.04	1.48	8.02
25	4.79	7.11	6.82	1.91	1.51	8.15
26	4.61	7.43	7.20	1.96	1.57	7.60
27	4.75	7.44	7.69	1.89	1.55	7.67
28	4.77	7.40	6.70	1.93	1.49	8.00
29	4.63	7.97	7.03	2.02	1.50	7.91
30	4.75	7.72	6.48	1.82	1.49	7.05

首先，将表 11.4 的数据制作成 Excel 文件，命名为"data1.xlsx"并放在 E 盘的根目下，可调用代码 11.6.

代码 11.6　程序包调用格式

```
1 import seaborn as sns                                      # 导入 seaborn,记作 sns
2 import matplotlib.pyplot as plt                            # 导入 matplotlib.pyplot,
3                                                              记作 plt
4 import pandas as pd                                        # 导入 pandas,记作 pd
5 df = pd.read_excel('E:\data1.xlsx')                        # 读取数据表,根据实际情况更
6                                                              改路径及文件名
7 data_1 = df['Hg']                                          # 定义 data_1 数据集,建立数
8                                                              据的 Pandas Series
9 data_2 = df['As']                                          # 定义 data_2 数据集
10 data_3 = df['Se']                                         # 定义 data_3 数据集
11 data_4 = df['Cd']                                         # 定义 data_4 数据集
12 sns.distplot(data_1,bins=6,hist = True,kde = True)        # 绘制 data_1 直方图,柱形数
13                                                             为 6,显示密度线
14 sns.distplot(data_2,bins=6,hist = True,kde = True)        # 绘制 data_2 直方图,柱形数
15                                                             为 6,显示密度线
16 sns.distplot(data_3,bins=6,  hist = True,kde = True)      # 绘制 data_3 直方图,柱形数
17                                                             为 6,显示密度线
18 sns.distplot(data_4,bins=6,hist = True,kde = True)        # 绘制 data_4 直方图,柱形数
19                                                             为 6,显示密度线
```

```
20 plt.title("Histogram")                          # 显示图形标题
21 plt.xlabel('Concentration of element')          # 显示 x 轴标题
22 plt.ylabel('Probability')                        # 显示 y 轴标题
23 plt.rcParams['figure.dpi']=1000                  # 设置图片分辨率
24 plt.show()                                        # 显示绘制图形
25 sns.kdeplot(data_1,shade = True)      # 绘制密度曲线 data_1,将曲线下方的区域进行填充
26 sns.kdeplot(data_2,shade = True)      # 绘制密度曲线 data_2,将曲线下方的区域进行填充
27 sns.kdeplot(data_3,shade = True)      # 绘制密度曲线 data_3,将曲线下方的区域进行填充
28 sns.kdeplot(data_4,shade = True)      # 绘制密度曲线 data_4,将曲线下方的区域进行填充
29 plt.title("Densogram")                            # 显示标题
30 plt.xlabel('Concentration of element')  # 显示 x 轴标题
31 plt.ylabel('Probability')                          # 显示 y 轴标题
32 plt.rcParams['figure.dpi']=1000                  # 设置图片分辨率
33 plt.show()                                          # 显示绘制图形
```

执行代码 11.6,得到的图形如图 11.5 所示. 如果在第 9~12 行和第 18~21 行中加入颜色限定, 即 color='k', 则图像会按照限定颜色分级显示, 这是 Seaborn 表现优秀的原因之一, 让呈现的视觉图像更有层次感, 见图 11.5c 和 11.5d.

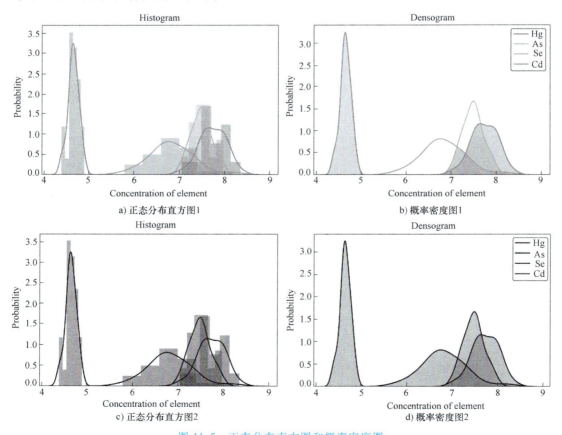

图 11.5   正态分布直方图和概率密度图

小拓展 2：

【例 11.4】 利用 Seaborn 库将表 11.4 中的汞、砷、硒、锌、氟化物、镉 6 种环境监测数据绘制成密度等高图，要求在同一个图中统一呈现，以便了解各监测项目的分布情况.

在 Anaconda 内建的 Spyder 集成开发环境中输入代码 11.7，以进行密度等高图绘制.

代码 11.7　程序包调用格式

```
1 import seaborn as sns                                  # 导入 seaborn,记作 sns
2 import numpy as np                                     # 导入 numpy,记作 np
3 import matplotlib.pyplot as plt                        # 导入 matplotlib.pyplot,记作 plt
4 import pandas as pd                                    # 导入 pandas,记作 pd
5 data= pd.DataFrame(np.array([[4.64,7.59,6.85,1.78,1.52,8.35],[4.62,7.47,6.89,
6                              1.97,1.53,7.67], # 定义数组 data
7                              [4.73,7.04,6.56,2.06,1.54,7.76],[4.53,7.52,
8                              8.21,1.94,1.55,7.23],[4.68,7.23,]7.35,1.94,
9                              1.43,7.95],[4.57,7.24,6.42,1.79,1.50,7.50],
10                             [4.81,7.53,6.96,2.02,1.58,7.89],[4.46,7.28,
11                             6.59,1.91,1.50,8.08],[4.89,7.43,6.53,1.86,
12                             1.51,7.43],[4.42,7.58,7.31,1.91,1.38,7.69],
13                             [4.65,7.85,6.72,1.76,1.61,7.72],[4.58,7.67,
14                             7.15,2.00,1.54,7.60],[4.59,7.22,6.68,1.94,1.44,
15                             7.65],[4.63,7.37,6.17,1.86,1.55,7.96],[4.84,
16                             7.26,6.84,1.95,1.53,8.05],[4.67,7.52,6.65,
17                             1.78,1.49,7.41],[4.66,7.27,6.72,1.89,1.43,
18                             7.49],[4.58,7.65,7.29,1.96,1.58,7.55],[4.55,
19                             7.49,7.24,1.94,1.53,7.99],[4.70,7.82,7.20,
20                             1.90,1.48,7.88],[4.38,7.47,6.14,1.91,1.56,7.92],
21                             [4.65,7.54,6.75,1.81,1.45,7.54],[4.75,7.84,
22                             6.22,2.03,1.54,7.53],[4.64,7.59,5.78,2.04,
23                             1.48,8.02],[4.79,7.11,6.82,1.91,1.51,8.15],
24                             [4.61,7.43,7.20,1.96,1.57,7.60],[4.75,7.44,
25                             7.69,1.89,1.55,7.67],[4.77,7.40,6.70,1.93,
26                             1.49,8.00],[4.63,7.97,7.03,2.02,1.50,7.91],
27                             [4.75,7.72,6.48,1.82,1.49,7.05]]),columns=
28                             ['Hg','As','Se','Zn','F','Cd']
29                                                        #定义数组
30 sns.kdeplot(data.iloc[:,0],data.iloc[:,1],shade=False
31                                                        #绘制密度等高图
32 plt.title("Contour Map")                               #显示标题
33 plt.xlabel('Concentration of element')                 #显示 x 轴标题
34 plt.ylabel('Probability')                              #显示 y 轴标题
35 plt.rcParams['figure.dpi']=1000                        #设置图片分辨率
36 plt.show()                                             #显示绘制图形
```

```
37 plt.xlabel('Concentration of element')          # 显示 x 轴标题
38 plt.ylabel('Probability')                        # 显示 y 轴标题
39 plt.rcParams['figure.dpi']=1000                  # 设置图片分辨率
40 plt.show()                                        # 显示绘制图形
```

运行代码 11.7, 得到密度等高图, 如图 11.6a 所示. 如果将代码 "shade = False" 改为 "shade = True", 则得到带填充的密度等高图 11.6b. 如果将代码 "shade = False" 改为 "levels = 5, thresh = .2", 则得到图 11.6c, 如果将代码 "shade = False" 改为 "fill = True, thresh = 0, levels = 100, cmap = "mako"", 则得到更精准的图像, 图 11.6d.

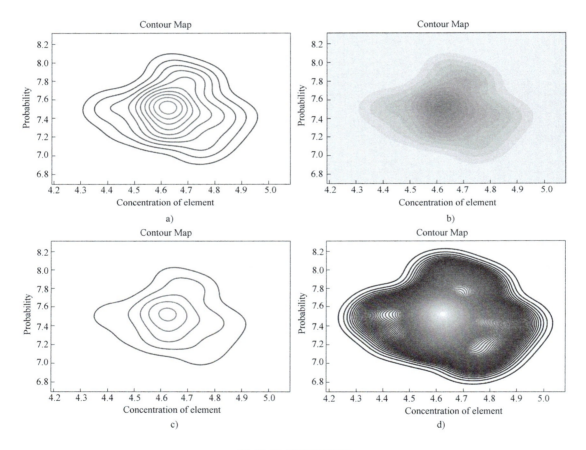

图 11.6 密度等高图

（3）K-S 正态检验

用 K-S 检验方法计算表 11.3 中汞监测数据正态检验的 P 值可调用代码 11.8.

代码 11.8 程序包调用格式

```
1 import pandas as pd                                # 导入 pandas,记作 pd
2 from scipy import stats                            # 从 scipy 导入 stats
```

```
3 data = [4.38,4.40,4.42,4.46,4.50,4.53,4.55,4.57, 4.58,4.59,4.61,4.62,4.64,
4          4.63,4.64,4.65,4.65,                          #定义数据集 data
5          4.66,4.67,4.68,4.70,4.73,4.75,4.75,4.75,4.77, 4.79,4.81,4.84,4.89]
6 t=len(data)                                            # 定义 t 为 data 的样本数量
7 df = pd.DataFrame(data, columns =['value'])            # 定义数据框架 df,数据列标
8                                                           记为 value
9 u = df['value'].mean()                                 # 计算均值
10 std = df['value'].std()                               # 计算标准差
11 stats.kstest(df['value'], 'norm', (u, std))
12                                                       # 调用 kstest()方法*
13 shapiro_test = stats.kstest(df['value'], 'norm', (u, std))
14                                                       # 定义 shapiro_test 函数* *
15 print('P 值:',shapiro_test.pvalue)                    # 打印 P 值
```

＊K-S 检验使用 kstest( ) 方法，参数分别是待检验的数据、检验方法（这里设置成 norm 正态分布）、均值与标准差.

＊＊stats. kstest( ) 结果返回两个值：statistic 对应 D 值、pvalue 对应 P 值.

运行上述代码结果为：

P 值：0.99305763291363

此时，P 值>0.05，因此上面的数据服从正态分布. 上述分析表明原子荧光测定汞样品的数据服从正态分布. 在进行正态分布检验时，可使用直方图、概率密度图、QQ 图中的任意一种，配合 P 值计算得到最终结果.

11.2.2 Python 稳定性分析

【例 11.5】 请对表 11.3 中汞样品浓度的测定数据进行稳定性分析.

要绘制 I-chart 单值控制图，首先计算 UCL 和 LCL 等辅助线值，再绘制控制图，将例 11.1 中所需的数据文件编辑成 Excel 文件 data2. xlsx，存储在计算机 E 盘根目录下，再调用代码 11.9.

代码 11.9 程序包调用格式

```
1 import numpy as np                         # 导入 numpy,记作 np
2 import pandas as pd                         # 导入 pandas,记作 pd
3 import statistics                           # 导入 statistics
4 df = pd.read_excel('E:\data2.xlsx')         # 读取数据,根据实际情况更改路径及文件名
5 x = df['x']                                 # 定义数据集 x 为 Excel 中以 x 开头的列
6 MR = [np.nan]                               # 创建移动极差的 list,插入一个空值 MR
7 i = 1                                       # 赋值 i=1
8 for n in range(len(x) - 1):                 # n 比 x 少 1 个自由度
9     MR.append(abs(x[n + 1] - x[n]))         # 求数据集 x 的极差,放入 MR 空值中
10    i += 1                                  # 为 i 赋值 1,2,3,…,30
```

```
11 MR = pd. Series(MR)                           # 设置 MR 为序号从 0~29 的移动极差,Pan-
                                                   das Series 类型数据
12
13 data = pd. concat([x,MR],axis=1)             # 定义 data 为 Pandas DataFrame 类型
                                                   数据
14
15 print('data:',data)                           # 打印 data
16 print("=="* 20)                               # 打印 20 个"=="符号
17 data. columns = ['x','MR']                    # 为 data 列分别赋予 x 和 MR 的代号
18 x_bar=statistics. mean(data['x'])            #计算 x_bar 为均值
19 mr_bar = statistics. mean(data['MR'][1:])    # 计算 mr_bar 为移动极差均值
20 mr_s = mr_bar / 1.128                         # 计算 mr-s,查表得 d2(2) = 1.128
21 xUCL = x_bar + 3 * mr_s                       # 计算 UCL 控制上限
22 xUCL_b = x_bar + 3 * mr_s * (2 / 3)          # 计算 UCL B 区域控制限
23 xUCL_c = x_bar + 3 * mr_s * (1 / 3)          # 计算 UCL C 区域控制限
24 xLCL_c = x_bar - 3 * mr_s * (1 / 3)          # 计算 LCL C 区域控制限
25 xLCL_b = x_bar - 3 * mr_s * (2 / 3)          # 计算 LCL B 区域控制限
26 xLCL = x_bar - 3 * mr_s                       # 计算 LCL 控制下限
27 import plotly. offline as py                  # 导入 plotly. offline 包,记作 py
28 import plotly. graph_objs as go               # 导入 plotly. graph_objs 包,记作 go
29 from plotly. subplots import make_subplots    # 从 plotly. subplots 导入 make_sub-
                                                   plots 包
30
31 def rules(data,cl,ucl,ucl_b,ucl_c,lcl,lcl_b,lcl_c):
32                                               # 定义 8 条判断规则函数 rules()
33     n = len(data)                             # 定义 n 为 data 数据个数
34     ind = np. array(range(n))                 # 定义规则 1 中 ind 为 n 取值范围的数组
35     obs = np. arange(1,n + 1)                 # 定义 obs 为取值范围
36                                               # 以下为 rule 1 内容
37     ofc1 = data[(data > ucl) | (data < lcl)] # 定义 ofc1 为超出控制限的数据
38     ofc1_obs = obs[(data > ucl) | (data < lcl)] # 定义 ofc1_obs 为限定范围内超出控制限
39                                               的取值
40                                               # 以下为 rule 2 内容
41     ofc2_ind = []                             # 定义 ofc2_ind 取值为空
42     for i in range(n-2):                      # 定义 i 的取值范围,最大值为 n-2
43         d = data[i:i + 3]                     # 定义 d 的取值范围为连续 3 点
44         index = ind[i:i + 3]                  # 定义索引的取值范围为 i~i+3
45         if ((d > ucl_b). sum() == 2) | ((d < lcl_b). sum() == 2):
46                                               # 条件函数,如果连续 2 点在 Zone B 外
47             ofc2_ind. extend(index[(d > ucl_b) | (d < lcl_b)])
48                                               # 拓展 ofc2_ind.,将索引元素添加到原空
49                                               list 中
50     ofc2_ind = list(sorted(set(ofc2_ind)))    # 定义 ofc2_ind 列表,set()用于去掉重
51                                               复数值,sorted()用于排序
```

```
52    ofc2 = data[ofc2_ind]                        # 定义 ofc2 取值
53    ofc2_obs = obs[ofc2_ind]                      # 定义 ofc2_obs 为限定范围后 ofc2 的值
54                                                   # 以下为 rule 3 内容
55    ofc3_ind = []                                 # 定义 ofc3_ind 取值为空
56    for i in range(n-4):                          # 定义 i 的取值范围,最大值为 n-4
57        d = data[i:i + 5]                         # 定义 d 的取值范围为连续 5 点
58        index = ind[i:i + 5]                      # 定义索引的取值范围为 i~i+5
59        if ((d > ucl_c).sum() == 4) | ((d < lcl_c).sum() == 4):
60                                                   # 条件函数,如果连续有 4 点落在 Zone C 外
61            ofc3_ind.extend(index[(d > ucl_c) | (d < lcl_c)])
62                                                   # 拓展 ofc3_ind.,将索引元素添加到原空
63                                                   #   list 中
64    ofc3_ind = list(sorted(set(ofc3_ind)))       # 定义 ofc3_ind 列表,set()用于去掉重复
65                                                   #   数值,sorted()用于排序
66    ofc3 = data[ofc3_ind]                         # 定义 ofc3 取值
67    ofc3_obs = obs[ofc3_ind]                      # 定义 ofc3_obs 为限定范围后 ofc3 的取值
68                                                   # 以下为 rule 4 内容
69    ofc4_ind = []                                 # 定义 ofc4_ind 取值为空
70    for i in range(n-8):                          # 定义 i 的取值范围,最大值为 n-8
71        d = data[i:i + 9]                         # 定义 d 的取值范围为连续 9 点
72        index = ind[i:i + 9]                      # 定义索引的取值范围为 i~i+9
73        if ((d > cl).sum() == 9) | ((d < cl).sum() == 9):
74                                                   # 条件函数,如果连续 9 点落在均线同一侧
75            ofc4_ind.extend(index)                # 拓展 ofc4_ind.,将索引元素添加到原空
76                                                   #   list 中
77    ofc4_ind = list(sorted(set(ofc4_ind)))       # 定义 ofc4_ind 列表,set()用于去掉重复
78                                                   #   数值,sorted()用于排序
79    ofc4 = data[ofc4_ind]                         # 定义 ofc4 取值
80    ofc4_obs = obs[ofc4_ind]                      # 定义 ofc4_obs 为限定范围后 ofc4 的取值
81                                                   # 以下为 rule 5 内容
82    ofc5_ind = []                                 # 定义 ofc5_ind 取值为空
83    for i in range(n - 6):                        # 定义 i 的取值范围,最大值为 n-6
84        d = data[i:i + 7]                         # 定义 d 的取值范围为连续 7 点
85        index = ind[i:i + 7]                      # 定义索引的取值范围为 i~i+7
86        if all(u <= v for u,v in zip(d,d[1:])) | all(u >= v for u,v in zip(d,d[1:])):
87                                                   # 如果取值连续递增或递减
88            ofc5_ind.extend(index)                # 拓展 ofc5_ind.,将索引元素添加到原空
89                                                   #   list 中
90    ofc5_ind = list(sorted(set(ofc5_ind)))       # 定义 ofc5_ind 列表,set()用于去掉重复
91                                                   #   数值,sorted()用于排序
92    ofc5 = data[ofc5_ind]                         # 定义 ofc5 取值
```

```
93    ofc5_obs = obs[ofc5_ind]                      # 定义 ofc5_obs 为限定范围后 ofc5
94                                                       的值
95                                                  # 以下为 rule 6 内容
96    ofc6_ind = []                                 # 定义 ofc6_ind 取值为空
97    for i in range(n-7):                          # 定义 i 的取值范围,最大值为 n-7
98        d = data[i:i + 8]                         # 定义 d 的取值范围为连续 8 点
99        index = ind[i:i + 8]                      # 定义索引的取值范围为 i~i+8
100       if (all(d > ucl_c) | all(d < lcl_c)):    # 条件函数,如果连续有点在 Zone C 外
101           ofc6_ind.extend(index)                # 拓展 ofc6_ind.,将索引元素添加到
102                                                      原空 list 中
103   ofc6_ind = list(sorted(set(ofc6_ind)))        # 定义 ofc6_ind 列表,set()用于去
104                                                      掉重复数值,sorted()用于排序
105   ofc6 = data[ofc6_ind]                         # 定义 ofc6 取值
106   ofc6_obs = obs[ofc6_ind]                      # 定义 ofc6_obs 为限定范围后 ofc6
107                                                      的值
108                                                  # 以下为 rule 7 内容
109   ofc7_ind = []                                 # 定义 ofc7_ind 取值为空
110   for i in range(n - 14):                       # 定义 i 的取值范围,最大值为 n-14
111       d = data[i:i + 15]                        # 定义 d 的取值范围为连续 15 点
112       index = ind[i:i + 15]                     # 定义索引的取值范围为 i~i+15
113       if all(lcl_c < d) and all(d < ucl_c):    # 条件函数,如果连续有点在 Zone C 内
114           ofc7_ind.extend(index)                # 拓展 ofc7_ind.,将索引元素添加到
115                                                      原空 list 中
116   ofc7_ind = list(sorted(set(ofc7_ind)))        # 定义 ofc7_ind 列表,set()用于去
117                                                      掉重复数值,sorted()用于排序
118   ofc7 = data[ofc7_ind]                         # 定义 ofc7 取值
119   ofc7_obs = obs[ofc7_ind]                      # 定义 ofc7_obs 为限定范围后 ofc7
120                                                      的值
121                                                  # 以下为 rule 8 内容
122   ofc8_ind = []                                 # 定义 ofc8_ind 取值为空
123   for i in range(n-13):                         # 定义 i 的取值范围,最大值为 n-13
124       d = data[i:i + 14]                        # 定义 d 的取值范围为连续 14 点
125       index = ind[i:i + 14]                     # 定义索引的取值范围为 i~i+14
126       diff = list(v-u for u,v in zip(d,d[1:]))  # 定义 diff 为列表,v 在元组列表 d 中
127                                                      取值,在 u 中遍历 v-u
128       if all(u * v < 0 for u,v in zip(diff,diff[1:])):
129                                                  # 条件函数,如果连续点相邻交替上下
130               ofc8_ind.extend(index)            # 拓展 ofc8_ind.,将索引元素添加到
131                                                      原空 list 中
132   ofc8_ind = list(sorted(set(ofc8_ind)))        # 定义 ofc8_ind 列表,set()用于去
133                                                      掉重复数值,sorted()用于排序
```

```
134    ofc8 = data[ofc8_ind]                        # 定义 ofc8 取值
135    ofc8_obs = obs[ofc8_ind]                      # 定义 ofc8_obs 为限定范围后 ofc8 的取值
136    return ofc1,ofc1_obs,ofc2,ofc2_obs,ofc3,ofc3_obs,ofc4,ofc4_obs, \
137           ofc5,ofc5_obs,ofc6,ofc6_obs,ofc7,ofc7_obs,ofc8,ofc8_obs
138                                                  # 返回符合 rule1~rule8 的值
139 x_arr = np.array(data['x'])                      # 定义 x_arr 数组
140 _,ind1,_,ind2,_,ind3,_,ind4,_,ind5,_,ind6,_,ind7,_,ind8 \
141    = rules(x_arr,x_bar,xUCL,xUCL_b,xUCL_c,xLCL,xLCL_b,xLCL_c)
142                                                  # 调用 rules() 函数
143 ind_x = list(set(ind1).union(set(ind2)).union(set(ind3)).union(set(ind4)).
144                                                  # 定义 ind_x 函数为 ind1 等重排后的列表
145           union(set(ind5)).union(set(ind6)).union(set(ind7)).union(set
146                            (ind8)))
147 mask_cl = []                                     # 定义函数 mask_cl
148 for i in range(len(x_arr)):                      # 设置 i 的取值范围
149    if i + 1 in ind_x:                            # 如果 i+1 在 ind_x 范围内
150        mask_cl.append(True)                      # 允许 mask_cl 列表扩展
151    else:                                         # 否则
152        mask_cl.append(False)                     # 不允许 mask_cl 列表扩展
153 colors_1 = ['RoyalBlue'if x == False else 'crimson'for x in mask_cl]
154                                                  # 带条件的颜色列表*
155 fig = make_subplots(specs=[[{'secondary_y': True}]])
156                                                  # 新建带有主副 y 轴的画布
157 fig.add_trace(go.Scatter(x=np.arange(1,len(data['x']) + 1),y=data['x'],
158                                                  # 折线图* *
159                          mode='lines+markers',          # 线型为线+点
160                          line_color='RoyalBlue',        # 线颜色为皇家蓝
161                          marker_color=colors_1,         # 点的颜色为灰
162                          line=dict(width=2),            # 线宽度为 2
163                          marker=dict(size=10),          # 点大小为 10
164                          name='x'),                     # 命名为 x
165              secondary_y=False)                  # 暂不使用辅助 y 轴
166 fig.update_layout(hovermode='x',                         # 设置图形总布局
167                   title='x chart',                       # 标题为 x chart
168                   showlegend=False,                      # 不显示图例
169                   width=1000,height=500) # 限制坐标轴长度和宽度,横轴为 1000,
170                                          纵轴为 500
171 fig.update_xaxes(title='Sample',              # 设置 x 轴,标签为 Sample
172                  tick0=0,dtick=10,             # 设置 x 轴,坐标原点为 0,间距为 10
173                  ticks='outside',tickwidth=3,tickcolor='black',
174                                               # 设置轴上点向外,大小为 3,颜色为黑
```

```
175                         range=[0,len(data['x'])],     # x 轴范围为 0 至样本总数量
176                         zeroline=False,               # 不显示零线
177                         showgrid=False)               # 不显示网格
178 fig.update_yaxes(title='x',                           # 设置主 y 轴,标题为 x
179                         ticks='outside',tickwidth=3,tickcolor='black',
180                                                       # 设置 y 轴上点向外,大小为 3,颜
181                                                       # 色为黑
182                         range=[xLCL - xLCL * 0.02,xUCL + xUCL * 0.02],
183                                                       # 设置 y 轴范围
184                         nticks=5,                     # 设置 y 轴分点数
185                         showgrid=False,               # 不显示网格
186                         secondary_y=False)            # 暂不使用辅助 y 轴
187 fig.add_shape(type='line',                            # 设置 UCL 线,线型为 line
188                 line_color='crimson',                 # 设置 UCL 线,颜色为暗红
189                 line_width=1,                         # 设置 UCL 线,线宽为 1
190                 x0=0,x1=len(data['x']),xref='x1',y0=xUCL,y1=
191                 xUCL,yref='y2',                       # 设置 UCL 线位置
192                 secondary_y=True)                     # 启用辅助 y 轴
193 fig.add_shape(type='line',                            # 设置 UCL_b 辅助线为直线
194                 line_color='LightSeaGreen',           # 设置 UCL_b 辅助线颜色为浅海绿
195                 line_dash='dot',                      # 设置 UCL_b 辅助线线型为虚线
196                 line_width=1,                         # 设置 UCL_b 辅助线线宽为 1
197                 x0=0,x1=len(data['x']),xref='x1',y0=xUCL_b,y1=xUCL_b,
198                 yref='y2',                            # 设置 UCL_b 线位置
199                 secondary_y=True)                     # 启用辅助 y 轴
200 fig.add_shape(type='line',                            # 设置 UCL_c 辅助线为直线
201                 line_color='LightSeaGreen',           # 设置 UCL_c 辅助线颜色为浅海绿
202                 line_dash='dot',                      # 设置 UCL_c 辅助线线型为虚线
203                 line_width=1,                         # 设置 UCL_c 辅助线线宽为 1
204                 x0=0,x1=len(data['x']),xref='x1',y0=xUCL_c,y1=xUCL_c,
205                 yref='y2',                            # 设置 UCL_c 线位置
206                 secondary_y=True)                     # 启用辅助 y 轴
207 fig.add_shape(type='line',                            # 设置均值辅助线为直线
208                 line_color='LightSeaGreen',           # 设置均值辅助线颜色为浅海绿
209                 line_width=1,                         # 设置均值辅助线线宽为 1
210                 x0=0,x1=len(data['x']),xref='x1',y0=x_bar,y1=x_bar,yref
211                 ='y2',                                # 设置均值辅助线位置
212                 secondary_y=True)                     # 启用辅助 y 轴
213 fig.add_shape(type='line',                            # 设置 LCL_c 辅助线为直线
214                 line_color='LightSeaGreen',           # 设置 LCL_c 辅助线颜色为浅海绿
215                 line_dash='dot',                      # 设置 LCL_c 辅助线线型为虚线
216                 line_width=1,                         # 设置 LCL_c 辅助线线宽为 1
```

```
217                    x0=0,x1=len(data['x']),xref='x1',y0=xLCL_c,y1=xLCL_c,
218                    yref='y2',                          # 设置 LCL_c 线位置
219                    secondary_y=True)                   # 启用辅助 y 轴
220 fig.add_shape(type='line',                             # 设置 LCL_b 辅助线为直线
221                    line_color='LightSeaGreen',          # 设置 LCL_b 辅助线颜色为浅海绿
222                    line_dash='dot',                     # 设置 LCL_b 辅助线线型为虚线
223                    line_width=1,                        # 设置 LCL_c 辅助线线宽为 1
224                    x0=0,x1=len(data['x']),xref='x1',y0=xLCL_b,y1=xLCL_b,
225                    yref='y2',                          # 设置 LCL_c 线位置
226                    secondary_y=True)                   # 启用辅助 y 轴
227 fig.add_shape(type='line',                             # 设置 LCL 线,线型为 line
228                    line_color='crimson',                # 设置 LCL 线,颜色为暗红
229                    line_width=1,                        # 设置 LCL 线,线宽为 1
230                    x0=0,x1=len(data['x']),xref='x1',y0=xLCL,y1=xLCL,yref=
231                    'y2',                               # 设置 LCL 线位置
232                    secondary_y=True)                   # 启用辅助 y 轴
233 py.plot(fig,filename='basic-line1.html')               # 绘制折线图,将图形存放在 basic-
234                                                             line1.html 网页
```

* 带条件的颜色列表，正常为皇家蓝，否则为暗红色.

* * x 范围为 1～30，y 为标记为 x 的数据.

运行上述命令得到判定异常点的单值控制图，在网页中生成图片. 从运行结果来看，异常点数量非常多，30 个点全部判定为异常点，说明该例题中的样本稳定性极差，不受控. 用鼠标指针上滑，图片左上方出现一行图片编辑命令，选择"Autoscale"命令，图片进行自动配置，如图 11.7 所示.

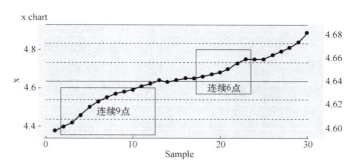

图 11.7　异常值判定的单值控制图

从图 11.7 可以看出连续 9 点落在中心线同一侧，连续 6 点递增等都说明了测量结果处于非受控状态，即汞测定稳定性检验不合格，不能进行过程能力分析，需进一步改进测量系统以重新判定.

执行以下代码 11.10，可进行移动极差控制图（MR 控制图）的绘制.

代码 11.10　程序包调用格式

```
1  import numpy as np                                    # 导入 numpy，记作 np
2  import pandas as pd                                   # 导入 pandas，记作 pd
3  import statistics                                     # 导入 statistics
4  df = pd. read_excel('E:\data2.xlsx')                  # 读取数据，根据实际情况改路径及文件名
5  x = df['x']                                           # 定义数据集 x 为 Excel 中以 x 开头的列
6  MR = [np.nan]                                         # 创建移动极差的 list，插入一个空值 MR
7  i = 1                                                 # 赋值 i=1
8  for n in range(len(x) - 1):                           # n 比 x 少 1 个自由度
9      MR. append(abs(x[n + 1] - x[n]))                  # 求数据集 x 的极差，放入 MR 空值中
10     i += 1                                            # 为 i 赋值 1,2,3,…,30
11 MR = pd. Series(MR)                                   # 设置 MR 为序号从 0~29 的移动极差，Pandas
12                                                            Series 类型数据
13 data = pd. concat([x,MR],axis=1)                      # 定义 data 为 Pandas DataFrame 类型数据
14 data. columns = ['x','MR']                            # 给 data 列分别赋予 x 和 MR 的代号
15 mr_bar = statistics.mean(data['MR'][1:])
16                                                       # 计算 mr_bar 为移动极差均值
17 mr_s = mr_bar / 1.128                                 # 计算 mr-s，查表得 d2(2) = 1.128
18 mrUCL = mr_bar + 3 * 0.852 * mr_s                     # 计算移动极差 UCL 控制上限，查表得 d3(2) = 0.852
19 mrUCL_b = mr_bar + 3 * 0.852 * mr_s * (2/3)
20                                                       # 计算移动极差 UCL B 区域控制限
21 mrUCL_c = mr_bar + 3 * 0.852 * mr_s * (1/3)
22                                                       # 计算移动极差 UCL C 区域控制限
23 mrLCL_c = mr_bar - 3 * 0.852 * mr_s * (1/3)
24                                                       # 计算移动极差 LCL C 区域控制限
25 mrLCL_b = mr_bar - 3 * 0.852 * mr_s * (2/3)
26                                                       # 计算移动极差 LCL B 区域控制限
27 mrLCL = 0                                             # 将移动极差 LCL 控制下限赋值为 0
28 import plotly. offline as py                          # 导入 plotly. offline 包，记作 py
29 import plotly. graph_objs as go                       # 导入 plotly. graph_objs 包，记作 go
30 from plotly. subplots import make_subplots
31                                                       # 从 plotly. subplots 导入 make_subplots 包
32 def rules(data,cl,ucl,ucl_b,ucl_c,lcl,lcl_b,lcl_c):
33                                                       # 定义 8 条判断规则函数 rules()
34     n = len(data)                                     # 定义 n 为 data 数据个数
35     ind = np. array(range(n))                         # 定义规则 1 中 ind 为 n 取值范围的数组
36     obs = np. arange(1,n + 1)                         # 定义 obs 为取值范围
37                                                       # 以下为 rule 1 内容
38     ofc1 = data[(data > ucl) | (data < lcl)]
39                                                       # 定义 ofc1 为超出控制限的数据
```

```
40    ofc1_obs = obs[(data > ucl) | (data < lcl)]    # 定义 ofc1_obs 为限定范围内超出控制
41                                                       限的取值
42                                                    # 以下为 rule 2 内容
43    ofc2_ind = []                                   # 定义 ofc2_ind 取值为空
44    for i in range(n - 2):                          # 定义 i 的取值范围,最大值为 n-2
45        d = data[i:i + 3]                           # 定义 d 的取值范围为连续 3 点
46        index = ind[i:i + 3]                        # 定义索引的取值范围为 i~i+3
47        if ((d > ucl_b).sum() == 2) | ((d < lcl_b).sum() == 2):
48                                                    # 条件函数,如果连续 2 点落在 Zone B 外
49            ofc2_ind.extend(index[(d > ucl_b) | (d < lcl_b)])
50                                                    # 拓展 ofc2_ind.,将索引元素添加到原
51                                                       空 list 中
52    ofc2_ind = list(sorted(set(ofc2_ind)))          # 定义 ofc2_ind 列表,set()用于去掉
53                                                       重复数值,sorted()用于排序
54    ofc2 = data[ofc2_ind]                           # 定义 ofc2 取值
55    ofc2_obs = obs[ofc2_ind]                        # 定义 ofc2_obs 为限定范围后 ofc2 的
56                                                       取值
57                                                    # 以下为 rule 3 内容
58    ofc3_ind = []                                   # 定义 ofc3_ind 取值为空
59    for i in range(n - 4):                          # 定义 i 的取值范围,最大值为 n-4
60        d = data[i:i + 5]                           # 定义 d 的取值范围为连续 5 点
61        index = ind[i:i + 5]                        # 定义索引的取值范围为 i~i+5
62        if ((d > ucl_c).sum() == 4) | ((d < lcl_c).sum() == 4):
63                                                    # 条件函数,如果连续有 4 点落在 Zone C 外
64            ofc3_ind.extend(index[(d > ucl_c) | (d < lcl_c)])
65                                                    # 拓展 ofc3_ind.,将索引元素添加到原
66                                                       空 list 中
67    ofc3_ind = list(sorted(set(ofc3_ind)))          # 定义 ofc3_ind 列表,set()用于去掉
68                                                       重复数值,sorted()用于排序
69    ofc3 = data[ofc3_ind]                           # 定义 ofc3 取值
70    ofc3_obs = obs[ofc3_ind]                        # 定义 ofc3_obs 为限定范围后 ofc3 的
71                                                       取值
72                                                    # 以下为 rule 4 内容
73    ofc4_ind = []                                   # 定义 ofc4_ind 取值为空
74    for i in range(n - 8):                          # 定义 i 的取值范围,最大值为 n-8
75        d = data[i:i + 9]                           # 定义 d 的取值范围为连续 9 点
76        index = ind[i:i + 9]                        # 定义索引的取值范围为 i~i+9
77        if ((d > cl).sum() == 9) | ((d < cl).sum() == 9):
78                                                    # 条件函数,如果连续 9 点落在均线同一侧
```

```
79          ofc4_ind.extend(index)              # 拓展 ofc4_ind., 将索引元素添加到原空
80                                                 list 中
81   ofc4_ind = list(sorted(set(ofc4_ind)))   # 定义 ofc4_ind 列表, set() 用于去掉重
82                                                 复数值, sorted() 用于排序
83   ofc4 = data[ofc4_ind]                    # 定义 ofc4 取值
84   ofc4_obs = obs[ofc4_ind]                 # 定义 ofc4_obs 为限定范围后 ofc4 的取值
85                                            # 以下为 rule 5 内容
86   ofc5_ind = []                            # 定义 ofc5_ind 取值为空
87   for i in range(n-6):                     # 定义 i 的取值范围, 最大值为 n-6
88       d = data[i:i + 7]                    # 定义 d 的取值范围为连续 7 点
89       index = ind[i:i + 7]                 # 定义索引的取值范围为 i~i+7
90       if all(u <= v for u,v in zip(d,d[1:])) |all(u >= v for u,v in zip(d,d
91   [1:])):                                  # 如果取值连续递增或递减
92               ofc5_ind.extend(index)       # 拓展 ofc5_ind., 将索引元素添加到原空
93                                                 list 中
94   ofc5_ind = list(sorted(set(ofc5_ind)))   # 定义 ofc5_ind 列表, set() 用于去掉重复
95                                                 数值, sorted() 用于排序
96   ofc5 = data[ofc5_ind]                    # 定义 ofc5 取值
97   ofc5_obs = obs[ofc5_ind]                 # 定义 ofc5_obs 为限定范围后 ofc5 的取值
98                                            # 以下为 rule 6 内容
99   ofc6_ind = []                            # 定义 ofc6_ind 取值为空
100   for i in range(n-7):                    # 定义 i 的取值范围, 最大值为 n-7
101       d = data[i:i + 8]                   # 定义 d 的取值范围为连续 8 点
102       index = ind[i:i + 8]                # 定义索引的取值范围为 i~i+8
103       if (all(d > ucl_c) |all(d < lcl_c)):# 条件函数, 如果连续有点落在 Zone C 外
104               ofc6_ind.extend(index)      # 拓展 ofc6_ind., 将索引元素添加到原空
105                                                list 中
106   ofc6_ind = list(sorted(set(ofc6_ind)))  # 定义 ofc6_ind 列表, set() 用于去掉重
107                                                复数值, sorted() 用于排序
108   ofc6 = data[ofc6_ind]                   # 定义 ofc6 取值
109   ofc6_obs = obs[ofc6_ind]                # 定义 ofc6_obs 为限定范围后 ofc6 的取值
110                                           # 以下为 rule 7 内容
111   ofc7_ind = []                           # 定义 ofc7_ind 取值为空
112   for i in range(n - 14):                 # 定义 i 的取值范围, 最大值为 n-14
113       d = data[i:i + 15]                  # 定义 d 的取值范围为连续 15 点
114       index = ind[i:i + 15]               # 定义索引的取值范围为 i~i+15
115       if all(lcl_c < d) and all(d < ucl_c):# 条件函数, 如果连续有点落在 Zone C 内
116               ofc7_ind.extend(index)      # 拓展 ofc7_ind., 将索引元素添加到原空
117                                                list 中
```

```
118    ofc7_ind = list(sorted(set(ofc7_ind)))    # 定义 ofc7_ind 列表,set()用于去掉重复
119                                                  数值,sorted()用于排序
120    ofc7 = data[ofc7_ind]                      # 定义 ofc7 取值
121    ofc7_obs = obs[ofc7_ind]                   # 定义 ofc7_obs 为限定范围后 ofc7 的取值
122                                               # 以下为 rule 8 内容
123    ofc8_ind = []                              # 定义 ofc8_ind 取值为空
124    for i in range(n - 13):                    # 定义 i 的取值范围,最大值为 n-13
125        d = data[i:i + 14]                     # 定义 d 的取值范围为连续 14 点
126        index = ind[i:i + 14]                  # 定义索引的取值范围为 i~i+14
127        diff = list(v - u for u,v in zip(d,d[1:]))
128                                               # 定义 diff 为列表,v 在元组列表 d 中取
129                                                  值,在 u 中遍历 v-u
130        if all(u * v < 0 for u,v in zip(diff,diff[1:])):
131                                               # 条件函数,如果连续点相邻交替上下
132                ofc8_ind.extend(index)         # 拓展 ofc8_ind.,将索引元素添加到原空
133                                                  list 中
134    ofc8_ind = list(sorted(set(ofc8_ind)))    # 定义 ofc8_ind 列表,set()用于去掉重复
135                                                  数值,sorted()用于排序
136    ofc8 = data[ofc8_ind]                      # 定义 ofc8 取值
137    ofc8_obs = obs[ofc8_ind]                   # 定义 ofc8_obs 为限定范围后 ofc8 的取值
138    return ofc1,ofc1_obs,ofc2,ofc2_obs,ofc3,ofc3_obs,ofc4,ofc4_obs, \
139        ofc5,ofc5_obs,ofc6,ofc6_obs,ofc7,ofc7_obs,ofc8,ofc8_obs
140                                               # 返回符合 rule1~rule8 的值
141 mr_arr = np.array(data['MR'][1:])            # 定义 mr_arr 数组
142 _,ind1,_,ind2,_,ind3,_,ind4,_,ind5,_,ind6,_,ind7,_,ind8 \
143    = rules(mr_arr,mr_bar,mrUCL,mrUCL_b,mrUCL_c,
144                                               # 调用函数
145            mrLCL,mrLCL_b,mrLCL_c)
146 ind_mr = list(set(ind1).union(set(ind2)).union(set(ind3)).
147                                               # 定义 ind_mr 函数为 ind1 等重排后的列表
148                union(set(ind4)).union(set(ind5)).union(set(ind6)).
149                union(set(ind7)).union(set(ind8)))
150 mask_mr = [False]                            # 定义函数 mask_mr,此处为空集,则图像最
151                                                  后一点为黑色
152 for i in range(len(mr_arr)):                 # i 的取值范围为 mr_arr 数组的长度
153    if i + 1 in ind_mr:                        # 条件语句,如果 i+1 的取值在 ind_mr 中
154      mask_mr.append(True)                     # 则允许 mask_mr 扩展
155    else:                                      # 否则
156      mask_mr.append(False)                    # 不允许 mask_mr 扩展
```

```
157 colors_2 = ['RoyalBlue'if x == False else 'crimson'for x in mask_mr]
158                                      # 带条件的颜色列表,异常点标记为暗红色
159 fig = make_subplots(specs=[[{'secondary_y': True}]])
160                                      # 新建带有主副 y 轴的画布
161 fig.add_trace(go.Scatter(x=np.arange(1,len(data['x']) + 1),y=data['x'],
162                                      # 折线图
163                         mode='lines+markers',        # 线型为线+点
164                         line_color='RoyalBlue',      # 线颜色为皇家蓝
165                         marker_color=colors_2,       # 点的颜色为灰
166                         line=dict(width=2),          # 线宽度为 2
167                         marker=dict(size=10),        # 点大小为 10
168                         name='x'),                   # 命名为 x
169             secondary_y=False)       # 暂不使用辅助 y 轴
170 fig.update_layout(hovermode='x',     # 设置图形总布局
171                   title='MR chart',
172                                      # 标题为 MR chart
173                   showlegend=False,
174                                      # 不显示图例
175                   width=1000,height=500)
176                                      # 限制坐标轴长度和宽度,横轴为 1000,纵轴
177                                        为 500
178 fig.update_xaxes(title='Sample',     # 设置 x 轴,标题为 Sample
179                  tick0=0,dtick=10,
180                                      # 设置 x 轴,坐标原点为 0,间距为 10
181                  ticks='outside',tickwidth=1,tickcolor='black',
182                                      # 设置轴上点向外,大小为 1,颜色为黑
183                  range=[0,len(data['x'])],
184                                      # x 轴范围为 0 至样本总数量
185                  zeroline=False,     # 不显示零线
186                  showgrid=False)     # 不显示网格
187 fig.update_yaxes(title='MR',         # 设置主 y 轴,标题为 MR
188                  ticks='outside',tickwidth=1,tickcolor='black',
189                                      # 设置 y 轴上点向外,大小为 1,颜色为黑
190                  range=[mrLCL,mrUCL + mrUCL * 0.1],
191                                      # 设置 y 轴范围
192                  nticks=5,           # 设置 y 轴分点数
193                  showgrid=False,     # 不显示网格
194                  secondary_y=False)  # 暂不使用辅助 y 轴
195 fig.add_shape(type='line',           # 设置 UCL 线,线型为 line
```

```
196                line_color='crimson',            # 设置 UCL 线，颜色为暗红
197                line_width=1,                    # 设置 UCL 线，线宽为 1
198                x0=0,x1=len(data['x']),xref='x1',y0=mrUCL,y1=mrUCL,yref=
199                'y2',                            # 设置 mrUCL 线位置
200                secondary_y=True)                # 启用辅助 y 轴
201 fig.add_shape(type='line',                      # 设置 UCL_b 辅助线为直线
202                line_color='LightSeaGreen',      # 设置 UCL_b 辅助线颜色为浅海绿
203                line_dash='dot',                 # 设置 UCL_b 辅助线线型为虚线
204                line_width=1,                    # 设置 UCL_b 辅助线线宽为 1
205                x0=0,x1=len(data['x']),xref='x1',y0=mrUCL_b,y1=mrUCL_b,
206                yref='y2',                       # 设置 mrUCL_b 线
207                secondary_y=True)                # 启用辅助 y 轴
208 fig.add_shape(type='line',                      # 设置 UCL_c 辅助线为直线
209                line_color='LightSeaGreen',      # 设置 UCL_c 辅助线颜色为浅海绿
210                line_dash='dot',                 # 设置 UCL_c 辅助线线型为虚线
211                line_width=1,                    # 设置 UCL_c 辅助线线宽为 1
212                x0=0,x1=len(data['x']),xref='x1',y0=mrUCL_c,y1=mrUCL_c,
213                yref='y2',                       # 设置 mrUCL_c 线
214                secondary_y=True)                # 启用辅助 y 轴
215 fig.add_shape(type='line',                      # 设置均值辅助线为直线
216                line_color='LightSeaGreen',      # 设置均值辅助线颜色为浅海绿
217                line_width=1,                    # 设置均值辅助线线宽为 1
218                x0=0,x1=len(data['x']),xref='x1',y0=mr_bar,y1=mr_bar,yref
219                ='y2',                           # 设置均值辅助线位置
220                secondary_y=True)                # 启用辅助 y 轴
221 fig.add_shape(type='line',                      # 设置 LCL_c 辅助线为直线
222                line_color='LightSeaGreen',      # 设置 LCL_c 辅助线颜色为浅海绿
223                line_dash='dot',                 # 设置 LCL_c 辅助线线型为虚线
224                line_width=1,                    # 设置 LCL_c 辅助线线宽为 1
225                x0=0,x1=len(data['x']),xref='x1',y0=mrLCL_c,y1=mrLCL_c,
226                yref='y2',                       # 设置 mrLCL_c 线
227                secondary_y=True)                # 启用辅助 y 轴
228 fig.add_shape(type='line',                      # 设置 mrLCL 线，线型为直线
229                line_color='crimson',            # 设置 mrLCL 线，颜色为暗红
230                line_width=1,                    # 设置 mrLCL 线，线宽为 1
231                x0=0,x1=len(data['x']),xref='x1',y0=mrLCL,y1=mrLCL,yref=
232                'y2',                            # 设置 mrLCL 线位置
233                secondary_y=True)                # 启用辅助 y 轴
234 fig.update_yaxes(ticks='outside',tickwidth=1,tickcolor='black',
235                                                 # 设置 y 轴上的点向外，大小为 1，颜色为黑
```

```
236                     range=[mrLCL,mrUCL + mrUCL * 0.1],
237                              # 设置 y 轴范围,从 mrLCL~1.1* mrUCL
238                     ticktext=['LCL='+ str(np.round(mrLCL,3)),
239                              # 设置 y 轴文本 LCL=计算值保留 3 位小数
240                              'MR-bar='+ str(np.round(mr_bar,3)),
241                              # MR-bar=计算值,保留 3 位小数
242                              'UCL='+ str(np.round(mrUCL,2))],
243                              # UCL=计算值,保留 2 位小数
244                     tickvals=[mrLCL,mr_bar,mrUCL], # 给 y 轴文本赋值
245                     showgrid=False,              # 不显示网格线
246                     secondary_y=True)            # 启用辅助 y 轴
247 py.plot(fig,filename='basic-line2.html')
248                              # 绘制折线图,将图形存放在 basic-line2.html 网页
```

* tickvals 是与 ticktext 配套使用的,并且 tickvals 的值与前面 ticktext list 中的值是一样的(或者部分一样),表示把相应的 text 对应到 x 值的位置. 如果说这里的 tickvals 设置的值不在 ticktext list 里面,则是没显示结果的.

运行上述代码,图形文件以网页的形式呈现. 从图可以看出,对于图像显示,除了部分数据外,其他内容需要单击图片上方的"Autoscale"命令进行自动配置显示,则会呈现出完美的图形,如图 11.8 所示.

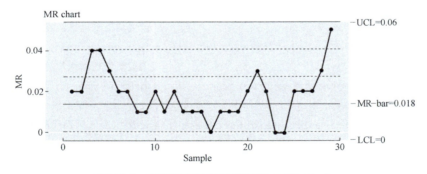

图 11.8　汞测定移动极差控制图（MR-chart）

从图 11.8 可以看出,移动极差数据结果均在控制限 0~0.06 之间波动,测量结果处于受控状态. 结合图 11.7 的单值控制图可判断汞测定稳定性检验不合格,不能进行过程能力分析,需进一步改进测量系统.

11.2.3　Python 相关性分析

【例 11.6】　分析汞测定数据与测量顺序编号是否具有相关性,数据如表 11.3 所示.

这里采用 3 种方式进行相关系数计算:用 Pandas 计算、用 NumPy 计算用自己编写的函数计算.

1）使用 Pandas 计算相关系数,调用代码 11.11.

代码 11.11　程序包调用格式

```
1 import pandas as pd                 # 导入 pandas,记作 pd
2 import pylab as plt                 # 导入 pylab,记作 plt
3 list1=list(range(1,30+1))           # 生成从 1~30 的自然数列表
4 list2=[4.38,4.40,4.42,4.46,4.50,4.53,4.55,4.57,4.58,4.59,4.61,4.62,4.64,4.63,4.64,
5                                     # 定义列表 list2
6       4.65,4.65,4.66,4.67,4.68,4.70,4.73,4.75,4.75,4.75,4.77,4.79,4.81,4.84,4.89]
7 g_s_m=pd.Series(list1)              # 利用 Series 将 list1 列转换成新的 pandas 可处理的数据
8 g_a_d=pd.Series(list2)              # 利用 Series 将 list2 列转换成新的 pandas 可处理的数据
9 corr_gust=round(g_s_m.corr(g_a_d),4)
10                                    # 计算标准差,round(a,4)表示保留 a 的前 4 位小数
11 print('corr_gust:',corr_gust)      # 打印相关系数
```

代码 11.11 的运行结果为:

corr_gust: 0.9783

2) 使用 MumPy 计算相关系数, 调用代码 11.12.

代码 11.12　程序包调用格式

```
1 import numpy as np                          # 导入 numpy,记作 np
2 list1=list(range(1,30+1))                   # 生成从 1~30 的自然数
3 list2=[4.38,4.40,4.42,4.46,4.50,4.53,4.55,4.57,4.58,4.59,4.61,4.62,4.64,4.63,
4       4.64,                                 # 定义列表 list2
5       4.65,4.65,4.66,4.67,4.68,4.70,4.73,4.75,4.75,4.75,4.77,4.79,4.81,4.84,4.89]
6 Mat1=np.array(list1)                        # 定义数组 Mat1
7 Mat2=np.array(list2)                        # 定义数组 Mat2
8 correlation = np.corrcoef(Mat1,Mat2)        # 计算相关系数
9 print("数列 1 = \n",Mat1)                    # 打印数列 1
10 print("数列 2 = \n",Mat2)                   # 打印数列 2
11 print("相关系数 = \n",correlation)          # 打印相关系数
```

代码 11.12 的运行结果为:

数列 1 =

[1 2 3 4 5 6 7 8 9 10 11 12 13 14 15 16 17 18 19 20 21 22 23 24 25 26 27 28 29 30]

数列 2 =

[4.38 4.4 4.42 4.46 4.5 4.53 4.55 4.57 4.58 4.59 4.61 4.62 4.64 4.63 4.64 4.65 4.65 4.66 4.67 4.68 4.7 4.73 4.75 4.75 4.75 4.77 4.79 4.81 4.84 4.89]

相关系数 =

[[1.　　　　　　 0.9782821]

[0.9782821 1.　　　　]]

3）使用自己编写的函数计算相关系数，调用代码 11.13.

代码 11.13　程序包调用格式

```
1 import pandas as pd                    # 导入 pandas,记作 pd
2 import math                            # 导入 math
3 def calc_corr(a,b):                    # 定义函数:计算相关系数
4 a_avg = sum(a)/len(a)                  # 定义 a_avg 为 a 的平均数
5 b_avg = sum(b)/len(b)                  # 定义 b_avg 为 b 的平均数
6                                        # 代码此处空行,不允许删除
7 cov_ab = sum([(x - a_avg)* (y - b_avg) for x,y in zip(a,b)])
8                                        # 计算分子,协方差*
9 sq = math.sqrt(sum([(x - a_avg)** 2 for x in a])* sum([(x - b_avg)** 2 for x in b]))
10                                       # 计算分母,方差乘积* *
11                                       # 代码此处空行,不允许删除
12 corr_factor = cov_ab/sq               # 计算相关系数
13                                       # 代码此处空行,不允许删除
14 return corr_factor                    # 返回相关系数
15                                       # 代码此处空行,不允许删除
16 if __name__ == '__main__':            # __name__ 属性是 Python 的一个内置
17                                          属性,记录了字符串 __main__
18                                       # 代码此处空行,不允许删除
19 a = list(range(1,30+1))               # 定义 a 列表,生成从 1~30 的自然数
20 b = list2 = [4.38,4.40,4.42,4.46,4.50,4.53,4.55,4.57,4.58,4.59,4.61,4.62,4.64,
21             4.63,4.64,                # 定义列表 list2
22     4.65,4.65,4.66,4.67,4.68,4.70,4.73,4.75,4.75,4.75,4.77,4.79,4.81,4.84,4.89]
23 b_s = pd.Series(b)        # 利用 Series 将 b 列转换成新的 pandas 可处理的数据
24 a_s = pd.Series(a)        # 利用 Series 将 a 列转换成新的 pandas 可处理的数据
25 cor1 = a_s.corr(b_s)      # 计算相关系数
26 cor2 = calc_corr(a,b)     # 自编函数计算两个列表的相关系数,可以发现两者结果是一样的
27 print(cor1,cor2)          # 打印相关系数
```

＊按照协方差公式，本来要除以 n，由于在相关系数中上下同时约去了 n，于是可以不除以 n.

＊＊方差本来也要除以 n，在相关系数中上下同时约去了 n，于是可以不除以 n.

代码 11.13 的运行结果为：

0.978282103537537　0.9782821035375372

相关系数 0.9783>0.8，表明数据存在显著相关性. 优秀的测量系统在测定过程中一般不会产生相关. 这里解释一下"if __ name __ == ' __ main __':"的作用. 一个 Python 文件通常有两种使用方法，第一种是作为脚本直接执行，第二种是导入到其他的 Python 脚本中被调用（模块重用）执行. 因此"if __ name __ == ' __ main __':"的作用就是控制这两种情况下执行代码的过程，在"if __ name __ == ' __ main __':"下的代码只有在第一种情况下（即文

件作为脚本直接执行）才会被执行，而导入到其他脚本中是不会被执行的.

综上所述，对于例 11.1 中的该市实验室汞测量系统过程能力是否合格，答案是由于稳定性和相关性检验不合格，无法进行过程能力测定，该市环境监测系统处于失控状态，需要对汞测量系统进行改进. 测量系统改进后，根据新的实验数据可重新评价汞的测量系统的过程能力.

11.2.4　Python 过程能力分析

【例 11.7】　进行测量系统改进后重新测定汞标准样品，平行样样本数量同样设定为 30，即选取相同编号的安瓿瓶（保证值为 4.69±0.47μg/L）1 支，相同测定者、测量设备和测定方法，重新测定的结果如表 11.5 所示. 请判断汞测定系统经过改进后的过程能力是否满足六西格玛质量要求.

表 11.5　汞测量系统改进后的测定结果

编号	取样量（mL）	定容体积（mL）	荧光强度	测定浓度（μg/L）	样品浓度（μg/L）
1	5.0	10.0	91.31	0.464	4.64
2	5.0	10.0	90.79	0.462	4.62
3	5.0	10.0	93.66	0.473	4.73
4	5.0	10.0	88.44	0.453	4.53
5	5.0	10.0	92.36	0.468	4.68
6	5.0	10.0	89.49	0.457	4.57
7	5.0	10.0	95.75	0.481	4.81
8	5.0	10.0	86.62	0.446	4.46
9	5.0	10.0	90.01	0.459	4.59
10	5.0	10.0	85.57	0.442	4.42
11	5.0	10.0	91.58	0.465	4.65
12	5.0	10.0	89.75	0.458	4.58
13	5.0	10.0	90.01	0.459	4.59
14	5.0	10.0	91.05	0.463	4.63
15	5.0	10.0	96.53	0.484	4.84
16	5.0	10.0	92.10	0.467	4.67
17	5.0	10.0	91.84	0.466	4.66
18	5.0	10.0	89.75	0.458	4.58
19	5.0	10.0	88.97	0.455	4.55
20	5.0	10.0	92.88	0.470	4.70
21	5.0	10.0	84.53	0.438	4.38
22	5.0	10.0	91.58	0.465	4.65
23	5.0	10.0	94.19	0.475	4.75
24	5.0	10.0	91.31	0.464	4.64
25	5.0	10.0	95.23	0.479	4.79

（续）

编号	取样量 （mL）	定容体积 （mL）	荧光强度	测定浓度 （μg/L）	样品浓度 （μg/L）
26	5.0	10.0	90.53	0.461	4.61
27	5.0	10.0	94.19	0.475	4.75
28	5.0	10.0	94.71	0.477	4.77
29	5.0	10.0	91.05	0.463	4.63
30	5.0	10.0	94.19	0.475	4.75

首先判断表 11.5 中的输出值是否符合正态性、稳定性、相关性标准，再分析过程能力. 其次采用移动极差均值作为标准差估计，计算 C_p 和 C_{pk} 可通过调用代码 11.14.

代码 11.14　程序包调用格式

```
1 import numpy as np                          # 导入 numpy,记作 np
2 import matplotlib.pyplot as plt             # 导入 matplotlib.pyplot,记作 plt
3 import pandas as pd                          # 导入 pandas,记作 pd
4 import math                                  # 导入 math
5 import statistics                            # 导入 statistics
6 df = pd.read_excel('E:\data7.xlsx')          # 引用数据,根据实际情况更改路径及文件名
7 x = df['x']                                  # 定义数据集 x 为 Excel 中以 x 开头的列
8 MR = [np.nan]                                # 创建移动极差的 list,插入一个空值 MR,
9                                              比 x 少 1 个自由度
10 i = 1                                        # 将 1 赋值给 i
11 for n in range(len(x) - 1):                  # n 的范围为"x 样本数量-1"
12     MR.append(abs(x[n + 1] - x[n]))          # 拓展 MR 数据列表,计算移动极差
13     i += 1                                    # i=1,2,3,…,x 样本数量-1
14 MR = pd.Series(MR)                           # 设置 MR 为序号从 0~29 的移动极差,
15                                              Pandas Series 类型数据
16 data = pd.concat([x,MR],axis=1)              # 定义 data 为 Pandas DataFrame 类型
17                                              数据*
18 data.columns = ['x','MR']                    # 为 data 列分别赋予 x 和 MR 的代号
19 x_bar = statistics.mean(data['x'])           # 计算 x_bar
20 mr_bar = statistics.mean(data['MR'][1:])     # 计算 mr_bar
21 r = mr_bar / 1.128                           # 计算平均值差,d2(2) = 1.128
22 u = np.mean(data['x'])                       # 定义 u 为数据平均值
23 stdev = np.std(data['x'],ddof=1)             # 定义 stdev 为数据标准差
24 sample=len(data['x'])                        # 定义 sample 为数据 x 的样本数量
25 sigma = 3                                    # 为 sigma 赋值
26 print("=="* 20)                              # 打印 20 个"=="符号
27 print('平均值:',round(u,4))                   # 打印平均值
```

```
28 print('标准差:',round(stdev,4))          # 打印标准差
29 print('样本数量:',sample)                  # 打印样本数量
30 x1 = np.linspace(u - sigma * stdev,u + sigma * stdev,1000)
31                                             # 生成横轴数据平均分布,分成 1000 份
32 y1 = np.exp(-(x1 - u) * * 2 / (2 * stdev * * 2)) / (math.sqrt(2 * math.pi) *
33     stdev)                                 # 计算正态分布曲线
34 usl=5.16                                    # 给控制上限赋值
35 lsl=4.22                                    # 给控制下限赋值
36 ppu = (usl - u) / (sigma * stdev)           # 计算 ppu
37 ppl = (u - lsl) / (sigma * stdev)           # 计算 ppl
38 pp=(usl-lsl)/(6 * stdev)                     # 计算 pp
39 def ppk_calc(tttt,usl,lsl):                  # 定义 ppk 计算函数
40     ppk = min(ppu,ppl)                       # 定义 ppk 为 ppu 和 ppl 中的最小值
41     return ppk                               # 返回 ppk 值
42 print('规格上限:',usl)                      # 打印规格上限
43 print('规格下限:',lsl)                      # 打印规格下限
44 print('M:',round((usl+lsl)/2,3))             # 打印 M 值
45 print('Pp:',round(pp,2))                     # 打印 Pp 值
46 print('PPL:',round(ppl,2))                   # 打印 PPL 值
47 print('PPU:',round(ppu,2))                   # 打印 PPU 值
48 print('Ppk:',round(ppk_calc(data['x'],5.16,4.22),2))
49                                             # 打印 Ppk 值
50 cpu = (usl - u) / (sigma * r)                # 计算 cpu
51 cpl = (u - lsl) / (sigma * r)                # 计算 cpl
52 cp=(usl-lsl)/(6 * r)                         # 计算 cp
53 def cpk_calc(tttt,usl,lsl):                  # 定义 cpk_calc() 计算函数
54     cpk = min(cpu,cpl)                       # 定义 cpk 为 cpu 和 cpl 中的最小值
55     return cpk                               # 返回 cpk 值
56 print('平均极差:',round(r,4))               # 打印平均极差
57 print('Cp:',round(cp,2))                     # 打印 Cp 值
58 print('CPL:',round(cpl,2))                   # 打印 CPL 值
59 print('CPU:',round(cpu,2))                   # 打印 CPU 值
60 print('Cpk:',round(cpk_calc(data['x'],5.16,4.22),2))
61                                             # 打印 Cpk 值
62 print("==" * 20)                            # 打印 20 个 "==" 符号
63 plt.xlim(x1[0] - 0.5,x1[-1] + 0.5)           # 使用 matplotlipb 画图* *
64 plt.plot(x1,y1,label='Normal distribution curve')
65                                             # 绘制密度分布正态曲线
66 plt.hist(data['x'],10,edgecolor='k',density=True)
67                                             # 绘制直方图,边缘线为黑色,显示理论密度线
68 plt.title("Cpk={0}".format(round(cpk_calc(data['x'],5.16,4.22),2)))
69                                             # 显示标题为 Cpk 值,保留 2 位小数
```

```
70 plt.axvline(lsl,label='LSL',color='g',linestyle='--')
71                                              # 设置控制下限特征、标签、颜色、线型
72 plt.axvline(usl,label='USL',color='b',linestyle='--')
73                                              # 设置控制上限特征、标签、颜色、线型
74 plt.legend()                                 # 显示图例
75 plt.rcParams['figure.dpi']=1000             # 设置图片分辨率
76 plt.show()                                   # 显示绘制图形
```

＊x 和 MR 错 1 位对齐.

＊＊plt.xlim() 是 x 轴的作图范围，plt.ylim() 是 y 轴的作图范围，plt.xticks() 表达 x 轴的刻度内容的范围.

执行代码 11.14，得到的图形如图 11.9 所示.

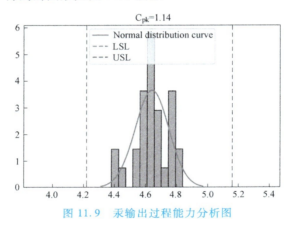

图 11.9　汞输出过程能力分析图

过程能力分析计算结果如表 11.6 所示.

表 11.6　过程能力分析计算结果

基本统计参数	平均值	标准差	样本数量	规格上限	规格下限	中心值	平均极差
结果	4.6407	0.1093	30	5.16	4.22	4.69	0.1232
过程能力参数	P_p	PPL	PPU	C_{pk}	C_p	CPL	CPU
结果	1.43	1.28	1.58	1.28	1.27	1.14	1.41

Python 过程能力分析显示中心值略有偏移，由 4.69 偏移到 4.64. C_p 与 C_{pk} 相差不大且 $1 \leqslant C_p < 1.33$，结合表 11.1，判定汞测量系统过程能力尚可，能基本保证测量质量符合要求，但距离过程能力充足仍有进步空间.

使用 Matplotlib 可绘制直方图并计算过程能力. 一般来说，过程绩效指数值要比相应的过程能力指数值小. 由于样本数量少于 50 个，因此子组数量设置为 1. 对于子组大小为 1 的情况，标准差估计使用平均移动极差. 对于子组大小大于 1 的情况，可采用 Rbar（R）、Sbar（S）或合并标准差作为标准差估计以用于 C_{pk} 等的计算.

11.2.5　Python 质量趋势分析

【例 11.8】　某市从去年 7 月至今年 6 月，按月例行监测生态河流质量状况，将计算出

的断面类别情况列表公示，请将表 11.7 列出的数据按月统计绘制百分比堆积柱形图以判断河流断面水质量趋势.

百分比堆积柱形图属于柱形图系列，x 轴变量默认会按照输入的顺序绘制，y 轴变量和图例变量默认按照字母顺序绘制. 所以在使用 Python 绘制柱形图表时要注意数据排序的问题. 可编写代码 11.15 绘制堆积柱形图. 将数据表制作成 Excel 文件，命名为 "data3.xlsx"，放在 E 盘根目录下.

表 11.7　某市去年 7 月至今年 6 月各月断面水质状况统计表

百分比(%)	7月	8月	9月	10月	11月	12月	1月	2月	3月	4月	5月	6月
Ⅰ~Ⅱ类	12	12	25	24	24	13	22	24	32	26	16	16
Ⅲ类	24	12	25	18	0	0	0	6	0	16	47	47
Ⅳ类	24	29	25	35	35	20	11	18	11	5	11	16
Ⅴ类	12	6	6	6	24	33	28	18	21	37	21	16
劣Ⅴ类	28	41	19	17	17	34	39	34	36	16	5	5
总计	100	100	100	100	100	100	100	100	100	100	100	100

代码 11.15　程序包调用格式

```
1 import matplotlib.pyplot as plt              # 导入 matplotlib.pyplot,记作 plt
2 import numpy as np                           # 导入 numpy,记作 np
3 import pandas as pd                          # 导入 pandas,记作 pd
4 from matplotlib.ticker import FuncFormatter  # 设置轴参数包
5 def add_text(x,y,data,fontsize=12):          # 定义柱形图上的文字函数,设置文字大小
6     for x0,y0,data0 in zip(x,y,data):        # 定义柱形图上的文字函数
7         axs[1].text(x0,y0,round(data0*100,0),rotation=90)
8                                               # 文本为数字×100,方向旋转 90°
9 xls = pd.read_excel('E:\data3.xlsx')         # 读取数据
10 name = xls.month                            # 定义 name 为 month 列数据
11 waterquality1 = np.array(xls.waterquality1) # 定义 waterquality1 列数据为数组
12 waterquality2 = np.array(xls.waterquality2) # 定义 waterquality2 列数据为数组
13 waterquality3 = np.array(xls.waterquality3) # 定义 waterquality3 列数据为数组
14 waterquality4 = np.array(xls.waterquality4) # 定义 waterquality4 列数据为数组
15 waterquality5 = np.array(xls.waterquality5) # 定义 waterquality5 列数据为数组
16 index = np.arange(len(name))                # 定义索引范围为月份数
17 colors = ['skyblue','lightgreen','yellow','orange','r']
18                                             # 自定义颜色
19 width = 0.4                                 # 定义宽度
20 fig,axs = plt.subplots(1,2,figsize=(15,5)) # 设置画布图形布局和尺寸
21 axs[0].bar(index,waterquality1,width=width,label='Ⅰ-Ⅱ level')
22                                             # 设置Ⅰ、Ⅱ类柱形图特征,宽度位置标签
23 axs[0].bar(index,waterquality2,width=width,bottom=waterquality1,label='Ⅲ
24     level')                                 # 设置Ⅲ类柱形图特征
```

```
25 axs[0].bar(index,waterquality3,width=width,bottom=waterquality2 +
26                                                 # 设置Ⅳ类柱形图特征
27             waterquality1,label='Ⅳ level')
28 axs[0].bar(index,waterquality4,width=width,bottom=waterquality3+ waterqual-
29         ity2+                                  # 设置Ⅴ类柱形图特征
30             waterquality1,label='Ⅴ level')
31 axs[0].bar(index,waterquality5,width=width,bottom=waterquality4+ waterqual-
32         ity3+                                  # 设置劣Ⅴ类柱形图特征
33             waterquality2+ waterquality1,label='Inferior Ⅴ level')
34 axs[0].set_ylim(0,100)                         # 设置绘图 y 轴范围 0~100
35 axs[0].set_xticks(index)                       # 设置 x 轴分点
36 axs[0].set_xticklabels(name,rotation=90)       # 设置 x 轴标签以 name 分类,旋转 90°显示
37 axs[0].legend(loc='upper left',shadow=True)
38                                                # 设置图例左上方显示,有阴影
39 sum = waterquality1 + waterquality2 + waterquality3 + waterquality4 + waterqual-
40     ity5                                       # 计算 5 项数据和
41 percentage1 = waterquality1 / sum              # 计算Ⅰ、Ⅱ类水质所占比重
42 percentage2 = waterquality2 / sum              # 计算Ⅲ类水质所占比重
43 percentage3 = waterquality3 / sum              # 计算Ⅳ类水质所占比重
44 percentage4 = waterquality4 / sum              # 计算Ⅴ类水质所占比重
45 percentage5 = waterquality5 / sum              # 计算劣Ⅴ类水质所占比重
46 axs[1].bar(index,percentage1,width=width,label=waterquality1)
47                                                # 设置Ⅰ、Ⅱ类柱形图特征,宽度位置标签
48 axs[1].bar(index,percentage2,width=width,bottom=percentage1,label=water-
49           quality2)                            # 设置Ⅲ类柱形图特征
50 axs[1].bar(index,percentage3,width=width,    # 设置Ⅳ类柱形图特征
51             bottom=percentage1 + percentage2,label=waterquality3)
52 axs[1].bar(index,percentage4,width=width,    # 设置Ⅴ类柱形图特征
53             bottom=percentage1 + percentage2 + percentage3,label=waterqual-
54                 ity4)
55 axs[1].bar(index,percentage5,width=width,    # 设置劣Ⅴ类柱形图特征
56             bottom=percentage1 + percentage2 + percentage3 + percentage4,
57             label=waterquality5)               # 标签显示劣Ⅴ类
58 axs[1].set_ylim(0,1)                           # 设置 y 轴绘图范围 0~1
59 axs[1].set_xticks(index)                       # 设置 x 轴分点
60 axs[1].set_xticklabels(name,rotation=90)       # 设置 x 轴标签以 name 分类,旋转 90°显示
61 y1 = percentage1/2                             # y1 为Ⅰ、Ⅱ类水数据标签位置
62 y2 = percentage1 + percentage2/2               # y2 为Ⅲ类水数据标签位置
63 y3 = percentage1 + percentage2 + percentage3/2
64                                                # y3 为Ⅳ类水数据标签位置
65 y4 = percentage1 + percentage2 + percentage3 + percentage4/2
66                                                # y4 为Ⅴ类水数据标签位置
```

```
67 y5 = percentage1 + percentage2 + percentage3 + percentage4 + percentage5/2
68                                              # y5 为劣 V 类水数据标签位置
69 add_text(index-width/2,y1,percentage1)       # 添加 I、II 类水数据
70 add_text(index-width/2,y2,percentage2)       # 添加 III 类水数据
71 add_text(index-width/2,y3,percentage3)       # 添加 IV 类水数据
72 add_text(index-width/2,y4,percentage4)       # 添加 V 类水数据
73 add_text(index-width/2,y5,percentage5)       # 添加劣 V 类水数据
74 def to_percent(temp,position):               # 定义函数
75     return '% 1.0f'% (100* temp) + '% '      # 设置函数 x 轴用百分比显示
76 plt.gca().yaxis.set_major_formatter(FuncFormatter(to_percent))
77                                              # 绘制百分比堆积柱形图
78 plt.rcParams['font.sans-serif'] = ['KaiTi']  # 设置正常显示中文标签
79 plt.rcParams['figure.dpi'] =1000             # 设置图像像素
80 plt.show()                                   # 显示绘制图形
```

运行代码 11.15，得到的图如图 11.10 所示，其中，图 11.10a 为堆积柱形图，图 11.10b 为百分比堆积柱形图. 可看出，河流水质量趋势为劣 V 类水质的比例逐渐减少，清洁水体比例增加.

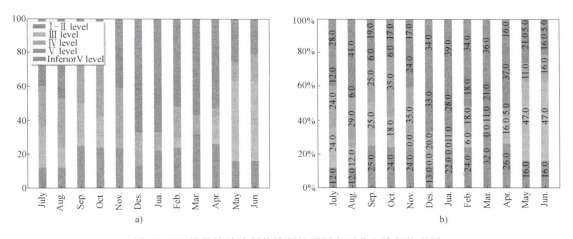

图 11.10　按月统计绘制的堆积柱形图和百分比堆积柱形图

习题 11-2

1. 选取编号为 201128 的铜标准样品（保证值为 0.509±0.033 mg/L）安瓿瓶 1 支，平行样样本数量 30，测定者 1 人. 测量设备为 ZEEnit-700P，按照《铜、铅和镉的测定 石墨炉原子吸收分光光度法》（水和废水监测分析方法第四版）进行测定. 测定结果如表 11.8 所示. 请进行数据质量正态性分析（将样品浓度数据制作成 Excel 文件，命名为"data4.xlsx"，放在 E 盘根目录下）.

表 11.8　铜测量系统测定结果

编号	取样量（μL）	定容体积（mL）	稀释倍数	吸光度	扣除空白吸光度	测定浓度（μg/L）	样品浓度（mg/L）
1	100	100	50	0.1093	0.10012	9.9	0.497
2	100	100	50	0.1150	0.10582	10.5	0.527
3	100	100	50	0.1110	0.10182	10.1	0.506
4	100	100	50	0.1103	0.10112	10.0	0.502
5	100	100	50	0.1113	0.10212	10.2	0.508
6	100	100	50	0.1110	0.10182	10.1	0.506
7	100	100	50	0.1127	0.10352	10.3	0.515
8	100	100	50	0.1091	0.09992	9.9	0.496
9	100	100	50	0.1126	0.10342	10.3	0.515
10	100	100	50	0.1115	0.10232	10.2	0.509
11	100	100	50	0.1117	0.10252	10.2	0.510
12	100	100	50	0.1127	0.10352	10.3	0.515
13	100	100	50	0.1131	0.10392	10.3	0.517
14	100	100	50	0.1095	0.10032	10.0	0.498
15	100	100	50	0.1105	0.10132	10.1	0.504
16	100	100	50	0.1109	0.10172	10.1	0.506
17	100	100	50	0.1141	0.10492	10.5	0.523
18	100	100	50	0.1111	0.10192	10.1	0.507
19	100	100	50	0.1119	0.10272	10.2	0.511
20	100	100	50	0.1097	0.10052	10.0	0.499
21	100	100	50	0.1081	0.09892	9.8	0.491
22	100	100	50	0.1086	0.09942	9.9	0.493
23	100	100	50	0.1081	0.09892	9.8	0.491
24	100	100	50	0.1106	0.10142	10.1	0.504
25	100	100	50	0.1133	0.10412	10.4	0.518
26	100	100	50	0.1106	0.10142	10.1	0.504
27	100	100	50	0.1121	0.10292	10.2	0.512
28	100	100	50	0.1139	0.10472	10.4	0.522
29	100	100	50	0.1114	0.10222	10.2	0.508
30	100	100	50	0.1101	0.10092	10.0	0.501

2. 请根据表 11.8 所示的铜测量系统测定结果进行数据质量单值控制图绘制并判断异常点.

3. 请根据表 11.8 所示的铜测量系统测定结果进行数据质量相关性分析.

4. 请根据表 11.8 所示的铜测量系统测定结果进行数据质量过程能力分析.

11.3 本章小结

本章分两节介绍了 Python 环境质量控制项目与应用. 11.1 节介绍了可进行质量控制的项目，本节围绕两方面内容进行讲解，一是介绍常见环境质量控制项目，二是介绍质量控制指标，包括过程能力、正态性、稳定性和相关性. 测量系统的过程能力分析是质量控制领域的综合计算项目，在进行过程能力计算之前要先进行正态性分析、稳定性分析和相关性分析. 如果输出结果既满足正态分布条件，又满足稳定受控条件，还满足不相关的条件，那么才可以继续进行过程能力分析. 否则，就要改进测量系统或者进行数据变换等重新验证这 3 项要求. 过程能力分析主要涉及两个重要指标的计算：C_p 与 C_{pk}. 11.2 节介绍 Python 在环境质量控制中的应用，这一节以一个失控的环境监测测量系统为例，详细论述了正态性分析、稳定性分析和相关性分析的各种 Python 代码，展示了通过 Python 计算来推进管理部门进行测量系统改进，并重新验证测量系统过程能力的完整过程，实现了应用 Python 提高测量系统六西格玛水平的目的. 通过使用 Python 代码绘制河流水质变化百分比堆积柱形图来分析未来河流断面水质的安全趋势，为环保政策制定提供依据.

综上所述，通过应用 Python 代码可以提升环境监测项目测量系统水平，也可以判断环境指标状态是否符合质量标准，甚至可以预测将来指标状态的发展趋势. Python 在环境质量控制方面的应用具有积极的实践指导意义.

总习题 11

1. 选取氟化物标准样品（保证值为 1.53±0.06mg/L）安瓿瓶 1 支，样本数量 30，测定者 1 人. 测量设备为离子色谱仪，方法参照《水质　无机阴离子（F^-、Cl^-、NO_2^-、Br^-、NO_3^-、PO_4^{3-}、SO_3^{2-}、SO_4^{2-}）》（HJ84—2016）. 测定结果如表 11.9 所示. 请用 Python 进行正态性分析（将数据制成 Excel 文件，名为 "data5. xlsx"，存放在 E 盘根目录下）.

2. 请根据表 11.9 所示的铜测量系统测定结果进行数据质量单值控制图绘制并判断异常点.

3. 请根据表 11.9 所示的铜测量系统测定结果进行数据质量相关性分析.

4. 请根据表 11.9 所示的铜测量系统测定结果进行数据质量过程能力分析.

表 11.9　氟化物测量系统测定结果

编号	稀释倍数	保留时间（min）	响应值	样品浓度（mg/L）
1	1	3.264	3.47413	1.55
2	1	3.264	3.43101	1.53
3	1	3.264	3.45246	1.54
4	1	3.264	3.46700	1.55
5	1	3.264	3.37573	1.50
6	1	3.264	3.46528	1.54
7	1	3.264	3.44715	1.54

（续）

编号	稀释倍数	保留时间(min)	响应值	样品浓度(mg/L)
8	1	3.264	3.39811	1.51
9	1	3.264	3.47961	1.55
10	1	3.264	3.42752	1.53
11	1	3.264	3.43603	1.53
12	1	3.264	3.41020	1.52
13	1	3.264	3.44751	1.54
14	1	3.264	3.44879	1.54
15	1	3.264	3.41775	1.52
16	1	3.264	3.42430	1.53
17	1	3.264	3.44312	1.53
18	1	3.264	3.45460	1.54
19	1	3.264	3.48885	1.56
20	1	3.264	3.43819	1.53
21	1	3.264	3.45895	1.54
22	1	3.264	3.43812	1.53
23	1	3.264	3.45218	1.54
24	1	3.264	3.45554	1.54
25	1	3.264	3.43514	1.53
26	1	3.264	3.42269	1.52
27	1	3.264	3.43739	1.53
28	1	3.264	3.41415	1.52
29	1	3.264	3.39371	1.51
30	1	3.264	3.49706	1.56

5. 2016—2020 年，为了预测某市河流水质总趋势，各地上报的近 5 年的河流水质断面数据如表 11.10 所示，请绘制近 5 年水质类别百分比堆积柱形图（将数据制作成 Excel 文件，名为"data6.xlsx"，存放在 E 盘根目录下）。

表 11.10　某市近 5 年河流水质断面数据

水质类别	2016 年	2017 年	2018 年	2019 年	2020 年
Ⅰ、Ⅱ类	32.0	34.6	30.8	30.8	40.0
Ⅲ类	4.0	0.0	7.7	7.7	0.0
Ⅳ类	12.0	3.8	7.7	11.5	10.0
Ⅴ类	20.0	26.9	11.5	0.0	10.0
劣Ⅴ类	32.0	34.7	42.3	50.0	40.0

参 考 文 献

［1］ 刘卫国. Python 语言程序设计［M］. 北京：电子工业出版社，2019.

［2］ 王凯，王志，李涛，等. Python 语言程序设计［M］. 北京：机械工业出版社，2019.

［3］ 李汉龙，缪淑贤，等. Mathematica 基础及其在数学建模中的应用［M］. 北京：国防工业出版社，2013.

［4］ 李汉龙，缪淑贤，等. 数学建模入门与提高［M］. 北京：国防工业出版社，2013.

［5］ 李汉龙，隋英，缪淑贤，等. Mathematica 基础培训教程［M］. 北京：国防工业出版社，2016.

［6］ 同济大学数学系. 高等数学：上册［M］. 7 版. 北京：高等教育出版社，2014.

［7］ 同济大学数学系. 高等数学：下册［M］. 7 版. 北京：高等教育出版社，2014.

［8］ KORITES B J. Python 图形编程：2D 和 3D 图像的创建［M］. 李铁萌，等译. 北京：机械工业出版社，2020.

［9］ 王斌会，王术. Python 数据分析基础教程［M］. 北京：电子工业出版社，2018.

［10］ 李秀珍，庞常词. 数学实验［M］. 2 版. 北京：机械工业出版社，2013.

［11］ 邱忠文. 高等数学习题解答与自我测试［M］. 北京：国防工业出版社，2010.

［12］ 伍卓群，李勇. 常微分方程［M］. 北京：高等教育出版社，2010.

［13］ 范传辉. Python 爬虫开发与项目实战［M］. 北京：机械工业出版社，2017.

［14］ 米切尔. Python 网络爬虫权威指南：第 2 版［M］. 神烦小宝，译. 北京：人民邮电出版社，2019.

［15］ 吴仲治. Python 开发技术大全［M］. 北京：机械工业出版社，2020.

［16］ 乔普拉，乔希，摩突罗. 精通 Python 自然语言处理［M］. 北京：人民邮电出版社，2017.

［17］ 赵家刚，狄光智，吕丹桔，等. 计算机编程导论［M］. 北京：人民邮电出版社，2013.

［18］ SRI M. Practical Natural Language Processing with Python［M］. Berkeley：Apress，2021.

［19］ 黑马程序员. Python 快速编程入门［M］. 北京：人民邮电出版社，2017.

［20］ 闫俊伢，夏玉萍，陈实，等. Python 编程基础［M］. 北京：人民邮电出版社，2016.

［21］ 贾沃斯基，莱德. Python 高级编程［M］. 北京：人民邮电出版社，2017.

［22］ 赵英良，卫颜俊，仇国巍，等. Python 程序设计［M］. 北京：人民邮电出版社，2016.

［23］ 刘浪，郭江涛，于晓强，等. Python 基础教程［M］. 北京：人民邮电出版社，2015.

［24］ 超级大黄狗 Shawn. Phthon 实例 100 个：基于最新 Phthon 3.7 版本［EB/OL］.（2018-08-10）［2021-03-13］. https：//blog. csdn. net/weixin_41084236/article/details/81564963.

［25］ 码匠_CodeArtis. Phthon 在高等数学中的运用［EB/OL］.（2019-07-06）［2021-03-13］. https：//blog. csdn. net/weixin_43793874/article/details/94877114.

［26］ moon1992. Phthon：线性代数篇［EB/OL］.（2015-11-16）［2021-03-13］. https：//www. cnblogs. com/moon1992/p/4960700. html.

［27］ 同济大学应用数学系. 线性代数［M］. 北京：高等教育出版社，2003.

［28］ 李汉龙，等. 线性代数典型题解答指南［M］. 北京：国防工业出版社，2016.

［29］ siM1989. 从零开始学 Phthon［4］：matplotlib（直方图）［EB/OL］.（2017-10-03）［2021-03-13］. https：//www. heywhale. com/mw/project/59f6f21bc5f3f511952c2966.

［30］ 张宇. Phthon 实现 I-MR 控制图及 Plotly 可视化［EB/OL］.（2020-12-10）［2021-03-13］. https：//zhuanlan. zhihu. com/p/335476050.

［31］ WASKOM M. seaborn. kdeplot［EB/OL］.（2021-01-01）［2021-03-13］. http：//seaborn. phdata. org/

generated/seaborn. kdeplot. html？highlight＝kdeplot#seaborn. kdeplot.

[32] Sound_of_silence. matplotlib 之堆积柱状图及百分比柱状图［EB/OL］.（2019-10-01）［2021-03-13］. https：//blog. csdn. net/weixin_44521703/article/details/101827068.

[33] 贤贤易色，欲海慈航. matplotlib 绘制图形［EB/OL］.（2021-10-15）［2021-03-13］. https：//blog. csdn. net/sgsdsdd/article/details/109012579.

[34] Sim1480. 5 种方法教你用 Phthon 玩转 histogram 直方形［EB/OL］.（2018-11-03）［2021-03-13］. https：//blog. csdn. net/lsxxx2011/article/details/98764791.

[35] weixin_39943370. python 绘制图形没有报错但是有些却没有运行起来：Python 学习使用 Plotly 绘图遇到的小问题［EB/OL］.（2020-12-05）［2021-03-13］. https：//blog. csdn. net/weixin_39943370/article/details/110738328.

[36] 何桢，马逢时，龚晓明，等. 六西格玛管理［M］. 3 版. 北京：中国人民大学出版社，2019.

[37] 马逢时，周暐，刘传冰，等. 六西格玛管理统计指南：MINITAB 使用指导［M］. 3 版. 北京：中国人民大学出版社，2019.

[38] 张杰. Python 数据可视化之美：专业图表绘制指南［M］. 北京：电子工业出版社，2020.

[39] 哈斯尔万特. Python 统计分析［M］. 李锐，译. 北京：人民邮电出版社，2020.

[40] 胡运权. 运筹学习题集［M］. 北京：清华大学出版社，1999.

[41] Chen_hsuan. 数学建模算法与应用：Phthon 实现 第一章 线性规划［EB/OL］.（2019-11-23）［2021-03-13］. https：//blog. csdn. net/sang749992462/article/details/103219203.

[42] 运筹学教材编写组. 运筹学［M］. 北京：清华大学出版社，1987.

[43] 脑汁. 数学建模：数学规划模型 Python 实现［EB/OL］.（2020-05-11）［2021-03-13］. https：//blog. csdn. net/ddjhpxs/article/details/106054817.

[44] 柳毅. Python 数据分析与实践［M］. 北京：清华大学出版社，2019.

[45] 居橘举聚. 用 Python 实现 SPC 统计过程控制［EB/OL］.（2020-05-11）［2021-03-13］. https：//blog. csdn. net/linkeeee/article/details/106065254.

[46] 不会写作文的李华. Seaborn 常见绘图总结［EB/OL］.（2019-01-24）［2021-03-13］. https：//blog. csdn. net/qq_40195360/article/details/86605860.

[47] 吴赣昌. 概率论与数理统计：理工类［M］. 3 版. 北京：中国人民大学出版社，2009.

[48] 大雁学长. 用 Phthon 进行假设检验和区间估计［EB/OL］.（2019-02-24）［2021-03-13］. https：//zhuanlan. zhihu. com/p/57500001.

[49] 李汉龙，隋英，李海选. 概率论与数理统计典型题解题指南［M］. 北京：机械工业出版社，2019.

[50] 嚯嚯嚯嚯什么都不会. 数理统计：推断统计参数估计与 Phthon 实现［EB/OL］.（2020-11-19）［2021-03-13］. https：//blog. csdn. net/weixin_45902007/article/details/109792684.

[51] 长行. 统计学的 Phthon 实现-018：二项随机变量的概率计算［EB/OL］.（2020-05-20）［2021-03-13］. https：//blog. csdn. net/Changxing_J/article/details/106233540.

[52] hflag168. 假设检验：使用 Phthon 进行两个正态总体方差的假设检验［EB/OL］.（2020-07-03）［2021-03-13］. https：//blog. csdn. net/qq_35125180/article/details/107114095.

[53] hflag168. 假设检验：使用 Phthon 进行单个正态总体均值的假设检验［EB/OL］.（2020-07-03）［2021-03-13］. https：//blog. csdn. net/qq_35125180/article/details/107098148.

[54] jasonfreak. 使用 Python 进行描述性统计［EB/OL］.（2014-04-29）［2021-03-13］. https：//www. cnblogs. com/jasonfreak/p/5441512. html.

[55] 老周聊架构. 概率论常见分布总结以及在 Python 中的应用［EB/OL］.（2018-11-08）［2021-03-13］. https：//blog. csdn. net/riemann_/article/details/83834381.

[56] 起名困难症用户. 常见概率统计分布及 Python 实现［EB/CL］.（2019-01-22）［2021-03-13］. ht-

tps：//zhuanlan. zhihu. com/p/53372254.

［57］ 程序员大本营. Python-Matplotlib 饼图、直方图的绘制［EB/OL］. （2019-04-04）［2021-03-13］. ht-tps：//www. pianshen. com/article/3615346657/.

［58］ Python 如何读取 excel 文件［EB/OL］. （2018-11-09）［2021-03-13］. https：//jingyan. baidu. com/ar-ticle/a681b0de5584c93b184346ba. html.

［59］ ANACONDA. Data science teachnology for groundbreaking research. a competitive edge. a better world. human sensemaking［EB/OL］. （2018-11-09）［2021-03-13］. https：//www. anaconda. com/.

［60］ Matplotlib. Matplotlib：Visualization with Python［EB/OL］. （2021-02-09）［2021-03-13］. https：//matplotlib. org/.